Bibliographia
Lepidopterologica.

Springer-Science+Business Media, B.V.

1913

☞ Ich erwerbe _Entomologische Arbeiten_ für meinen Verlag und bitte um _Ihre Angebote_. Für mein Antiquariat kaufe und tausche ich _Ihre eigenen Werke und Doubletten._ — Auch alle hier nicht aufgeführten entomologischen Bücher usw. kann ich meist sofort liefern oder in kurzer Frist besorgen. Verlangen Sie meine Cataloge über die anderen Insecten-Ordnungen.

☞ J'achète ou j'accepte en échange vos publications ou vos doubles. — Je me charge de fournir de suite ou au plus vite chaque ouvrage et mémoire entomologique qui ne se trouve pas dans mon catalogue. — Demandez mes catalogues sur les autres ordres d'Insectes.

☞ Entomological works of every kind are bought or exchanged. — Also every book and paper not mentioned here will be supplied at once or within short time. Ask for my catalogues of the other orders of Insects.

Telegr.-Adresse: Buchhandlung Junk, Berlin.
Telephon: Amt Uhland 4141.
Postscheck-Conto: Berlin Nr. 411.
Bank-Conto: Nationalbank für Deutschland.
English Cheques and Postal Orders accepted.

☞ Bestellungen **direct an mich!**
☞ Forward your orders **directly to me!**
☞ Envoyez vos commandes **directement à moi!**

Softcover reprint of the hardcover 1st edition 1913

ISBN 978-94-017-6470-4   ISBN 978-94-017-6614-2 (eBook)
DOI 10.1007/978-94-017-6614-2

Autores operis: Lepidopterorum Catalogus. Ed. a H. Wagner.

[Vide nr. 2074.]

C. Aurivillius	H. Wagner	R. Pfitzner
P. Mabille		L. B. Prout
E. Meyrick		E. Strand
A. Pagenstecher		H. Zerny

Liste der Bibliotheken | List of the Libraries
die ich erworben habe: | which I have bought:

Liste des Bibliothèques
que j'ai acquises:

G. Agassiz - Lausanne (Lepidoptera), **G. Baroni** - Firenze (Insecta), **A. Becker**-Sarepta (Insecta), Prof. **A. N. Berlese**-Sassari (Insecta noxia), **v. Bidder** - Eisenach (Coleoptera), **G. Breddin** - Halle (Hemiptera), **W. Giebeler** - Montabaur (Coleoptera), **B. Hagen** - Frankfurt a. M. (Lepidoptera), **W. von Hedemann**-Kopenhagen (Lepidoptera), **E. Heyne**-Leipzig (Insecta), **O. I. John**-St. Petersburg (Lepidoptera), **F. W. Konow**-Teschendorf (Hymenoptera, Doubletten), Staatsrat **F. Th. Köppen**-St. Petersburg (Insecta), **M. Kossmann** - Liegnitz (Coleoptera), Prof. **G. Kraatz**-Berlin (Entomolog. Zeitschriften), Forstrat **A. Mühl**-Frankfurt a. O. (Coleoptera), Freiherr **E. v. Oertzen**-Charlottenburg (Coleoptera), **J. Palm** - Ried (Diptera), **W. Paulcke**-Freiburg (Coleoptera), Prof. **E. Pokorny** - Troppau (Diptera), **M. Régimbart** - Evreux (Coleoptera), **G. de Rossi** - Kettwig (Coleoptera), **J. Schilsky** - Berlin (Coleoptera), **C. A. W. Schnuse** - Arosa (Diptera), **W. von Schönberg** - Naumburg (Lepidoptera), Oberst **A. Schultze**-Detmold (Coleoptera), **A. Srnka**-Prag (Coleoptera), **F. M. van der Wulp**-Haag (Diptera).

-----•••-----

Entomologischer Verlag von W. Junk, Berlin

Lepidopterorum Catalogus.

Editus a H. Wagner.

Partes 1—12. 1911—13. (Mark 68.80.) Subscriptions-Preis Mark 45.80.

Inhalt:

Probeheft gratis und franco.
Specimen-number free on application.
Un numéro-spécimen est envoyé gratuitement sur demande.

Näheres über dieses monumentale Werk — siehe No. 2074.

Particulars on this monumental work — see nr. 2074.

Pour plus de renseignements, voyez no. 2074.

Die Lepidopterologische Literatur.

In der Art der von mir im Jahre 1909 verfaßten „Bibliographia Botanica" und besonders nach dem Muster meiner 1912 erschienenen „Bibliographia Coleopterologica" trachte ich im nachfolgenden einen kurzen Überblick der lepidopterologischen Literatur aller Zeiten und Völker zu geben, wobei ich von dem Grundsatz ausgehe, die bedeutendsten wissenschaftlichen Werke und Zeitschriften in ihrer Gesamtheit aufzuführen und, soweit mir dies möglich ist, zu charakterisieren, dann von den Elementar-Büchern die empfehlenswertesten zu nennen; endlich aus der Zahl der vom historischen selbst bibliophilen Standpunkte bemerkenswerten Werke von denjenigen etwas zu sagen, welche mir auf Grund meiner über 30jährigen Beschäftigung mit dieser Literatur eine Hervorhebung besonders zu verdienen scheinen. Alle diese mehr dem Inhalt des Schriftwerkes gewidmeten Ausführungen werden ergänzt durch die — wieder rein bibliographischen — Notizen in dem folgenden Katalog selbst, der in Bezug auf Vollständigkeit von keinem bisher existierenden übertroffen wird. [Über den äußerst interessanten Zusammenhang des Preises wissenschaftlicher Werke überhaupt mit deren innerer und äußerer Bewertung und dessen Abhängigkeit von einer großen und merkwürdigen Zahl von Faktoren verweise ich auf die längeren Ausführungen in dem Vorwort meiner „Bibliographia Botanica".] Ich halte die im nachfolgenden gegebenen Resultate einer nicht geringen Arbeit insofern für der Beachtung würdig (was auch die schmeichelhafte Aufnahme meiner beiden Bibliographien — siehe z. B. Nr. 1660 in dem hier folgenden Katalog — bestätigen könnte) als mir — und wohl jedem wissenschaftlichen Buchhändler und Bibliothekar — die tägliche Praxis verrät, wie schwierig es für naturwissenschaftliche Interessenten ist, sich zurecht zu finden in der ungeheuren Fülle der Literatur, welche, zumal in der Entomologie, so zerstreut ist und keine Landes- oder Sprachgrenzen kennt. Ich werde hier versuchen die am häufigsten auftauchenden Fragen zu beantworten.

Von **Lehrbüchern für Anfänger** sind zu nennen, in deutscher Sprache [die in anderen Sprachen werden unter der Fauna der betreffenden Länder behandelt] und größtenteils auch ausschließlich europäische oder gar nur deutsche Schmetterlinge oft selbst nur Tagfalter behandelnd: Bau (Nr. 138); Berge (Nr. 184), speziell in der 9., von der ersten Autorität herausgegebenen Auflage das beste Anfänger-Lehrbuch und aus welchem ein Auszug (Nr. 187) noch elementareren Anforderungen dient; Bramson (Nr. 368); Eckstein (Nr. 914) eben begonnen, vorzüglich biologisch; Hofmann (Nr. 1496) — immer noch gut — von welchem Spuler (Nr. 3327) eine neue, gänzlich umgearbeitete Auflage gemacht hat, die auch wissenschaftlich einen hohen Wert besitzt und die für den Vorgeschritteneren das beste bietet, das überhaupt in aller Literatur existiert, zumal Spuler (wie schon vor ihm Hofmann) auch einen besonderen Begleitband, welcher die Raupen beschreibt, publiciert hat (Nr. 1497 und 3330); Hofmann hat ebenfalls ein ganz elementares, gutes Werkchen veröffentlicht (Nr. 1494), während Spuler, wohl als Nachtrag zu dem Seitzschen Werke, das bloß die Macros enthält, soeben die Micros noch einmal besonders abgedruckt hat (Nr. 3331); Ihle-Lange (Nr. 1607), für Biologie wichtig; Kayser (Nr. 1693), alt und weniger geschätzt; Konwiczka (Nr. 1790); Korb (Nr. 1793); Lampert (Nr. 1822), ein gutes auch Raupen enthaltendes Buch, neben welchem, wie bei Berge und Hofmann, ein dem ersten Anfänger dienender Auszug existiert (Nr. 1823); die beiden elementaren Bücher von Lutz (Nr. 2153, 2154); Meigen (Nr. 2260), ganz veraltet und im Gegensatz zu den grundlegenden dipterologischen Werken des Autors wenig geschätzt; Ramann (N. 2821), alt; Rockstroh (Nr. 2915); Seitz (Nr. 3136—3138), ein großartiges Unternehmen, einzelne Abteilungen auch wissenschaftlich wertvoll, von welchem nur zu hoffen ist, daß es bald abgeschlossen werden möge; Treitschke (Nr. 3592), früher geschätzt. Als allgemeine entomologische Lehrbücher sind zu nennen: Das neue von Schröder herausgegebene Handbuch, über dessen Charakter die unter Nr. 1387 gegebene Inhaltsangabe informiert; über Insekten bringt A. Karsch (Nr. 1669) auf kleinstem Raum alles Wissenswerte; Kolbes in ihrer Art einzige Einführung (Nr. 1787), rein morphologisch; ferner der vergriffene Schlechtendal-Wünsche (Nr. 3037), systematisch immer noch geschätzt, und endlich auch das allgemeine zoologische Lehrbuch von Leunis (Nr. 2077), das trotz seines Alters in systematischer Beziehung noch bemerkenswert in seiner Fülle ist. Für den beginnenden deutschen Lepidopterologen kommen weiter in Betracht: Glasers Etymologie (Nr. 1236); die ganz brauchbare Hormuzakische Übersicht der Familien (Nr. 1555); Kochs Sammlungsverzeichnis (Nr. 1778); Müllers Terminologie (Nr. 2475), mit Erklärungen aller technischen Ausdrücke; Rothes Verzeichnis (Nr. 2943); Rühls Köder-Fang (Nr. 2979); Spannert (Nr. 3289); vor allem aber das unentbehrliche Werk von Standfuss (Nr. 3359), in welches aus der Feder der ersten Autorität alles für den Sammler Wissenswerte hineingearbeitet ist, das auch der Vorgeschrittene nicht entbehren kann, und von welchem merkwürdigerweise nur eine Uebersetzung ins Russische existiert.

Zur streng-wissenschaftlich systematischen Literatur, die natürlich an keine Sprachgrenze gebunden ist, zählen die folgenden großen Werke: Eine Beschreibung aller damals bekannten Species ist von Boisduval-Guenée (p. 9) versucht worden, aber ebensowenig wie die von dem Zeitgenossen und Landsmann Dejean für die Käfer begonnene (siehe: Bibliographia Coleopterologica p. III) beendet worden, von den Tagfaltern ist ein Band, mehr nur von den Heteroceren erschienen. Grundlegend für die Systematik besonders der Gattungen der Schmetterlinge, ein klassisches Werk, mit vielen neuen Arten ist das von Herrich-Schäffer (Nr. 1443) während desselben Verfassers „Neue Schmetterlinge"' (Nr. 1450) nur einzelne Beschreibungen neuer Arten enthält. Das beste neuere wissenschaftliche Werk für die Tiere Mitteleuropas ist das von Heinemann (Nr. 1415), in welchem ebenfalls viele neue Gattungen und Arten sind. Ein Vorläufer des oben genannten Buches von Boisduval-Guenée ist das von Jablonsky-Herbst (Nr. 1616), das — allerdings jetzt ganz veraltet — sämtliche vor einem Jahrhundert bekannten Arten beschreibt und abbildet. Eine Beschreibung aller heute bekannten Tiere bringt endlich die große Reihe, das Tierreich (Nr. 3580), deren Beendigung allerdings nicht zu erhoffen ist. Endlich sind für die Systematik noch eine Reihe anderer Werke von Bedeutung: Die alten Bücher von Borkhausen (Nr. 362) und von Denis-Schiffermüller

(Nr. 760) mit vielen neuen Arten, daher, besonders das letztere, noch heute geschätzt; die französische Encyclopédie (Nr. 1844), deren 9. von Godart bearbeiteter Band ein Hauptwerk über exotische Novitäten der Schmetterlinge bildet; Espers Europäer (Nr. 991) mit vielen Neubeschreibungen; Lederer (Nr. 1848); Ochsenheimer-Treitschke (Nr. 2553), auch für die Gattungs-Systematik von Wichtigkeit; Rühl-Heyne (Nr. 2980), nicht abgeschlossen, mit guten Beschreibungen, aber leider ohne Bestimmungs-Tabellen; Tutt (siehe p. VIII); Verity (Nr. 3657), welcher auch viele neue Varietäten der Pieridae und Papilionidae bringt. Die Genera beschreibt Doubleday-Westwoods (Nr. 839) wichtiges Buch, das zum Teil auch Arten enthält, und die neue große Publication von Wytsman (Nr. 1206), die in einzelnen Gruppen ebenfalls die Species berücksichtigt. Der Kenntnis der geographischen Verbreitung der Schmetterlinge widmet sich das Pagenstechersche Buch (Nr. 2610) und — für ein umgrenztes Gebiet — das alte der beiden Speyer (Nr. 3314).

Von **Schmetterlings-Catalogen** ist für den Wissenschaftler unentbehrlich das berühmte Werk über Palaearcten von Staudinger (Nr. 3435), allerdings nur in seiner letzten von Rebel so gründlich umgearbeiteten Auflage; ferner der Catalog Kirbys über alle Rhopaloceren (Nr. 1736), der allerdings leider bloß bis 1877 geht, und dessen 1892 erschienener Heteroceren-Catalog (Nr. 1749), von welchem aber wieder nur der erste Band mit zwei Gruppen erschienen ist. Den Arten-Index lieferte später Strecker (Nr. 1750) nach. Erwähnenswert sind noch einige englische Publicationen: Butlers und Grays Rhopaloceren-Catalóge des Britischen Museums (Nr. 443 und 1279), der letztere bloß für Papilionidae; Kirbys Katalog der Sammlung Hewitson (Nr. 1740), hauptsächlich für die Kenntnis der geographischen Verbreitung brauchbar; Souths Catalog (Nr. 3282) der Leechschen Palaearcten; vor allem aber die umfangreiche besonders auch durch die Walkerschen Beiträge so wichtige List des Britischen Museums (Nr. 1280). Aber alle diese — mit Ausnahme von Staudinger-Rebel merkwürdigerweise ausschließlich aus englischer Feder geflossenen — Verzeichnisse werden an Umfang und Nützlichkeit übertroffen von dem neuen „Lepidopterorum Catalogus" (Nr. 2074), von welchem. bisher in rascher Folge 12 Lieferungen erschienen sind. Dieser enthält alle bisher bekannten Arten mit Angabe ihrer Hauptliteratur, Synonyme, Varietäten und Vaterlandsangaben. Sein Abschluß ist innerhalb etwa 4 Jahre sicher. Von den in 61 Familien zerfallenden ca. 50000 bekannten Arten sind bisher 5969 sorgfältig catalogisiert. Sämtliche Gruppen sind an die führenden Specialisten verteilt und bereits in Bearbeitung. Unentbehrlich besonders für alle jene Lepidopterologen, für die ein Werk über die Fauna ihres Heimats- oder Sammel-Landes nicht existiert; und in dieser Lage befinden sich fast alle Entomologen außerhalb des palaearctischen Gebietes und Nordamerikas.

Über die **Nomenclatur-Bewegung** in der systematischen beschreibenden Naturwissenschaft und der durch sie verursachten strengen Durchführung des Prioritätsprincipes habe ich ausführlich in meiner Festschrift „Linné und seine Bedeutung für die Bibliographie" berichtet. Auch auf die Entomologie und daher auch auf deren Literatur hat diese Zurückführung der Namen auf den ersten binären Benenner einen großen Einfluß gehabt. Ich nannte schon in obiger Festschrift, nachdem ich über die große und immer steigende Bedeutung der Editio X des „Systema Naturae" von Linné (Nr. 2098), der Grundlage der binären Nomenclatur für den Zoologen, gesprochen hatte, als entomologisches Beispiel für die ungeheure Bewertung der ersten

binären Schriften nach Linné die jetzt so hoch bezahlte Dissertation von Poda
über die Insekten des Grazer Museums, vermutlich des ersten Buches, in dem zwei
Jahre nach dem Erscheinen der Editio XII die Linnésche Nomenclatur für Insekten
acceptiert und weiter verwandt wurde. Auch über De Geers Mémoires (Nr. 1202)
mit ihren Beschreibungen von mehr als 1500 Insektenarten und ihrem ungewöhnlich
hohen Preis, ebenfalls lediglich eine Folge des Umstandes, daß die Bände 2–6 Neu-
benennungen nach Linnés Nomenclatur bringen, berichtete ich an gleicher Stelle.
Sogar auf deren Übersetzung (Nr. 1203) strahlt dieser Einfluß aus. Die durch ihre
Beziehung zu Linné zum teuersten Werke der Entomologie gewordenen Clerck-
schen Icones (Nr. 686) beabsichtige ich bei genügender Beteiligung neu herauszugeben.
Besonderes Interesse hat weiter seit der Zeit des Erscheinens meiner Festschrift er-
weckt Geoffroys Histoire (Nr. 1210), von welchem Werke es sich herausgestellt
hat, daß die erste 1762 (anonym) resp. 1764 erschienene Auflage nicht binär, aber
die zweite — 1799 herausgekommene (Nr. 1212) — binär ist. Es schwebt nun die
interessante Streitfrage, ob die in erster Auflage von Geoffroy aufgestellten Gattungs-
namen, die natürlich auch in die zweite hinübergenommen worden sind, das Prioritäts-
recht beanspruchen dürfen auch gegenüber den in der Periode von 1762—1799 er-
folgten Andersbenennungen. — Ebenfalls aus Nomenclaturgründen haben eine erheblich höhere Bewertung und eine große Preissteigerung erfahren die meisten Werke
von Fabricius (Nr. 1016), von welchen ich mit einiger Mühe eine vollständige
Sammlung zusammengebracht habe. — An dieser Stelle zu erwähnen wäre noch das
allerdings wenig lepidopterologische Rarissimum von Latreille (Nr. 1839); dann
Schrank (Nr. 3074) und Sulzer (Nr. 3507 und 3509).

Historisches Interesse haben die Werke von L'Admiral (Nr. 1817), Lyonnet
(Nr. 2156 und 2158), Malpighi (Nr. 2194 und 2195), Martyn (Nr. 2234), Merian
(Nr. 2284), Moufet (Nr. 2460), Redi (Nr. 2860), Schwenckfeld (Nr. 3100), Swam-
merdamm (p. 118); Werneburg (Nr. 3782) ist einer der wenigen entomologischen
Historiker.

Von Bibliographischer Literatur ist zu nennen: In erster Linie Hagens
Bibliotheca (Nr. 1360), die beste naturwissenschaftliche Bibliographie, die ich kenne
— bis 1862 gehend —; als deren Fortsetzung kann Taschenbergs Bibliotheca
(Nr. 3545) — über 1861—1880 — angesehen werden (über deren Vorläufer siehe
Nr. 204); der Zoologische Anzeiger (Nr. 3928) bringt die Bibliographie von 1878
ab (deren einzeln erscheinende Bände siehe Nr. 203.) Der Zoological Record
(Nr. 3925), der von 1864 ab referiert; die Berichte der Entomologie (Nr. 191), welche
die Literatur von 1838 ab verzeichnen (die Schmetterlinge werden von Lucas und
Grünberg behandelt); der Zoologische Jahresbericht (Nr. 3930), von 1879
ab, sind für alle, die sich auch über den Inhalt der Literatur informieren wollen, unerlässlich. Seit 1901 erscheinen die speziell für die Kenntnis des Inhalts von Zeitschriften brauchbaren Entomologischen Literaturblätter (Nr. 969). Von bekannter bibliographischer Eigenart sind meine Rara (Nr. 2827), wichtig ist mein
Entomologen-Adreßbuch (Nr. 1661).

Die Fossilen Insekten haben als Hauptwerk das von Handlirsch (Nr. 1388);
die Nordamerikaner werden in dem schönen Werke von Scudder (Nr. 3121) beschrieben und abgebildet; von demselben Verfasser ist auch ein umfangreicher Catalog
erschienen (Nr. 3122).

Groß ist — im Gegensatz zu den Coleopteren — die Literatur **Biologischen Richtung** in der Lepidopterologie besonders seit der Förderung der experimenteller Forschung durch S t a n d f u s s, dessen schon oben genanntes Handbuch (Nr. 3359) unentbehrlich ist. Mit der Varietäten- und Artenbildung beschäftigt sich E i m e r (Nr. 921, 925), P i c t e t (Nr. 2671), W e i s m a n n (Nr. 3776); mit Resultaten von Experimenten F e d e r l e y (Nr. 1032) und wieder S t a n d f u ß (Nr. 3368); die Geschlechtsmerkmale behandeln M e i s e n h e i m e r (Nr. 2262), P e y t o u r e a u (Nr. 2658), S t i t z (Nr. 3477); die Duftapparate H a a s e (Nr. 1344), I l l i g (Nr. 1608), F. M ü l l e r (Nr. 2468), S t o b b e (Nr. 3478); speziell über das bei Lepidopteren so wichtige Gebiet der Mimicry schrieben E l t r i n g h a m (Nr. 932), H a a s e (Nr. 1349, 1350), M a r s h a l l (Nr. 2220), P i e p e r s (Nr. 2678), P o u l t o n (p. 95); die auch vom systematischen Standpunkt wesentlichen Flügel der Schmetterlinge behandeln C o m s t o c k - N e e d h a m (Nr. 694), L i é n a r d (Nr. 2090), A. G. M a y e r (Nr. 2253), M e r c e r (Nr. 2283), S c h n e i d e r (Nr. 3067), S p u l e r (Nr. 3324), W o o d w o r t h (Nr. 3862); die Färbung der Flügel A. G. M a y e r (Nr. 2254, 2255), P i c t e t (Nr. 2672), P i e p e r s (Nr. 2676), P o u l t o n (p. 95), P r o c h n o w (Nr. 2777), T u t t (Nr. 3634). Biologisch von höchstem Werte sind die berühmten — allerdings weniger lepidopterologischen — F a b r e schen Souvenirs (Nr. 1012, 1015); veraltet H e r o l d s Embryologie (Nr. 1440); instruktiv I h l e s Auswahl (Nr. 1606); über vier seltene Thematas: erstens über die Biologie der Puppen schrieb Frl. v. L i n d e n (Nr. 2095). zweitens die Ruhestellung der Schmetterlinge beschrieb O u d e m a n s (Nr. 2564), drittens für die Lautapparate ist P r o c h n o w (Nr. 2778) maßgebend (Des letzteren andere Abhandlungen [Nr. 2779 und 2780] sind ebenfalls wichtig). viertens über die Palpen handelt E. R e u t e r s Abhandlung (Nr. 2870, wohl identisch mit Nr. 2871). S e i t z 's kleine allgemeine Biologie (Nr. 3134) und W i s k o t t s zwei Abhandlungen über Zwitter (Nr. 3846, 3847) sind erwähnenswert.

Einen großen Raum in der lepidopterologischen Literatur nehmen die Werke über **Raupen** ein — im Gegensatz zu der anderen Insektenordnungen (bei den Coleopteren z. B. gibt es überhaupt nur 5 Werke, welche für Larvenbeschreibungen in Betracht kommen, siehe: Bibliographia Coleopterologica p. V). Von den deutschen L e h r b ü c h e r n über europäische Raupen ist das beste das reich illustrierte von S p u l e r (Nr. 3330), eine Umarbeitung des immer noch wertvollen älteren Werkes von E. H o f m a n n (Nr. 1497); noch älter, daher weniger geschätzt, ist das Buch von P r a u n (Nr. 2767). Diese drei Bücher sind Begleitwerke zu Werken über Imagines derselben Autoren, was ihre Brauchbarkeit erhöht. D o b e n e c k (Nr. 815) behandelt die mitteleuropäischen Raupen mehr vom ökonomischen Standpunkt für Forstleute; J u n g e (Nr. 1656) gibt Bestimmungstabellen; A. S c h m i d (Nr. 3045) einen Raupenkalender; W i l d e (Nr. 3837), einst sehr beliebt, ist veraltet; R o u a s t s Catalog (Nr. 2973) ist erwähnenswert; die Engländer haben das gute, wenn auch nicht mehr neue Buch von W i l s o n (Nr. 3842). Die wissenschaftliche Literatur über die Schmetterlingslarven basiert auf den beiden klassischen, leider fast unauffindbaren, herrlichen Abbildungswerken von H ü b n e r (Nr. 1570 und 1576), über welche auf p. 54 berichtet wird. Dann kommen von Büchern mit schön colorierten Tafeln noch in Betracht die alte Sammlung von B o i s d u v a l - R a m b u r - G r a s l i n (Nr. 247) und die Iconographie von D u p o n c h e l - G u e n é e (Nr. 894). Das modernste und weitaus wichtigste wissenschaftliche Werk aber sind die von der Ray Society herausgegebenen neun Bände von B u c k l e r s Larvae (Nr. 393), weit über den Verbreitungsbezirk, dem sie gewidmet sind, brauchbar und von jeder Raupe ausführliche Beschreibung einer Zahl von Stadien enthaltend. Erwähnenswert, da Exoten behandelnd, ist das Werk von Peters (Nr. 2643); für die Morphologie und Biologie wichtig sind die zahlreichen Abhandlungen von Poulton (p. 95), das Werk von Frionnet (Nr. 1115) und Holmgren (Nr. 1524); die Eier der Schmetterlinge werden ausführlich von Peyron (Nr. 2657) beschrieben.

Die Lepidopterologie ist reich an großen und schönen **Abbildungswerken.** Ja, mit Ausnahme der Botanik, gibt es keinen Zweig der Naturwissenschaften, welcher so großartige Iconographien hat wie die Schmetterlingskunde, ein Umstand, der natürlich mit den farbenprächtigen Objekten, denen sie sich widmet, zusammenhängt. Soweit auf diese Atlanten hier nicht bereits an anderer Stelle hingewiesen wird, (also z. B. bei der Literatur über die Exoten) seien die wichtigsten genannt: Boisduvals Icones (Nr. 232) mit vielen neuen Arten; Butlers Illustrations (Nr. 486), eine sehr wertvolle Reihe wichtig besonders deshalb, weil sie die Walkerschen Heteroceren-Typen, die dieser selbst mangelhaft beschrieben hat, abbildet; Clercks Icones (Nr. 686), einzigartig in ihrer Bedeutung (s. über diese p. 22); Curtis (Nr. 729 u. 730) und Donovan (Nr. 826) werden unter den englischen Faunen charakterisiert; Ernst-Engramelles Papillons (Nr. 985), trotz ihrer vielen und guten Tafeln allerdings heute wenig mehr geschätzt; Fischer von Röslerstamms Abbildungen (Nr. 1073) auch mit wichtigen biologischen Notizen über Kleinschmetterlinge; die zwei Reihen von Freyer (Nr. 1108, 1109) mit Beschreibungen neuer Arten, vorzüglich die „Neuen Beiträge" mit ihren viel genaueren und ausführlichen Beschreibungen geschätzt; das wichtigste Werk von allen die Hübnersche Sammlung (Nr. 1571), das bekannte klassische Werk; die Iconographie von Millière (Nr. 2353) mit vielen neuen Arten, auch für die Raupenkunde wichtig; die allerdings wenig wertvollen Abbildungen von Neustadt-Kornatzki (Nr. 2488); die enorm wichtigen zwei Reihen der „Etudes" von Oberthür (Nr. 2543 u. 2550), die erstere mit vielen Neubeschreibungen, die zweite monographische Bearbeitungen vorzugsweise palaearctischer Varietäten enthaltend; Panzers Fauna (Nr. 2622), allerdings nur mit sehr wenig Schmetterlingen; Prauns (Nr. 2766) heute stark entwerteten Abbildungen; Réaumurs Originalausgabe (Nr. 2831), vor-linnéisch, daher trotz der vielen Tafeln gering im Preise stehend, aber immerhin biologisch wichtig; Rösels Belustigungen (Nr. 2929), gleichfalls vom biologischen Standpunkte aus wertvoll, jetzt immer mehr und mehr geschätzt, allerdings wenig über Schmetterlinge enthaltend; Sepps Insekten (Nr. 3154) mit allen Fortsetzungen, wissenschaftlich von geringerer Bedeutung, aber eine ungewöhnliche Fülle schöner Tafeln umfassend; ebenfalls hauptsächlich wegen ihrer Abbildungen seien genannt die folgenden Werke: Brunner (Nr. 390, 391), Klug-Hopffer (Nr. 1769), Mabille-Vuillot (Nr. 2179), Weeks (Nr. 3772), Westwood (Nr. 3800), letzterer wenig lepidopterologisch.

Die Literatur über die **Exoten** ist bei der schon vom rein ästhetischen Standpunkte so hohen Anziehungskraft, speziell der tropischen Schmetterlinge, eine sehr große (im Gegensatz wieder zu der Coleopteren-Literatur, welche merkwürdigerweise nur ein noch dazu wenig brauchbares Werk kennt, s. Bibliographia Coleopterologica p. V). Während übrigens jetzt unter dem Begriff Exoten die Species außerhalb der palaearctischen Region verstanden werden, haben die früheren Autoren z. B. Hübner alle nicht-europaeischen Arten so genannt. Von den populären Büchern ist das von Staudinger-Schatz (Nr. 3431) das beste, welches die Gattungen der Rhopaloceren enthält, während von den Arten (unter welchen einige neue) die auffallenden Formen berücksichtigt sind. Sobald der Exotenteil von Seitz (Nr. 3137) vollendet sein wird, wird dieser, der alle Arten abbildet, das standard work für die Macros bilden. Die Engländer haben zwei alte kleine und wenig brauchbare Werke von Duncan (Nr. 888 u. 889), die Franzosen das von Lucas (Nr. 2139), das nur die größten auffallenden Tiere kennt. Besonders beachtenswert aber ist auf dem Gebiet der Exoten die wissenschaftliche Literatur, welche herrliche Iconographien umfaßt. Das klassische Werk ist wieder das von Hübner (Nr. 1577) — siehe auch p. 54 —; fast von gleicher Wichtigkeit sind die „Papillons exotiques" von Cramer (Nr. 719), welcher mehr Exoten beschreibt, als in irgend einem der älteren Werke enthalten sind; viel neue Arten sind auch in Drury (Nr. 878), in Esper (Nr. 994) und in Herrich-Schäffer (Nr. 1446), endlich auch in Westwood (Nr. 3793). Eine wahre Schatzkammer aber bilden die drei neueren sich gegenseitig ergänzenden großen englischen Werke, das von Butler (Nr. 446), Hewitson (Nr. 1464) und Smith-Kirby (Nr. 3193) mit ihren zusammen 544 schönen Tafeln. An dieser Stelle sei erwähnt Ribbes Anleitung (Nr. 2894) für das Sammeln in exotischen Ländern speziell in den Tropen.

Die **Faunistische Literatur** der Lepidopterologie ist sehr umfangreich und hat auch viele Werke, die kleineren Bezirken gewidmet sind. Von größeren Publicationen sind diejenigen, die über Exoten handeln, und von der palaearctischen Fauna (die naturgemäß am besten durchgearbeitet ist) die wichtigsten allgemeinen bereits genannt. Speziell die Fauna von Deutschland und Österreich ist, soweit dies in dem Rahmen dieser Notizen möglich ist, an der obengenannten Stelle behandelt. Es kommen nur noch von den **Lokalfaunen Deutschlands** hauptsächlich in Betracht die folgenden Werke: Bartel (Nr. 124), Bode (Nr. 220), Bornemann (Nr. 365), Büttner (Nr. 548), Griebel (Nr. 1283), Grote (Nr. 1307), Jordan (Nr. 1646), Möbius (Nr. 2986), Peyerimhoff (Nr. 2656), Reichenau (Nr. 2866), Rößler (Nr. 2938), Schmidt (Nr. 3046), Schütze (Nr. 3094 u. 3097), Speiser (Nr. 3292), Spormann (Nr. 3318 und 3319), Stange (Nr. 3380), Uffeln (3646). Verwiesen sei auch auf den Hinweis „Großschmetterlinge" (p. 44). Die **Provinz-Faunen Österreichs:** Hellweger (Nr. 1423b), Höfner (Nr. 1511 u. 1512), Hormuzaki (Nr. 1550), Mitterberger (Nr. 2376) ein sehr wichtiges Micro-Werk, die zahlreichen Publicationen der beiden Nickerl (p. 88), Scopoli (Nr. 3101) über seinen Rahmen hinaus wichtig und viele neue Arten enthaltend, Skala (Nr. 3184). Die **Franzosen** haben als Elementar-Lehrbücher die neuen Joannisschen Übersetzungen der beiden Werke von Berge (Nr. 186, 188); das populäre Werk von Lucas (Nr. 2138) und (Martin (Nr. 2224); den von Lucas bearbeiteten Teil der Encyklopädie von Chenu (Nr. 661), der allerdings weniger Wert hat als der coleopterologische (siehe: Bibliographia, Coleopterologica p. VI), und auch sein nur die Europäer behandelndes Handbuch (Nr. 2138); Depuiset (Nr. 763); endlich die ganz neuen noch nicht abgeschlossenen Bestimmungstabellen von André (Nr. 3936). Von allgemein entomologischen Lehrbüchern in französischer Sprache seien genannt das von Acloque (Nr. 3); das schon veraltete Castelnausche (Nr. 583), in welchem ebenfalls Lucas die Schmetterlinge bearbeitete; Girards — eines der tüchtigsten Entomologen — schönes Buch (Nr. 1234), das die Systematik weniger berücksichtigt; Henneguy (Nr. 1425), sehr gut, vorzugsweise anatomisch; Houlbert (Nr. 1565), ebenfalls nicht-systematisch; Lacordaire (Nr. 1814), veraltet und wenig über Schmetterlinge enthaltend. Als ausführliche, wenngleich immer noch elementare Fauna die von Berce (Nr. 159) und vor allem als wissenschaftlich wertvolles Hauptwerk das von Godard-Duponchel (Nr. 1238), das eine große Zahl neuer Arten bringt, daher auch für den nicht-französischen Forscher sehr wichtig ist. Bezüglich der Schmetterlinge der einzelnen Provinzen sei verwiesen auf Cantener (Nr. 557), Constant (Nr. 699), Gelin-Lucas (Nr. 3940), Guenée (Nr. 1327), Jourdheuille (Nr. 1651), Mabille (Nr. 2166), Millière (Nr. 2355, 2359), Paux (Nr. 2631), Rondou (Nr. 2927).

In Großbritannien ist neben der Ornithologie gerade die Lepidopterologie stets intensiv gepflegt worden, so daß neben den schönen Abbildungen (siehe p. VI) und den Catalogen (s. p. III) auch eine große Literatur von elementaren und wissenschaftlichen Büchern existiert. Zu den ersteren gehören die zwei (veralteten) Werke von Duncan (Nr. 886, 887); die schön olorierten, zum Teil auch Raupen gut abbildenden Werke von Humphreys, von denen einige mit dem wissenschaftlich weit bedeutenderen Westwood zusammengearbeitet (Nr. 1595—1598); die beliebten populären Werke von Kirby (Nr. 1751—1753); die europäischen Tagfalter von Lang (Nr. 1826); Meyricks besonders für die Kleinschmetterlinge auch wissenschaftlich wichtiges Handbook (Nr. 2321); die in England beliebten Morrisschen Bücher (Nr. 2434, 2435); Newman (Nr. 2491) mit vielen Textillustrationen; das Taschenbuch und das Heteroceren-Werk von South (Nr. 3283 und 3284); Staintons alte für Micros nicht unwichtige Handbücher (Nr. 3343 und 3344); die zwei populären Werke von Tutt (Nr. 3644 und 3639), zu denen noch desselben Autors „Practical Hints" (Nr. 3644) kommen; beim Schreiben dieser Zeilen erschien Jardines kleines für Anfänger empfehlenswertes entomologisches Wörterbuch (Nr. 3946). Das ausführlichste wissenschaftliche Werk über die englische Fauna ist das mit über 500 colorierten Tafeln versehene Barrettsche (Nr. 118), welches allerdings Varietäten nicht berücksichtigt. In dieser Beziehung wird es auf das glücklichste ergänzt von den beiden Serien von Tutt (Nr. 3641 und — verbesserte Notiz — Nr. 3951), welche nicht nur viele Varietäten — auch nicht-englische und neue — enthalten, sondern auch die gesamte Verbreitung der Arten angeben und biologisch außerordentlich genau gearbeitet, daher auch für den nicht-britischen Lepidopterologen von höchster Bedeutung sind; der Versuch einer Übersetzung scheiterte leider (Nr. 3643). Gegen diese beiden Hauptwerke treten die hier noch zu erwähnenden in den Hintergrund: Das alte schön colorierte, aber weniger die Lepidopteren berücksichtigende Abbildungswerk der englischen Gattungen von Curtis (Nr. 729, 730); der noch ältere compilatorische, ebenfalls für Schmetterlinge weniger wichtige Donovan (Nr. 826); die beiden nur vom historischen Standpunkte geschätzten Bücher von Harris (Nr. 1394, 1395); der ebenfalls ganz veraltete Lewin (Nr. 2078); der für die Kenntnis der Varietäten bedeutende, aber fragmentarisch gebliebene Mosley (Nr. 2458); die 5 Schmetterlingsbände aus dem alten vom nomenklatorischen Standpunkte neuerdings geschätzten Stephens (Nr. 3447); Woods umfangreicher, reich illustrierter Catalog (Nr. 3856). Als allgemein wissenschaftliche Werke in englischer Sprache seien noch erwähnt: Waterhouses manche Typen abbildende „Aid" (Nr. 3757) und Westwoods klassische Klassifikation (Nr. 3791). Merkwürdig klein im Verhältnis zu den überraschend zahlreichen Lokalfloren und Vogelfaunen ist die Zahl der Werke, welche die Insekten einzelner Landschaften Großbritanniens behandeln, von denen von lepidopterologischen genannt seien: die irische Fauna von Kane (Nr. 1666) und merkwürdigerweise gleich zwei von Northumberland: Robson (Nr. 2913) und Wailes (Nr. 3685).

Die Europäische Fauna weiter — in alphabetischer Anordnung:
Die Fauna der **Balkanhalbinsel** ist von Bachmetjew (Nr. 80), Caradja
(Nr. 564, 567), Fleck (Nr. 1076), Rebel (Nr. 2850) und Staudinger (Nr. 3391)
— mit Ausnahme von Rumänien — noch durchaus unvollständig beschrieben.
Belgien besitzt neben den Publicationen seiner beiden Vereine (Nr. 29, 2266,
2879) das große Buch der beiden Dubois (Nr. 881); den im Erscheinen begriffenen
Catalog von Lambillion (Nr. 1820), der auch viel über Raupen enthält, sowie des
letzteren Autors biologisch wichtige Naturgeschichte (Nr. 1819); daneben das gute
reich illustrierte Handbuch von Lameere (Nr. 1821); Crombrugghe hat einen
guten Catalog der Micros gemacht (Nr. 721).

Holland hat außer seiner speziell für Lepidopterologie wichtigen Tijdschrift
(Nr. 3581) die Übersetzung des populären Lampertschen Buches von ter Haar
(Nr. 1342) und die zwei vorzüglichen wissenschaftlich bedeutenden Bände von Snellen
(Nr. 3213, 3214), daneben die drei sämtliche Insektenordnungen umfassenden Bücher
von Herklots (Nr. 1438), Oudemans (Nr. 2560) modern und gut, Snellen
van Vollenhoven (Nr. 3255).

Für Italien existieren außer den beiden Zeitschriften (Nr. 401, 2015): Bromilow
(Nr. 380); Calberla (Nr. 550) auch biologisch; der elementare Camerano (Nr. 554);
der recht vollständige Catalog von Curò-Turati (Nr. 728); Ghiliani (Nr. 1224);
Gianelli (Nr. 1226); Mina-Palumbo (Nr. 2363); auch für Nicht-Italiener wichtig
der Sonderabdruck von Turati (Nr. 3626); Zeller (Nr. 3882). Ein ganz vorzügliches,
allgemein entomologisches Werk, das neben den Hauptzügen der Systematik vor
allem die Morphologie und Biologie enthält, ist das von Berlese (Nr. 193).

Portugal hat nur das Werk von Mendes (Nr. 2273), der auch in der Zeitschrift Broteria (Nr. 381). die leider von der neuen Regierung in das Exil geschickt
wurde, manches publizierte.

Das europäische **Rußland** hat seine zwei wertvollen Zeitschriften, die Horae
(Nr. 1542) und die Revue (Nr. 2880), die allerdings beide nicht allzuviel die Lepidopterologie berücksichtigen; vor allem aber die prachtvollen „Mémoires sur les Lépidoptères" (Nr. 2268). Als allgemein entomologisches Lehrbuch ist das soeben erschienene von Cholodkowsky (Nr. 3939) zu empfehlen; dann die russische
Übersetzung des Standfußschen Werkes (Nr. 3360). Das große Buch von Fischer
von Waldheim (Nr. 1068), das auch Neubeschreibungen enthält. Ferner hat Eversmann (p. 34 und 35) und Kroulikowsky (p. 63) über die eigentliche russische Fauna,
Nolcken (Nr. 2530) — dieser mit biologischen Notizen über Kleinschmetterlinge
auch außerhalb seines Bezirks wertvoll —, Petersen (Nr. 2561), Teich (Nr. 3548)
und Slevogt (Nr. 3186) über die Tiere der Ostseeprovinzen geschrieben; Ménétriés
(Nr. 2277) kommt für die kaukasische Fauna in Betracht. Ein größeres modernes
Werk über die russische Fauna fehlt also noch.

Scandinavien hat neben den zwei Gesellschaftsschriften (Nr. 974 und 975) in
erster Linie das sehr wertvolle Buch von Aurivillius (Nr. 53); das immer noch
nicht überholte Werk über Dänemark von Bang-Haas (Nr. 107), dem die populär
geschriebene Fauna von Ström (Nr. 3500) an die Seite zu stellen ist (ein ausführ-
liches Werk von Klöcker ist übrigens im Erscheinen); die bekannte schwedische
Linné-Fauna von Villers (Nr. 2110); die alten immer noch wertvollen Werke von
Wallengren (p. 124), ferner den norwegischen Catalog von Siebke (Nr. 3171);
nicht übersehen dürfen wir dann die vielen faunistischen Abhandlungen über Nor-

wegen von Schneider (p. 104); wenig über Lepidoptera bringt Zetterstedts Fauna von Lappland (Nr. 3920).

Die **Schweiz** hat außer ihren zwei Gesellschafts-Publicationen (Nr. 398, 2375) den alten, allerdings bloß die Nachtfalter behandelnden De La Harpe (Nr. 755); die Walliser Fauna von Favre-Wullschlegel (Nr. 1026); das immer noch beste Werk von Frey (Nr. 1103, 1104); das Abbildungswerk [von Labram-Imhoff (Nr. 1811); den alten Catalog von Meyer-Dür (Nr. 2300); den neuesten Catalog eines Kantons von Rougemont (Nr. 2974); den ganz veralteten Schellenberg-Clairville (Nr. 3024); das im Erscheinen begriffene ausführliche Werk von Vorbrodt und Müller-Rutz (Nr. 3677); den populären Wheeler (Nr. 3826).

Spanien: Cunis (Nr. 727) Catalog zweier Provinzen; Graell's (Nr. 1273) Neubeschreibungen; Ramburs andalusischer Catalog (Nr. 2825), der leider nicht abgeschlossen wurde und jetzt bloß einige Familien umfaßt, und dessen „Faune" (Nr. 2824); Ribbes Reise (Nr. 2892) und dessen großes und schönes Andalusierwerk (Nr. 2897); Waltls (Nr. 3744) sehr seltene südspanische Reise.

Das **Palaearctische Asien** ist — besonders in seinen **westlichen Gebieten** — in manche europaeische Cataloge mit hineingezogen worden. Unentbehrlich für seine Fauna sind die schon erwähnten „Mémoires sur les Lépidoptères (Nr. 2268); erwähnt seien ferner noch die Werke über die Sibirische Fauna von Bremer (Nr. 374) — vorzüglich über das Amurland, über welches auch Graeser (Nr. 1274) schrieb — und Ménétriés (Nr. 2279, 2280); über die Schmetterlinge des Altai-Gebirges publicirte Elwes (Nr. 950) und Gebler (Nr. 1847), über die von Kleinasien Lederer (Nr. 1851) und Staudinger (Nr. 3396); von Centralasiatischen Faunen seien erwähnt: Erschoff: Turkestan (Nr. 988); Grum-Grshimaïlo: Pamir (Nr. 1313), ein großartiges Werk; Püngeler (Nr. 2801). Die „Horae" (Nr. 1542) sind besonders für das palaearctische Asien wichtig.

Relativ groß ist im Gegensatz zu der Literatur anderer Insektenordnungen und auch der des übrigen palaearctischen Asiens die lepidopterologische über **Ost-Asien.** Das Hauptwerk ist das von Leech (Nr. 1873), welches auch viele neue Arten beschreibt. Dann kommen in Betracht: Die Teile II und III aus Butlers Illustrations (Nr. 486); Donovans altes und schönes Buch (Nr. 828), welches Westwood einer Neuausgabe für würdig erachtet hat (Nr. 829); Kershaw (Nr. 1715); die zum Teil umfangreichen anderen Werke von Leech (p. 65), der in diesen ebenfalls viele Novitäten beschrieb; Matsumuras Catalog und Abhandlungen (p. 79); Miyakes kleine Werke (p. 83 und 132); Pryer (Nr. 2794), welcher sämtliche japanische Arten enthält; Wileman (Nr. 3839). Die von Nawa herausgegebene Zeitschrift „Insect World" (Abonnementspreis jährlich 10 Mk.) ist für diese Fauna wichtig.

Nord-Afrika hat einen jungen egyptischen Verein, der zwei Publicationen herausgibt (Nr. 397, 2267). Das alte schöne Werk von Klug (Nr. 1767), welches 7 lepidopterologische Tafeln enthält, beschäftigt sich mit der Fauna dieses Landes und mit der Arabiens. Die von Savigny, Audouin, Geoffroy-Saint-Hilaire gearbeitete Zoologie der Resultate des Napoleonischen Feldzuges nach Egypten (Nr. 765) enthält viel über Insekten. Für Algier hat Lucas in der großen „Exploration scientifique" die Insekten behandelt (die Schmetterlinge allerdings etwas stiefmütterlich im 3. Bande mit bloß 4 Tafeln); für dieses Gebiet kommt auch noch die Erichsonsche Bearbeitung der Wagnerschen Reiseausbeute (Nr. 3684) und der Catalog der von Kobelt gesammelten Species von Saalmüller (Nr. 1775) in Betracht.

Die **Aethiopische Region** (das tropische und südliche Afrika mit seinen Inseln) erfreut sich infolge der Kolonialbewegung jetzt eines stark gesteigerten wissenschaftlichen Interesses. Das hervorragendste Werk über die Tagfalter dieser Region ist das von Aurivillius (Nr. 58); dann für Südafrika sehr wichtig das von Trimen. (Nr. 3594) und speciell sein mit Bowker zusammen herausgegebenes dreibändiges Buch (Nr. 3620); endlich auch der 36 neue Species aus Madagascar und Kamerun abbildende außerordentlich selten gewordene Ward (Nr. 3745). [Ich erwarb soeben von diesem Rarissimum ein Exemplar, bei welchem sich noch ein drittes niemals herausgegebenes Heft befindet, welches bloß 6 schwarze, 19 neue Arten abbildende Tafeln ohne Text enthält]; Distant (Nr. 803) hat einige neue Arten von Nachtfaltern; Eltringham hat zwei ganz neue schöne Arbeiten über diese Region geliefert, die eine (Nr. 932) auch von hohem biologischen Werte, die andere eine afrikanische Gruppe monographisch behandelnd (Nr. 934); Fawcett (Nr. 1027) mit schönen Tafeln südafrikanischer Raupen; einige wenige neue Ostafrikaner von Deckens Reise werden von Gerstäcker (Nr. 1221) beschrieben; die Heteroceren Südafrikas sind von dem sonst in der orientalischen Region tätigen Hampson catalogisiert (Nr. 1382); Hopffer (Nr. 2645) beschreibt neue Arten von Peters' Reise nach Mozambique; das großartige Werk von Palisot (Nr. 2617) enthält wenig über Schmetterlinge; Wallengrens Arbeit über die Ausbeute des Missionars Wahlberg ist für Südafrika wichtig (Nr. 3708). Sonst sind noch zu nennen: Aurivillius (Nr. 70), einige Arbeiten von Dewitz (p. 27), Grünberg (Nr. 1317), Hampson (Nr. 1386), Karsch (Nr. 1674), Marshall (Nr. 2220), Meyrick (p. 82), Möschler (Nr. 2456), Pagenstecher (Nr. 2606), Peel (Nr. 2634), Rogenhofer (Nr. 2920), Schaus-Clements (Nr. 3023), einige Arbeiten von Sharpe (p. 107), Strand (p. 117), Walsingham (Nr. 3732). Die östlich vorgelagerte Insel Madagascar wird in ganz vorzüglicher Weise von Grandidier wissenschaftlich behandelt, in welchem Werke Mabille (Nr. 2172) den lepidopterologischen Teil bearbeitet; neue madagassische Arten beschreibt neben dem obengenannten Ward auch Boisduval (Nr. 233), Guénée (Nr. 3674), Saalmüller (Nr. 2985). Die Fauna der westlichen (allerdings zum Teil zur palaearctischen Region gezogenen) Inselgruppen hat ihre Bearbeiter in Rebel-Rogenhofer (Nr. 2857), Walsingham (Nr. 3741), White (Nr. 3827) und auch in der coleopterologischen Autorität für diese Gegend Wollaston (Nr. 3853, 3854); die Sammelergebnisse von Barker-Webb in den Kanarischen Inseln sind wieder von dem fleißigen Lucas beschrieben. Von Zeitschriften seien genannt die Publication des South African Museums, die in erster Linie entomologisch — allerdings überwiegend coleopterologisch — ist. Dann das größtenteils ökonomische Bulletin des Entomological Research Committee (Nr. 400).

Für die **Nearctische Region** (das gemäßigte und arctische Nord-Amerika) — bezüglich der in Frage kommenden Zeitschriften siehe p. XVIII—XX — existieren natürlich eine Zahl guter Lehrbücher der neuen Schule, die speziell mit Rücksicht auf die nordamerikanische Fauna — wenigstens in ihrem allerdings gegen die Biologie und Morphologie zurückstehenden systematischen Teile — gearbeitet sind. Die beliebtesten sind die des Ehepaars Comstock (Nr. 692 und 693); dann Folsom (Nr. 1085) auch vom ökonomischen Standpunkt wichtig; Packard (Nr. 2575). Mehr systematisch sind: Dickerson (Nr. 785), Gerhards alter Catalog (Nr. 1215), Hollands zwei sehr empfehlenswerte Bücher (Nr. 1519 und 1520), dann das neueste reich illustrierte Werk von Kellogg (Nr. 1704). — Cataloge haben geschrieben:

Beutenmüller (p. 7) für eine Zahl von Familien; Dyar (Nr. 901), ein großartiges Werk; Morris (Nr. 2437), veraltet; Skinner (Nr. 3185) und Strecker (Nr. 3497) über die Rhopaloceren. Bemerkenswert ist auch die Zahl nordamerikanischer Iconographien, welche mit dem alten schönen auch neue Arten abbildenden Abbott-Smithschen Foliowerk (Nr. 2) beginnt; dann Boisduval-Leconte (Nr. 246), auch Raupen abbildend; Dentons (Nr. 762) durch eine Fülle guter Photographieen geschmücktes Buch; Edwards (Nr. 916), das wissenschaftlich wertvollste Buch für die Tagfalter; Scudder (Nr. 3120), sehr wichtig, ausführlich monographisch gearbeitet; das schicksalsreiche Buch von Wright (Nr. 3863), dessen Tafeln auch einzeln erschienen sind (Nr. 3864). Wissenschaftlich über den geographischen Rahmen hinaus von Bedeutung sind: Die neueste soeben begonnene Publication von Barnes-Mc Dunnough (Nr. 117), Rothschild-Jordans grundlegende Papilioniden-Revision (Nr. 2970); die — allerdings mehr historisch wichtigen — Arbeiten des Begründers der wissenschaftlichen Entomologie Nordamerikas, die von Say, welche, in 3 Bänden 1824—1828 erschienen, außerordentlich selten geworden sind und 1859 wieder von Leconte herausgegeben wurden (Nr. 3006); Streckers (Nr. 3496) Abbildungen neuer Species. Schließlich seien noch einige Werke genannt, welche der Fauna kleinerer Bezirke gewidmet sind: Elrod (Nr. 930), Möschler (Nr. 2442, 2446), Porter (Nr. 2739), Smith (Nr. 3201), Zeller (Nr. 3911).

Die **Neotropische Region** (Süd- und Central-Amerika, Westindien): Für Central-Amerika ist das Hauptwerk der — am meisten vom ganzen Werk geschätzte — Schmetterlings-Teil des umfangreichsten aller neuen zoologischen Werke der „Biologia Centrali-Americana" (Nr. 209), der neben prächtigen Tafeln einen Catalog aller Arten mit genauen Fundorten und mit Neubeschreibungen enthält. Bedauerlicherweise ist das lepidopterologische Material der „Mission scientifique au Mexique" nicht veröffentlicht. Wichtig sind auch die Neubeschreibungen von Schaus (Nr. 3022). Von der centralamerikanischen Inselwelt ist Cuba wohl am besten bekannt: In Ramon de la Sagras seltener „Historia fisica de Cuba" beschreibt der literarisch so überaus fruchtbare Lucas die Schmetterlinge; Gundlach (Nr. 1336) hat ein umfangreiches geschätztes Buch verfaßt; die zwei allgemein zoologischen Bände von Poey (Nr. 2733) sind wichtig. Die Schmetterlinge von Trinidad hat Kaye (Nr. 1690, 1692) catalogisiert; Möschler hat sich mit der Fauna von Jamaica (Nr. 2455) und vor allem mit der von Portorico (Nr. 2457) beschäftigt, Snellen (Nr. 3230) mit der von Curaçao.

Südamerika: Wie bei den Käfern (siehe: Bibliographia Coleopterologica, p. X) ist auch hier Chile das relativ am besten bekannte Land: Hauptwerk ist die schöne Landesbeschreibung — der obigen von Ramon de la Sagra vergleichbar — von Gay (Nr. 1201), in welcher Blanchard die Schmetterlinge im 7. Bande, der aber nicht einzeln vorkommt, unter Hinzufügung vieler Neubeschreibungen behandelt; weitere Werke über die chilenische Fauna: die Cataloge von Bartlett-Calvert (Nr. 126), die von Butler beschriebene Heterocerenausbeute Edmonds' (Nr. 504), Elwes Nr. 953). Der Brasilianischen Fauna sind gewidmet: Bönninghausen (Nr. 358), Mabilde (Nr. 2165), Ménétriés (Nr. 2276), das Raupenwerk von Peters (Nr. 2643) und dessen schöner großer Atlas (Nr. 2644), wozu dann noch die größtenteils ökonomische und wohl eingegangene Zeitschrift „Entomologista Brasileiro" (Nr. 1917) kommt. Surinams reiche Fauna behandeln Möschler (Nr. 2449) und das alte schön colorierte Werk von Sepp (Nr. 3157). Wichtig sind weiter für die südamerikanische Fauna:

Burmeister (Nr. 411) mit neuen Arten, der 1. Teil von Butlers Heterocerenwerk (Nr. 486); die beiden Publicationen von Dognin (Nr. 817 und 819) mit sehr vielen neuen, zum Teil gut abgebildeten Arten; Hahnel (Nr. 1366), Kollar (Nr. 1770), Preiss (Nr. 2768), Simon (Nr. 3178), Staudinger (Nr. 3411). Endlich ist für die Fauna Südamerikas charakteristisch eine ungewöhnlich große Zahl von wissenschaftlichen Reisen, von welchen Insekten nach Hause gebracht wurden: Der von Perty bestimmte entomologische — jetzt sehr seltene und teure — Teil der Forschungsresultate der Brasilianischen Reise von Spix und Martius, Osculatis Amazonas-Expedition, Latreilles Insekten der größten Südamerikanischen Reise, der von Humboldt und Bonpland (Nr. 1594), der faunistische Band III von R. Schomburgks Reisen in Britisch-Guiana, die von Doering u. a. verfaßte Zoologie der Rio-Negro-Expedition (Nr. 835), der von H. Lucas geschriebene entomologische Teil der Castelnauschen Reise (Nr. 2143), die von Blanchard und Brullé bearbeitete entomologische Abteilung der D'Orbignyschen Reise, die Reiseergebnisse der Mission au Cap Horn (Nr. 2173), die der Magalhaens-Expedition (Nr. 3423), die von Weymer und Maassen beschriebenen Resultate von Stübels Reise (Nr. 3825). — Auch der Periódico Zoológico (Nr. 2638) ist speziell der Fauna dieser Region gewidmet.

Die **Australische Region** (Australien, Oceanien, Celebes): Die viele Neubeschreibungen auch aus dieser Region enthaltenden Resultate der „Astrolabe-" (Nr. 230), der „Horn-" (Nr. 3293), der Kotzebue- (Nr. 1797) und der „Novara-Expedition (Nr. 1042), letztere lepidopterologisch die weitaus wichtigste, da eine überaus große Zahl übrigens auch anderen Gebieten entspringende Novitäten enthaltend und abbildend. Besonders gut erforscht ist Neu-Seeland: Butlers und Feredays Catalog (Nr. 462 und 1048); die zwei großen Werke von Hudson (Nr. 1585, 1586) und seine kleineren Abhandlungen (Nr. 3941—2945). Für Hawaii existiert eine entomologische Gesellschaft (Nr. 3776), dann Meyricks großes Macro-Werk und Walsinghams Micro-Werk (Nr. 3324 und 2739). Neu-Guinea: Kirsch (Nr. 1755), Snellen (Nr. 3215). New-South-Wales: Hatte vor 40 Jahren eine entomologische Gesellschaft (Nr. 3588) (jetzt wird alles Entomologische größtenteils in der Publication der „Linnean Society of New South Wales" veröffentlicht), dann das alte Werk von Lewin (Nr. 2079), das wegen seiner Neubeschreibungen noch einige Bedeutung hat. Ueber den Bismarck-Archipel veröffentlichte Pagenstecher ein schönes Werk (Nr. 2601) und Ribbe eine Zahl von Abhandlungen (p. 99). Ueber das in diese Region hineinbezogene Celebes existiert: Rothschild (Nr. 2957) und vor allem Snellen (Nr. 3220). Sonst ist über Australien noch zu nennen: Donovans schönste Publication (Nr. 832); Meyricks Abhandlungen (p. 81—82); Miskins Catalog (Nr. 2371); Rainbows elementares Werk (Nr. 2820); vor allem Scott (Nr. 3104—3106) auch mit vielen Raupenabbildungen; Swinhoes wichtiger Catalog (Nr. 3530). Das große zusammenfassende Werk von Froggatt (Nr. 1122) ist — wie die modernen Bücher von Comstock, Folsom, Maxwell-Lefroy und ähnliche — in erster Linie biologisch und morphologisch, das von French (Nr. 1936) ökonomisch; Mc Coy (Nr. 2180) enthält kaum etwas über die Lepidopteren.

Die **Orientalische Region** umfaßt Indien, Süd-China und die Philippinen. Sehr reichhaltig ist die Literatur über die Fauna Ostindiens. Das Hauptwerk ist die „Fauna of British India", ein reich illustriertes Buch in großem Stil mit vollständigen Beschreibungen, die so vorzüglich sind, daß das Werk, insbesondere sein Heteroceren-Teil, sogar auch für andere Gebiete unentbehrlich ist (Nr. 207 und 1370). Das prächtige Abbildungswerk — wohl das größte moderne — von Moore (Nr. 2427), dessen Tafeln viel schöner sind als diejenigen, die in dem ebenfalls sehr wichtigen Werke desselben Autors über die Fauna Ceylons (Nr. 2410) enthalten sind. Endlich das ältere, aber immer noch gesuchte Buch von Marshall-Nicéville (Nr. 2221) und der Heterocerencatalog von Cotes-Swinhoe (Nr. 716). Weiter kommt für Indien und Ceylon in Betracht: Der 5.—9. Band des Butler-schen Heterocerenwerkes (Nr. 486); Delesserts Reise (Nr. 758), die gerade die Schmetterlinge besonders berücksichtigt; die beiden alten schön colorierten Werke von Donovan (Nr. 830) und Westwood (Nr. 3794), von denen das erstere von dem letzteren noch einmal neu herausgegeben wurde (Nr. 831); Elwes' Catalog (Nr. 942); Grays Werk (Nr. 1278) mit Novitäten; Hewitson-Moores Neu-beschreibungen (Nr. 1476); Horsfield-Moores (Nr. 1562) besonders in der colo-rierten Ausgabe prächtiger Catalog mit zahlreichen Raupenbeschreibungen; die vielen Abhandlungen des besten Kenners der indischen Schmetterlingsfauna Moore (p. 84 und 85); Swinhoes schöner Catalog des Oxforder Museums und sein Werk über die Heteroceren von Burma und seine zahlreichen anderen Abhandlungen (p. 118 und 119). Die „Indian Museum Notes" (Nr. 1958) sind unentbehrlich. Maxwell-Lefroys Lehrbuch (Nr. 2251) ist vorzüglich morphologisch und entwicklungs-geschichtlich, Stebbings Bücher (Nr. 3442, 3443) ökonomisch.

Entsprechend ihrer Bedeutung ist die Lepidopteren-Literatur über die Fauna des Malayischen Archipels eine im Gegensatz zu der der anderen Insektenordnungen ungewöhnlich große. Das „Philippine Journal" (Nr. 2668) und die „Tijdschrift voor Entomologie" (Nr. 3581) sind für dieses Gebiet unentbehrlich. Grundlegend sind: Das Rhopalocerenwerk von Distant (Nr. 802) mit vielen neuen Arten; die ungemein zahlreichen Arbeiten des Spezialkenners der Tagfalter dieser Gegend Fruhstorfer (p. 38 und 39); die wichtige Reihe, ebenfalls hauptsächlich Tagfalter enthaltend, von Pagenstecher (Nr. 2578); Sempers großes Buch (Nr. 3150, 3151) mit vielen Neubeschreibungen, speziell unter den weniger bekannten Heteroceren. Am ein-gehendsten erforscht sind die Inseln Java und Sumatra. Über die erstere schrieben: Deventer (Nr. 768); Piepers-Snellen (Nr. 2679 und 2682); Snellen (Nr. 3249); Zincken (Nr. 3924). Über Sumatra mit den kleinen Nebeninseln: Hagen (Nr. 1354 und 1358); Kheil (Nr. 1718); Nicéville-Martin (Nr. 2505 und 2515); Snellens Ergebnisse der Vethschen Expedition (Nr. 3234). Sonst ist noch über das ganze Gebiet zu nennen: de Haan (Nr. 1340) mit neuen Arten; Nicévilles Arbeiten (p. 87); Pagenstechers zwei Reiseausbeuten (Nr. 2597 und 2598); Preiss (Nr. 2768); Röber (Nr. 2911); Snellen van Vollenhovens und Wallaces Pieridae (Nr. 3257 und 3697); Staudinger (Nr. 3404); die klassischen Arbeiten Walkers (p. 124), des Mannes, der von allen Menschen wohl die meisten Lepidopteren be-schrieben hat; Wallaces berühmte Werke über den malayischen Archipel (Nr. 3696 und 3700).

Aus derjenigen Literatur, die auch in der Lepidopterologie am umfangreichsten ist, nämlich aus der, welche sich mit der **Systematik einzelner Familien und Gattungen** beschäftigt, seien im folgenden eine Zahl hervorgehoben (wobei auf das vollständige Literaturverzeichnis verwiesen sei, das in jedem Heft meines in raschem Fortschreiten befindlichen „Lepidopterorum Catalogus" enthalten ist):

Die Papilionidae haben an eigenen Werken: In erster Linie die Rothschild-Jordan sche Revision (Nr. 2970) der amerikanischen Species; Veritys neue schöne Iconographie der Palaearcten (Nr. 3657); Grays Catalog des British Museums (Nr. 1279); Prauns populäres Buch (Nr. 2766); dann die zwei Werke über Parnassiinae von Stichel (Nr. 3460) und — allerdings alt — von Austaut (Nr. 74). (Über diese Gattung erscheint bald ein neuer Catalog von Bryk im neuen „Lepidopterorum Catalogus"). Dann noch Rippons Subfam. Troides (Nr. 2909) und wieder Stichels Subfam. Zerynthiinae (Nr. 3461). Das klassische Werk über die Gattung Ornithoptera ist das von Rippon (Nr. 2910).

Pieridae: Snellen van Vollenhoven (Nr. 3257) und Wallace Nr. 3697) schrieben über asiatische Species; Verity (Nr. 3657) über die Palaearcten (mit schönen Abbildungen; einen vollständigen Catalog hat Paravicini (Nr. 2628) in Vorbereitung; Sharpe (Nr. 3165) hat seine Monographie der Gattung Teracolus nicht vollendet; Butlers (Nr. 461) Monographie des Genus Callidryas ist immer noch geschätzt.

Die Nymphalidae hat sich speciell Stichel (p. 116, 117) zum Arbeitsgebiet gewählt; Eltringham-Jordan beginnen sie für den neuen „Lepidopterorum Catalogus" zu catalogisieren (Nr. 935), nachdem der erstere bereits eine meisterhafte Monographie einer Subfamilie geschrieben hat (Nr. 934); W. Müller beschäftigte sich mit den neotropischen Species und deren Raupen (Nr. 2476); Riffarth ist neben Stichel der beste Kenner der Heliconiiden (p. 100), von denen auch Weymer (Nr. 3817) eine Revision begann; die Satyridae catalogisierte Butler (Nr. 440).

Erycinidae: Mengel (Nr. 2282); in den „Genera Insectorum" beginnt Stichel die Gattung der Riodinidae zu bearbeiten (Nr. 3462).

Relativ groß ist die Literatur über die Bläulinge, die Lycaenidae: Bakers Revision zweier Gruppen dieser Familie (Nr. 92 und 99); auch dessen Catalogisierung für den „Lepidopterorum Catalogus" ist in Vorbereitung (Nr. 102a); zahlreiche Abhandlungen und Werke von Druce über Species aus allen Regionen (p. 30); Gerhards veraltete Monographie einzelner Gattungen (Nr. 1214); die zwei sehr wichtigen Werke von Hewitson, sein British Museum-Catalog (Nr. 1466) und sein schönes Abbildungswerk (Nr. 1467). In den alten „Beiträgen" von Knoch (Nr. 1774) sind viele neue Lycaeniden beschrieben.

Die Hesperiidae beginnt im neuen „Lepidopterorum Catalogus" Mabille zu catalogisieren (Nr. 2178), nachdem er schon in den „Genera Insectorum" eine große Arbeit geliefert hat (Nr. 2177); von den orientalischen Arten existiert die Revision von Elwes-Edwards (Nr. 957), von den afrikanischen die von Holland (Nr. 1518); eine allgemeine Classification schrieb Watson (Nr. 3764).

Die Sphingiden-Literatur spec. die neuere ist ebenfalls groß: Beutenmüllers (Nr. 198), Fernalds (Nr. 1051), J. B. Smiths (Nr. 3199) Werke über die nearctische Fauna; Butlers allerdings jetzt überholte Revision (Nr. 474); die „List" des British Museums (Nr. 1280); Moss' neue auch viele Raupenbeschreibungen enthaltende neotropische Fauna (Nr. 2459); Naganos Abbildungen japanischer Species (Nr. 2481); Newports (Nr. 2492) alte, Piepers' (Nr. 2675) und Stobbes neue anatomische Arbeiten (Nr. 3478); vor allem aber (neben früheren Arbeiten desselben Autors) die vorbildliche Revision, welche W. Rothschild mit Jordan in den „Novitates Zoologicae" veröffentlichte (Nr. 2969), sowie deren andere Compagniearbeit in den „Genera Insectorum" (Nr. 2971); einen für jeden Specialisten unentbehrlichen

Catalog beginnt W a g n e r (Nr. 3680) zu veröffentlichen; K i r b y 's Catalog (Nr. 1749) geht bis 1890. Der Teil aus P r a u n s Buch (Nr. 2766) ist für Anfänger.

Über die Literatur der Pfauenspinner, der S a t u r n i i d a e, seien genannt: Das Werk von G r o t e (Nr. 1302) wertvoll wie alle Schriften dieses Autors; das schöne Abbildungswerk von M a a s s e n (Nr. 2163) mit zahlreichen neuen Arten; W e s t w o o d s Monographie der großen afrikanischen Species (Nr. 3795); S t r a n d hat einen Catalog in Vorbereitung (Nr. 3495).

Über die übrigen Spinner, die B o m b y c e s, existieren außer der Riesenliteratur über den Seidenspinner (p. 9—12), aus welcher das Werk von S o n t h o n n a x - C o n t e (Nr. 327) wegen seines wissenschaftlichen Wertes besonders hervorzuheben ist, die zwei schönen Bände von P a c k a r d über die nearctischen Species (Nr. 2572) und B e u t e n m ü l l e r s Catalog derselben Fauna (Nr. 199); S t r e t c h (Nr. 3498) mit vielen neuen nearctischen Arten; K i r b y 's Catalog (Nr. 1749); die Abteilung aus P r a u n (Nr. 2766) ist populär.

Für die Eulen, N o c t u i d a e, ist maßgebend der 4.—12. Band (letzterer soeben erschienen) des großartigsten, verschwenderisch illustrierten Cataloges, des von H a m p - s o n über die Species des British Museums (Nr. 1680); dann B e u t e n m ü l l e r s (Nr. 201), G r o t e s (Nr. 1298) und vor allem — sehr wichtig — S m i t h - D y a r s (Nr. 3209) Publication über die Nord-Amerikaner; dann C u l o t s neue Iconographie (Nr. 726); E v e r s m a n n s alte aber immer noch wertvolle Russische Fauna (Nr. 1010); überdies auch dessen Uralische Fauna (Nr. 1004); des scharfen Systematikers L e d e r e r palaearctische Fauna (Nr. 1852); die „List" des British Museums (Nr. 1280); M e y r i c k s Monographie der Neuseeländischen Fauna (Nr. 2306); P i e r c e s systematisch wichtige Genitalienbeschreibung (Nr. 2685) und S t o b b e s Beschreibung der Duftorgane (Nr. 3478); dann vor allem das neueste Werk: S t r a n d s Beginn eines Cataloges aller Species '(Nr. 3494); endlich das große für das Studium aller Europäer sehr wichtige auch nicht-englische Varietäten berücksichtigende Buch von T u t t (Nr. 3633).

Die Spanner, G e o m e t r i d a e, haben eine nicht geringe Literatur: Der Teil von P r a u n (Nr. 2766) ist allgemein verständlich; P r o u t (Nr. 2789) hat eine Catalogisie-rung im großen „Lepidopterorum Catalogus" begonnen, nachdem er in den „Genera Insectorum" (Nr. 2785, 2786, 2788) bereits mehrere Subfamilien beschrieben, wie er auch sonst eine Zahl von Abhandlungen über die Spanner veröffentlicht hat (p. 96); fundamental und über den geographischen Bezirk, dem das Werk gewidmet ist, hinaus ist von Be-deutung G u m p p e n b e r g s Systema (Nr. 1334) und P a c k a r d s Monographie (Nr. 2568); daneben kommt noch in Betracht: F r i o n n e t s Raupenwerk (Nr. 1114), G a r t n e r (Nr. 1191), H u l s t s Classification (Nr. 1593), L e d e r e r s seiner Zeit grundlegende Systematik (Nr. 1849), die „List" des British Museums (Nr. 1280), P i e r c e s Genitalien-beschreibung (Nr. 2686), welche in Vorbereitung ist, S n e l l e n s Aufzählung neotro-pischer Species (Nr. 3216). Für die Gattung Eupithecia ist D i e t z e (p. 27, 28) Autorität, speziell dessen prachtvolle und ausführliche Biologie (Nr. 793) sei hervor-gehoben; die Eier dieser Gattung beschreibt D r a u d t (Nr. 843); endlich sei noch das mit schönen Abbildungen versehene Werk von P e t e r s e n (Nr. 2653) erwähnt.

U r a n i i d a e: W e s t w o o d (Nr. 3804).

Von allgemeinen Werken über die **Microlepidopteren** sei neben den Ab-teilungen aus dem grundlegenden Werke von H e i n e m a n n (Nr. 1415) und den populären von P r a u n (Nr. 2766, 2767) in erster Linie das soeben erschienene sehr schöne Buch von S p u l e r (Nr. 3331) genannt; Abbildungen bringt der alte F i s c h e r v. R ö s l e r s t a m m (Nr. 1073); weiter sei erwähnt das auch biologisch und in Bezug auf Raupen wichtige Werk von Hartmann (Nr. 1396); endlich Crombrugghes Belgische (Nr. 721), Sorhagens Brandenburgische (Nr. 3279) und Mitterbergers Salzburger Fauna (Nr. 2376), die neueste und bedeutendste. Caradja (Nr. 567) catalogisierte die Rumänischen, Gianelli (Nr. 1226) die Nord-Italienischen, Snellen (Nr. 3214) die Holländischen, Walsingham (Nr. 3739) die Hawaiischen Tiere. Zeller (p. 129—131) schrieb eine große Zahl wichtigster Abhandlungen.

Syntomidae: Der I. Band von Hampsons Catalogue (Nr. 1380); Zernys neuer Catalog (Nr. 3918).

Arctiidae: Der II. und III. Band von Hampsons Catalogue (Nr. 1380); in Vorbereitung Nassauers Catalog (Nr. 2482).

Über Zygaenidae (Anthroceridae): Boisduvals alte, aber immer noch brauchbare Monographie (Nr. 229); Dziurzynskis Palaearctenwerk (Nr. 908); Stretchs viele Novitäten enthaltende "Illustrations" (Nr. 3498); Jordan-Burgeff (Nr. 1648a) bereiten einen Catalog aller bekannten Species vor.

Sesiidae (Aegeriidae): Beutenmüller (Nr. 200).

Psychidae: Bruand (Nr. 383), immer noch wertvoll; Zykoff (Nr. 3935).

Von Pyraliden-Literatur sei genannt: Fernalds Crambiden (Nr. 1052) und Hulsts Phycitiden (Nr. 1592) von Nord-Amerika; die Abhandlungen von Hampson (p. 46); Herings Sumatra-Fauna (Nr. 1436); Kenricks Catalogue von Neu-Guinea (Nr. 1711, 1713); Lederers altes grundlegendes Werk (Nr. 1862); Leechs Britische Fauna (Nr. 1867); die „List" des British Museums (Nr. 1280); Meyricks Australische Fauna (Nr. 2304) und dessen andere Abhandlungen über dieselbe Gegend (p. 82); Ragonots sehr wichtige Classification (Nr. 2814) und vor allem aber dessen monumentale herrlich colorierte Monographie zweier Gruppen (Nr. 2815), über welche er auch sonst eine Zahl von Abhandlungen veröffentlichte (p. 97); Snellens sehr zahlreiche Abhandlungen hauptsächlich über exotische Species (p. 109, 110).

Pterophoridae und Orneodidae: Fernald (Nr. 1053), Leech (Nr. 1867), Meyrick (Nr. 2336, 2337), Walsingham (Nr. 3720).

Das Hauptwerk über die Tortriciden — wenigstens über deren palaearctische Arten — beginnt Kennel (Nr. 1710) herauszugeben; ein unentbehrlicher, vollständiger Catalog erschien soeben aus der Feder Meyricks (Nr. 2345); einen Catalog aller Gattungen und einen Catalog aller nearctischer Species schrieb Fernald (Nr. 1049, 1054); über letztere Fauna hat auch Walsingham ein schönes Werk publiciert (Nr. 3719), der auch sonst sehr wichtige Arbeiten über diese Familie lieferte (p. 125); wissenschaftlich wertvoll ist auch hier immer noch Lederers Classification (Nr. 1857); die „List" des British Museums (Nr. 1280); biologisch von Interesse Wachtls Arbeit über eine ökonomisch wichtige Art (Nr. 2067); Wilkinsons Britische Fauna (Nr. 3840) mit manchen Novitäten.

Die Tineidae-Literatur ist hauptsächlich englisch: In erster Linie die — allerdings dreisprachliche — alte Naturgeschichte von Stainton und anderen (Nr. 3351), auch biologisch spez. für die Europäer (Exoten waren damals weniger bekannt) wichtig, sowie desselben Autors andere Werke und von ihm herausgegebene Zeitschriften (p. 113); Clemens' Schrift über die Nordamerikaner (Nr. 685) aus Zeitschriftenartikeln bestehend, welche wieder Stainton gesammelt und mit wertvollen Ergänzungen versehen hat; die „List" des British Museums (Nr. 1280); für einige Gattungen ist Meyricks Catalog (Nr. 2344) unentbehrlich.

Gracilariidae: Meyrick (Nr. 2341, 2344).

Die Micropterygidae und Hepialidae catalogisierten Meyrick (Nr. 2342 und 2344) und Wagner-Pfitzner (Nr. 3683).

Von **Zeitschriften** ist in der Schmetterlingskunde die führende die „Iris" (Nr. 1615, Preis jährlich M. 15—25), die einzige noch blühende entomologische Zeitschrift großen Stiles, die lediglich der (überwiegend systematischen und faunistischen) Kenntnis der Schmetterlinge gewidmet ist. Die splendid ausgestatteten „Mémoires" des russischen Großfürsten (Nr. 2268), die leider keine Fortsetzung erfahren haben, sind ebenfalls unentbehrlich, spez. — wie bereits oben gesagt — für die Kenntnis der palaearctischen Fauna Asiens und darin wieder der der Micros. Ebenfalls steckengeblieben ist die ausschließlich lepidopterologische amerikanische Zeitschrift, der „Papilio" (Nr. 2625). Neugegründet ist das „Bulletin" der lepidopterologischen Gesellschaft in Genf (Nr. 398, Preis pro Band M. 20). In Wien existieren 2 kleine Vereine für Schmetterlingskunde (Nr. 1625, 2374). Neben diesen rein lepidopterologischen Zeitschriften ist die wichtigste die von W. Rothschild und seinem Stabe herausgegebene, die „Novitates Zoologicae" (Nr. 2539, Abonnement jährlich M. 30), welche neben ornithologischen Artikeln die großartigsten Arbeiten auf dem Gebiete der systematischen und faunistischen Schmetterlingskunde, hauptsächlich aus der Feder des Herausgebers und Jordans, enthalten.

Von den Publicationen der großen allgemein entomologischen Vereine kommen in Betracht die „Annales" der belgischen Gesellschaft (Nr. 29, Abonnement jährlich M. 18) und die „Mémoires" desselben Vereines (Nr. 2266, jährlich ca. M. 6) beide allerdings wenig über Lepidoptera enthaltend; die „Annales" der französischen Gesellschaft (Nr. 30, Abonnement jährlich M. 27 mit dem „Bulletin"); die „Zeitschrift" der Deutschen Entomologischen Gesellschaft (Nr. 767, Preis pro Heft M. 3—6) ebenfalls ganz überwiegend den anderen Insektenordnungen — vorzüglich den Käfern — gewidmet, im Gegensatz zu der stark lepidopterologischen „Zeitschrift" des Berliner Vereines (Nr. 194, Preis pro Band M. 18—25), welche beiden Publicationen aber noch im Jahre 1913 ebenso verschmolzen werden, wie dies schon jetzt bei den — 30 Jahre getrennt gewesenen — Vereinen der Fall ist; die Englischen Transactions (Nr. 3584, Preis der Hefte verschieden); das „Bulletino" des Italienischen Vereines (Nr. 401, Abonnement jährlich M. 12); die „Horae" der Russischen Gesellschaft (Nr. 1542, Preis pro Band ca. M. 30); die „Tidskrift" des Schwedischen Vereines (Nr. 974, Abonnement jährlich M. 9); die „Mitteilungen" der Schweizerischen Entomologischen Gesellschaft (Nr. 2375, Preis pro Heft ca. M. 3); die alte „Zeitung" des Stettiner Vereins (Nr. 3452, Abonnement jährlich M. 12); die „Tijdschrift" des Holländischen Vereins (Nr. 3581, Abonnement jährlich M. 16), wichtige und wertvolle lepidopterologische Arbeiten enthaltend. Daneben von den Amerikanischen Vereins-Publicationen, die naturgemäß der Fauna ihres Landes den Vorzug geben: Die jungen „Annals" der Entomological Society of America (Nr. 33, Abonnement jährlich M. 20) und die „Transactions" der American Entomological Society (Nr. 3587, Abonnement jährlich M. 22) mit ihren Vorläufern, den „Proceedings" (Nr. 2773); die Publicationen der 2 Canadischen Vereine, der „Canadian Entomologist" (Nr. 556, Abonnement jährlich M. 7) und der allerdings fast ausschließlich ökonomische „Report" der Ontario

Society (Nr. 2016, jährlich ca. M. 5); das „Journal" der New Yorker Gesellschaft (Nr. 1654, Abonnement jährlich M. 12); die Washingtoner „Proceedings" (Nr. 2775, Abonnement jährlich M. 15); die lepidopterologisch wichtige „Psyche" des Cambridge Club (Nr. 2795, Abonnement jährlich M. 9); das junge, ebenfalls mehr der Kenntnis schädlicher Insekten dienende Pomona College „Journal" (Nr. 2734, Abonnement jährlich M. 6). Dann für die Australier die Gesellschaft von Hawaii (Nr. 2776), deren — wie es scheint — steckengebliebene „Proceedings" allerdings hauptsächlich ökonomische Tendenz haben.

Weiter kommen für Abonnement in Betracht von kleineren Vereins-Publicationen: Die „Entomologischen Mitteilungen" des Deutschen Entomologischen Museums (Näheres siehe Seite 139, Preis für Vereinsmitglieder jährlich M. 7), deren Vorläufer die „Deutsche Entomologische Nationalbibliothek" war (Nr. 766); die für die Lepidopterologie wichtige „Zeitschrift" des Internationalen Entomologischen Vereins (Nr. 973, Abonnement jährlich M. 6) (über dessen Geschichte siehe Seite 55); die früher „Zeitschrift" (Nr. 3872), jetzt „Jahreshefte" (Nr. 1627, Preis pro Heft M. 1) genannte Publication des kleinen Schlesischen Vereins; die „Mitteilungen" der jungen Hallenser Gesellschaft (Nr. 2373, Preis jährlich ca. M. 2); die „Meddelelser" des Dänischen Vereins (Nr. 975, pro Bd. ca. M. 20), hauptsächlich allerdings dänischen Käfern gewidmet; die „Insecta" der Renner Station (Nr. 1611, Abonnement jährlich M. 18); die ökonomische „Redia" der Florenzer Station (Nr. 2015, Preis jährlich M. 20); die „Revue" des Vereins in Namur (Nr. 2879, Abonnement jährlich M. 7); die „Transactions" der kleinen Londoner Konkurrenz-Gesellschaft (Nr. 3586, Preis jährlich ca. M. 1,50); die vorzügliche, ebenfalls von der Russischen Entomologischen Gesellschaft herausgegebene „Revue d'Entomologie" (Nr. 2880, Abonnement jährlich M. 12); das Centralorgan der Ungarn die „Rovartani Lapok" (Nr. 2976, Abonnement jährlich M. 8); das „Bulletin" des neuen Egyptischen Vereins (Nr. 397, Abonnement jährlich M. 10), welcher auch „Mémoires" (Nr. 2267) herausgibt; das mehr ökonomische Afrikanische „Bulletin of Entomological Research" (Nr. 400, Abonnement jährlich M. 10).

Von Zeitschriften, die nicht Verein's-Publicationen sind, sind die wichtigeren: Die Wiener Entomologische Zeitung (Nr. 3836, Abonnement jährlich M. 9), allerdings wenig lepidopterologisch; die Zeitschrift für wissenschaftliche Insektenbiologie (Nr. 3873, Abonnement jährlich M. 14), von Interesse für Forscher auf morphologischem und biologischem Gebiet; die Entomologische Rundschau (Nr. 971, Abonnement jährlich M. 6) und die Gubener Zeitschrift (Nr. 1614, Abonnement jährlich M. 6), beide vorwiegend lepidopterologisch; das Kranchersche Jahrbuch (Nr. 968, jährlich ein Bändchen zum Preise von M. 1.60); die 2 französischen größtenteils coleopterologischen Zeitschriften Miscellanea Entomologica (Nr. 2365, Preis jährlich M. 6) und die Revue d'Entomologie (Nr. 2878, Preis jährlich M. 12); dann die 3 englischen Periodica: Entomologist (Nr. 976, Preis jährlich M. 6,50), Entomologist's Monthly Magazine (Nr. 979, Abonnement jährlich M. 6) und vor allem der lepidopterologisch außerordentlich wichtige Entomologist's Record (Nr. 980, Abonnement jährlich M. 7,50); die vorzüglich redigierten amerikanischen Entomological News (Nr. 966, Abonnement jährlich M. 12); das der Kenntnis schädlicher Insekten gewidmete amerikanische Journal of economic Entomology (Nr. 1962, Abonnement jährlich

M. 12); soeben beginnt ein gleichen Zwecken gewidmetes englisches Referatenblatt zu erscheinen, die Review of applied Entomology (2 Abteilungen, jährlich zusammen M. 13); die japanische Insect World (Abonnement jährlich Mk. 10).

Von Entomologischen Zeitschriften, die erloschen sind, kommen für den Lepidopterologen in Betracht: Die 9 Bände der Allgemeinen Zeitschrift für Entomologie (Nr. 20), welche in die „Zeitschrift für Insekten-Biologie" übergegangen ist; Cistula Entomologica (Nr. 684), 3 Bände; die 5 Bände des Entomological Magazine (Nr. 964) mit wichtigen Neubeschreibungen; die 26 Jahrgänge der Entomologischen Nachrichten (Nr. 970); die 2 Jahrgänge des Entomologischen Wochenblattes (Nr. 972); der eine Jahrgang des Entomologiste Genevois (Nr. 977); die beiden Germarschen Zeitschriften (Nr. 1217, 1220) in ihren zusammen 9, allerdings wenig über Schmetterlinge enthaltenden Bänden; die 6 Bände von Illigers Magazin (Nr. 1609); die 6 Bände der lepidopterologisch wertvollen Indian Museum Notes (Nr. 1958); das von ökonomischem Standpunkte hochgeschätzte Insect Life (Nr. 1959) in seinen 7 Bänden; die 23 selbständig erschienenen Jahrgänge der Insektenbörse (Nr. 1612); die beiden 4 Jahrgänge umfassenden Vorläufer der Zeitschrift des Internationalen Entomologischen Vereins (Nr. 707, 1613); die 2 manches über Lepidopteren enthaltenden Bände des Journal of Entomology (Nr. 1653); die für Micros wichtigen 16 Bände der Linnaea Entomologica (Nr. 2119); die 11 Jahrgänge der Petites Nouvelles Entomologiques (Nr. 2654); die alte vorzügliche, aber weniger Schmetterlinge berücksichtigende Silbermannsche Revue in ihren 5 Bänden (Nr. 2877); die 24 selbständig erschienenen Jahrgänge der Societas Entomologica (Nr. 3266); die beiden Bände der New South Wales Transactions (Nr. 3588), deren erster Band fast in seiner ganzen Auflage verbrannte; die lepidopterologisch speziell wegen der Arbeiten von Lederer sehr wichtigen 8 Bände der Wiener Entomologischen Monatsschrift (Nr. 3835); dann die 6 steckengebliebenen amerikanischen Zeitschriften: American Entomologist (4 Bände), Bulletin der Brooklyn Society (Nr. 399, 7 Bände), Entomologica Americana (Nr. 963, 6 Bände), North American Entomologist (Nr. 2537, ein Band); Practical Entomologist (Nr. 2765, 2 Bände), die Proceedings der Philadelphia Society (Nr. 2773, 6 Bände); endlich die wegen ihres Herausgebers Stainton wichtigen 3 Journale: Entomologist's Annual (Nr. 978, 20 Bände), Entomologist's Weekly Intelligencer (Nr. 981, 10 Bände), Substitute (Nr. 3505, 1 Band).

Zum Schlusse möchte ich — sinnentsprechend verändert — die Worte wiederholen, die ich an das Ende meines Vorwortes der „Bibliographia Coleopterologica" gesetzt habe, und die sich mit gleichem Recht auf die lepidopterologische Literatur beziehen: Was ich in obigem versucht habe, eine Würdigung der hervorragendsten lepidopterologischen und — soweit für den Lepidopterologen von besonderer Wichtigkeit — der allgemein entomologischen Werke und Zeitschriften zu geben, ist natürlich ein ohne Lücken und Irrtümer nicht durchführbares Wagnis. In einer so riesigen Literatur (als Anhalt sei gegeben, daß nach meiner Schätzung der Anschaffungspreis einer Bibliothek der hauptsächlich für den Lepidopterologen wichtigen Bücher und Periodica ca. M. 50000 und das Jahresabonnement auf die wichtigen Zeitschriften ca. M. 600 kosten würde) eine Jeden befriedigende Auswahl zu treffen, ist unmöglich. Ich erbitte mir im voraus Ihre Nachsicht und vor allem aber auch neben Ihrem Urteil über das Geleistete Richtigstellungen und Nachträge für eine künftige Neuauflage.   Wilhelm Junk.

Auctores Lepidopterologici.

Dr. G. Adlerz. Sundsvall (Schweden).
S. Alpheraky. Petersburger Seite, Kronwerkski Prospekt 71. St. Petersburg.
E. André. 17 Rue Victor Hugo. Gray, Hte.-Sâone (France).
Prof. C. Aurivillius. Kgl. Vetenskaps Akademien. Stockholm.
G. T. Bethune Baker. 19 Clarendon Road, Edgbaston. Birmingham (England).
Dr. A. Bang-Haas. Dresden-Blasewitz.
Prof. C. S. Banks. Bureau of Science. Manila (P. I.).
Dr. W. Baer. Kgl. Forstakademie. Tharandt.
Dr. W. Barnes. 500 W. Main St. Decatur, Ill. (U. S. A.).
M. Bartel. Gileitzenhofstr. 84. Nürnberg.
Sanitäts-Rat Dr. Bastelberger. Sonnenstr. 9. Würzburg.
Dr. S. Bengtsson. Entomolog. Museum d. Universität. Lund (Schweden).
Prof. A. Berlese. R. Stazione d'Entomologia Agraria, Via Romana 19. Firenze.
W. Beutenmüller. American Museum of Natural History, Dept. of Entomology.
     New York.
Prof. C. Blachier. 11 Rue des Tranchées de Rive. Genève.
J. Bolle. K. K. Landwirtschaftl.-chemische Versuchsstation. Görz (Oesterreich).
Dr. L. Bordas. Maître de conférences de Zoologie à la Faculté d. Sciences. Rennes
     (France).
E. A. Böttcher. Brüderstr. 15. Berlin C. 2.
Dr. A. Brants. 119 Rijnkade. Arnhem (Holland).
H. B. Browne. 43 Southbrook Road. Lee. London S. E.
Freiherr J. B. Brunicki. Gutsbesitzer. Podhorce b. Stryj (Galizien).
E. v. Büren-Salis. Bankier. Bern.
Dr. Hans Burgeff. Wittelsbacherplatz 2. München.
A. Busck. U. S. Dept. of Agriculture. Washington, D.C. (U.S.A.).
H. A. Byatt. Berbera via Aden. Somaliland.
H. Calberla. A. d. Bürgerwiese 8. Dresden.
Prof. H. Cannaviello. Istituto Tecnico. Foggia (Italia).
A. v. Caradja. Tirgu-Neamtu (Rumänien).
M. Cary. U. S. National Museum. Washington, D.C. (U.S.A.).
Prof. G. Cecconi. Istituto Forestale. Vallombrosa presso Firenze.
T. A. Chapman. Betula. Reigate (England).
F. H. Chittenden. Bureau of Entomology. Dept. of Agriculture. Washington, D.C.
     (U. S. A.).
Prof. N. Cholodkowsky. Zoolog. Museum d. Kais. Militär-Medizinischen Akademie.
     St. Petersburg.
Dr. R. de Cobelli. Rovereto (Tirol).
Mrs. A. B. Comstock. N. Y. State College of Agriculture. Ithaca, N.Y. (U.S.A.).
Prof. J. H. Comstock. Cornell University. Ithaca, N.Y. (U.S.A.).
A. Costantini. Via Pioppa 18. Modena (Italia).
Prof. Courvoisier. Holbeinstr. 93. Basel.
G. Coutagne. 29 Quai des Brotteaux. Lyon.
Baron Crombrugghe de Picquendaele. 35 Rue de Châtelain. Ixelles près Bruxelles.
J. Culot. 7 Route Chauvet, Grand Pré. Genève.
Dr. med. D. Czekelius. Fleischergasse 34. Hermannstadt (Ungarn).
Dr. A. Dampf. Zoolog. Museum der Universität, Nicolaistr. 36 II. Königsberg i. Pr.
Dr. W. E. Dietz. 21 N. Vine St. Hazleton, Pa. (U. S. A.).

K. Dietze. Steinlestr. 109. F r a n k f u r t a. M.
H. Disqué. S p e y e r.
W. L. Distant. Shannon Lodge, Selhurst Road, South Norwood. L o n d o n, E. C.
F. A. Dixey. Wadham College. O x f o r d (England).
P. Dognin. 11 Villa Molitor. P a r i s XVI.
Prof. Dr. M. Draudt. Heinrichstr. 70. D a r m s t a d t.
H. H. J. C. Druce. The Beeches, Circus Road 43. L o n d o n N. W.
J. Dumans. 66 Rue Saint-Loup. B a y e u x (France).
J. Dusuzeau. 7 Rue Saint-Polycarpe. L y o n.
H. G. Dyar. U. S. National Museum. Washington, D. C. (U. S. A.).
C. Dziurzynski. Großmarkthalle. W i e n.
San.-Rat Dr. H. Ebert. Orleansstr. 2. C a s s e l.
Prof. K. Eckstein. Kgl. Forstakademie. E b e r s w a l d e.
M. J. Elrod. University of Montana. M i s s o u l a, Montana (U. S. A.).
H. Eltringham. 8 Museum Road. O x f o r d (England).
H. J. Elwes. Colesborne. C h e l t e n h a m (England).
Dr. G. Enderlein. Gustav Adolfstr. 45. S t e t t i n.
Prof. K. Escherich. Kgl. Forstakademie. T h a r a n d t (Sachsen).
Dr. J. H. Fabre. S é r i g n a n, Vaucluse (France).
Dr. H. Federley. Universitäts-Museum. H e l s i n g f o r s (Finnland).
E. P. Felt. New York State Museum of Natural History. A l b a n y, N. Y. (U. S. A.).
Prof. C. H. Fernald. Mass. Agricultural College. A m h e r s t, Mass. (U. S. A.).
V. Ferrant. Museum. L u x e m b u r g.
Dr. med. E. Fischer. Bolleystr. 19. Z ü r i c h IV.
Dr. E. Fleck. Azuga via P r e d e a l (Rumänien).
T. B. Fletcher. Agricultural Research Institute. P u s a (India).
J. G. Foetterle. Avenida Bolivar 3. P e t r o p o l i s (Brasil.).
Prof. J. W. Folsom. University of Illinois. U r b a n a, Ill. (U. S. A.).
Miss M. E. Fountaine. Orrisdale, Florida Road. D u r b a n (Natal).
C. French. Government Entomologist. M e l b o u r n e (Victoria) (Australia).
C. Frionnet. Professeur au Collège. S a i n t - D i z i e r (France).
Dr. A. Fritze. Provinzialmuseum, R. v. Bennigsenstr. 1. H a n n o v e r.
W. W. Froggatt. Agricultural Museum, George Str. North, Dawes Point. S y d n e y
    (N. S. Wales).
H. Fruhstorfer. Rhone 3820. G e n è v e.
Dr. med. F. Fuchs. Bahnhofstr. W i e s b a d e n.
H. Gadeau de Kerville. 7 Rue Dupont. R o u e n (France).
Dr. E. Galvagni. Trautmannsdorfgasse 54. Wien XIII/1.
H. Gauckler. Kriegstr. 188. K a r l s r u h e i. B.
G. Gianelli. Rivoli presso T o r i n o (Italia).
A. T. Gillanders. Park Cottage. A l n w i c k (England).
M. Gillmer. Franzstr. 13. C ö t h e n (Anhalt).
Dr. F. du Cane Godman. 45 Pont Str., Cadogan Square. L o n d o n S. W.
Prof. E. A. Goeldi. Zieglerstr. 36. B e r n (Schweiz).
H. Gouin. 38 Bordeaux de Calence. B o r d e a u x.
J. Griebel. Gymnasiallehrer. N e u s t a d t a. d. H a a r d t (Bayern).
J. A. Grossbeck. American Museum of Natural History. N e w Y o r k.
G. J. Grum-Grshimailo, Wirklicher Staatsrat. Moika 104. St. P e t e r s b u r g.
Prof. Dr. K. Grünberg. Invalidenstr. 43. B e r l i n N. 4.
P. L. Guppy. Glenside Tunapada. P o r t o f S p a i n (Trinidad).
Dr. med. B. Hagen, Hofrat. Städtisches Völkermuseum, Miquelstr. 5. F r a n k f u r t a. M.
A. H. Hamm. 22 Southfields Road. O x f o r d (England).
Sir G. F. Hampson, Bart. 62 Stanhope Gardens. L o n d o n S. W.
Prof. A. Handlirsch. Zoologische Abteil. des K. K. Naturhistorischen Hofmuseums.
    W i e n I.
Dr. E. Hättich. O b e r k i r c h i. Ba.
F. Hauder. Schubertstr. 20. L i n z a. D.
P. Haverhorst. Wilhelminapark 130. B r e d a (Holland).
Prof. M. Hellweger. Gymnasium Vinzentinum. B r i x e n (Tirol).

Prof. L. F. Henneguy. Laboratoire d'Embryogénie comparée, Collège de France. Paris.
Fritz Hoffmann. Krieglach (Steiermark).
G. Höfner. Wolfsberg (Kärnten).
W. J. Holland. Director of the Carnegie Museum. Pittsburgh, Pa. (U. S. A).
Dr. E. A. Holmgren. Karolinska Medico-Kirurgiska Institutet. Stockholm.
Baron C. v. Hormuzaki. Josefsgasse 8. Czernowitz (Bukowina).
Prof. C. Houlbert. Faculté des Sciences, Station Entomologique. Rennes (France).
L. O. Howard. U. S. Dept. of Agriculture, Bureau of Entomology. Washington, D. C. (U. S. A.).
F. Freiherr v. Hoyningen-Huene. Rittergutsbesitzer. Lechts (Esthland), Station der Baltischen Eisenb.
G. V. Hudson. Hill View, Karori. Wellington (New Zealand).
A. Huwe, Geh. Rechnungsrat. Parkstr. 16. Zehlendorf bei Berlin.
Kustos G. Jacobson. Zoolog. Museum der Kais. Akademie d. Wissenschaften. St. Petersburg.
A. Janet. 171 Rue de la Convention. Paris.
L. P. Jensen. Höjelse-Skole. Köge (Danmark).
J. de Joannis, Abbé. 7 Rue Coëtlogon. Paris VI.
O. John. Ligowskaja 59. St. Petersburg.
Dr. K. Jordan. Zoological Museum. Tring, Herts. (England).
W. F. de Vismes Kane. Drumleaske House. Monaghan (Ireland).
Prof. F. Karsch. Schivelbeinerstr. 38 II. Berlin N. 113.
Prof. L. Kathariner. Zoolog. Institut d. Universität. Freiburg (Schweiz).
W. J. Kaye. Caracas, Ditton Hill. Surbiton (England).
W. D. Kearfott. 95 Liberty Street. New York.
Prof. V. L. Kellogg. Leland Stanford Junior University. Stanford University, Cal. (U. S. A.).
Prof. Dr. J. v. Kennel, Kais. Staatsrat. Zoolog. Museum d. Universität. Dorpat (Rußland).
G. H. Kenrick. Whetstone, Somerset Road, Edgbaston near Birmingham.
John C. W. Kershaw. Macao (Portug. Besitzung).
Prof. N. M. Kheil. Ferdinandstr. 38. Prag II.
E. A. Klages. Belvedere St. Crafton, Allegh. Co., Pa.
R. Kleine. Anstalt für Pflanzenbau, Werderstr. 30a. Stettin.
A. Klöcker. Trekroner, Valby. Kopenhagen.
Prof. H. J. Kolbe. Kgl. Zoolog. Museum. Invalidenstr. 43. Berlin N. 4.
Max Korb. Akademiestr. 23. München.
Dr. P. Kossminsky. Zoolog. Museum d. Universität. Moskau.
Prof. W. Krone. Hadikgasse 138. Wien XIII/2.
L. Krulikowsky. Gouvernements-Entomologe. Ssarapul (Rußland).
Dr. N. J. Kusnezow. Zoolog. Museum d. Kais. Akademie d. Wissenschaften. St. Petersburg.
L. J. Lambillion. 55 Rue des Cotelis. Jambes, Namur (Belgique).
Prof. A. Lameere. Musée de Zoologie de l'Université. Bruxelles.
Prof. S. Lampa. Experimentalfältet (Schweden).
Prof. K. Lampert. Kgl. Naturalienkabinett, Archivstr. 3. Stuttgart.
O. Laplace. Adolfstr. 60. Altona.
C. S. Larsen i. Fa. J. J. Larsen. Faaborg (Dänemark).
P. J. Lathy. Fox Hall. Enfield (England).
G. F. Leigh. Corner of Sydenham and Essenwood Roads. Durban (Natal).
Prof. G. Leonardi. R. Scuola Superiore d'Agricoltura. Portici (Italia).
O. J. Lie-Pettersen. Laeror. Borgen (Norwegen).
Frl. Prof. Gräfin M. v. Linden. Quantiusstr. 13. Bonn.
Prof. Dr. phil. O. v. Linstow. Geismarchaussee 17. Göttingen.
G. B. Longstaff. Highlands Putney Heath. London S. W.
C. P. Lounsbury. Department of Agriculture. Pretoria (S.-Africa).
D. Lucas. Auzay par Fontenay-Le-Comte, Vendée (France).
Prof. L. Lüders, Oberlehrer. Fruchtallee 73. Hamburg.
Dr. K. G. Lutz. Sonnenburg bei Möhringen (Württemberg).

P. Mabille. 17 Rue de la Gaité. Le Perreux, Seine (France).
J. Mc Donnough. C/o Dr. Wm. Barnes. 500 W. Main Str. Decatur, Ill. (U.S.A.).
N. Manders, Lieut. Colonel. C/o Sir C. Mc Grigor, 25 Charles Street, St. James' Square. London S. W.
G. A. K. Marshall. 6 Chester Place, Hyde Park Square. London W.
Prof. W. S. Marshall. University of Wisconsin, Zoolog. Laboratory. Madison, Wis. (U. S. A.).
G. Martelli. R. Stazione sperimentale di Agricoltura. Acireale (Sicilia).
Hofrat Dr. L. Martin. Diesen am Ammersee (Bayern).
Prof. S. Matsumura. Imperial College of Agriculture. Sapporo (Japan).
Prof. H. Maxwell-Lefroy. Imp. College of Science and Technology, South Kensington, London.
A. G. Mayer. Dept. of Marine Biology. Tortugas, Fla. (U. S. A.).
G. Meade-Waldo. British Museum of Natural History, Cromwell Road. London S. W.
A. Meess, Stadtrat. Eisenlohrstr. 7. Karlsruhe i. B.
Prof. J. Meisenheimer, Kustos des Phylet. Museums der Universität. Jena.
O. Meissner. Stiftstr. 2. Potsdam.
C. Mendes d'Azevedo, S. J. Calle de Serranos 2. Salamanca (España).
L. W. Mengel. Boys' High School. Reading, Berks. Co., Pa. (U. S. A.).
F. Merrifield. 14 Clifton Terrace. Brighton (England).
E. Meyrick. Thornhanger. Marlborough (England).
W. H. Miskin. Aubigny. Toowoomba (Queensland).
K. Mitterberger, Bürgerschullehrer. Josephsplatz 8. Steyr (Oesterreich).
T. Miyake. Zoolog. Institute, Agricultural College, Imp. University. Komaba-Tokyo.
S. Mokrzetzky. Naturhistorisches Landesmuseum. Simferopol (Rußland).
A. L. Montandon. Filarète. Bucarest (Rumänien).
S. L. Mosley. The Museum. Huddersfield (England).
Rev. A. M. Moss. The Upper Close. Norwich (England).
J. C. Moulton. Museum. Sarawak (Borneo).
J. Müller-Rutz. Amrisweil (Schweiz).
K. Nagano. C/o Nawa. Matsugae-etro. Gifu (Japan).
Dr. M. Nassauer. Rheinstr. 25. Frankfurt a. M.
S. A. Neave. 3 Blackhall Road. Oxford (England).
Mrs. Mary de la Beche Nicholl. Merthyr Mawr. Bridgend (England).
Reg.-Rat Dr. O. Nickerl. Wenzelsplatz 16. Prag III. 779.
J. C. Nielsen. Ny Adelgade 5. Kopenhagen.
Sr. kais. Hoheit der Großfürst Nicolas Michailowitch (Romanoff). St. Petersburg.
Ch. Oberthür. 36 Faubourg de Paris. Rennes.
Dr. J. Th. Oudemans. Zoolog. Institut d. Universität, Paulus Potter Str. Amsterdam.
Dr. A. Pagenstecher, Geh. Sanitätsrat. Biebricherstr. 17. Wiesbaden.
L. Paravicini. Villa Alucita. Arlesheim b. Basel.
R. F. Pearsall. Brooklyn Institute. Dept. of Entomology, 1334 Dean St. Brooklyn, N. Y.
A. A. van Pelt-Lechner. Rijks-Landbouw-School. Wageningen (Niederlande).
Perlini. Fabbrica d. Cementi. Ozzano-Monferrato (Italia).
H. T. Peters. Große Allee 21. Danzig-Langfuhr.
W. Petersen. Realschule. Reval (Esthland).
Dr. med. J. A. Peyron. Regeringsgatan 54. Stockholm.
R. Pfitzner, Pastor. Sprottau (Schlesien).
F. Philipps. 49 Klingelpütz. Cöln a. Rh.
A. Pictet. 5 Promenade du Pin. Genève.
Dr. M. C. Piepers. Noordeinde 10 a. Haag (Holland).
F. N. Pierce. 1 The Elms, Dingle. Liverpool (England).
Prof. E. B. Poulton. Hope Dept., Museum of Zoology. Oxford (England).
P. Preiss. Wittelsbachstr. 38. Ludwigshafen a. Rh.
L. B. Prout. 62 Graham Road, Dalston. London N. E.
Dr. O. Prochnow. Ringstr. 8a. Berlin - Lichterfelde.
R. Püngeler, Amts-Gerichtsrat a. D. Burgstr. 18. Aachen.
A. L. Quaintance. Bureau of Entomology, Dept. of Agriculture. Washington, D. C. (U. S. A.).

E. Quajat. Stazione Bacologica Sperimentale. P a d o v a (Italia).
W. J. Rainbow. Australian Museum, 16 College St. S y d n e y (N. S. Wales).
Prof. H. Rebel. K. K. Naturhistorisches Hofmuseum. W i e n.
Dr. W. v. Reichenau. Naturhistorisches Museum. M a i n z.
A. Reichert. Nicolaistr. 4. L e i p z i g.
Prof. E. Reuter. Direktor d. Zoolog. Museums d. Universität. H e l s i n g f o r s (Finnland).
Prof. J. L. Reverdin. Rive de Pregny, Route de Lausanne. G e n è ve.
C. Ribbe. Radebeul b. D r e s d e n.
R. H. F. Rippon. 24 Jasper Road, Upper Norwood. L o n d o n S. E.,
J. Röber. Pfotenhauerstr. 35. D r e s d e n 16.
Rev. K. St. A. Rogers. Wadham College. O x f o r d (England).
P. Rondou, Instituteur. G è d r e, Htes. Pyrenées (France).
Reg.-Rat Prof. Dr. G. Rörig. Kgl. Biol. Anstalt f. Land- u. Forstwirtsch., Potsdamer
　　Chaussee 93. D a h l e m.
K. Rossikow. Entomol. Bureau d. Kais. Ministeriums f. Landwirtschaft. St. P e t e r s-
　　b u r g.
Prof. R. Rössler. Städtisches Gymnasium, Römerplatz. Z w i c k a u.
M. Rothke. 1957 Myrtle Street. S c r a n t o n, Pa. (U. S. A.).
Hon. N. Ch. Rothschild. Arundel House, Kensington Palace Gardens. L o n d o n W.
Hon. W. Rothschild. Zoological Museum. T r i n g (England).
Prof. J. R. Sahlberg. Konstantinsgatan 13. H e l s i n g f o r s (Finnland).
Prof. C. Sasaki. Zool. Institute of the Imp. University Komaba near T o k y o (Japan).
A. Sauber. Naturhistorisches Museum, Steintorwall. H a m b u r g.
W. Schaus. 97 Elm Park Gardens. L o n d o n S. W.
N. Schawrow. Kais. Kaukas. Seidenbau-Station. T i f l i s (Transkaukasien).
J. Sparre Schneider. Museum. T r o m s ö (Norwegen).
Ed. Schopfer. Josephinenstr. 15. D r e s d e n.
Prof. C. Schröder. Vorbergstr. 13. Schöneberg bei B e r l i n.
Prof. C. Schrottky. P o s a d a s (Rep. Argent.).
W. Schultze. Bureau of Science, Biological Laboratory. M a n i l a, P. I.
K. T. Schütze, Lehrer. Rachlau bei B a u t z e n.
Dr. F. Schwangart. Biologische Versuchsstation. N e u s t a d t a. H.
Prof. A. Seitz. Bismarckstr. 59. D a r m s t a d t.
Dr. P. Siepi. 7 Rue Buffon. M a r s e i l l e.
Prof. F. Silvestri. R. Scuola Sup. di Agricoltura. P o r t i c i (Italia).
H. Skala. F u l n e c k (Mähren).
Prof. H. Skinner. 1900 Race Street. P h i l a d e l p h i a, Pa. (U. S. A.)
Dr. L. Sorhagen. Eppendorfer Landstr. 10. H a m b u r g.
R. South. 96 Drakefield Road, Upper Tooting. L o n d o n S.W.
Dr. P. Speiser, Kreisarzt. L a b e s (Pommern).
Prof. K. Spormann, Oberlehrer. Jungfernstieg 22. S t r a l s u n d.
J. R. Spröngerts. A r t e r n (Prov. Sachsen).
Prof. A. Spuler. Anatomisches Institut d. Universität. E r l a n g e n.
Prof. M. Standfuss. Universität. Z ü r i c h.
Prof. G. Stange. Städt. Gymnasium. F r i e d l a n d i. M.
Prof. P. Stefanelli. R. Liceo Dante, Via Pinti 57. F i r e n z e.
O. Stertz. Hohenzollernstr. 75. B r e s l a u XIII.
H. Stichel. Albertstr. 12. B e r l i n - Schöneberg.
H. Stitz. Essener Str. 11. B e r l i n N.W
Dr. R. Stobbe. Gossler Str. 1 II. B e r l i n O. 17.
Dr. E. Strand. Kgl. Zoolog. Museum, Invalidenstr. 43. B e r l i n N. 4.
C. Swinhoe, Col. 6 Gunderstone Road, West Kensington. L o n d o n.
Prof. F. V. Theobald. South Eastern Agricultural College. W y e (England).
Kgl. Hoheit Prinzessin Therese v. Bayern. Kgl. Residenz. M ü n c h e n.
Dr. H. Thomann. Plantahof. L a n d q u a r t, Graubünden (Schweiz).
K. Toyama. Zoolog. Institute, Agricultural College. Kamaba near T o k y o (Japan).
Ch. O. Trechman. C a s t l e E d e n, Co. Durham (England).
R. Trimen. 133 Woodstock Road. O x f o r d.
Conte E. Turati. 4 Piazza S. Alessandro. M i l a n o.

Dr. A. J. Turner. Widsham Terrace. B r i s b a n e (Australia).
K. Uffeln, Oberlandgerichtsrat. H a m m (Westf.).
Dr. R. Verity. I. Via Leone X. F i r e n z e.
Prof. E. Verson. R. Stazione Bacologia Sperimentale. P a d o v a (Italia).
A. Voelschow. Knaudtstr. 2. S c h w e r i n i. M.
K. Vorbrodt, Major. Parkstr. 1. B e r n.
P. Vuillot. Château de Site en Guette par M a l e s h e r b e s, Loiret (France).
H. Wagner. Unter den Eichen 54. B e r l i n -Lichterfelde W.
J. J. Walker. 'Aorangi', Lonsdale Road, Summertown. O x f o r d.
Right Hon. Lord Walsingham. Merton Hall. T h e t f o r d (England).
G. Warnecke, Assessor. Bülowstr. 2. A l t o n a a. Elbe.
W. Warren. 1 Langdon Street. T r i n g (England).
G. A. Waterhouse. Bulls Chambers, 14 Moore Street. S y d n e y (N. S. Wales).
J. H. Watson. 70 Ashford Road, Withington. M a n c h e s t e r (England).
A. G. Weeks. 8 Congress Street. B o s t o n, Mass.
P. Wendlandt, Kgl. Forstmeister. A l t L ü d e r s d o r f a. d. Nordbahn.
G. Weymer, Rechn.-Rat. Sadowastr. 21a. E l b e r f e l d.
C. Wichgraf. Motzstr. 73. B e r l i n W. 30.
A. E. Wileman, British Consul General. 100 Enloagal. M a n i l a, P. I.
P. Wytsman. Quatre-Bras. Tervueren - B r u x e l l e s (Belgique).
Dr. Ph. Zaitzev. Entomol. Kabinet, Botanischer Garten. T i f l i s (Russland).
Prof. E. Zander. Zoolog. Institut d. Universität. E r l a n g e n.
Dr. H. Zerny. K. k. Naturhistor. Hofmuseum, Zoolog. Abteilung. W i e n XVIII.
Prof. W. P. v. Zykoff. Kais. Polytechnisches Institut. N o w o t s c h e r k a s k (Russland).

M

1 **Aaron.** Butterfly Hunters in the Caribbees. Lond. 1894. 8. 276 p. Cloth.   7.—
2 **Abbott and Smith.** Natural Hist. of the rarer Lepidopt. of Georgia (N. America), their metamorphoses, and the plants on which they feed. (Text in English and French). 2 vols. London 1777. fol. 214 p. w. 104 colour. pl. Half bd. moroccc.   240.—
   Rare and beautiful work.
3 **Acloque.** Faune de France: Orthopt., Hymén., Lépid., Hémipt., Diptères, Neuropt. Paris 1896. 8. 520 p. av. 1235 fig.   8.—
   Ouvrage renfermant tous les insectes sauf les Coléoptères.
4 **Adamson, C. H. E.** Catal. of Butterflies coll. in Burmah. Newcastle 1897. 8. 59 p.   3.—
5 **Adlerz.** Svenska Fjärilar i urval. Stockh. 1905. 8. Geb.   6.—
6 **African Butterflies.** 16 pap. by Butler, Draudt, Fromholz, Hampson, Karsch, Lucas, Mendes, Rebel, Seeldrayers, Stainton and o. 1856—1910. 8. 92 p. w. 2 pl. (1 colour.)   5.—
7 **Agassiz, G.** Catal. d. variétés et aberrat. de sa coll. d. Macrolépidopt. paléarct. (Bern, Ent. Ges.) 1900. 8. 20 p.   1.50
8 **Agassiz, L.** Bibliographia Zoologiae et Geologiae. Ed. by Strickland. 4 vol. Lond. 1848—54. 8. (4 *£*.) Cloth.   13.—
9 — The classif. of Insects from embryolog. data. (Wash., Smiths.) 1850. 4. 28 p. w. pl.   1.50
10 **Ahrens.** Fauna Insectorum Europae. (24 fascic.) Fasc. 1—3. Halae 1812. 8. 75 tab. color. et textus.   5.—
11 **Aigner-Abafi.** 10 lepidopt. Abhdlgn. 1895—1906. 8. 54 p.   2.50
12 — Acherontia atropos. (Neudamm, Z. Ent.) 1898. 8. 19 p.   1.—
13 — Gesch. v. Nemeophila metelk. (Budap.) 1902. 8. 19 p. m. col. Tfl.   1.—
14 — Schmetterlings-Aberrationen aus d. Sammlg. d. Ung. Museums. (Budap., Mus.) 1906. 8. 47 p. m. 2 color. Tfln.   4.50
15 **Aigner-Abafi, Pável et Uhryk.** Lepidoptera Hungariae. Budap. 1896. 4. 82 p. — Latine et hungarice conscript.   3.—
16 **Aitchison.** The Zoology of the Afghan Delimitation Commission. (Lond., Linn. S.) 1889. 4. 90 p. w. 2 maps and 9 pl., partly colour. (27 s.)   15.—
17 **Albin, E.** Natural Hist. of English Insects (Lepidopt.), w. notes and observ. by Derham. Lond. 1749. 4. 58 p. w. 100 colour. plates. Calf.—Good copy.   40.—
18 **Albrecht, L.** Catalog der Lepidopt. d. Moscowischen Gouvernem. (Mosk, Bull.) 1882. 8. 33 p.   1.—
19 **Allard.** S. l. Lépidopt. de l'Algérie. (Paris, S. Ent.) 1867. 8. 12 p. av. pl. color.   1.50
20 **Allgemeine Zeitschrift** (früher: Illustr. Wochenschrift) f. Entomologie. Hrsg. v. Schröder. 9 Bde. Neudamm u. Husum 1896—1905. 8. m. Tfln. (M. 108)   30.—
   Vom 10. Bande ab heisst das Journal: „Zeitschrift für wissenschaftliche Insekten-biologie", siehe No. 3873.
21 **Alphéraky.** Lépidopt. du district de Kouldja. II. (Pétersb., Horae) 1882. 8. 89 p. av. 3 pl. color.   3.50
22 — Dimorphism and Polymorphism am. Palaearct. Lepidopt. (Lond., Ent. Soc.) 1891. 8. 6 p.   1.—
23 — Lépidopt. nouveaux. (Dresde, Iris) 1895. 8. 23 p.   1.—
24 — Lepidopt. Betrachtungen. (Petersb., Rev. Ent.) 1909. 8. 29 p. — Russisch.   1.—
25 **Amelang.** Die Schmetterlingsfauna d. Mosigkauer (Dessauer) Haide. (Berl., B. Ent. Z.) 1887. 8. 44 p. m. Kte.   1.—

26 **Anatomia et Physiologia Lepidopteror.** 25 pap. by Chapman, Haase,   *M*
Laboulbène, Plateau, Rogenhofer and o. 1857—1906. 4. and 8. 162 p. w. 5 pl.
(1 colour.)   8.—
27 **Andreae.** Inwiefern werden Insekten durch Farbe u. Duft der Blumen an-
gezogen? Jena 1903. 8. 53 p.   1.50
28 **Annales** d. Sciences Naturelles. Zoologie. Série III à VI. 80 vols. Paris 1844
à 1885. 8. av. beauc. de plchs. (fr. 1000.)   580.—
Séries III, IV et VI aussi séparément à M. 130.
29 **Annales** de la Société Entomologique Belge. Vol. 1 à 51, av. table génér.
Brux. 1857 à 1908. 8. av. beauc. de pl. color. et noires.   320.—
Voir aussi no. 2266.
30 **Annales** de la Société Entomologique de France. Vol. 1 à 71: Années 1832 à 1902,
avec suppléments et tables générales. Paris. 8. avec grand nombre de pl.
color. et noires. D.-rel. veau et en fascicules.   1100.—
Série complète avec les 11 premiers volumes qui sont très-rares. Surtout les années
1832 à 34 sont presqu'introuvables.
31 — — Série II. Vol. 1 à 3. Paris 1843 à 1845. 8. D.-rel. veau.   30.—
32 **Annales** de la Société Linnéenne de Lyon. Années 1845 à 1846, 1859 à 66,
1872, 76, 77, 1899 à 1901. Lyon. 8. av. plchs. color.
Beaucoup de mémoires entomolog. — Chaque année se vend séparément.
33 **Annals** of the Entomological Society of America. Vol. I—V. Columbus 1908
—1912. 8. w. many plates.   90.—
See also nr. 3587.
34 **Annandale.** Habits and nat. surroundings of Insects of the Skeat Exped.
in the Malay Penins. (Lond., Zool. S.) 1900. 8. 32 p.   1.—
35 **Anthony.** The markings on the battledore Scales of Lepidopt. (Lond.,
Micr. J.) 1872. 8. 3 p. w. 2 pl   1.—
36 **Archiv** für Biontologie. Hrsg. v. d. Gesellsch. Naturforsch. Freunde zu Berlin.
Bd. I. (3 Hefte.) Berlin 1906. 4. m. 28 Tfln. (M. 32.)   20.—
37 **Archiv** für Naturgeschichte. Hrsg. v. Troschel. Jahrg. 38—53. Berl. 1872—87.
8. m. viel. Tfln. (M. 773.) Gbdn. u. brosch. — Gutes Exempl.   80.—
Zoologisch.
38 **Archiv** für Zoologie u. Zootomie. Hrsg. v. Wiedemann. Bd. I—IV. Berl. u.
Braunschw. 1800—04. 8. m. 15 Tfln. Hfzb.   10.—
39 **Atkinson, W. S.** Descr. of 3 new Diurnal Lepidopt. fr. West. Yunan. (Lond.,
Zool. S.) 1871. 8. 2 p. w. pl.   1.—
40 — Descr. of 2 new Butterfl. fr. the Andaman Isl. (Lond., Z. S.) 1873. 8.
1 p. w. pl.   1.—
41 — Descr. of new Papilionidae fr. the South-east. Himalayas. (Lond., Zool. S.)
1873. 8. 3 p. w. col. pl.   1.50
See also nr. 2415.
42 **Atkinson, Hewitson and Moore.** Descr. of new Indian Lepid. 3 parts.
Calc. (Asiat. Soc.) 1879—1888. 4. 311 p. w. 8 pl.   12.—
43 **Audouin.** Catal. d. livres entomol. de sa bibliothèque. Paris 1842. 8. 172 p.
Cart.   1.50
44 **Audouin et Milne Edwards.** Résumé d'Entomologie. 2 parties. Paris 1828
à 1829. 12. 262 et 302 p. av. 49 pl. D.-rel.   3.—
45 **Aurivillius.** Lepidoptera Damarensia. (Stockh., Ak.) 1879. 8. 31 p.   1.—
46 — Ueb. sekundäre Geschlechtscharaktere Nord. Tagfalter. (Stockh., Ak.)
1880. 8. 50 p. m. 3 Tfln.   1.50
47 — Lepidopt. u. Coleopt. aus Afrika. 6 Abhdlgn. 1880—1904. 8. 40 p.   2.—
48 — Recensio crit. Lepidopter. Musei Ludovicae Ulricae quae descr. Linné.
Stockh. (Ac.) 1882. 4. 188 p. et tab. color.   5.—
49 — Insektlifvet i Arktiska länder. Stockh. (Nordenskiöld, Stud.) 1884. 8.56 p.   1.—
50 — Coleopt. en Lepidopt. insaml. pa Kamerun-Berget. 2 Abhdlgn. (Stockh.,
Ak.) 1886—87. 8. 28 p.   1.50
51 — Grönlands Insektfauna I: Lepidopt., Hymenopt. Stockh. 1890. 8. 34 p.
m. 3 Tfln., von denen 2 (lepidopt.) color.   6.—
52 — Verzeichn. ein. Schmetterlings-Sammlg. aus Gabun u. d. Camerunfluss.
(Stockh., Ak.) 1891. 8. 56 p. — Die 3 Tfln. fehlen.   1.—

53 **Aurivillius.** Nordens Fjärilar. Sveriges, Norges, Danmarks och Finlands *M*
Macrolepidopt. Stockh. 1892. 4. 329 p. m. 50 color. Tfln. 20.—
54 — Diagnosen neuer Lepidopt. aus Afrika. 7 Thle. (Stockh., Ent. T.) 1893
—1904. 8. 91 p. m. 35 Fig. 5.—
55 — Die palaearkt. Gattgn. d. Lasiocampiden, Striphnopterygid. u. Megalo-
pygid. (Dresd., Iris) 1894. 8. 72 p. m. 2 Tfln. 2.—
56 — Neue Lepidopt. d. Congo-Gebiets. 2 Abhdl. (Stockh.) 1896. 8. 14 p. 1.—
57 — Bemerkgn. zu den v. Fabricius aus Dänischen Sammlgn. beschr. Lepidopt.
(Stockh., Ent. T.) 1897. 8. 36 p. 1.50
58 — Rhopalocera Aethiopica. Stockh. (Ac.) 1898. 4. 561 p. et 6 tab. color. 30.—
59 — System. Verzeichn. d. Tagfalter der Aethiop. Region. Stockh. 1899. 8. 32 p. 1.50
60 — Verzeichn. ein. Schmetterlingssammlg. v. Mukinbungu am unt. Congo.
2 Thle. (Stockh., Ak.) 1900—05. 8. 36 p. m. color. Tfl. 1.50
61 — On the Ethiopian genera of the Striphnopterygidae. (Stockh., Ac.) 1901.
8. 33 p. w. 5 pl. 3.—
62 — Lepidopt. of the Swed. zool. exped. to Egypt and the White Nile.
(Stockh.) 1902. 8. 9 p. 1.—
63 — Heterocera v. Kamerun. 2 Thle. (Stockh., Ent. T. u. Ark. Z.) 1902—4.
8. 84 p. m. 4 Tfln. (1 color.) u. 59 Fig. 4.50
64 — Verzeichn. ein. Schmetterlingssamml. aus d. Katanga-Gebiete, Congostaat.
(Stockh., Ark. Z.) 1903. 8. 10 p. 1.—
65 — New spec. of Afric. Striphnopterygidae, Notodontidae and Chrysopolomidae. (Lond., Ent. Soc.) 1904. 8. 6 p. w. col. pl. 1.—
66 — New Afric. Lasiocampidae in the Brit. Museum. (Lond., Ent. S.) 1905.
8. 14 p. w. colour. pl. 1.—
67 — Schultze's Samml. v. Lepidopteren aus W.-Afrika. (Stockh., Ark. Z.)
1905. 8. 47 p. m. 5 color. Tfln. 6.—
68 — Diagnosen neuer Lepidopt. aus Afrika. (Stockh., Ark. Z.) 1909. 8. 29 p. 1.50
69 — Lepidopt. v. Madagaskar, d. Comoren u. d. Inseln Ostafrikas. Stuttg.
(Voeltzkow Reis.) 1909. 4. 10 p. m. color. Tfl. (M. 5.80.)
70 — Lepidopt. v. d. Schwed. Zoolog. Exped. n. d. Kilimandjaro, d. Meru u.
d. Massaisteppen. Stockh. 1910. 4. 56 p. m. 2 Tfln. 8.—
71 — New Striphnopterygidae and Lasiocampidae. (Lond., Ent. S.) 1911. 8. 7 p. 1.—
72 — Lepidopterorum Catalogus. Pars 1: Chrysopolomidae. Berolini 1911. 8. 4 p. —.40
Subscriptionspreis für Abnehmer des ganzen „Lepidopterorum Catalogus" (siehe
No. 2074): M. —.25.

73 **Austaut.** Caract. spécif. d. Deilephila. (Paris, Natural.) 1886. 8. 14 p. 1.—
74 — Les Parnassiens de la faune paléarct. Leips. 1889. 8. 223 p. av. 32 pl.
color. (M. 22.) 7.—
75 **Bach.** Wunder d. Insektenwelt. 5. Aufl. v. Brockhausen. Paderb. 1907. 8.
264 p. m. 59 Fig. (M. 3.20) 2.50
76 **Bachmetjew.** Der krit. Punkt d. Insekten u. d. Entstehen v. Schmetterlings-Aberrationen. (Neudamm, Z. Ent.) 1900. 8. 8 p. m. Fig. 1.—
77 — Experim. entomol. Studien v. physik.-chem. Standp. aus. 2 Bde. Leipz.
u. Sophia 1901—07. 8. 1212 p. m. 25 Tfln. (M. 24.) 15.—
78 — — Bd. I: Temperaturverhältn. b. Insekten. Leipz. 1901. 8. 160 p. m. Fig. 4.—
79 — — Bd. II: Einfluss d. äusseren Faktoren auf Insekten. Sophia 1907. 8.
1052 p. m. 25 Tfln. (M. 20.) 12.—
80 — Die Schmetterlinge Bulgariens. (Petersb., Horae) 1902. 8. 111 p. — In
Russischer Sprache. 5.—
81 — Parthenogenese d. Epinephele jurt. (Petersb., Horae) 1901. 8. 16 p. —
Russisch. 1.—
82 **Backer.** Ov. Psyche villosella. (Gravenh., T. Ent.) 1867. 8. 4 p. m. color. Tfl. 1.—
83 **Baker, G. T. Bethune-.** Descr. of a new spec. of the g. Carama. (Lond.,
Ent. S.) 1887. 8. 4 p. w. colour. pl. 1.—
84 — Descr. of a new g. of Rhopalocera allied to Anteros. (Lond., Ent. S.)
1887. 8. 2 p. w. colour. pl. 1.—
85 — Descript. of some new Lepidopt. fr. Algeria. (Lond., Ent. S.) 1888. 8. 6 p. 1.—

4

86 **Baker, G. T. Bethune-.** Distrib. of the Charlonia gr. of the g. Anthocharis. ℳ
(Lond., Ent. S.) 1889. 8. 11 p. 1.—
87 — On the Lepidopt. coll. in Madeira by Wollaston. (Lond., Ent. S.) 1891.
8. 25 p. w. colour. pl. 1.50
88 — Genitalia of a gynandromorph. Eronia Hippia. (Lond., Ent. S.) 1891. 8.
7 p. w. pl. 1.—
89 — Lycaena rhymnus, tengstroemii, and pretiosa. (Lond., Ent. S.) 1892. 8.
6 p. w. pl. 1.—
90 — On some Lepidopt. fr. Alexandria. (Lond., Ent. S.) 1894. 8. 20 p. w.
colour. pl. 1.50
91 — Descr., of the Pyralidae, Crambidae and Phycidae coll. by Wollaston
in Madeira. (Lond., Ent. S.) 1894. 8. 6 p. 1.—
92 — Revis. of the Amblypodia group of the fam. Lycaenidae. (Lond., Zool. S.)
1903 4. 164 p. w. 5 pl. (3 colour.) (31 s.) 22.—
93 — Monogr. of the g. Ogyris. (Lond., Ent. S.) 1905. 8. 24 p. w. pl. 1.—
94 — On a small coll. of Heterocera fr. the Fiji Islands. (Lond., Linn. Soc.)
1905. 8. 8 p. w. 2 colour. pl. 2.—
95 — New Noctuidae fr. British New Guinea. (Lond., Nov. Zool.) 1906. 4. 96 p. 4.—
96 — Descr. of new Rhopalocera fr. Africa and New Guinea. (Lond., Zool. S.)
1908. 8. 17 p. w. 2 colour. pl. 3.—
97 — Descr. of new Afric. Heterocera. (Lond., Ann. & Mag.) 1908. 8. 10 p. 1.—
98 — Descr. of new African Lepidopt. (Lond., Ann. & Mag.) 1909. 8. 16 p. 1.—
99 — Revis. of the African spec. of the Lycaenesthes group of the Lycaenidae.
(Lond., Ent. S.) 1910. 8. 84 p. w. 13 pl. (3 colour.) 9.—
100 — Descr. of new sp. of Heterocera fr. New Guinea. (Lond., Ann. & Mag.)
1910. 8. 18 p. 1.—
101 — Descr. of new African Heterocera. 2 parts. (Lond., Ann. & Mag.) 1911. 8.
48 p. 2.—
102 — A fortnight at Gavarnie, Hautes Pyrén. (Lond., Ent. Rec.) 1912. 8. 9 p.
w. 2 pl. 1.50
102a— Lepidopterorum Catalogus: Lycaenidae.
In Vorbereitung. — In preparation. — En préparation. — Vide nr. 2074.

103 **Balding.** List of the Fenland Lepidoptera. 2 parts. 8. 56 p. Cloth. 2.50
104 **Ballion.** Verzeichn. der in d. Umgeg. v. Gorki gef. Schmetterlinge.
(Moskau, Bull.) 1864. 8. 34 p. 1.—
105 — Eine neue Spanner-Art. Ein Zwitter v. Endromis versicolora. 2 Abhdl.
(Petersb., Horae) 1867. 8. 6 p. m. color. Tfl. 1.—
106 **Ballowitz.** Z. Kenntn. d. Samenkörper d. Arthropoden. (Leipz., Monatsschr.
Anat.) 1894. 8. 28 p. m. 2 Tfln. 2.—
107 **Bang-Haas, A.** Danmarks Lepidoptera. 2 Thle. m. Nachtrag. (Kjöbenh,
Nat. Tidssk.) 1875—81. 8. 310 p. 4.—
108 — Lepidoptera Groenland. (Kjöbenh., Nat. För.) 1896. 8. 18 p. 1.—
109 — Neue od. wenig bek. paläarkt. Macrolepidopteren. 5 Thle. (Dresd., Iris)
1906—12. 8. 90 p. m. 5 z. Thl. color. Tfln. 6.—
110 **Bang-Haas, Lundbeck, Meinert.** Insecta Groenlandica. 4 partes. (Kjöb.,
Nat. För.) 1896. 8. 98 p. 2.50
111 **Banks, N.** List of works on N. Americ. Entomology. (Wash., Dept. Agr.)
1900. 8. 95 p. 1.—
112 **Bar.** Notes p. s. à l'hist. d. Lépidopt. de la Guyane franç. Révis. d.
Palindidae. 4 parties. (Paris, Soc. Ent.) 1875 à 76. 8. 42 p. av. 4 pl. col. 3.50
113 — S. les différ. systèmes de classif. d. Rhopalocères. (Paris, S. Ent.) 1878.
8. 26 p. 1.—
114 **Baer, W.** Ueb. Lyda hypotroph., Nematus abietin. u. Grapholitha tedella.
(Tharandt) 1903. 8. 38 p. m. 4 Tfln. 2.—
115 **Barber.** On the habits and changes of Papilio Nireus. (Lond., Ent. S.)
1874. 8. 3 p. w. colour. pl. 1.—
116 **Barker.** On seasonal dimorphism of Rhopalocera in Natal. (Lond., Ent. S.)
1895. 8. 16 p. 1.—

117 **Barnes and Mc Dunnough.** Contrib. to the nat. hist. of the Lepidoptera   *M*
of N. America. Vol. I. No. 1–6 (all published till now). Decatur 1913.
8. 209 p. w. 49 pl.   38.—
Contents I: Revis. of the Cossidae. 35 p. w. 7 pl. M. 6,50. — II: The Lasiocampid
genera Gloveria and its allies. 17 p. w. 4 pl. M. 4.50. — III: Revis. of the Megathymidae. 43 p. w. 6 pl. M. 5,50. - IV: Illustr. of rare and typic. Lepidoptera. 57 p. w.
27 pl. M. 15. — V: 50 new species. Notes on the g. Alpheias. 44 p. w. 5 pl. M. 6.50. —
VI: On the generic types of N. Americ. Diurnal Lepidoptera. 13 p. M. 2.

118 **Barrett.** The Lepidoptera of the British Isles. 11 vols. (128 parts.) Lond.
1893—1907. 8. w. 504 colour. pl. Cloth. (33 *£* 13 s.)   500.—
119 — — Small paper edition without plates. Cloth.   120.—
There is also an edition — now out of print — with black plates.

120 **Bartel.** Lepidopt. d. südl. Urals ges. v. Tief. (Dresd., Iris) 1902. 8. 48 p.   1.50
121 — Neue paläarkt. Lepidopt. 3 Abdhl. (Dresd., Iris) 1903—4. 8. 16 p.   1.—
122 — Neue Aethiop. Arctiidae. (Dresd., Iris) 1903. 8. 45 p.   1.50
123 — Neue u. wenig bek. Agaristidae. (Wien, Z. b. G.) 1903. 8. 12 p.   1.—
124 **Bartel u. Herz.** Handb. d. Grossschmetterlinge d. Berliner Gebiet. Berl.
1902. 8. 100 p. (M. 2.)   1.50
125 **Barthélemy.** Rech. d'anat. et de physiol. s. l. Lépidopt. Toulouse 1864.
4. 104 p. av. 11 pl.   8.—
Rare.
126 **Bartlett-Calvert.** Catál. de los Lepidópt. Rhopaloc. i Heteroc. de Chile.
Santiago d. Ch. 1886. 8. 44 p.   3.—
127 — Descr. of new Chilian Lepidopt. (Lond., Ent. S.) 1893. 8. 8 p.   1.—
128 **Bastelberger.** Ueb. Zonosoma. 2 Abhdl. 1897—1900. 8. 24 p.   1.—
129 — Ueb. Genitalanhänge d. Männchen uns. europ. Zonosoma-Formen. (Dresd.,
Iris) 1900. 8. 22 p. m. 2 Tfln.   1.50
130 — Beschr. neuer exot. Geometriden. (Wiesb., Ver. Nat.) 1907. 8. 18 p.   1.—
131 — Neue exot. Geometriden. (Berl., B. Ent. Z.) 1907. 8. 10 p.   1.—
132 — Ein. neue od. sonst interess. Arten v. exot. Geometriden. (Wiesb., Ver.
Nat.) 1908. 8. 60 p.   2.50
133 **Bates, H. W.** On S. Americ. Butterflies. (Lond., Ent. S.) 1859. 8. 11 p.   1.—
134 — On a coll. of Butterflies coll. by Salvin and Godman in Panama. (Lond.,
Zool. S.) 1863. 8. 11 p. — The plate wanting.   1.—
135 — Butterflies coll. by Belt in Maranham, Brazil. (Lond., Ent. S.) 1867. 8. 12 p.   1.—
136 — Catal. of Erycinidae. (Lond., Linn. S.) 1868. 8. 93 p.   2.50
137 **Bateson.** On variation in the colour of Cocoons, Pupae and Larvae.
2 pap (Lond., Ent. S.) 1892. 8. 18 p.   1.—
138 **Bau.** Handb. f. Schmetterlings-Sammler. Magdeb. 1886. 8. 420 p. m. viel.
Fig. (M. 5.)   4.—
139 **(Bazin.)** Abregé de l'histoire des Insectes p. s. de suite à l'hist. natur. d.
Abeilles. 4 vols. Paris 1748 à 1751. 8. 1537 p. av. 51 pl. Cart.   12.—
Edition peu commune.
140 (—) — 2 vols. Paris 1764. 8. 1052 p. av. 7 pl. Veau.   6.—
141 **Becker.** Reise in d. Kirgisensteppe, nach Astrachan u. an d. Casp. Meer.
2 Thle. (Mosk.) 1866—67. 8. 57 p.   1.50
142 — Reise nach d. Kaukasus. (Mosk., Bull.) 1868. 8. 43 p.   1.—
143 — Reise nach Derbent. (Mosk., Bull.) 1869. 8. 30 p.   1.—
144 — Reise nach Temir, Chan Schora u. Derbent. (Mosk., Bull.) 1871. 8.
13 p.   1.—
145 — Reise nach d. Salzseen Baskuntschakskoji u. Elton. (Mosk., Bull.) 1872.
8. 23 p.   1.—
146 — Reise nach Baku, Lenkoran etc. (Mosk., Bull.) 1873. 8. 30 p.   1.—
147 — Reise nach d. Schneebergen d. südl. Daghestan. (Mosk., Bull.) 1874. 8. 22 p.   1.—
148 — Reise nach dem Magi Dagh, Schalbus Dagh u. Basardjusi. (Mosk.,
Bull.) 1875. 8. 22 p.   1.—
149 — Reise n. Kramowodsk u. Daghest. (Mosk., Bull.) 1878. 8. 18 p.   1.—
150 — Reise nach d. südl. Daguestan. (Mosk., Bull.) 1882. 8. 20 p.   1.—
151 **Bell, T. R.** The common Butterflies of the Plains of India. VIII. (Bombay,
Nat. Soc.) 1910. 8. 52 p.   2.—

6

152 **Bellier de la Chavignerie.** Observ. s. l. Lépidopt. d. Basses-Alpes. ℳ
4 parties. (Paris, Soc. Ent.) 1854 à 59. 8. 82 p. av. pl. color. 4.50
153 — S. l. Lépid. d. Pyrénées-Orient. (Paris, S. Ent.) 1858. 8. 26 p. 1.—
154 — Variétés accident. d. Lépid. (Paris, S. Ent.) 1858. 8. 12 p. 1.—
155 — S. la faune Lépidopt. de la Sicile. (Paris, S. Ent.) 1860. 8. 52 p. av.
pl. color. 2.—
156 — 3 mém. s. d. Lépid. de Corse. (Paris, S. Ent.) 1861 à 62. 8. 8 p. av.
9 fig. color. 1.—
157 **v. Bemmelen.** Ontwikk. d. Vlindervleugels in de Pop. (Batavia, Nat. Ver.)
1890. 8. 18 p. m. Tfl. 2.—
158 **Bennett and Christy.** On the constancy of Insects in their visits to
Flowers. 2 pap. (Lond., Linn. S.) 1884. 8. 20 p. 1.—
159 **Berce.** Faune entomol. Française. Lépidoptères. 6 vols. (en 7 parties.)
Paris 1867 à 1903. 8. av. 62 pl. color. D.-rel. veau et broch. 35.—
160 — — Vol. I: Rhopalocères. Paris 1867. 8. 251 p. av. fig. (fr. 15.) 7.—
161 — — Vol. IV: Noctuae, vol. II. Paris 1870. 8. 263 p. av. 8 pl. color. (fr. 12.) 4.—
162 **Berg, C.** Pyralidina Argentina. (Buen. Air., Ac.) 1874. 8. 33 p. 1.50
163 — Pyralididae Argentini. 2 partes. (Berl., D. Ent. Z.) 1875. 8. 18 p. 1.—
164 — Patagon. Lepidopteren. 2 Thle. (Mosk., Bull.) 1875 – 77. 8. 80 p. 2.—
165 — Orugas acuáticas de l. Bombycidae. (Buen. Air.) 1876. 8. 14 p. 1.—
166 — Beitr. zu d. Pyralidinen Südamerikas. (Stett., Ent. Z.) 1876. 8. 14 p. 1.—
167 — Estudos lepidopterol. ac. de la Fauna Argentina, Oriental y Brasilera.
(Buen. Air., Soc. Cient.) 1877. 8. 31 p. av. pl. color. 2.—
168 — Observat. lépidopt. (Paris, S. Ent.) 1877. 8. 12 p. 1.—
169 — Lepidopt. Studien. (Neue Palustra-Art.) (Stett., Ent. Z.) 1878.˙ 8. 17 p.
m. color. Tfl. 1.—
170 — Obs. ac. de la Hyponomentidae. (Buen. Air.) 1880. 8. 7 p. 1.—
171 — Apuntes Lepidopt. 3 parties. (Buen. Air.) 1880—81. 8. 20 p. 1.50
172 — Entomolog. aus d. Indianergeb. d. Pampa. (Stett., Ent. Z.) 1881. 8. 37 p. 1.50
173 — Farrago Lepidopt. 3 parties. (B. Air.) 1882. 8. 56 p. 2.—
174 — Insectos de la Expedic. al Rio Negro. (B. Aires) 1883. fol. 39 p. av. pl. 2.—
175 — Die Gatt. Tolype. (Berl., B. Ent. Z.) 1883. 8. 30 p. 1.—
176 — Révis. et descr. d. espèces Argent. et Chilen. du g. Tatochila. (B. Air.,
Mus.) 1895. 4. 40 p. av. 5 fig. 2.—
177 — 25 Ropalóceros Sudamerican. (B. Air., Mus.) 1897. 8. 29 p. 1.—
178 — S. Lepidópteros Argentinos y otr. Sudamericanos. (B. Air., Mus.) 1899.
8. 22 p. 1.—
179 — Brenthis Cytheris y B. Dexamene. (B. Air., Mus.) 1899. 8. 6 p. av. pl. 1.—
180 — Gallardo. Reseña biográf. (B. Air., Mus.) 1902. 8. 32 p. av. portr. 1.50
181 **Berge.** Taschenbuch f. Käfer- u. Schmetterlingssammler. Stuttg. 1850. 8.
369 p. m. 2 Tfln. 1.—
182 — Schmetterlingsbuch. 3. Aufl. Stuttg. 1863. 4. 194 p. m. 50 color. Tfln.
(M. 18.) Cart. 4.—
183 — — 8. Aufl. bearb. v. Heinemann. Stuttg. 1899. 4. 314 p. m. 50 color.
Tfln. Origbd. (M. 24.) 13.—
184 — — 9. (letzte) Aufl., hrsg. v. Rebel. Stuttg. 1910. 4. 629 p. m. 53 color.
Tfln. u. 219 Fig. Orig.-Cartonbd. (M. 29.) 20.—
185 — — — Orig.-Halbfranzbd. (M. 32.) 25.—
186 — — Atlas colorié d. Papillons d'Europe. Ed. franç. par Joannis. Paris
1901. 4. 50 pl. color. av. texte. Cart. 23.—
187 — Kleines Schmetterlingsbuch f. Anfänger. Bearb. v. Rebel. Stuttg. 1911.
8. 208 p. m. 24 color. Tfln. u. 97 Fig. Lnbd. (M. 5.40)
188 — — Guide pratique de l'Amateur de Papillons. Ed. franç. p. Joannis.
Paris 1912. 8. 222 p. av. 24 pl. color. et 97 fig. Cart. 8.—
189 **Bergner.** Ueber d. Konvergenzerscheingn. zw. den Raupen v. Plusia C.
aureum u. Notodonta ziczac. Freib. 1906. 8. 25 p. m. Tfl. 2.—
190 **Bericht** d. Schlesischen Tausch-Vereins für Schmetterlinge. 6 Thle. Bresl.
1840—45. 4. Cart. 8.—

191 **Berichte** üb. d. wissenschaftl. Leistungen im Geb. d. Entomologie währ. ℳ
d. J. 1838—1902. Hrsg. v. Erichson, Schaum, Gerstaecker, Brauer, Bertkau,
Seidlitz. 65 Jahrgänge. Berl. 1840-1904. 8. (M. 996.) — Vollständ. Reihe. 400.—
    Auch die Fortsetzung zu ermässigtem Preise.
192 **Berichte** d. Lepidopterol. Tauschvereins für 1842, 1848—58. Hrsg. v.
Schläger u. Martini. Jeı a u. Weimar. 8. 8.—
    Viele Jahrgänge auch einzeln. — Mit wichtigen Arbeiten, spec. üb. Micros.
193 **Berlese, A.** Gli Insetti, loro organizzazione, sviluppo, abitudini e rapporti
c. Uomo. Vol. I. e II parti 1—3. (tutto pubblic.) Milano 1909—12. 4.
1162 p. c. 10 tav. in parte color. e 1380 fig. 40.—
194 **Berliner Entomologische Zeitschrift.** Hrsg. v. d. Entomolog. Verein zu
Berlin. Bd. 1—52: Jahrg. 1857—1907. Berl. 8. m. sehr viel. z. Thl. color.
Tfln. (M. 1250.) 250.—
    Fast alle Bände auch einzeln. — Von Jahrg. 1—18: 1857—74 war der Titel:
B e r l i n e r Entomolog. Zeitschr.; von 19—24: 1875—80 hiess sie: D e u t s c h e Entomolog.
Zeitschr.; von 25 ab teilte sie sich und erschien als „B e r l i n e r" und „D e u t s c h e"
(siehe Nr. 767). Letztere gliederte sich 1889 wieder in eine hauptsächlich Coleopterologische Abteilung, die ın Berlin unter altem Titel weiter erscheint, und in eine
Lepiuopterologische, die als „Deutsche Entomolog. Zeitschr., Lepidopterolog. Hefte"
in Dresden von der Gesellschaft Iris (-iehe Nr. 1615) als Fortsetzung des im Jahre 1884
von dieser begründeten „Correspondenzblatt" herausgegeben wird. — Die beiden Vereine,
der „Berlineı" Verein und die „Deutsche" Gesellschaft schliessen sich seit 1912 wieder
zusammen, doch verbleiben bis auf weiteres deren beide Publicationen getrennt.

195 **Bertkau.** Zwitter v. Gastropacha querc. (Halle, Arch. Nat.) 1889. 8. 42 p. 1.50
196 **Betham.** The Butterflies of the Central Provinces. 5 parts. (Bombay, Nat.
Soc.) 1890-91. 8. 60 p. 3.50
Bethune-Baker, G. T. — see: B a k e r, nr. 83—102.
197 **Beutenmüller.** Descr. Catal. of the Butterflies found within 50 miles
of N. York. N. York (Mus.) 1893. 8. 70 p. w. 5 pl. 4.—
198 — Descr. Catal. of the Sphingidae found within 50 miles of New York.
N. York (Mus.) 1895. 8. 46 p. w. 6 pl. 3.—
199 — Descr. Catal. of the Bombycine Moths found within 50 miles of N.
York. N. York (Mus.) 1898. 8. 96 p. w. 9 pl. 6.—
200 — Monogr. of the Sesiidae of America North of Mexico. N. York (Mus.)
1901. 4. 138 p. w. 8 colour. pl. (M. 30.) 18.—
201 — Descr. Catal. of the Noctuidae found within 50 miles of N. Yoık City.
2 parts. (N. York, Mus.) 1901—2. 8. 130 p. w. 8 pl. 12.—
202 — Catal. of the transformat. of Austral. Lepidopt. (N. York, Ent. S.) 1901.
8. 31 p. 1.50
203 **Bibliographia Zoologica.** Ed. Carus et Field. Vol. I—XX. Lips. 1896—1911.
8. (M. 274.) 200.—
204 **Bibliotheca Historico-naturalis (Zoologiae)** v. Engelmann, Carus u.
O. Taschenberg. Leipz. 1816—1913. 8. (M. 184.) 120.—
    Inhalt: I: Bibliographie d. Jahre 1700—1846 v. E n g e l m a n n. 794 p. (M. 11.)
M. 3.50. — II: Bibliographie d. J. 1846—60 v. C a r u s u. E n g e l m a n n. 2 Bde. 2180 p.
(M. 33) M. 13. — III: Bibliographie d. J. 1861—80 v. O. T a s c h e n b e r g. Liefg. 1—19
(soviel erschienen). 1887—1913. (M. 140.) M. 108.
205 **Biedermann, W.** Die Schillerfarben bei Insekten und Vögeln. Jena 1904.
4. 300 p. m. 16 Fig. (M. 8.) 6.—
206 **Bienert.** Lepidopter. Ergebnisse e. Reise in Persien. Leipz. 1869. 8. 56 p. 1.50
207 **Bingham.** The Butterflies (Rhopalocera) of British India includ. Ceylon
and Burma. (In 3 vols.) Vol. I, II. (all publish.) Lond. 1905—7. 8. 1021 p.
w. 20 colour. pl. Cloth. 38.—
    Contents. Vol. I: Nymphalidae, Nemeobidae. 1905. 533 p. w. 10 colour. pl. Cloth.
M. 20. — II: Papilionidae, Pieridae, Lycaenidae I. 1907. 488 p, w, 10 colour. pl. Cloth.
M. 20.
208 — Undescr. form of Tineidae. (Lond., Ent. S.) 1907. 8. 4 p. w. pl. 1.—
209 **Biologia Centrali-Americana.** L e p i d o p t e r a. Lond. 1879—1912. 4. w.
219 colour. pl. 1350.—
    Contents: D r u c e, Heterocera. Vols I—III. 1148 p. w. 101 pl. M. 600. — W a l-
s i n g h a m, Heterocera. Vol. IV. p. 1—168 w. 5 pl. (all published till to-day) M. 40. —
G o d m a n a n d S a l v i n, Rhopalocera, 3 vols. 1313 p. w. 113 pl. M. 750
    The lepidopterological division of this monumental series is the most esteemed
of the whole work, its price is rapidly rising.

8

209a **Biologia Lepidopterorum.** 15 Abhandl. üb. d. Lebensweise d. Schmetterl.   *ℳ*
v. Chapman, Gadeau de Kerville, La Baume, Lucas, Poujade u. a. 1860
—1910. 8. 92 p. m. 2 Tfln. (1 color.)   6.—
210 **Bischoff, J. G.** Gastropacha arbuscul. (Augsb.) 1859. 8. 4 p. m. col. Tfl.   1.—
211 **Blachier.** Une Boarmia nouv., variétés inéd. de Lépidopt. et Chenille
d'une Hémérophile. (Paris, Soc. Ent.) 1889. 8. 6 p. av. pl. color.   1.—
212 — Lépidopt. paléarct. 2 mém. (Paris, S. Ent.) 1905 à 06. 8. 8 p. av. pl. color.   1.—
213 — Lépidopt. du Maroc. 2 mém. (Paris, S. Ent.) 1905 à 08. 8. 18 p. av.
pl. color.   1.50
214 — Aberrations nouv. de Lépidopt. paléarct. 2 mém. (Genève) 1909. 8.
14 p. av. 2 pl. color.   2.—
215 — Esp. nouv. Afric. d. g. Acraea et Mylothris. (Genève) 1912. 8. 6 p. av.
pl. color.   1.—
216 **Blanchard, E.** Hist. nat. d. Orthopt., Nevropt., Hémipt., Hyménopt., Lépidopt. et Dipt. Paris 1840. 8. 673 p. av. 72 pl. noires.   5.—
Ce livre est le vol. III de 'l'Histoire natur. d. Articulés' p. Castelnau (voir
nr. 583).
217 — — Aux planches color.   10.—
218 **Bloecker.** Beiträge z. Macrolepidopt.-Fauna d. St. Petersb. Gouvernem.
(Petersb., Horae) 1898. 8. 32 p. — In Russisch. Sprache.   1.—
219 **Bock, H. v.** Schutzfarben uns. einheim. Lepidopt. (Berl., B. Ent. Z.)
1884. 8. 8 p.   1.—
220 **Bode, W.** Die Schmetterlingsfauna v. Hildesheim. Hild. 1907. 4. 65 p. (M. 5.)   4.—
221 **Bodine.** The taxonomic value of the Antennae of the Lepidopt. (Philad.,
Ent. S) 1896. 8. 56 p. w. 4 pl.   3 —
222 **Borsch.** Die Schmetterl. v. Pressburg. Pozs. 8. 15 p. — Magyarisch.   1.—
223 **Bohatsch.** Die Eupithecien Oesterr.-Ungarns. 4 Tle. m. 2 Nachtr. (Wien,
Ent. Z.) 1882—84. 8. 36 p.   2.—
224 — Z. Lepidopt.-Fauna Slavoniens. Wien 1891. 8. 20 p.   1.—
225 — Mitthlgn. üb. Eupithecien. (Dresd., Iris) 1893. 8. 35 p.   1.—
226 **Boidylla.** Riesen d. Insektenwelt. (Berl.) 1907. 8. 10 p. — Autograph.   1.—
227 **Boie.** Om de Danske, Slesvigholsteenske og Lauenborgske Lepid. (Kjöbenh.,
Nat. T.) 1837. 8. 43 p.   2.—
228 **Boisduval.** S. 5 nouv. Lépid. d'Europe. Paris 1827. 8. 14 p. av. pl.   1.50
229 — Monogr. d. Zygénides, av. tabl. méthod. d. Lépidopt. d'Europe. Paris
1829. 8. 140 p. av. 8 pl. coloriées. D.-rel.   13.—
230 — Entomologie (Lépidopt., Coléopt.) du voyage de l''Astrolabe' au Pôle
Sud et dans l'Océanie exéc. p. Dumont D'Urville. 2 vols. Paris 1832 à 35.
8. 990 p. av. atlas de 12 pl. in fol.   28.—
231 — — Aux planches coloriées.   45.—
232 — Icones histor. d. Lépidoptères nouv. ou peu connus de l'Europe. 42 livr.
Paris 1832 à 1841. 8. av. 84 pl. coloriées. (fr. 158) D.-rel.   70.—
233 — Lépidopt. de Madagascar, Bourbon et Maurice. Paris 1833. 8. 122 p.
av. 16 pl. coloriées. D.-rel.   20.—
Epuisé.
234 — Spécies génér. d. Lépidopt.: Papillons Diurnes. Vol. I (le seul publié).
Paris 1836. 8. 708 p. av. 24 pl.   12.—
235 — — Aux planches coloriées.   28.—
Epuisé.
236 — — Hétérocères (Nocturnes). Vol. I (le seul publié): Sphingid., Sesiid.,
Castnid. Paris 1874. 8 576 p. av. 10 pl.   10.—
237 — — Aux planches coloriées.   16.—
Epuisé.
238 — Genera et Index method. Europaeorum Lepidopterorum. Paris 1840. 8.
246 p. (fr. 5.)   1.50
239 — S. l. Cératocampides. (Paris, S. Ent.) 1868. 8. 11 p.   1 —
240 — Lépidopt. de la Californie. (Brux , S. Ent.) 1869. 8. 90 p.   3.—
241 — S. d. Lépidopt. envoyés du Guatemala. Rennes 1870. 8. 100 p.   2.50
242 — S. l. Adélocéphalides. (Brux , S. Ent.) 1872. 8. 18 p. av. pl. color.   1.50
243 — Monogr. d. Agaristidées. (Paris, S. Ent.) 1874. 8. 85 p. av. 3 pl. color.   4.—

W. Junk, Berlin, W. 15.

244 **Boisduval.** Aperçu monogr. du g. Io. (Brux., S. Ent.) 1875. 8. 44 p. av. ℳ
pl. color. 2.—
245 — Oberthür, C., Not. nécrolog. (Paris, S. Ent.) 1880. 8. 10 p. 1.—
Boisduval et Guenée. Spécies génér. d. Lépidopt. Tout ce qui a paru.
Diurnes vol. I. voir nr. 234 et 235, Hétérocères vol. I. voir nr. 236 et 237, Noctuélites etc. 6 vols. voir nr. 1322 et 1323.
246 **Boisduval et Leconte.** Iconogr. d. Lépidoptères et d. Chenilles de l'Amérique septentrion. Paris 1833 à 1842. 8. 228 p. av. 78 pl. color. D.-rel. 80.—
Rare.
247 **Boisduval, Rambur et Graslin.** Collection iconogr. et historique d. Chenilles d'Europe. 42 livr. Paris 1832 à 1837. 8. 237 p. av. 126 pl. color. D.-rel. 68.—
248 **Boll, E.** Uebers. d. Mecklenburg. Lepidopt. (Neubrand., Arch.) 1850.
8. 39 p. 1.—
249 — Schmidt, F. Nachtr. z. 'Uebersicht'. (Neubrand., Arch.) 1851. 8. 25 p. 1.—
250 — Unger. Nachtr. V. z. 'Uebersicht'. (Neubrand., Arch.) 1866. 8. 25 p. 1.—
251 **Boll, J.** Ueb. Dimorphismus u. Variat. ein. Schmetterlinge Nord-Americas.
2 Abhdl. (Berl. u. Hamb.) 1878—80. 8. 18 p. 1.50
252 **Bollettino** d. Naturalista. Red. p. Brogi. Anno XXI—XXVI: 1901—06.
Siena. 8. (M. 36.) 14.—
253 **Bombyeidae.** 15 mém. p. Boisduval, Butler, Chapman, Kirby, Lucas et a.
1854 à 1902. 8. 95 p. av. 4 pl. (3 color) 4.—

Bombyx mori.

254 **André, E.** Élevage d. Vers à soie sauvages. Paris 1908. 8. 256 p. av.
113 fig. 5.—
255 **Annuario** d. R. Stazione Bacologica di Padova. Vol. 1—38. Padova 1873
—1911. 8. c. molte tav. 200.—
Les volumes 2 à 5, 12 à 18, 21, 24, 25 sont épuisés. Je vends les autres volumes
à M. 3.
256 **Banks, C. S.** Manual of Philippine Silk Culture. Manila 1912. 8. 54 p.
w. 20 pl. 4.—
257 **Bellotti.** Metodo p. ottenere semente sana di Bachi da Seta. Milano
1863. 8. 16 p. 1.—
258 **Bolle, J.** Tafeln üb. d. Anat. u. Pathol. d. Seidenspinners, Bombyx
mori. Görz 1881. 4. m. 15 z. Tl. color. Tfln. 18.—
259 — Anleit. z. ration. Aufzucht d. Seidenraupe. Berlin 1892. 8. 48 p.
m. 23 Fig. 4.—
Vergriffen.
260 — Der Seidenbau in Japan. Wien 1898. 8. 150 p. 1.50
261 — Anleit. z. Kultur d. Maulbeerbaumes u. z. Aufzucht d. Seidenraupe.
Görz 1908. 4. 114 p. m. 112 Fig. u. Tab. 2.50
262 — Die wichtigsten Untersuchungsmethoden f. die Seidenzucht. Wien
1910. 8. 30 p. 1.—
263 **Bombyx mori.** 22 mém. p. Boisduval, Bonafous, Dohrn, Kirby, Tar-
gioni-Tozzetti, Verson et a. 1825 à 1912. 8. 217 p. av. 5 pl. (1 color.) 8.—
264 **Brouzet.** Rech. s. l. maladies des Vers à Soie. Nimes 1863. 8. 99 p. 4.—
265 **Brügger.** Die Futterpflanzen d. Fagara-Raupe (Bombyx cynthia).
Zürich 1861. 8. 43 p. m. Tfl. 1.—
267 **Castellani.** Dei Bachi Chinesi in Italia. Firenze 1860. 8. 64 p. 2.—
268 **Chavannes.** Ueb. d. Krankheit d. Seidenspinners. (Berl., B. Ent. Z.)
1861. 8. 7 p. 1.—
269 **Coquerel.** Esp. de Bombyx donn. soie à Madagascar. (Paris, S. Ent.)
1866. 8. 4 p. av. 2 pl. color. 2.—
270 **Cornalia.** Monografia del Bombice d. Gelso (Bombyx mori). Mil. 1856.
4. 385 p. c. 15 tav. color. 30.—
Esaurito.
271 — — Villa, A. S. 'Monogr.' d. Cornalia. Milano 1857. 8. 11 p. 1.—
272 — L'ugi o il parassita d. Filugello al Giappone. (Fir., S. Ent.) 1870. 8.
11 p. c. tav. 1.—

10

Bombyx mori. ℳ

273 **Cotes.** The wild Silk Insects of India. (Calc., Mus.) 1891. 8. 21 p. w. 14 pl. 5.—
274 **Coutagne,** Rech. expériment. s. l'hérédité chez l. Vers à Soie. Lille
1902. 8. 194 p. av. 9 pl. 5.—
275 **Dusuzeau, Sonthonnax et Conte.** Essai de classif. d. Lépidopt. product.
de Soies. 5 parties. Lyon 1897 à 1906. 4. av. 142 pl. 100.—
276 **Fauvel.** Les Séricigènes sauvages de la Chine. Paris 1895. 4. av. 10 pl. 8.—
277 **Fichtner.** Versuch m. d. Zucht d. Ailanthus-Seidenraupe. Wien 1862.
8. 16 p. 1.—
278 **de Filippi.** Anat.-phys. Bemerk. üb. Bombyx mori. Deutsch v. Dohrn.
2 Thle. (Stettin, Ent. Z.) 1852—53. 8. 19 p. m. 2 Tfln. 1.50
279 **Fletcher, T. B.** Direct. for the cultivat of Eri Silk. Calc. 1912. 4. 23 p. 1.50
280 **Gilson.** La Soie et l. appareils séricigènes. 3 parties. (Louvain, Cellule)
1890 à 93. 4. 119 p. av. 5 pl. 6.—
281 **Guérin-Méneville.** S. l'introduct. du Ver à Soie de l'Aylanthe en
France et en Algérie. Paris 1860. 8. 100 p. av. portr. 2.50
282 — S. l. progrès de la culture de l'Ailante et de l'éducat. du Ver à Soie.
Paris 1862. 4. 104 p. 3.—
283 **Haberlandt.** Die seuchenart. Krankheit d. Seidenraupen. 2 Thle. Wien
1866—68. 8. 110 p. m. 2 Tfln. 2.—
284 — Z. Kenntn. d. seidenspinnenden Insektes u. s. Krankheiten. Wien 1869.
8. 59 p. 1.—
285 — D. Seidenspinner, s. Aufzucht u. Krankheit. Wien 1871. 8. 247 p. m.
63 Fig. (M. 6.) 3.—
286 **Haberlandt u. Verson.** Studien üb. d. Körperchen d. Cornalia. Wien
1870. 8. 58 p. m. Tfl. 1.50
287 **Hutton.** Reversion and restorat. of the Silkworm. 2 parts. (Lond., Ent.
S.) 1864—65. 8. 66 p. w. col. pl. 2.50
288 **Jean.** S. l'amélioration d. races d. Vers à soie. Paris 1857. 4. 39 p. 2.—
289 **Julien, St.** Resumé d. princip. traités chinois s. la culture d. Muriers
et l'éducation d. Vers à soie. Paris 1837. 8. 248 p. av. 10 pl. D.-rel. veau. 7.50
Pas dans le commerce.
290 **Kellogg.** Artificial Parthenogenesis in the Silkworm. (Wash., Biol. Bull.)
1907. 8. 18 p. 1.50
291 — Inheritance in Silkworms. I. Stanford Univ. 1908. 8. 89 p. 2.50
292 **Lambruschini.** Modo di custodire i Bachi da seta. 2 parti. 8. 70 p. 2.—
293 **La Valette St. George.** Samen- u. Eibildung b. Seidenspinner. (Bonn,
Arch. Anat.) 1897. 8. 16 p. ohne die 3 Tafeln. 1.—
294 **Lebert.** Ueb. d. (Pilz-)Krankheit d. Insects d. Seide. (Berl., B. Ent. Z.)
1858. 8. 38 p. m. 6 Tfln. 3.—
295 **Luciani.** Vita latente d. ovuli d. Baco da Seta dur. l'ibernazione.
2 parti. (Fir., S. Ent.) 1885. 8. 25 p. 1.50
296 **Luciani e Lo Monaco.** S. fenom. respirat. d. Larve d. Bombice d. Gelso.
(Firenze, Acc. Georg.) 1895. 8. 15 p. c. tav. 1.—
297 **Luciani e Piutti.** S. fenomeni respirat. d. Uova d. Bombice d. Gelso.
(Firenze, S. Ent.) 1888. 8. 46 p. c. tav. 1.50
298 **Luppi,** Dictionnaire de Séricologie. Lyon. 8. 524 p. D.-rel. veau. 8.—
299 **Maillot.** Leçons s. le Ver à Soie. Montp. 1885. 8. 273 p. av. 3 pl. et
36 fig. D.-rel. veau. 5.—
300 — Traité s. le Ver à soie. Montp. 1906. 8. 622 p. av. 3 pl. et 109 fig. 8.—
301 **Malpighi.** Traité du Ver à Soie. Trad. par Maillot. Montp. 1878. 4.
av. 12 pl. (fr. 10.) 6.—
302 **Maxwell-Lefroy and Ghosh.** Eri Silk (Eri Silk Worm, Attacus ricini).
(Calc., Dept. Agr.) 1912. 8. 130 p. w. 9 pl. (5 colour.) 5.—
303 **Moore, F.** Synops. of the Asiatic spec. of Silk-produc. Moth. (Lond.,
Zool. S.) 1859. 8. 34 p. — Without the 2 pl. 1.—
304 — On the Asiat. Silk-produc. Moths. (Lond., Ent. S.) 1862. 8. 10 p. 1.50
305 **Moore, F. C.** Indian Saturnidae. The Silkworm Moths of India. Lond.
6 colour. pl. in Quarto. 5.—

Bombyx mori.

𝓜

306	**Mukerji.** Genesi d. Baco da seta. (Fir., S. Ent.) 1890. 8. 24 p.	1.50
307	**Nava.** S. Malattia nei Bachi da seta. Mil. 1857. 8. 19 p. c. tav. color.	1.—
308	**Nitya.** Genesi d. Baco da seta. (Firenze, S. Ent.) 1890. 8. 24 p.	1.50
309	**Ott.** Die Fagara-Seidenraupe. Zürich 1861. 8. 86 p. m. Tfl.	1.50
310	**Ouekaki-Morikouni.** Yo-San-Fi-Rok. L'Art d'élever les Vers à Soie au Japon. Trad. p. Hoffmann. Paris 1848. 4. 152 p. av. 50 pl. et carte. (fr. 35.)	12.—
311	**Pasteur.** Rapport s. sa mission relat. à la maladie des Vers à Soie. Paris 1868. 4. 72 p. av. 2 pl.	5.—
312	— Etudes s. l. Maladies des Vers à Soie. 2 vols. Paris 1870. 8. 657 p. av. 37 pl. en partie color. D.-rel. veau.	26.—
	Le prix vient d'être augmenté par l'éditeur, comme l'édition est presqu'épuisée.	
313	**Quajat.** Incrocim. fra le razze bianche d. Baco da Seta. (Fir., S. Ent.) 1885. 8. 11 p.	1.—
314	— Dei Bozzoli più pregevoli che preparano i Lepidott. setiferi. Padova 1904. 4. 177 p. c. 50 tav. (10 L.)	6.—
315	**Quatrefages.** S. l. maladies actuelles des Vers à Soie. 2 vols. (Paris, Ac.) 1860. 4. 390 p. av. 6 pl. color.	12.—
	Epuisé.	
316	— Nouv. recherches s. l. maladies actuelles du Ver à Soie. (Paris, Ac.) 1860. 4. 120 p.	4.—
317	**Riley.** The Mulberry Silk-Worm. 6. ed. (Wash., Dept. Agr.) 1886. 8. 73 p. w. 2 colour. pl.	1.50
318	**Rollat.** Estivation d. graines de Vers à Soie. Perpign. 1886. 8. 24 p.	1.50
319	**Roo v. Westmaa.** Prem. éducation du Ver à Soie du Chêne. (Hague, T. Ent.) 1864. 8. 36 p. av. 3 pl. color.	2.50
320	**de Sauvages, P. A. Boissier.** Mém. s. l'éducat. des Vers à Soie. Av. traité s. la cult. des Muriers et s. l'orig. du Miel. 3 parties. Nismes 1763. 8. 656 p. Veau.	10.—
	Voir aussi Hagen, Bibliotheca Entom. II, 108.	
321	**Schawrow.** Grundregeln f. d. Aufzucht von Seidenraupen. Tiflis 1908. 8. 237 p. m. 95 Fig. — In Russ. Sprache.	6.—
322	**Selvatico.** Aorta n. corsal-tto e nel capo d. farfalla d. Bombice del Gelso. (Padova, Staz. Bacol.) 1887. 8. 19 p. c. 2 tav.	1.50
323	**(Snellen v. Vollenhoven).** Zucht d. Japan. Eichenspinners Yama-Mayu. (Haag, T. Ent.) 1866. 8. 30 p.	1.—
324	**Sonthonnax et Conte.** Es-ai de classific. de Lépidopt. producteurs de soie. Fasc. 1 à 5. (Lyon, Lab. Et. Soie) 1897 à 1906. 8. av. beauc. de pl. color.	150.—
325	**Sykes.** Account of the Kolisurra Silk-Worm of the Deccan. (Lond., Roy. S.) 1832. 4. 7 p. w. colour. pl.	2.—
326	**Tanaka.** Silk Glands of Bombyx Mori. (Sapporo) 1910. 8. 8 p.	1.—
327	**Tichomirow.** Entwicklgesch. v. Bombyx mori. (Mosk., Ges. Nat.) 1882. 4. 95 p. m. 3 color. Tfln. u. 48 color. Fig. — Russisch.	5.—
328	**Toyama.** Studies on the Hybridology of Insects (Silkworms). 3 parts. (Tokyo, Agr. Coll.) 1906. 8. 168 p. w. 7 pl. (2 colour.)	10.—
329	**Verson.** Meccanismo di chiusura n. stimmati d. Bombyx Mori. Padova 1887. 8. 10 p. c. tav.	1.—
330	— Atlante d. Filugello sano e malato. Padova 1888. 4. 5 tav. color. c. testo.	14.—
331	— Nuovi organi escret. n. Filugello. (Fir., S. Ent.) 1890. 8. 27 p. c. 4 tav.	2.—
332	— 15 mem. s. Bacco da seta. 1890—1912. 8. 110 p. c. fig.	5.—
333	— Altre cellule glandul. di orig. postlarv. Pad. 1892. 8. 17 p. c. tav.	1.—
334	— Evoluz. d. Tubo intestin. n. Filugello. 2 parti. Padova 1897—98. 8. 83 p. c. 4 tav.	3.—
335	— Schiudimento imperf. d seme n. Razze bianche d. Filugello. (Venezia, Ist.) 1900. 8. 23 p.	1.—
336	— S. condiz. d. Bachicoltura in Italia. (Roma, S. Agr.) 1900. 4. 11 p.	1.—

12

Bombyx mori.

ℳ

337 **Verson.** Armatura d. Zampe spurie n. larva d. Filugello. Padova 1901.
8. 27 p. c. tav. 1.—
338 — Evoluz post-embrion. d. arti cefalici n. Bombice d. Gelso. Padova
1901. 8. 49 p. c. tav. 1.50
339 — Manifestaz. rigenerat. n. Zampe torac. d. Bombyx Mori. Pad. 1904.
8. 41 p. 1.—
340 — S. vaso pulsante d. Sericaria. Pad. 1909. 8. 33 p. c. 2 tav. 2.—
341 — Z. Kenntn. d. Häutung u. der Häutungsdrüsen bei Bombyx Mori. (Leipz.,
Z. Zool.) 1911. 8. 24 p. m. Tfl. 1.50
342 — Mancata coloraz. in uova d. Filugello. (Venez., Ist.) 1911. 8. 11 p. 1.—
343 — Le appendici ghiandolari d. Scritterio bombicino. (Pad.) 1911. 8.
11 p. c. tav. 1.—
344 — Elementi ghiandol. di Filugello. (Pad.) 8. 15 p. 1.—
345 **Verson e Bisson.** Cellule glandulari ipostigmatiche n. Bombyx mori.
(Fir., S. Ent.) 1891. 8. 18 p. c. 2 tav. 1.50
346 — Sviluppo postembr. d. organi sessuali accessori nel B. mori. Padova
1895. 8. 30 p. c. 4 tav. 2.—
347 **Verson e Quajat.** Del Filugello e d. arte sericola. Padova 1896. 8
496 p. c. 85 fig. 7.—
348 **Voelschow.** Die Zucht der Seidenspinner. Schwerin 1902. 8. 83 p. m.
7 Tfln. (3 color.) (M. 3.50.) 3.—
349 **Wailly.** S. cert. Bombyciens séricigènes. (Paris, Soc. Accl.) 1880.
8. 9 p. 1.—
350 — Catal. rais. of Silk-producing Lepidopt. Kingston 1891. 8. 35 p. 2.—
351 **Wallace, A.** Ailanthiculture. Prospect of a new Industry. (Lond., Ent.
S.) 1866. 8. 61 p. w. 2 colour. pl. 2.—
352 — Oak-feeding Silk-worm fr. Japan, B. Yamamai. (Lond., Ent. S.) 1867.
8. 74 p. 1.50
353 **Wardle.** Silk, its Entomology, hist. and manufact. Manchest. 1887.
Lond. 1887. 8. w. 82 pl. Cloth. 9.—
355 **Wullschlegel.** Ueb. Einführung, Nahrungspflanzen, Zucht u. Pflege
neuer Seidenspinner. (Gallen, Nat. Ges.) 1863. 8. 28 p. 1.50
356 — Ueb. d. Japan. Eichenseidenspinner Jama-Maï. (Bern, Ent. Ges.) 1865.
8. 12 p. 1.—
357 **Zenetti.** Geschichte d. Seidenprodukt. (Münst.) 1899. 8. 10 p. 1.—

---

358 **Bönninghausen.** Beitr. z. Kenntn. d. Lepidopt.-Fauna v. Rio de Janeiro.
3 Tle. (Hamb. u. Dresd.) 1892—1901. 8. 76 p. m. 2 Tfln. 4.—
359 — Die Uraniden d. alten u. d. neuen Welt. (Hamb.) 1899. 8. 7 p. 1.—
360 **Bordas.** Les glandes céphaliques et mandibul. d. Chenilles de Lépidopt.
(Paris, Ann. Sc. Nat.) 1909. 8. 74 p. av. 3 pl. 4.—
361 **Borgmann.** Anleit. z. Schmetterlingsfang u. z. Schmetterlingszucht. Cassel
1878. 8. 214 p. m. 4 Tfln. (M. 4.) Cart. 2.—
362 **Borkhausen.** Naturgesch. d. Europ. Schmetterlinge. 5 Bde. Frankf. 1788
—1794. 8. m. 2 color. Tfln. (M. 23.50.) Cart. 10.—
Vollständig selten. — Fast alle Bände auch einzeln à M. 3.
363 **Börner.** Ueb. d. Beingliederung d. Arthropoden. III. (Berl., Nat. Fr.) 1903.
8. 50 p. m. 7 Tfln. 2.—
364 — Die Verwandlungen der Insekten. (Berl., Nat. Fr.) 1909. 8. 22 p.
m. 10 Fig. 1.50
365 **Bornemann.** Verzeichn. d. Grossschmetterlinge aus d. Umgeb. von Magde-
burg u. d. Harzgebiet. (Magdeb., Mus.) 1912. 4. 89 p. 3.—
366 **Böttcher, E. A.** Neue u. wenig bek. Arctiiden aus Turkestan. (Guben,
Ent. Z.) 1906. 4. 7 p. m. Tfl. 1.—
367 **Bowring and Westwood.** Habits of a Lepid. paras. on Fulgora candel.
(Lond., Ent. S.) 1876. 8. 6 p. w. pl. 1.—

W. Junk, Berlin, W. 15.

13

368 **Bramson.** Die Tagfalter (Rhopalocera) Europas u. d. Caucasus. Kiew 1890. ℳ
8. 152 p. m. Tfl. (M. 3.) 2.—
369 — Analyt. Uebers. d. Formen v. Melitaea didyma. (Petersb., Horae) 1910.
8. 18 p. 1.—
370 **Brauts.** Nederlandsche Vlinders. Liefg. 1—6. (Soviel erschien.) 'sGravenh.
1905—08. 4. 69 p. m. 6 color. Tfln. 24.—
Ist die 3. Reihe von Sepp's Nederl. Insecten (siehe Nr. 3154).
371 **Brauer.** Ueb. d. Verwandl. d. Insekten im Sinne d. Descendenz-Theorie.
2 Thle. (Wien, Z. b. G.) 1869– 78. 8. 36 p. m. Tfl. 1.—
372 **Brehm, A. E.** Thierleben. 2. Aufl. 10 Bde. Leipzig 1876—78. 8. m. 174
(schwarzen) Tfln. (M. 120.) Origbde. 30.—
Siehe auch Nr. 3544.
373 **Breitenbach.** Untersuchgn. an Schmetterlingsrüsseln. (Bonn, Arch. An.)
1878. 8. 22 p. m. Tfl. 1.50
374 **Bremer.** Lepidopteren Ost-Sibiriens, insbes. d. Amur-Landes. (Petersb.,
Ak.) 1864. 4. 104 p. m. 8 colorirten Tfln. 14.—
375 **Bremer u. Grey.** Beitr. z. Schmetterlings-Fauna d. nördl. Chinas. Petersb.
1853. 4. 23 p. 1.—
376 **Breyer.** Etudes s. l. Microlépid. (Brux., S. Ent.) 1863. 8. 30 p. av. pl. color. 1.50
377 **Bridges.** Experiments up. the colour relat. betw. Lepidopt. Larvae and
Pupae and their surround. (Lond., Ent. S.) 1911. 8. 13 p. 1.50
378 **Briggs.** On the forms of Zygaena Trifolii. (Lond., Ent. S.) 1871. 8. 24 p. 1.—
379 **Brittinger.** Die Schmetterlinge v. Oesterreich ob d. Enns. (Wien, Ak.)
1851. 8. 72 p. 1.50
380 **Bromilow.** Butterflies of the Riviera. Nice 1892. 8. 115 p. 2.—
381 **Broteria.** Revista de Sciencias Naturaes do Collegio de S. Fiel. Réd. p.
Tavares. Vol. I à V: Années 1902 à 1906. 8. avec beauc. de pl. (M. 52.) 42.—
Renfermant un nombre de mémoires très-importants sur la Zoolo⸗ie et la
Botanique. — A partir du vol. VI la 'Broteria' est divisée en 3 parties: Zoologie, Botanique, Série populaire.
382 **Bruand d'Uzelle.** Catal. systém. et synon. des Lépidoptères du départ.
du Doubs. (Besanç., Soc. Emul.) 1845. 8. 93 p. 2.50
383 — Monogr. d. Psychides. Besanç. 1852. 8. 130 p. av. 3 pl., dont 2 color. 15.—
Très-rare.
384 — — Partie II. 1852. 8. 109 p. av. 3 pl. 5.—
385 — Classificat. d. Tinéites. 2 parties. (Paris, Soc. Ent.) 1857 à 58. 8. 123 p. 6.—
386 — S. div. Lépidopt. (Paris, S. Ent.) 1858. 8. 26 p. av. pl. color. 1.50
387 — Essai monogr. s. le g. Coleophora. Partie I. (tout ce qui a paru). (Paris,
S. Ent.) 1859. 8. 40 p. av. 2 pl. 2.50
388 — S. qlqs. espèc. du g. Pterophorus. (Paris, S. Ent.) 1861. 8. 6 p. av.
5 fig. color. 1.—
389 **Brunbauer.** Einfluss d. Temperatur auf d. Leben d. Tagfalter. Münch.
1883. 8. 115 p. 2.—
390 **Brunner v. Wattenwyl.** Betrachtgn. üb. d. Farbenpracht d. Insek en
(Schmetterlinge, Orthoptera). Leipz. 1897. fol. 16 p. m. 9 color. Tfln. in
Mappe. (M. 36.) 22.—
391 — Observat. on the Coloration of Insects (Butterflies, Orthoptera). Leips.
1897. fol. 16 p. w. 9 colour. pl. (36 s.) 22.—
391a **Bryck.** Neue Parnassiusformen. (Wiesb., Ver. Nat.) 1912. 8. 34 p. m. Tfl. 1.50
392 **Buckell and Prout.** The Lepidopt. of the London district. (Lond., Ent.
S.) 1898. 8. 13 p. 1.—
393 **Buckler.** The Larvae of the British Butterflies and Moths. 9 vols. Lond.
1886—1901. 8. w. 166 colour. pl. Cloth. 240.—
Every volume also separately.
394 — — Vol. III, IV. 1889—91. 8. 220 p. w. 34 colour. pl. Cloth. 25.—
395 **(Budgeon.)** Acheta Domestica. Episodes of Insect Life. 3 series. New
York 1851—52. 8. 1124 p. w. 3 pl. and many fig. Cloth. 15.—
396 **Buhle.** Tag- u. Abend-Schmetterlinge Europas. Leipz. 1837. 4. 116 p. m.
6 color. Tfln. 2.50

W. Junk, Berlin, W. 15.

14

397 **Bulletin** de la Société Entomol. d'Egypte. Années I à IV: 1908 à 11. Le   *ℳ*
Caire 1912. 8. av. plchs.   40.—
Voir aussi nr. 2267.
398 **Bulletin** de la Société Lépidoptérol. de Genève. Réd. p. Blachier. Vol. I,
II, fasc. 1 à 3. Genève 1909 à 1912. 8. av. 31 pl. (19 color.)   48.—
399 **Bulletin** of the Brooklyn Entomological Society. Ed. by Schaupp and J. B.
Smith. 7 vols. (all publ.) Brooklyn 1879—84. 8. w. plates.   80.—
Vol. I is out of print. — Continuation see nr. 963 and 2625.
400 **Bulletin** of Entomological Research. Issued by the Entomol. Research
Committee (Trop. Africa). Vol. I—III. Lond. 1910—1913. 8. w. plates.   30.—
401 **Bulletino** d. Società Entomologica Italiana. Anno 1—36: 1869—1905.
Firenze. 8. c. molte tav., color. e nere.   250.—
Molti volumi esauriti.
402 **Bureau.** Liste de Lépidopt. de la Loire-Infér. non signalés jusqu'ici.
(Nantes, Soc. Nat.) 1894. 8. 24 p.   1.—
403 **v. Büren.** Die Schmetterlings-Sammlg. im Alpin. Museum in Bern. Bern
1908. 8. 11 p.   1.—
404 — Nos Parnassiens Suisses. (Genève, Soc. Lép.) 1911. 8. 9 p. av. 2 pl. color.   2.—
405 **Burger.** Ueb. d. Bauchgefäss d. Lepidopt. (Leiden, Arch. Z.) 1876. 8.
30 p. m. Tfl.   1.50
406 **Burmeister.** Handb. d. Entomologie. 5 Bde. (in 8 Thln.) Berl. 1832—55. 8.
m. 18 Tfln.   75.—
Band I—III ist vergriffen. — Jetzt sehr selten geworden.
407 — Erläutergn. z. Fauna Brasiliens. Berlin 1856. Fol. 123 p. m. 32 Tfln.
(22 color.) (M. 60) Cart.   18.—
403 — Zoonomische Briefe. 2 Bde. Leipzig 1856. 8. 855 p. (M. 13) Hfzb.   1.50
409 — System. Uebers. d. Sphingidae Brasiliens. Halle 1856. 4. 17 p. (M. 1.50)   1.—
410 — S. l. Chenilles d. Hespérides. (Paris, Rev Z.) 1875. 8. 15 p. av. pl. color.   1.50
411 — Lépidopt. de la République Argentine. Vol. I (le seul publié): Diurnes,
Crépusc. et Bombyc. B. Ayres 1878 à 1880. 8. av. 2 atlas de 24 pl. in fol.
(dont 22 color.)   65.—
Epuisé.
412 — B e r g, C. Reseña biogr. (B. Air., Mus.) 1895. 4. 45 p.   1.50
413 **Burrows.** On the Nictitans group of the Hydroecia Gu. (Lond., Ent. Soc.)
1911. 8. 12 p. w. 8 pl.   3.—
414 **Busck.** New spec. of Tineina fr. Florida. (Wash., Mus.) 1901. 8. 30 p.
w. pl.   1.50
415 — Review of the American Moths of the g. Depressaria. (Wash., Mus.)
1902. 8. 19 p.   1.—
416 — On Clemens' types of Tineina. (Wash., Ent. Soc.) 1903. 8. 40 p.   1.50
417 — Revis. of the Americ. Moths of the fam. Gelechiidae. (Wash., Mus.) 1903.
8. 172 p. w. 5 pl.   3.—
418 — Tineid Moths fr. Brit. Columbia. (Wash., Mus.) 1904. 8. 34 p.   1.—
419 — New Americ. Tineina. (Wash., Ent. S.) 1906. 8. 27 p.   1.—
420 — Tineid Moths fr. South. Texas. (Wash., Mus.) 1906. 8. 16 p. w. 10 fig.   1.—
421 — Review of the Americ. Moths of the g. Cosmopteryx. (Wash., Mus.)
1906. 8. 9 p.   1.—
422 — Revis. of the Americ. Moths of the g. Argyresthia. (Wash., Mus.) 1907.
8. 20 p. w. 2 pl.   1.—
423 — Generic revis. of Americ. Oecophoridae. (Wash., Mus.) 1908. 8. 23 p.   1.—
424 — New Moths of the g. Trichostibas. (Wash., Mus.) 1910. 8. 6 p. w. pl.   1.—
425 — Descr. of Tineoid Moths fr. South America. (Wash., Mus.) 1911. 8.
28 p. w. 2 pl.   1.50
426 **Butler.** Monogr. of the spec. of Charaxes. (Lond., Zool. S.) 1865. 8.
18 p. w. 2 colour. pl.   2.50
427 — — W i t h o u t the plates.   1.—
428 — Descr. of 6 new Diurnal Lepidopt. (Lond., Zool. S.) 1865. 8. 4 p. w. col. pl.   1.50
429 — Descr. of 6 new exotic Butterflies. (Lond , Zool. S.) 1865. 8. 4 p. w. col. pl.   1.50
430 — Monogr. of the g. Euploea. (Lond., Zool. S.) 1866. 8. 34 p. w. 2 col. pl.   2.50
431 — — W i t h o u t the plates.   1.—

432 **Butler.** Revis. of the g. Hypna. (Lond., Z. S.) 1866. 8. 4 p. w. col. pl.   1.—
4:33 — Monogr. of the g. Danais. 2 parts. (Lond., Z. S.) 1866. 8. 21 p. w. col. pl.   2.—
434 — Monogr. of the g. Euptychia. (Lond., Z. S.) 1866. 8. 46 p. — W i t h o u t
    the 2 plates.   1.—
435 — Monogr. of the g. Lemonias. (Lond., Linn. S.) 1866. 8. 17 p. w.
    2 colour. pl.   3.—
436 — — With 2 p l a i n plates.   1.50
437 — Descr. of some new exot. Butterflies. (Lond., Z. S.) 1866. 8. 4 p. w. col. pl.   1.—
438 — Monogr. of the g. Hestia. (Lond., Ent. S.) 1867. 8. 18 p.   1.—
439 — Descr. of some new Satyridae bel. to the g. Euptychia. (Lond., Zool. S.)
    1867. 8. 6 p. w. 2 pl.   1.—
440 — Catal. of the Satyridae in the British Museum. Lond. 1868. 8. w.
    5 pl. Cloth.   5.50
441 — Monogr. revis. of the g. Adolias. (Lond., Zool. S.) 1868. 8. 16 p. w. col. pl.   2.—
442 — Descr. of new spec. of Lepidopt. (Lond., Z. S.) 1868. 8. 4 p. w. col. pl.   1.50
443 — Catal. of Diurnal Lepidopt., describ. by Fabricius, in the British Museum.
    Lond. 1869. 8. 308 p. w. 3 pl. Cloth.   7.50
444 — New or little known forms of Diurnal Lepidopt. (Lond., Ent. S.) 1869.
    8. 4 p. w. colour. pl.   1.—
445 — Descr. of new Rhopalocera fr. the coll. of Druce. (Lond., Cist. Ent.)
    1869. 8. 16 p.   1.50
446 — Lepidoptera Exotica; Descr. and Illustr. of Exotic Lepidopt. Lond.
    1869—1874. 4. 211 p. w. 64 colour. pl. Cloth. (5 ℒ)   80.—
447 — Descr. of exotic Lepidopt. fr. the coll. of Druce. (Lond., Cist. Ent.)
    1870. 8. 16 p.   1.50
448 — On the spec. of Charaxes describ. in the 'Reise d. Novara'. (Lond.,
    Ent. S.) 1870. 8. 4 p. w. colour. pl.   1.—
449 — Descr. of some new Diurnal Lepidopt., chiefly Hesperidae. (Lond.,
    Ent. S.) 1870 8. 36 p.   1.50
450 — Descr. of some new Pierinae. (Lond., Z. S.) 1871. 8. 6 p. w. colour. pl.   1.50
451 — Descr. of some new Lepidopt. fr. the coll. of Saunders. (Lond., Ann.
    & M.) 1871. 8. 11 p.   1.—
452 — Revis. of the g. Terias. (Lond., Z. S.) 1871. 8. 17 p.   1.—
453 — Descript. of a new genus and 6 new spec. of Pierinae. (Lond., Ent. S.)
    1871. 8. 6 p. w. pl.   1.—
454 — Monogr. of the g. Elymnias. (Lond., Z. S.) 1871. 8. 6 p. w. col. pl.   1.50
455 — Synonymic list of the g. Pieris. (Lond., Z. S.) 1872. 8. 43 p.   1.50
456 — On cert. spec. of Pericopides. (Lond., Ent. S.) 1872. 8. 10 p.   1.—
457 — List of Lepidopt. coll. in Peru by Whitely. (Lond., Ann. & M.) 1873.
    8. 14 p.   1.—
458 — Monogr. revis. of the g. Phrynus. (Lond., Ann. & M.) 1873. 8. 9 p. w. 2 pl.   1.50
459 — Descr. of new Lepidopt. (Lond., Cist. Ent) 1873. 8. 27 p.   1.—
460 — Revis. of the g. Protogonius. (Lond., Z. S.) 1873. 8. 4 p. w. colour. pl.   1.—
461 — Monogr. of the g. Callidryas. Lond. 1874. 4. w. 16 colour. pl. Cloth.   25.—
462 — Catal. of the Lepidopt. of New Zealand. Lond. 1874. 4. w. 3 pl.   8.—
463 — Descript. of new Diurnal Lepidopt. in the coll. of Druce. (Lond., Ent. S.)
    1874. 8. 14 p. w. colour. pl.   1.50
464 — List of the Diurnal Lepidopt. of the South-Sea-Islands. (Lond., Zool. S.)
    1874. 8. 18 p. w. colour. pl.   1.50
465 — Descript. of 3 new Diurnal Lepidopt. fr. the coll. of Swanzy. (Lond.,
    Ent. S.) 1874. 8. 4 p. w. colour. pl.   1.—
466 — On Butterflies fr. the New Hebrides and Loyalty Isl. (Lond., Zool. S.)
    1875. 8. 15 p. w. pl.   1.—
467 — Descr. of new spec. of Sphingidae. (Lond., Z. S.) 1875. 8. 24 p. w.
    2 colour. pl.   2.—
468 — — With p l a i n plates.   1.—
469 — Descr. of 33 new or little-known Sphingidae. (Lond., Z. S.) 1875. 8.
    14 p. w. 2 colour. pl.   2.—
470 — — With p l a i n plates.   1.—

ℳ

471 **Butler.** Descr. of 4 new spec. of Protogonius. (Lond., Z. S.) 1875. 8. 2 p. w. col. pl.   1.—
472 — List of the g. Hypsa. (Lond., Ent. S) 1875. 8. 16 p.   1.—
473 — Contrib. tow. a knowl. of the Rhopalocera of Australia. (Lond., Ent. S.) 1875. 8. 10 p.   1.—
474 — Revis. of the fam. Sphingidae. (Lond., Zool. S.) 1876. 4. 134 p. w. 5 colour. pl. (30 s.)   20.—
475 — — Maassen. Bemerk. z. „Revision". (Stett., Ent. Z.) 1880. 8. 24 p.   1.—
476 — Revis. of the g. Teracolus. (Lond., Z. S.) 1876. 8. 40 p. w. 2 pl.   1.50
477 — On the subfam. Antichlorinae and Charideinae. (Lond., Linn. S.) 1876. 8. 26 p. w. pl.   1.—
478 — Descr. of new Lepidopt. fr. New Guinea. (Lond., Z. S.) 1876. 8. 4 p. w. col. pl.   1.—
479 — Descr. of Lepidopt. fr. the coll. of Roberts. (Lond., Z. S.) 1876. 8. 3 p. w. col. pl.   1.—
480 — On the fam. Zygaenidae. (Lond., Linn. S.) 1876. 8. 65 p. w. 2 pl.   1.50
481 — On 2 coll. of Heterocera fr. New Zealand. (Lond., Z. S.) 1877. 8. 29 p. w. 2 colour. pl.   2.50
482 — On new spec. of the g. Euptychia. (Lond., Linn. S.) 1877. 8. 13 p. w. pl.   1.—
483 — On the Lithosiidae in the Brit. Mus. (Lond., Ent. S.) 1877. 8. 54 p. w. pl.   1.50
484 — Descript. of new Sphingidae. (Lond., Ent. S.) 1877. 8. 6 p. w. colour. pl.   1.—
485 — On the Lepidopt. of the Amazons, coll. by Trail. 4 parts. (Lond., Ent. S.) 1877—81. 8. 192 p. w. 2 colour. pl.   7.—
486 — Illustrat. of typical spec. of Heterocera in the Brit. Museum. 9 vols. Lond. 1877—93. 4. w. 176 colour. pl. Cloth.   500.—
    Vols. 1—4 are out of print and very rare.
    Vol. 1: South American Moths. 1877. 75 p. w. 20 pl. — 2: Japanese Moths. 1878. 72 p. w. 20 pl. — 3: Japanese and Chinese Moths. 1879. 100 p. w. 20 pl. — 4: Walsingham, North American Tortricidae. 1880. 95 p. w. 17 pl. — 5: Indian Moths. 1881. 84 p. w. 23 pl. M. 50. — 6: Indian Moths. 1886. 94 p. w. 20 pl. M. 45. — 7: Heterocera coll. in the district of Kangra by Hocking. 1889. 128 p. w. 18 pl. M. 40. — 8: Hampson, Heterocera of the Nilgiri district. 1891. 148 p. w. 18 pl. M. 40. — 9: Hampson, Heterocera of Ceylon. 1893. 187 p. w. 20 pl. M. 42.
487 — On Lepidopt. fr. Cape York and N. Guinea. (Lond., Z. S.) 1877. 8. 10 p.   1.—
488 — Natural affinities of the fam. Aegeriidae. (Lond., Ent. S.) 1878. 8. 5 p. w. pl.   1.—
489 — On Butterflies referr. to the g. Euploea. (Lond., Linn. S.) 1878. 8. 14 p.   1.—
491 — On a coll. of Lepidopt. fr. Jamaica. (Lond., Z. S.) 1878. 8. 16 p.   1.—
492 — The Butterflies of Malacca. (Lond., Linn. S.) 1879. 4. 36 p. w. 2 pl. (1 colour.)   3.—
493 — On the natur. affinities of the g. Acronycta. (Lond., Ent. S.) 1879. 8. 6 p. w. pl.   1.—
494 — On Lepidopt. from Cachar, N. E. India. (Lond., Ent. S.) 1879. 8. 8 p.   1.—
495 — On Lepidopt. fr. Candahar. (Lond., Zool. S.) 1880. 8. 12 p. w. colour. pl.   1.50
496 — On new and little known Butterfl. fr. India. (Lond., Zool. S.) 1880. 8. 5 p. w. colour. pl.   1.—
497 — On a coll. of Lepidopt. fr. Formosa by Hobson. (Lond., Z. S.) 1880. 8. 26 p.   1.50
498 — On spec. of the g. Terias. (Lond., Ent. S.) 1880. 8. 4 p. w. col. pl.   1.—
499 — Descr. of new genera and spec. of Heteroc. fr. Japan. 4 parts. (Lond., Ent. S.) 1881. 8. 102 p.   5.—
500 — On a coll. of Lepidopt. fr. West-India, Beloochistan and Afghanistan. (Lond., Z. S.) 1881. 8. 23 p.   1.—
501 — On the g. Sypna. (Lond., Ent. Soc.) 1881. 8. 10 p.   1.—
502 — List of Butterflies coll. in Chili by Edmonds. (Lond., Ent. S.) 1881. 8. 33 p. w. pl.   1.50
503 — On Bombyces coll. in Chili by Edmonds. (Lond., Ent. S.) 1882. 8. 8 p.   1.—
504 — Heterocera coll. in Chili by Edmonds. 4 parts. (Lond., Ent. S.) 1882—83. 8. 190 p. w. 3 pl. (1 colour.)   8.—
505 — The Lepidopt. of the Challenger Exped. (Lond., Ann. & M.) 1882. 8. 26 p.   1.50
506 — On a collect. of Lepidopt. fr. the Hawaiian Isl. (Lond., Ent. S.) 1882. 8. 16 p.   1.—

507 **Butler.** On the Butterfl. coll. by Walsingham in California. (Lond., Linn. S.) *ℳ*
1882. 8. 12 p.   1.—

508 — On a coll. of Indian Lepidopt. rec. fr. Swinhoe. (Lond., Zool. S.) 1883.
8. 32 p. w. colour. pl.   2.—

509 — — With plain plate.   1.—

510 — List of Lepidopt. coll. by Forbes in Timor Laut. (Lond., Zool. S.) 1883.
8. 7 p. w. colour. pl.   1.50

511 — On the Urapterygidae in the Brit. Museum. (Lond., Linn. S.) 1883. 8.
10 p. w. pl.   1.—

512 — On Lepidopt. fr. Aden coll. by Yerbury. (Lond., Z. S.) 1885. 8. 25 p. w.
colour. map.   1.50

513 — On Lepidopt. coll. by Yerbury in West. India. (Lond., Zool. S.) 1886.
8. 41 p. w. colour. pl.   1.50

514 — Descript. of 21 new genera and 103 new spec. of Heterocera from the
Austral. Region. (Lond., Ent. Soc.) 1886. 8. 62 p. w. 2 colour. pl.   2.50

515 — Account of 2 collect. of Lepidopt. fr. Somali-land. (Lond., Zool. S.) 1886.
8. 21 p. w. colour. pl.   1.50

516 — Descr. of 5 new Noctuid. fr. Japan. (Lond., Ent. S.) 1886. 8. 6 p.   1.—

517 — On 2 coll. of Afric. Lepidopt. (Lond., Z. S.) 1887. 8. 8 p.   1.—

518 — On the spec. of the g. Euchromia. (Lond., Ent. S.) 1888. 8. 8 p. w.
colour. pl.   1.—

519 — On the Lepidopt. rec. fr. Emin Pasha fr. Equator. Africa. (Lond., Zool.
S.) 1888. 8. 30 p.   1.50

520 — Descr. of some new Heterocera in the coll. of Rothschild. (Lond., Ent.
S.) 1889. 8. 4 p. w. colour. pl.   1.—

521 — Descr. of a new g. of fossil Euschemidae. (Lond., Z. S.) 1889. 8. 6 p. w. pl.   1.—

522 — Synonymic notes on the earlier genera of Noctuites. 2 parts. (Lond.,
Ent. S.) 1889—90. 8. 53 p.   1.50

523 — Revis. of the Noctuid Moths in the Nat. Hist. Museum referr. to Eriopus
and Callopistria. (Lond., Ann. & M.) 1891. 8. 9 p. w. pl.   1.—

524 — List of Lepidopt. coll. by Emin Pasha in Centr. Africa. (Lond., Ann.
& M.) 1891. 8. 12 p.   1.—

525 — On a coll. of Lepidopt. fr. Sandakan, N. E. Borneo. (Lond., Zool. S.)
1892. 8. 14 p. w. col. pl.   1.50

526 — On coll. of Lepidopt. fr. Brit. Central Africa. 2 pap. (Lond., Zool. S.) 1893
—95. 8. 62 p. w. 3 colour. pl.   2.50

527 — On a coll. of Lepidopt. fr. Brit. East Africa by Gregory. (Lond., Zool.
S.) 1894. 8. 37 p. w. 2 colour. p.   2.—

528 — On Lepidopt. coll. in Brit. East Africa by Elliot. (Lond., Zool. S.) 1895.
8. 21 p. w. 2 colour. pl.   2.—

529 — On Lepidopt. coll. by Crawshay in Nyasa-land. 2 pap. (Lond., Zool. S.)
1895—96. 8. 70 p. w. 4 colour. pl.   4.—

530 — Seasonal Dimorphism in Afric. Butterflies. 2 parts. (Lond., Ent. S.)
1895—97. 8. 12 p.   1.—

531 — Account of the g. Charaxes in the Brit. Mus. (Lond., Linn. S.) 1896. 8. 56 p.   1.50

532 — On a coll. of Lepidopt. fr. Nyasa-land by Johnston and Yule. (Lond.,
Zool. S.) 1896. 8. 5 p. w. col. pl.   1.—

533 — On Butterflies coll. in Natal by Marshall. 2 pap. (Lond., Zool. S.) 1897
—1898. 8. 39 p. w. 2 colour. pl.   2.50

534 — On the g. Catophaga. (Lond., Ann. & M.) 1898. 8. 10 p.   1.—

535 — On some new Afric. Pierinae. (Lond., Ent. S.) 1898. 8. 8 p.   1.—

536 — On a coll. of Lepidopt. made in Brit. East Africa by Betton. (Lond.,
Zool. S.) 1898. 8. 50 p. w. 2 colour. pl.   2.50

537 — On 2 coll. of Butterflies made by Crawshay in Brit. East Africa. (Lond.,
Zool. S.) 1899. 8. 11 p. w. colour. pl.   1.—

538 — Revis. of the Dismorphina of the New World. (Lond., Ann. & M.) 1899.
8. 21 p.   1.50

539 — Revis. of the g. Zizera in the Brit. Mus. (Lond., Zool. S.) 1900. 8.
8 p. w. colour. pl.   1.50

18

540 **Butler.** 2 collect. of Butterflies made by Crawshay and Hobart in Brit.   *M*
East Africa. (Lond., Zool. S.) 1900. 8. 17 p. w. colour. pl.   1.—
541 — On 2 consignments of Butterfl. coll. by Crawshay in Kikuyu Country,
Brit. East Africa. (Lond., Zool. S.) 1901. 8. 36 p. w. col. pl.   2.—
542 — On 2 coll. of Lepidopt. made by Johnston in the Uganda Protectorate.
(Lond., Zool. S.) 1902. 8. 8 p. w. colour. pl.   2.—
   — Cistula Entomolog. — see nr. 684.
543 **Butler and Druce.** List of the Butterflies of Costa Rica. (Lond., Zool. S.)
1874. 8. 41 p.   1.50
544 **Butler, Fenton and Elwes.** On Butterflies fr. Japan and N. China.
(Lond., Zool. S.) 1882. 8. 70 p.   2.—
545 **Butler and W. Rothschild.** On a new and a little-known spec. of Pseudacraea. (Lond., Ent. S.) 1892. 8. 4 p. w. colour. pl.   1.—
546 **Butler and Swinhoe.** On Lepidopt. coll. at Aden and Kurrachee. 2 pap.
(Lond., Zool. S.) 1885. 8. 52 p. w. map and 2 colour. pl.   3.—
547 **Butler and Walsingham.** On Butterflies and Moths obt. in Arabia,
Somaliland and Aden. 2 pap. (Lond., Zool. S.) 1896. 8. 41 p. w. colour. pl.   1.50
548 **Büttner u. Hering.** Micro-Lepidopt.-Fauna Pommerns. 3 Thle. (Stett.,
Ent. Z.) 1880—93. 8. 225 p.   6.—
549 **Byatt.** Pseudacraea Poggei and Limnas chrysippae. (Lond., Ent. S.) 1905.
8. 6 p. w. pl.   1.—
550 **Calberla.** Die Macrolepidopt.-Fauna d. römischen Campagna u. d. angrenz.
Provinzen. 3 Thle. (Dresd., Iris) 1887—90. 8. 141 p. m. color. Tfl.   7.—
551 — Verzeichn. der v. Stübel in Palaestina u. Syrien ges. Lepidopt. (Dresd.,
Iris) 1891. 8. 19 p.   1.—
552 — Ueb. ein. transalpine Zygaenen. (Dresd., Iris) 1895. 8. 26 p.   1.—
553 — Ueb. Erebia Glacialis. (Dresd., Iris) 1896. 8. 17 p. m. Tfl.   1.—
   Calvert, W. B. — see: Bartlett-Calvert, nr. 126 and 127.
554 **Camerano.** Gli Insetti. Introduz. allo studio d. Entomologia. Torino 1879.
8. 350 p. c. 163 fig.   3.—
555 **Cameron.** On the coloration and developm. of Insects. (Lond., Ent. S.)
1880 8. 11 p.   1.—
556 **Canadian Entomologist.** Ed. by Bethune. Vol. 1—38: Year 1869—1906.
Toronto and London, Canada. 8. w. plates.   350.—
    Now very rare, as many volumes are out of print. — A number of odd volumes
in stock.
557 **Cantener.** Hist. natur. d. Rhopalocères d. départ. d. Haut et Bas Rhin,
de la Moselle, de la Meurthe et des Vosges. Paris 1834. 8. 166 p. av. 38 pl.   7.—
558 **Cappel de Vos tot Nederveen.** Artberecht. v. Lycaena Argus u. L. Aegon.
(Haag, T. Ent.) 1897. 8. 9 p. m. 2 Tfln.   1.50
559 — Ov. de Macrolepidopt. ond. Apeldoorn. (Haag, T. Ent.) 1899. 8. 16 p.   1.—
560 — Stekels aan de voorschenen bij het g. Agrotis. (Haag, T. Ent.) 1900.
8. 25 p. m. 3 Tfln.   2.—
561 **Capronnier.** S. une excurs. lépidptérol. aux Pyrénées orient. (Brux.,
S. Ent.) 1865. 8. 18 p.   1.—
562 — S. l. époques d'apparition d. Lépidopt. Diurnes du Brésil. (Brux., S.
Ent.) 1874. 8. 35 p. av. pl. color.   2.—
563 **Caradja.** Beitr. z. Kenntn. d. Grossschmetterl. d. Départ. de la Haute
Garonne. Mit Nachtr. (Dresden, Iris) 1894. 8. 85 p.   2.50
564 — Die Grossschmetterl. d. Königreichs Rumänien. 2 Thle. (Dresd., Iris)
1895—96. 8. 214 p. m. color. Krte.   9.—
565 — Neue Spilosoma-Hybridationen. (Dresd., Iris) 1898. 8. 6 p. m. Tfl.   1.—
566 — Zusammenstell. d. in Rumänien beob. Microlepidopt. (Dresd., Iris) 1899.
8. 48 p.   1.50
567 — Die Microlepidopteren Rumäniens. Mit Nachtr. (Bucarest, Soc. Sc.) 1901
—1903. 4. 68 p.   4.50
    Siehe auch Nr. 1076: Fleck.
568 — Neuer Beitrag z. Lepidopt.-Fauna Rumäniens. (Bucar., Soc. Sc.) 1905. 8. 18 p.   1.—
569 — Beitrag z. Kenntn. üb. d. geogr. Verbreit. d. Pyraliden d. Europ.
Faunengeb. (Dresd., Iris) 1910. 8. 43 p.   2.—

570 **Carriere.** Ueb. d. Sehapparate v. Arthropod. (Erl., Biol. C.) 1885. 8. 9 p.　　1.—
571 — Ueb. d. Sehorgane d. Insekt. (Leipz., Z. Anz.) 1886. 8. 6 p.　　1.—
572 — Die Drüsen am 1. Hinterleibsringe d. Insektenembryonen. (Erl., Biol. C.)
　　1891. 8. 18 p.　　1.—
573 **Carruccio.** Contrib. allo studio d. Lepidott. n. Modenese I. (Firenze, S.
　　Ent.) 1874. 8. 14 p.　　1.—
574 **Caruana Gatto.** Contrib. II alla Fauna Lepidott. d. Malta: Eteroceri.
　　Malta 1905. 8. 32 p.　　2.—
575 **Carus u. Gerstaecker.** Handbuch d. Zoologie. 2 Bde. Leipz. 1863—75. 8.
　　1553 p. (M. 31.) Hfzb.　　7.—
576 **Cary.** On the Diurnal Lepidopt. of the Athabaska and Mackenzie region,
　　Brit. America. (Wash., Mus.) 1906. 8. 33 p.　　1.—
577 **Casagrande.** Trasform. che subisce il sist. digerente d. Lepidott. (Fir.,
　　S. Ent.) 1887. 8. 10 p. c. 3 tav.　　1.50
578 **Caspari.** Beitr. z. Biol. d. Noctuen. — Biologisches üb. Acronycte Alni.
　　(Wiesb., Ver. Nat.) 1894. 8. 32 p.　　1.—
579 — Ueb. Hermaphroditen bei Schmetterl. (Wiesb., Ver. Nat.) 1895. 8.
　　10 p. m. Tfl.　　1.—
580 — Im erwachenden Lenze. (Wiesb., Ver. Nat.) 1896. 8. 43 p.　　1.—
581 — Ueb. Agrotis Saucia. (Wiesb., Ver. Nat.) 1899. 8. 17 p.　　1.—
582 — Nachtrag zu d. Acronycten d. Wiesbad. Gegend. (Wiesb., Ver. Nat.)
　　1899. 8. 10 p. m. color. Tfl.　　1.—
583 **de Castelnau (de Laporte), Blanchard, Brullé et Lucas.** Hist. nat. d.
　　Animaux Articulés. 4 vols. Paris 1840 à 51. 8. av. 200 pl. coloriées.　　50.—
　　　　Voir aussi nr. 216 et 217.
584 **Catalogue** of Scientific Papers publish. in Periodicals and Transactions.
　　Compil. by the Royal Society. 12 vols: Years 1800—83. Lond. 1867—1902.
　　4. Cloth.　　220.—
585 **Catalogue** des Lépidopt. d. envir. de Genève. Publ. p. la Soc. Lépidopt.
　　Partie I: Rhopaloc. Genève 1910. 8. 48 p. av. carte color.　　2.—
586 **Cattie.** Beitr. z. Kennt. d. Corda supraspinalis d. Lepidopt. (Leipz., Z.
　　Zool.) 1881. 8. 17 p. m. Tfl.　　1.50
587 **Cecconi.** Ricordi zoolog. di un viaggio all' isola di Candia. (Fir., S. Ent.)
　　1895. 8. 54 p.　　1.50
588 — Contrib. alla Fauna (d. Insetti) Vallombrosana. (Firenze, Soc. Ent.) 1897.
　　8. 80 p.　　1.50
589 — La Oeonistis quadra n. faggeta di Vallombrosa. (Fir., S. Ent.) 1909.
　　8. 10 p.　　1.—
590 — La Tortrice d. Querce in Italia. (Portici 1912. 8. 12 p.　　1.—
591 **Central-Amerikanische Schmetterlinge.** 6 Abhandl. v. Dewitz, Hering,
　　Hewitson, Lucas, Poujade. 1859—95. 8. 36 p. m. Tfl.　　2.50
592 **Chambers.** The Tineina of Colorado. 3 pap. (Wash., Geol. Surv.) 1877.
　　8. 30 p.　　2.—
593 **Champion and Chapman.** Entomolog. excurs. to Moncayo, N. Spain.
　　(Lond., Ent. S.) 1904. 8. 22 p. w. 2 pl. (1 colour.)　　2.—
594 **Chapman.** The genus Acronycta and its allies. Lond. 1893. 8. 120 p. w.
　　9 pl. (6 colour.) Half bd. calf.　　6.—
595 — Neglect. points in the struct. of the pupae of Heterocera. (Lond., Ent.
　　S.) 1893. 8. 23 p.　　1.—
596 — On a Lepidopt. pupa (Micropteryx purpur.). (Lond., Ent. S.) 1893.
　　8. 12 p.　　1.—
597 — On the Micro-Lepidopt. whose larvae are external feeders. (Lond., Ent.
　　S.) 1894. 8. 16 p. w. 2 pl.　　1.—
598 — Notes on Butterfly pupae. (Lond., Ent. Rec.) 1895. 8. 17 p. w. pl.　　1.—
599 — Notes on Pupae: Orneodes, Epermenia, Chrysocoris, and Pterophorus.
　　(Lond., Ent. S) 1896. 8. 20 p. w. 2 pl.　　1.—
600 — On the Phylogeny and Evolution of the Lepidopt. (Lond., Ent. S.) 1896.
　　8. 22 p.　　1.—
601 — Review of the g. Erebia. (Lond., Ent. Soc.) 1898. 8. 32 p. w. 12 pl.　　5.—

602 **Chapman.** On Heterogyna penella. (Lond., Ent. S.) 1898. 8. 10 p.   1.—
603 — Life-hist. and biology of Lepidopt. 30 papers. (Lond.) 1898—1911. 8.
103 p. w. fig.   8.—
604 — Evolut. of the Lepidopt. Antenna. (Lond.) 1899. 8. 19 p. w. pl.   1.50
605 — Classif. of Butterfl. by their antennae. (Lond., Ent. Rec.) 1899. 8. 12 p.   1.—
606 — On the habits and struct. of Acanthopsyche opacella. (Lond., Ent. S.)
1900. 8. 8 p. w. pl.   1.—
607 — Notes on the Fumeids. (Lond., Ent. Rec.) 1900. 8. 11 p. w. 2 pl.   1.50
608 — Relationship betw. the larval and imag. legs of Lepidopt. (Lond.,
Ent. Rec.) 1900. 8. 7 p. w. pl.   1.—
609 — Notes on Luffias. (Lond., Ent. Rec.) 1901. 8. 13 p.   1.—
610 — On Crinopteryx famil. (Lond., Ent. M. M.) 1902. 8. 10 p. w. pl.   1.—
611 — Classific. of Gracilaria. 2 parts. (Lond., Ent.) 1902. 8. 20 p.   1.50
612 — On Hypotianae, a new subfam. of Pyralidae. (Lond., Ent. Soc.) 1902.
8. 7 p.   1.—
613 — On asymmetry in the males of Hemarine and o. Sphinges. (Lond.,
Ent. S.) 1902. 8. 15 p. w. 2 pl.   1.—
614 — On Heterogynis paradoxa, an instance of variation by segregation.
(Lond., Ent. S.) 1902. 8. 13 p. w. pl.   1.—
615 — Habits and life-hist. of Orgyia splend. (Lond., Ent. Rec.) 1902. 8. 5 p. w. pl.   1.—
616 — On Orgyia aurolimbata. (Lond., Ent. Rec.) 1903. 8. 6 p. w. 2 pl.   1.—
617 — The Europ. Orgyias: their specialisation in habits and struct. (Lond.,
Ent. Rec.) 1903. 8. 9 p. w. 2 pl.   1.50
618 — A new Phalacropterygid spec. and genus fr. Spain. Pyropsyche mon-
caunella. (Lond., Ent. Rec.) 1903. 8. 7 p. w. colour. pl.   1.—
619 — On Heterogynis canalensis n. sp. (Lond., Ent. S.) 1904. 8. 9 p. w. 4 pl.   1.50
620 — Egg and larva of Brenthis thore. (Lond., Ent. Rec.) 1904. 8. 3 p. w. 2 pl.   1.—
621 — (Lepidopt.) Notes of a trip to the Sierra de la Dernanda and Moncayo,
Spain. (Lond., Ent. Rec.) 1904. 8. 14 p. w. map and 3 pl.   2.—
622 — Notes tow. a life-hist. of Thestor ballus. 2 pap. (Lond., Ent. Rec.) 1904.
8. 17 p. w. 5 pl.   2.50
623 — On Erebia palarica, n. sp., and E. styque, in regard to its assoc. w. E.
evias in Spain. (Lond., Ent. S.) 1905. 8. 28 p. w. map and 4 pl. (2 colour.)   2.—
624 — On the Pupal Suspension of Thais. (Lond., Ent. S.) 1905. 8. 16 p. w. pl.   1.—
625 — Matrivorous habit of Heterogynis. (Lond., Ent. S.) 1905. 8. 8 p.   1.—
626 — On Hastula Hyerana. (Lond., Ent. M. M.) 1905. 8. 16 p. w. 6 pl.
(1 colour.)   3.50
627 — The earlier stages of Cataclysta Lemnata. (Lond., Ent.) 1905. 8. 10 p. w. pl.   1.—
628 — Life-hist. of Trichoptilus paludum. (Lond., Ent. S.) 1906. 8. 22 p. w.
colour. pl.   1.—
629 — Progressive Melanism on the Riviera (Hyères): notes on Hastula
hyerana. (Lond., Ent. S.) 1906. 8. 14 p. w. colour. pl.   1.—
630 — Pupal Skin of Chrysophanus phlaeas and dispar. (Lond., Ent. Rec.) 1906.
8. 6 p. w. 4 pl.   2.—
631 — The Hibernisat. of Marasmarcha. (Lond., Ent. S.) 1907. 8. 4 p. w. pl.   1.—
632 — On some teratolog. Species. (Lond., Ent. S.) 1907. 8. 5 p. w. pl.   1.—
633 — Notes on Lepidopt. fr. the Pyrenees: Cleogene peletieraria. (Lond.,
Ent. Rec.) 1908. 8. 9 p. w. 7 pl.   3.—
634 — Notes fr. the Pyrenees: Marasmarcha tuttodact. (Lond., Ent. Rec.)
1908. 8. 4 p. w. 3 pl.   1.50
635 — — Odezia atrata and its variat. (Lond., Ent. Rec.) 1908. 8. 8 p. w. 2 pl.   1.—
636 — S. 2 Phalènes des Pyrénées. (Paris, S. Ent.) 1903. 8. 5 p. w. 4 pl.   2.—
637 — Egg and larva of Papilio homerus. (Lond., Ent.) 1908. 8. 5 p. w. 3 pl.   1.50
638 — 2 new genera of Indian Lycaenids. (Lond., Zool. S.) 1908. 8. 3 p. w. pl.   1.—
639 — Erebia Lefebvrei and Lycaena pyrenaica. (Lond., Ent. S.) 1908. 8. 10 p.
w. 6 pl.   2.50
640 — On Stenoptilia grandis n. sp. (Lond., Ent. S.) 1908. 8. 4 p. w. 4 pl.
(1 colour.)   2.—

W. Junk, Berlin, W. 15.

641 **Chapman.** Everes argiades and coretas distinct species? (Lond., Ent. S.)   *M*
    1903. 8. 4 p. w. 2 pl.   1.—
642 — Review of the g. Lycaenopsis. (Lond., Zool. S.) 1909. 8. 58 p. w. 72 fig.   2.—
643 — On Callophrys avis. (Lond., Ent. Soc.) 1910. 8. 32 p. w. 30 pl. (2 colour.)   8.—
644 — On Zizeeria, a group of Lycaen. (Lond., Ent. S.) 1910. 8. 19 p. w. 10 pl.   4.—
645 — On Insect Teratology. (South Lond. Ent. S.) 1910. 8. 15 p. w. 2 pl.   1.50
646 — Generic charact. of the ancillary append. of the Plebeiid sect. of the
    Lycaenids. (Lond., Ent. Rec.) 1910. 8. 3 p. w. pl.   1.—
647 — Conjugat. of Peridea trepida. (Lond., Ent. Rec.) 1910. 8. 2 p. w. pl.   1.—
648 — 2 new spec. of Lycaenopsis fr. Borneo. (Lond., Ent. S.) 1911..8. 3 p. w. pl.   1.—
649 — On the Scaphium of Gosse. (Lond., Ent. Rec.) 1911. 8. 4 p. w. 2 pl.   1.—
650 — On the Brit. spec. of Scoparia. (Lond., Ent. S.) 1911. 8. 18 p. w. 10 pl.   4.—
651 — Early stages of Latiorina orbitulus, an amyrmecophil. Plebeiid blue
    butterfly. (Lond., Ent. S.) 1911. 8. 12 p. w. 17 pl. (1 colour.)   6.—
652 — Early stages of Albulina pheretes, a myrmecophil. Plebeiid blue butterfly.
    (Lond., Ent. S.) 1912. 8. 14 p. w. 19 pl. (1 colour.)   7.—
653 — Exper. on the developm. of the male appendages in Lepidopt. (Lond.,
    Ent. S.) 1912. 8. 2 p. w. 2 pl.   1.50
654 — On the larva of Arctia Caia. (Lond.) 8. 12 p. w. 2 colour. pl.   2.—
655 **Chapman and Champion.** Entomol. in N. W. Spain. (Lond., Ent. S.)
    1907. 8. 25 p. w. 7 pl. (1 colour.)   3.50
656 **Chapman and Clark.** On some wing-structures and on the ova of Lepi-
    dopt. 2 pap. (S. Lond. Ent. S.) 1900. 8. 20 p. w. 3 pl.   1.50
657 **Chapman and Goodwin.** On Hellinsia osteodactyla. (Lond., Ent. Rec.)
    1911. 8. 4 p. w. 2 pl.   1.—
658 **Charpentier.** Die Zinsler, Wickler, Schaben u. Geistchen d. Wiener
    Gegend. Braunschw. 1821. 8. 194 p. Cart.   1.50
659 **Chatin.** La machoire d. Insectes. Paris 1897. 8. 203 p.   3.50
660 **Check-List** of the Macro-Lepidopt. of North of Mexico. Brooklyn 1882.
    8. 29 p.   1.50
661 **Chenu et Lucas.** Encyclopédie d'Hist. natur.: Lépidoptères. Avec table
    méthod. 2 vols. Paris 1878 à 79. 4. 742 p. av. 80 pl. D.-rel. veau.   10.—
662 — — Sans la table méthod.   6.—
663 **Chereau.** Recueil de différens Oyseaux, Réptiles et Insectes. Paris (1740).
    28 planches in-folio.   25.—
664 **Chinese and Japanese Lepidoptera.** 6 pap. by Butler, Lucas, Mot-
    schulsky, Poujade and o. 1866—98. 8. 31 p.   2.50
665 **Chittenden.** The Fig Moth (Ephestia cautella). (Wash., Dept. Agr.) 1911.
    8. 65 p w. 16 pl.   2.—
666 **Cholodkovsky.** 6 Abhandl. üb. Anat. d. Lepidopt. 1880—1912. 4. u. 8. 24 p.
    m. Tfl.   2.—
667 — S. qu. variations artific. du Vanessa urticae. (Paris, Soc. Ent.) 1901. 8.
    4 p. av. pl. col.   1.—
668 **Chrétien.** Hist. nat. de Brachysoma Codeti. (Paris, S. Ent.) 1899. 8.
    15 p. av. pl. color.   1.—
669 **Christ.** Die Zygaenen unser. Südalpen. (Bern, Ent. G.) 1880. 8. 12 p.
    m. col. Tfl.   1.—
670 — Die Tagfalter u. Sphingiden Teneriffa's. (Bern, Ent. G.) 1880. 8. 16 p.   1.—
671 — Erebia Eriphyle. (Bern, Ent. G.) 1882. 8. 13 p.   1.—
672 — Die Papilioniden Nordamerikas in ihren Bezieh. zu denen d. alt. Welt.
    2 Abhdl. (Bern, Ent. Ges.) 1897. 8. 30 p.   1.50
673 — Hemerocallis flavocitrina. (Brem., Nat. V.) 1897. 8. 1 p. m. 2 z. Thl.
    color. Tfln.   1.—
674 **Christoph.** Beschr. e. neuer Schmetterl. v. Sarepta. Biol. Not. üb. ein.
    Schmetterl. 2 Abhdl. (Stett., Ent. Z.) 1867. 8. 14 p.   1.—
675 — Entomol. Bericht über s. Persische Reise. (Stett., Ent. Z.) 1872. 8. 14 p.   1.—
676 — Neue Lepidopt. d. Europ. Faunagebiet. (Petersb., Horae) 1873. 8. 37 p.
    m. 2 color. Tfln.   4.50
677 — Nach u. vom Amur. (Entomol. Reise.) 2 Thle. (Stett., Ent. Z.) 1878. 8. 29 p.   1.—

22

678 **Christoph.** Neue Lepidopt. d. Amurgebiet. 3 Thle. (Mosk., Bull.) 1881—82. *M*
　　8. 201 p. 　6.—
679 — Ein. neue Lepidopt. aus Russ. Armenien. (Petersb., Horae) 1882. 8. 19 p. 1.—
680 — Die Lepidopt. d. Achal-Tekke-Gebiet. (Brünn, Nat. V.) 1889. 8. 34 p. 1.—
681 — Lepidopt. nova faunae palaearct. (Dresd., Iris) 1893. 8. 11 p. 1.—
682 — Schmetterlinge aus Nord-Persien. (Petersb., Mém. s. Lépid.) 4. 7 p. m.
　　2 color. Tfln. 8.—
683 — Neue Lepidopt. aus dem Kaukasus. (Petersb., Mém. s. Lép.) 4. 10 p. m.
　　2 color. Tfln. 8.—
684 **Cistula Entomologica.** Ed. by Butler. Vol. I, II, III part 1—4 (all pub.).
　　Lond. 1870—86. 8. w. plates. 55.—
685 **Clemens.** The Tineina of N. America, w. notes by Stainton. Lond. 1872.
　　8. 297 p. Cloth. (12 s 6 d) 6.—
　　See also nr. 416.

36 **Clerck, C.** Icones Insectorum rariorum cum nominibus eorum
trivialibus locisque e C. Linnaei Syst. Nat. allegatis. 2 partes. Holmiae
1759—64. 4. 14 p., 2 frontisp. et 55 tabulae pulcherrime coloratae. Cart.
— Facsimile-Edition.
Subscriptions-Preis M. 100. (Preis nach Erscheinen M. 125).
　　Dieses Fundamentalwerk der Lepidopterologie (es enthält ausschliesslich
Schmetterlinge) beabsichtige ich neu herauszugeben. In dreierlei Hinsicht ist
dieses Buch von höchstem Interesse: 1. weil es — unter dem Einfluss von Linné
selbst — als Atlas zu der im Vorjahre erschienenen ed. X. von Linnés Systema
(die bekanntlich die Grundlage unserer zoologischen Nomenklatur bildet) herausgekommen, daher für die Species-Benennung von grösster Wichtigkeit ist; 2. weil
es eines der schönst hergestellten entomologischen Werke überhaupt ist. Das
Colorit der Figuren, die ca. 300 Arten abbilden, ist ein herrliches. Meine Neu-
Ausgabe, ebenfalls meisterhaft mit der Hand coloriert, soll hinter dem Original nicht
zurückstehen; 3. weil es entschieden unter den vielen Seltenheiten der entomologischen Literatur das Rarissimum darstellt. Hagen schreibt (p. 133): „Wurde
nur von der Königin verschenkt, kam nicht in den Buchhandel, so daß es sehr
selten geworden ist."
　　Der Antiquarpreis des Werkes ist schon auf 750 Mk. gestiegen. Das Exemplar
der Hamilton Auktion gelangte gar bis auf 1100 Mk.
　　Subscriptionen bitte ich umgehend und direct an mich zu senden.

687 — — Zeller. Die 'Icones Insector. rarior.' critisch bestimmt. 3 Tle. (Stett.,
　　Ent. Z.) 1853. 8. 56 p. 2.—

688 **Coleopterorum Catalogus.** Auxilio et auspiciis W. Junk
editus a S. Schenkling. Hucusque prodierunt: Partes 1—50.
Berolini 1910—13. in-8. maj. (**M.** 427,10) Pretium subscript.: 284.90
　　Inhaltsverzeichnis der bisher erschienenen Theile: siehe
meinen Catal. Nr. 42: Coleoptera. — List of contents of the parts
published till now: see my catalogue Nr. 42: Coleoptera. —
Contenu des livraisons paru jusqu' à présent voir mon catalogue
Nr. 42: Coleoptera.

　　Der „Catalogus" enthält in lateinischer Sprache in der Art des
Gemminger-Haroldschen Werkes — das jetzt veraltet und vergriffen ist —
die Hauptliteratur, die Synonymen-, Varietäten- und Vaterlandsangaben sämt-
licher bekannter Käfer-Arten der ganzen Erde. Er erscheint in Lieferungen
— eine jede eine abgeschlossene Familie oder Gruppe umfassend —, welche in
zwangloser Folge, fortlaufend numeriert, herausgegeben werden. Für alle
Gruppen sind schon die besten Spezialisten an der Arbeit, so daß das Unternehmen binnen wenigen Jahren bestimmt abgeschlossen sein wird.
Sobald das Werk vollständig ist, wird eine Anweisung darüber gegeben werden,
wie die Familien nach dem System zu ordnen sind, es werden Titelblätter für
die einzelnen Bände und ein Indexband gedruckt werden. Regelmäßige Fünf-
jahres-Supplemente werden das monumentale Werk auf dem Laufenden erhalten.
　　Die Literatur über Biologie und Entwicklungsgeschichte der Käfer,
namentlich aller Schädlinge, wird besonders sorgfältig registriert.
　　Kein wissenschaftliches Unternehmen ist bisher in gleicher Schnelligkeit
erschienen. Seit dem Beginn im Jahre 1910 bis Ende 1912 sind 50 Lieferungen
— und zum Teil sehr umfangreiche — herausgekommen, ein Tempo, das noch
erheblich beschleunigt werden könnte, wenn die Subscribenten nicht finanziell
zu sehr belastet werden würden. Diese 50 Lieferungen sind von 28 Autoren
(12 Deutsche, 6 Franzosen, 3 Österreicher, 2 Holländer, je 1 Engländer, Italiener,
Russe, Schwede, Ungar) bearbeitet.

W. Junk, Berlin, W. 15.

Um die Unentbehrlichkeit des „C. C." für jeden wissenschaftlichen Coleopterologen und für jede grössere Bibliothek zu beweisen, sei bloss darauf hingewiesen, dass sich die Zahl der bekannten Käfer-Arten seit 1868—76 — dem Erscheinungsdatum des letzten Katalogs, eben des von Gemminger-Harold — um mehr als das Dreifache vermehrt hat. In letzterem Werke haben z. B. die Rhysodidae nur 11 Arten, in unserem obigen „Catalogus" aber 109 Arten, die Lagriidae 131 jetzt 551, die Paussidae 99 jetzt 298, die Apioninae 377 jetzt 1060, die Brenthidae 276 jetzt 735, die Lampyridae 446 jetzt 1109, die Temnochilidae 144 jetzt 534, die Scaphidiidae 51 jetzt 245, die Hylophilidae 107 jetzt 336, die Dryopidae 111 jetzt 453, die Gyrinidae 147 jetzt 423, die Cleridae 697 jetzt 2285, die Cebrionidae 80 jetzt 223, die Pselaphidae 450 jetzt 3400, die Dermestidae 194 jetzt 524, die Helotidae 5 jetzt 79, die Anthicidae 424 jetzt 1529. — So entwirrt der „C. C." endlich das grosse Chaos der Systematik und Synonymie der artenreichsten Ordnung des Tierreichs und gibt dadurch der Coleopterologie, in welcher das Studium vieler grosser Familien — wie z. B. das der Curculioniden — mangels eines Kataloges bisher ganz vernachlässigt worden war, einen neuen mächtigen Antrieb.

Eine jede Lieferung ist einzeln käuflich. Der Preis für den Druckbogen (von 16 Seiten) beträgt 1.50 Mark.

Subscribenten auf das ganze Werk erhalten eine Ermässigung von einem Drittel, zahlen also für den Bogen 1 Mark.
☛ Probeheft gratis und franco.

Gemminger-Harold's 'Catalogus Coleopterorum' is more than 30 years old and partly out of print. So it seems superfluous to dwell upon the necessity of our enterprise. Our new 'Catalogus' quotes (in Latin Language) the names, synonyms, varieties, literature and geographical distribution of the species of Beetles of the whole world, known till now. It is published in parts, each part embracing one family or group and thus being a complete work in itself. For all families the leading specialists are at work. There is no doubt that the 'Catalogus' will be complete in the course of a few years. As soon as this will be the case, an index-volume will be added. Supplements will come out every 5 years.

The literature on the biology and development of beetles, chiefly of the injurious species, is listed with special care.

There is no scientific work which has been published as quickly as our 'C. C.'. Since its beginning in 1910 till the end 1912 50 parts have come out among which several rather voluminous, and — if it were not that our subscribers would be taxed too heavily — still more parts could have been printed. Those 50 parts are written by 28 authors (12 Germans; 6 Frenchmen; 3 Austrians; 2 Dutchmen; and one Englishman, Hungarian, Italian, Russian, Swede).

The indispensableness of the 'C. C.' to every scientific Coleopterologist and to every large Library is shown by the fact that the number of the species of Beetles known today is more than thrice of the number quoted by the last catalogue viz. by Gemminger and Harold, published between 1868—76. For instance our new 'Catalogus' has 109 species of Rhysodidae instead of the 11 species of Gemminger, 551 Lagriidae instead of 131, 298 Paussidae (99), 1060 Apioninae (377), 735 Brenthidae (276), 1109 Lampyridae (446), 534 Temnochilidae (144), 245 Scaphidiidae (51), 336 Hylophilidae (107), 453 Dryopidae (111), 423 Gyrinidae (147), 2285 Cleridae (697), 223 Cebrionidae (80), 3400 Pselaphidae (450), 524 Dermestidae (194), 79 Helotidae (5), 1529 Anthicidae (424). — So the 'C. C.' will put order into the chaos which now reigns in the system and in the nomenclature of Beetles, and a new era will commence for the study of many families which — like that of the Curculionidae — had been neglected till now only because it was impossible to penetrate into the intricate synonymy.

The 'Catalogus' is published in parts, every part to be sold separately. Price of the sheet (16 pages) 1 s. 6 d = 36 cents.

For Subscribers to the whole work the price of a sheet is reduced to 1 s. = 24 cents.
☛ Specimen Number free on application.

Le Catalogue de Coléoptères de Gemminger-Harold a plus de 30 ans et est épuisé. Pour le remplacer, notre »Catalogus« va paraître. Le »Catalogus«, écrit en langue latine, renferme les noms, les synonymes, les variétés, la littérature et la distribution géographique des Coléoptères du monde entier connus jusqu'à ce jour. Il est publié en fascicules, dont chacun comprend une famille ou un groupe, et formera de cette manière un ouvrage complet. Nous avons trouvé pour chaque famille son spécialiste et nous sommes sûrs que l'ouvrage sera terminé en peu d'années. Une table des matières sera publiée après l'achèvement du „C. C." et des suppléments, renfermant les espèces récemment découvertes, paraîtront régulièrement chaque 5 années.

La littérature concernant la biologie et le développement des Coléoptères, surtout des espèces nuisibles, est mentionnée avec le plus grand soin.

W. Junk, Berlin, W. 15.

24

689 **Colias.** — 6 Abhandl. v. Guenée, Thurau u. a. 1862—1904. 8. 34 p.   2.—
690 **Comstock, A. B.** Handbook of Nature-study. Ithaca 1911. 8. 956 p. w. many fig. and plate. Cloth.   12.—
691 **Comstock, J. H.** Insect Life. Introd. to Nature-study. Edit. in colors. New York 1911. 8. 354 p. w. 18 pl. (12 colour) and 296 fig. Cloth.   7.50
692 **Comstock, J. H. and A. B.** How to know the Butterflies. New York 1904. 8. 323 p. w. 45 colour. pl. and 49 fig. Cloth.   11.—
693 — Manual for the study of Insects. 10. ed. Ithaca 1912. 8. 713 p. w. 6 pl. (1 colour.) and 797 fig. Cloth.   17.50
694 **Comstock, J. H., and Needham.** The Wings of Insects. Ithaca 1899. 8. 124 p. w. 90 fig.   10.—
    Out of print.
695 — — Parts 1—9. (Boston, Amer. Nat.) 1898—99. 8. 92 p. w. 73 fig.   3.—
696 **Congrès International** d'Entomologie I: Bruxelles 1910. 2 vols. (Vol. I: Historique et procès-verbaux. Vol. II: Mémoires). Brux. 1911 à 12. 4. 800 p. av. 28 pl.   25.—
    Le second congrès a eu lieu 1912 à Oxford. Le rapport est déjà en préparation.
697 **Congrès International** de Zoologie: I. (Paris 1889), II. (Moscou 1892), III. (Leyde 1895), IV. Cambridge 1898), V. (Berlin 1901), VI. (Berne 1904), VII. (Washington 1907), VIII. (Graz 1910). 8 vols. 1889 à 1912. 8. av. plus de 100 pl. color. et noires.   150.—
    Chaque 'congrès' se vend aussi séparément. — Le IX. congrès a eu lieu à Monaco, 1913.
698 **Constant.** Descr. de qu. Lépidopt. nouv. (Paris, S. Ent.) 1865. 8. 10 p. av. pl. color.   1.—
699 — Catal. d. Lépidopt. du dép. de Saone-et-Loire. Autun 1866. 8. 368 p.   6.—
700 — S. qu. Chenilles nouv. (Paris, S. Ent.) 1883. 8. 16 p.   1.—
701 — S. qu. Lépidopt. nouv. 3 parties. (Paris, S. Ent.) 1883 à 85. 8. 40 p. av. 3 pl. color.   2.—
702 — Descr. de Lépidopt. nouv. (Paris, S. Ent.) 1888. 8. 12 p. av. pl. col.   1.—
703 — Descr. de Microlépidopt. nouv. ou peu connus. 2 parties. (Paris, Soc. Ent.) 1890 à 93. 8. 26 p. av. 2 pl. color.   1.50
704 **Contributions** to the Fauna of Mergui and the Archipelago. 2 vols. Lond. 1889. 8. 470 p. w. 51 pl., partly colour. Cloth.   20.—
    The 'Lepidoptera' by Moore — see nr. 2426.
705 **Cook, M. H.** Spermatogenesis in Lepidopt. (Philad., Ac.) 1910. 8. 34 p. w. 6 pl.   3.50

706 **Cornalia.** Del Bruco d. Lentisco. (Milano, Soc. Nat.) 1865. 8. 7 p. c. tav. 1.—
707 **Correspondenz-Blatt** d. Internation. Vereinigung v. Lepidopt.- u. Coleopt.-
Sammlern. Jahrg. I (11 Nrn.) (einziger): Mai 1884—März 1885. Neudamm. 4. 8.—
Ist der Vorläufer der „Insektenwelt" — siehe Nr. 1613. — Gleichzeitig erschien
als Beilage dieser ebensowenig wie die „Insektenwelt" im Buchhandel erschienenen
Zeitschrift ein Handelsblatt, der „Tausch-Verkehr der Internation. Vereinigung", von
welchem ich 14 Nrn. (August 1884—März 1885) gesehen habe. Mehr dürften nicht
publiziert worden sein.
708 **Correspondenzblatt** f. Sammler v. Insekten bes. v. Schmetterlingen.
(Herausg. v. Herrich-Schäffer.) Jahrg. I, II. (mehr nicht erschien.) Regensb.
1860—61. 8. 192 p. Hfzb. 5.—
709 **Correspondenz-Blatt** d. Zoolog.-Mineralog. Vereins. Jhrg. 1—24. Regensb.
1847—70. 8. m. Tfln. Cart. u. brosch. 48.—
Lepidopterol. Arbeiten von Herrich-Schäffer enthaltend.
Correspondenzblatt d. Entomolog. Vereins Iris — siehe Nr. 1615.
710 **Costa, O. G.** Fauna (Entomol.) Vesuviana. (Napoli) 1827. 4. 33 p. 1.50
711 — Fauna (entomol.) di Aspromonte e sue adjacenze. C. append. (Napoli)
1828. 4. 114 p. c. 4 tav. 4.—
712 **Costantini.** Nuove forme di Lepidotteri d. Modenese e Reggiano. (Siena)
1905. 4. 11 p. 1.—
713 — Lepidott. racc. n. Modenese. (Siena) 1910. 4. 16 p. 1.—
714 — Caccie ed osservaz. lepidott. f. a Montegibbio. (Modena) 1911. 8. 16 p. 1.—
715 — Lepidotteri Ginandromorfi. (Modena) 1912. 8. 7 p. c. fig. 1.—
716 **Cotes and Swinhoe.** Catal. of the Moths of India. 7 parts. Calc. 1887
—1889. 8. 812 p. 10.—
Part I: Sphinges. 1887. 40 p. M. 1.50 — II: Bombyces. 1887. 215 p. M. 3.50 — III:
Noctues. Pseudo-Deltoides and Deltoides. 1888. 206 p. M. 3.50 — IV: Geometrites. 1888.
128 p. M. 2.50 — V: Pyrales. 1889. 91 p. M. 2. — VI: Crambites, Tortrices and 'addenda'.
1889. 107 p. M. 2.50 — VII: Index. 1889. 34 p. M. 1.50.
717 **Cotty.** A propos du Bombyx Cynthia. Chasses de Coléopt. rares d'Algérie.
(Amiens, Soc. Linn.) 1867. 8. 33 p. 1.50
718 **Courvoisier.** Ueb. Zeichnungs-Aberrationen b. Lycaeniden. (Dresd., Iris)
1912. 8. 27 p. m. 2 Tfln. 2.—
719 **Cramer et Stoll.** Les Papillons exotiques. Av. Supplém. 5 vols. Amst.
1779 à 1791. 4. av. 442 pl. color. D.-rel. veau. 280.—
Ouvrage magnifique. Surtout des exemplaires avec le supplément de Stoll ne
se trouvent que rarement.
720 — — Verloren, Catal. Lepidopter., quae in op. Crameri descr. et delin. sunt,
sec. meth. Latreille. Ultraj. 1837. 8. 280 p. 5.—
721 **Crombrugghe de Picquendaele.** Catal. rais. d. Microlépidopt. de Belgique.
2 part. (Brux., Soc. Ent.) 1906. 8. 327 p. 10.—
722 **Crowley.** New spec. of Synchloë fr. Kilimanjaro. (Lond., Ent. S.) 1887.
8. 2 p. w. colour. pl. 1.—
723 — On some new spec. of African Diurnal Lepidopt. (Lond., Ent. Soc.)
1890. 8. 6 p. w. 2 colour. pl. 1.50
724 — New spec. of Prothoë. (Lond., Ent. S.) 1891. 8. 2 p. w. colour. pl. 1.—
725 — On the Butterfl. coll. by Whitehead in Hainan. (Lond., Zool. S.) 1900.
8. 7 p. w. col. pl. 1.—
726 **Culot.** Noctue les et Géomètres d'Europe. Iconogr. Partie I (20 livrais.):
Noctuelles. Livr. 1 à 16. Genève 1910 à 1912. 8. 160 p. av. 32 pl. color. 64.—
727 **Cuni y Martorell.** Catal. metod. y razon. de l. Lepidopteros de Barcelona
y Cataluña. Barcelona 1874. 8. 5.—
728 **Curó e Turati.** Saggio di un Catal. dei Lepidotteri d'Italia. 24 parti.
(Firenze, Soc. Ent.) 1874—89. 8. 542 p. 12.—
729 **Curtis.** British Entomology. Illustr. and descr. of the genera of Insects
found in Great Britain and Ireland. 16 vols. Lond. 1824—39. 8. w. 770
colour. pl. Half bd. morocco. 380.—
The beautiful genuine edition.
730 — — New edition. 8 vols. Lond. 1862. 8. w. 770 colour. pl. Cloth. (28 £) 300.—
All volumes to be had separately. To this issue a classified index is added the
first edition having only an alphabet. list.
731 — Notes up. the smaller Brit. Moths. (Lond., Ann. & M.) 1850. 8. 12 p. 1.—
732 — Westwood. Not. s. Curtis. (Paris, Soc. Ent.) 1863. 8. 16 p. 1.—

W. Junk, Berlin, W. 15.

26

733 **Cuvier.** Iconogr. du règne animal : Insectes. (Paris 1849 et suiv.) 109 planches ℳ
noires (au lieu de 199.) 12.—
734 — Das Thierreich. Deutsch v. Voigt. Bd. V: Insekten. Leipz. 1839. 8.
714 p. Cart. 3.—
735 **Czekanowski.** Verz. d. Wolhyn. u. Podol. Schmetterlinge. (Mosk., Bull.)
1832. 8. 11 p. 1.50
736 **Czekelius.** Beitrag zur Lepidopt.- u. Odonaten-Fauna Siebenbürgens.
4 Thle. (Hermannst., Ver. Nat.) 1896—1909. 8. 31 p. 2.—
737 — Krit. Verzeichn. d. Schmetterl. Siebenbürgens. (Hermannst., Ver. Nat.)
1897. 8. 78 p. m. Krte. 2.50
738 **Czernay.** Verzeichn. d. Lepidopt. d. Charkowschen Gouv. 2 Thle. (Mosk.,
Bull.) 1854—65. 8. 19 p. m. color. Tfl. 2.—
739 **Dahl, G.** Coleopt. u. Lepidopt.; Verzeichn. mit beygesetzten Preisen. Wien
1823. 8. 111 p. Cart. — Durchschossen mit handschr. Nachträgen. 2.—
740 **Dahl, S.** Bibliotheca Zoologica Danica 1876—1906. Kjöbenh. 1910. 8.
284 p. (M. 6.) 4.—
741 **Dahlström.** Bemerk. zu Ungarns Schmetterl.-Fauna. 2 Tle. (Leipz.) 1899.
8. 21 p. 1.50
742 **Dalglish.** Macro-Lepidopt. of Glasgow. (Glasg.) 1901. 8. 23 p. 1.50
743 **Dalla Torre u. Knauer.** Handwörterbuch d. Zoologie. Stuttg. 1887. 8.
828 p. m. 9 Tfln. (M. 20.) 3.—
744 **Dampf.** Z. Kenntn. gehäusetrag. Lepidopterenlarven. (Jena, Z. Jahrb.)
1903. 8. 96 p. m. 54 Fig. 3.50
745 — Ueb. d. Schmetterl.-Fauna d. Kr. Heydekrug. (Königsb., Phys. Ges.)
1907. 4. 13 p. 1.—
746 — 4 lepidopt. Abhandlgn. 1907—11. 8. 14 p. 1.50
747 — Beitr. z. Lepidopt.-Fauna d. Wilna'schen Gouvern. (Petersb.) 1908. 8. 33 p.
— In Russ. Sprache m. deutsch. Resumé. 1.50
748 — Ueb. d. Genitalapparat v. Rhohobota narvana. (Dresd., Iris) 1908. 8.
28 p. m. 2 Tfln. 2.—
749 — Untersuch. d. Generationsorg. ein. Melitaeen-Arten. (Dresd., Iris) 1910.
8. 6 p. m. 3 Tfln. 2.—
750 **Davidson, J., and Aitken.** Ou the Larvae and Pupae of some Butterfl.
of the Bombay Presid. 2 parts. (Bombay, Nat. Soc.) 1890. 8. 49 p. w.
3 colour. pl. 3.—
751 **Deckert.** Aberration et qu. variétés du Parnassius Apollo. (Paris, S. Ent.)
1898. 8. 2 p. av. 2 pl. color. 1.50
752 **Deegener.** Die Metamorphose d. Insekten. Leipz. 1909. 8. 60 p. 2.—
753 **Dehermann-Roy.** Catal. rais. d. Lépidopt. du dép. de la Loire-Infér.
Nant. 1887. 8. 95 p. 2.—
754 **Deichmann og Lundbeck.** Oestgroenlandske Insekter. (Kjöbenh., Medd.
Grönl.) 1895 8. 26 p. 1.50
755 **De La Harpe.** Faune Suisse: Lépidoptères nocturnes (Phalénides, av.
3 supplém. Pyrales. Tortricides.) 5 parties. (tout ce qui a paru.) (Zurich,
Soc. Nat.) 1853 à 1864. 4. 483 p. av. 2 pl. color. 17.—
756 — Revue synopt. d. espèces Europ. du g. Eudorea. (Berne, Ent. Ges.) 1863.
8. 13 p. 1.—
757 — S. l. Phalénites et Microlépidopt. rec. p. Meyer-Dür en Tessin et en
Engadine. (Berne, Ent. G.) 1864. 8. 19 p. 1.—
758 **Delessert.** Souvenirs d'un voyage dans l'Inde. 2 parties. Paris 1843. 8.
254 p. av. carte et 35 pl. (24 color.) dont 4 s. l. Coléopt. et 11 s. l. Lépid. 25.—
759 **De l'Orza.** Les Lépidopt. Japonais à l'Expos. intern. 1867. Paris 1868.
8 49 p. 1.50
760 **(Denis u Schiffermüller.)** Systemat. Verzeichniss d. Schmetterl. d. Wiener
Gegend. Wien 1776. 4. 325 p. m. 3 color. Tfln. Cart. 8.—
761 — — Mit schwarzen Tafeln. Hfzb. 5.—
762 **Denton.** Moths and Butterflies of the United States, east of the Rocky
Mountains. 3 vols. Boston 1902. 8. w. 400 photographs and 56 pl. Cloth.
(M. 450.) 250.—

W. Junk, Berlin, W. 15.

763 **Depuiset.** Les Papillons. Paris 1877. 4. 334 p. av. 50 pl. color. et beauc. *M*
de fig. D.-rel. maroqu. — Bel exempl. 20.—
764 — Nouv. esp. du g. Papilio de la Nouv.-Guinée. (Paris, S. Ent.) 1878. 8.
3 p. av. pl. col. 1.—
765 **Description** de l'Egypte ou recueil d. observat. pend. l'expéd. de l'armée
française. Zoologie. L'atlas seul de 167 planches en 2 vols. Paris 1809
à 1817. in-fol. Cart. 80.—
766 **Deutsche Entomologische Nationalbibliothek.** Red. v. Schaufuss u.
S. Schenkling. 2 Jahrgänge (soviel erschien.). Berl. 1910—11. 4. 9.—
767 **Deutsche Entomologische Zeitschrift.** Red. v. Kraatz, Horn, Ohaus.
Jahrg. 25 (Anfang) — 56: 1881—1911, m. Index. Berl. 8. m. viel. Tfln. Gebdn.
u. brosch. (M. 867.) 280.—

Jahrg. 1—24 sind mit der „Berliner Entomolog. Zeitschrift" identisch, welche
ich für M. 90 liefere. — Die „Deutsche Entomologische Zeitschrift" ist hauptsächlich
der Coleopterologie gewidmet. — Siehe auch die Notiz bei Nr. 194.

— — Lepidopt. Hefte — siehe Nr. 1615.

768 **Deventer.** Microlepidopt. v. Java. 2 Thle. (Gravenh., T. Ent.) 1904. 8.
54 p. m. 4 color. Tfln. 3.50
769 **Dewitz, H.** Tagschmetterl. v. Portorico, ges. v. Krug. (Stett., Ent. Z.)
1877. 8. 13 p. m. Tfl. 1.—
770 — Neue Schmetterl. d. Berlin. Museums. Dämmer- u. Nachtfalter v. Portorico.
(Münch.) 1877. 8. 12 p. m. col. Tfl. 1.—
771 — Afrikan. Tagschmetterlinge. Halle (Ac. Leop.) 1879. 4. 40 p. m. 4 Tfln.
(2 color). (M. 5.) 4.—
772 — Afrikan. Schmetterlinge. (Münch., Ent. Ver.) 1879. 8. 7 p. m. 2 col. Tfln. 2.—
773 — Z. postembryonal. Gliedmassenbildg. b. d. Insekten. 2 Thle. (Leipz., Z.
Zool.) 1879. 8. 33 p. m. Tfl. 1.50
774 — Afrikan. Nacht-Schmetterlinge. Halle (Ac. Leop.) 1881. 4. 31 p. m.
2 color. Tfln. (M. 5.) 4.—
775 — Ueber d. Flügelbild. b. Phryganiden u. Lepidopt. (Berl., B. Ent. Z.) 1881.
8. 8 p. m. 2 Tfln. 1.50
776 — Beschreib. v. Jugendstadien exot. Lepidopt. Halle (Ac. Leop.) 1882. 4.
27 p. m. 2 color. Tfln. (M. 5.) 4.—
777 — Führung an d. Körperanhängen d. Insekten. (Berl., B. Ent. Z.) 1882.
8. 18 p. 1.—
778 — Westafrikan. Papilionen. (Berl., B. Ent. Z.) 1832. 8. 3 p. m. col. Tfl. 1.—
779 — 3 neue Westafrikan. Tagschmetterl. (Berl., B. Ent. Z.) 1884. 8. 2 p. m. Tfl. 1.—
780 — Precis Amestr. in verschied. Varietäten. (Berl., B. Ent. Z.) 1885. 8. 1 p.
m. color. Tfl. 1.—
781 — Neue Westafrikan. Tagschmetterl. (Berl., D. Ent. Z.) 1886. 8. 4 p.
m. color. Tfl. 1.50
782 — Von Pogge in Mukenge gesamm. Rhopaloc. (Berl., B. Ent. Z.) 1886. 8.
2 p. m. color. Tfl. 1.—
783 — West- u. Centralafrik. Tagschmetterl. (Berl., Ent. N.) 1889. 8. 12 p.
m. 2 color. Tfln. 1.50
784 **Deyrolle.** Descr. de la Saturnia Phoenix. (Brux., S. Ent.) 1869. 8. 2 p.
av. pl. color. 1.—
785 **Dickerson.** Moths and Butterflies. Bost. 1905. 8. 344 p. w. fig. Cloth. 6.—
786 **Dieck.** Entomol. Wintercampagne in Spanien. (Berl., B. Ent. Z.) 1870.
8. 40 p. 1.50
787 — Entomol. Ausflug in d. Berge Süd-Corsica's. (Berl., B. Ent. Z.) 1870.
8. 8 p. 1.—
788 **Dietrich.** Z. Systematik d. Schmetterl. (Stettin, Ent. Z.) 1862. 8. 14 p. 1.—
789 **Dietz.** Revis. of the Blastobasidae of N. America. (Philad., Ent. S.) 1910.
8. 72 p. w. 4 pl. 4.50
790 **Dietze.** Beitr. z. Kenntn. d. Arten d. G. Eupithecia. 8 Thle. (Stett., Ent.
Z.) 1872—77. 8. 75 p. m. 3 Tfln. 5.—
791 — Beiträge z. Kenntn. d. Eupithecien. 8 Thle. (Dresd., Iris) 1900—06. 8.
126 p. m. 10 z. Thl. color. Tfln. 9.—

792 **Dietze.** V. d. spanisch. zur italien. Mittelmeergrenze (Eupithecien). (Dresd.,   *ℳ*
Iris) 1902. 8. 38 p.   1.—
793 — Biologie d. Eupithecien. (2 Thle.) Theil I. (soviel erschien.): Abbildgn.
Berl. 1910. fol. 82 Tfln. (68 color.) m. 32 p. Text. In Orig.-Carton. (M. 100.)   85.—
794 **Disconzi.** Entomologia Vicentina. Padova 1865. 8. 316 p. c. 18 tav.   6.—
795 **Disqué.** Verzeichn. d. Kleinschmetterlinge d. Umgeg. v. Speyer. 2 Thle.
(Dresd., Iris) 1901. 8. 60 p.   2.—
796 — Verzeichn. der in d. Pfalz vork., aber bei Speyer noch nicht aufgefund.
Kleinschmetterlinge. (Dresd., Iris) 1901. 8. 22 p.   1.—
797 — Die Tortriciden-Raupen d. Pfalz. (Dresd., Iris) 1905. 8. 48 p.   1.50
798 — Verzeichn. d. in d. Pfalz vorkomm. Kleinschmetterlinge (Micro-Lepi-
doptera). (Dresd., Iris) 1906. 8. 73 p.   2.—
799 **Distant.** The geograph. distrib. of Danais Archippus. (Lond., Ent. S.)
1877. 8. 12 p.   1.—
800 — On some Afric. Nymphalinae. (Lond., Zool. S.) 1879. 8. 7 p. w. col. pl.   1.—
801 — Descr. of the fem. sex of Morpho Adonis. (Lond., Ent. S.) 1881. 8.
4 p. w. colour. pl.   1.—
802 — Rhopalocera Malayana. Butterflies of the Malay Peninsula. Lond.
1882—86. 4. 500 p. w. 46 colour. pl. and 129 fig. (6 *£* 16 s.)   105.—
803 — Insecta Transvaaliensia. Vol. I (all pub'd.). Lond. 1911. 4. 303 p. w. 27 colour.
pl. and 59 fig.
Price to subscribers : M. 125.
804 **Dixey.** On the phylogenetic signific. of the wing-markings in cert. Nymphalidae. (Lond., Ent. Soc.) 1890. 8. 42 p. w. 3 pl.   2.—
805 — On the phylogeny of the Pierinae, as illustr. by their wing-markings
and geogr. distrib. (Lond., Ent. Soc.) 1894. 8. 86 p. w. 3 pl.   2.—
806 — Merrifield's experim. in. temperature-variat. (Lond., Ent. S.) 1894. 8. 8 p.   1.—
807 — On the relat. of mimetic patterns to the original form. (Lond., Ent. S.)
1896. 8. 15 p. w. 3 colour. pl.   2.—
808 — Mimetic Attraction (in Lepidopt.). (Lond., Ent. S.) 1897. 8. 16 p. w.
colour. pl.   1.—
809 — On some cases of season. dimorphism in Butterflies. (Lond., Ent. S.)
1902. 8. 30 p. w. pl.   1.—
810 — On Lepidopt. fr. the White Nile. (Lond., Ent. S.) 1903. 8. 23 p. w. pl.   1.—
811 — On the diaposematic resemblance betw. Huphina corva and Ixias
baliensis. (Lond., Ent. S.) 1907. 8. 4 p. w. pl.   1.—
812 — On Müllerian mimicry and diaposematism (in Lepidopt.). (Lond., Ent. S.)
1909. 8. 25 p.   1.50
813 **Dixey, Burr and Cambridge.** On Insects and Arachnids coll. by Bennett
in Socotra (Lond., Zool. S.) 1898. 8. 23 p. w. 2 pl.   1.50
814 **Dixey and Longstaff.** Entomolog. observ. and captures in S. Africa. (Lond.,
Ent. S.) 1907. 8. 73 p. w. colour. pl.   2.50
815 **Dobeneck.** Raupen d. Tagfalter, Schwärmer u. Spinner d. Mitteleurop.
Faunengebiets. Stuttg. 1899. 8. 260 p. m. Fig. (M. 9.)   6.—
816 **Dodd and Meyrick.** Some remark. Ant-friend Lepidoptera of Queensland.
(Lond., Ent. S.) 1911. 8. 14 p. w. pl.   1.50
817 **Dognin.** Faune d. Lépidopt. de Loja et envir. (Equateur). Descr. d'espèces
nouv. Livr. 1 à 4 (tout ce qui a paru). Paris 1887 à 1896. 4. 116 p. av. 12 pl. color.   85.—
818 — 26 mém. s. Lépidopt. (Hétérocères) de l'Amérique du Sud (Loja). (Brux.,
Soc. Ent.) 1893 à 1908. 8. 379 p.   12.—
819 — Hétérocères nouv. de l'Amérique du Sud. 6 fascic. Rennes 1910 à 1913.
8. 210 p.   15.—
820 **Doherty.** List of Butterfl. taken in Kumaon. (Calc., Asiat. Soc.) 1886 8. 138 p.   3.—
821 — On cert. Lycaenidae fr. Lower Tennasserim. (Calc., Asiat. Soc.) 1889.
8. 32 p. w. colour. pl.   2.—
822 — On Assam Butterfl. (Calc., Asiat. Soc.) 1889. 8. 17 p. — Without
the plate.   1.50
823 — List of the Butterflies of Engano. (Calc., Asiat. Soc.) 1891. 8. 29 p. —
Without the plate.   1.—

824 **Dohrn, H.** Beitr. z. Kenntn. d. Lepidopt.-Fauna v. Sumatra. (Stettin, Ent.   *M*
Z) 1899. 8. m. color. Tfl.   2.—
825 **Donndorff.** Handb. d. Thiergeschichte. Leipzig 1793. 8. 862 p. Hfzb.   6.—
826 **Donovan.** Natural Hist. of British Insects. 16 vols. Lond. 1792—1813. 8.
w. 576 colour. pl. Half bd. morocco.   150.—
827 — — Vols. 1—8. Lond. 1792—99. 8. w. 288 colour. pl. Calf.   30.—
828 — Natural Hist. of the Insects of China. Lond. 1798. 4. w. 50 colour. pl.
Morocco.   100.—
    The original edition.
829 — — New edition w. addit. by Westwood. Lond. 1842. 4. 102 p. w. 50
colour. pl. Cloth.   55.—
830 — Natural Hist. of the Insects of India and the islands in the Indian
Seas. Lond. 1800. 4. 116 p. w. 58 colour. pl. Calf.   110.—
    The rare original edition.
831 — — New edition w. addit. by Westwood. Lond. 1842. 4. 102 p. w. 58
colour. pl. Cloth.   62.—
832 — Epitome of the Insects of Asia, New Holland, New Zealand, New Guinea,
Otaheita. Lond. 1805. 4. 82 p. w. 41 colour. pl. Morocco.   200.—
    The rarest of all D.'s publications.
833 **Dorfmeister.** Ueb. ein. in Steiermark vorkomm. Zygaenen. (Wien, Z. b. G.)
1854. 8. 12 p.   1.—
834 — Einfl. d. Temperatur b. d. Erzeug. d. Schmetterlings-Varietäten. (Graz,
Nat. Ver.) 1880. 8. 8 p. m. col. Tfl.   1.—
835 **Doering, Berg, Holmberg.** Zoologia de la Exped. al Rio Negro (Patagonia).
B. Air. 1881. 4. 192 p. av. 4 pl. (1 color.)   12.—
836 **Doubleday.** List of the specim. of Lepidopt. in the Brit. Museum. 2 parts.
Lond. 1844—47. 8. 208 p.   3.50
837 — On the g. Argynnis. (Lond., Linn. S.) 1845. 4. 9 p. w. pl.   1.—
838 — Synon. list of Brit. Lepidopt. Lond. 1850. 8. 29 p.   1.50
839 **Doubleday, Westwood and Hewitson.** Genera of Diurnal Lepidoptera.
2 vols. Lond. 1846—52. fol. 534 p. w. 86 colour. pl. Fine copy, morocco. 460.—
    Very rare.
840 **Douglas.** On the Brit. spec. of the g. Gelechia. 2 parts. (Lond., Ent. S.)
1850—52. 8. 20 p.   1.50
841 — Contrib. tow. the nat. hist. of Brit. Microlepidopt. 3 parts. (Lond.,
Ent. S.) 1852—53. 8. 15 p. w. 6 colour. pl.   5.—
842 **Douglas and Stainton.** 3 pap. on Gelechia, Elachista, Micropteryx. (Lond.,
Ent. S.) 1850. 8. 26 p. w. 2 col. pl.   2.50
843 **Draudt.** Zur Kenntn. d. Eupithecien-Eier. (Dresd., Iris) 1905. 8. 41 p. m.
6 photograph. Tfln.   4.50
844 — Ueb. 2 nicht bekannte Raupen. (Dresd., Iris) 1905. 8. 8 p. m. color. Tfl.   1.—
845 — 4 Abhandl. üb. exot. Lepidopt. 1900—1912. 8. 14 p.   1.50
846 **Druce, H.** List of Diurnal Lepidopt. coll. by Lowe in Borneo. (Lond., Zool.
S.) 1873. 8. 25 p. w. 2 colour. pl.   2.—
847 — — With plain plates.   1.—
848 — List of the Lepidopt. coll. by Layard at Chentaboon and Nahconchaisee,
Siam. (Lond., Z. S.) 1874. 8. 8 p. w. col. pl.   1.—
849 — List of Diurnal Lepidopt. coll. by Monteiro in Angola. (Lond., Z. S.)
1875. 8. 12 p.   1.—
850 — List of the Butterflies of Peru. (Lond., Z. S.) 1876. 8. 46 p. w. 2
colour. pl.   3.—
851 — — With plain plates.   1.—
852 — Revis. of the g. Paphia. (Lond., Z. S.) 1877. 8. 21 p. w. 4 pl.   2.50
853 — Lepidopt. Heterocera Centrali-Americana. 3 vols. Lond. (Biologia) 1881—
1900. 4. 1148 p. w. 101 colour. pl.   600.—
    See also Nr. 3742.
854 — Descr. of a new gen. and some new spec. of Heterocera. (Lond., Z. S.)
1883. 8. 6 p. w. 2 colour. pl.   1.50
855 — Descr. of new Zygaenidae and Arctiidae. (Lond., Z. S.) 1883. 8. 12 p.
w. 2 pl.   1.—

856 **Druce, H.** Heterocera coll. by Forbes on the Lower Niger. (Lond., Z. S.)   *M*
1884. 8. 11 p. w. pl.   1.—
857 — Descr. of new Heterocera fr. S. America. (Lond., Z. S.) 1885. 8. 19 p.
w. 2 colour. pl.   2.—
858 — Descr. of some new Heterocera fr. trop. Africa. 2 pap. (Lond., Z. S.)
1886—88. 8. 22 p. w. 3 colour. pl.   2.50
859 — List of the Heterocera coll. by Woodford at Aola, Solomon Isl. (Lond.,
Z. S.) 1888. 8. 11 p. w. col. pl.   1.—
860 — List of the Heterocera coll. by Woodford at Suva, Fiji Isl. (Lond., Z.
S.) 1888. 8. 13 p. w. col. pl.   1.—
861 — Descr. of new Heterocera fr. Centr. and S. America. (Lond., Z. S.) 1890.
8. 28 p. w. 2 col. pl.   2.—
862 — Descr. of new Heterocera fr. Centr. and South America. (Lond., Z. S.)
1893. 8. 31 p. w. 3 col. pl.   3.50
863 — Descr. of some new Erycinidae fr. trop. S. America. (Lond., Ent. S.)
1904. 8. 9 p. w. 2 colour. pl.   2.50
864 **Druce, H. and H. H.** Descr. of new Diurnal Lepidopt. coll. by Cookson
in N. Rhodesia. (Lond., Ent. S.) 1905. 8. 12 p. w. colour. pl.   1.50
865 **Druce, H. H.** Monogr. of the g. Hypochrysops. (Lond., Ent. S.) 1891. 8.
18 p. w. 2 colour. pl.   2.—
866 — On the Lycaenidae of the Solomon Isl. (Lond., Z. S.) 1891. 8. 17 p. w.
2 col. pl.   2.—
867 — List of the Lycaenidae of the S. Pacific Islands. (Lond., Z. S.) 1892. 8.
13 p. w. col. pl.   1.—
868 — Monogr. of the Bornean Lycaenidae. 2 parts. (Lond., Z. S.) 1895—96.
8. 105 p. w. 7 colour. pl.   7.—
869 — On some new Lycaenidae fr. the African, Austral. and Oriental reg.
(Lond., Z. S.) 1902. 8. 10 p. w. 2 col. pl.   3.—
870 — On Neotropical Lycaenidae. (Lond., Z. S.) 1907. 8. 67 p. w. 6 colour. pl. 6.—
871 — Descr. of some new Butterflies fr. trop. Africa. (Lond., Ent. S.) 1907.
8. 7 p. w. colour. pl.   1.—
872 — Descr. of some new Hesperiidae fr. Centr. and S. America. (Lond.,
Ent. S.) 1908. 8. 12 p. w. colour. pl.   1.—
873 — On some new Neotrop. Lycaenidae. (Lond., Ent. S.) 1909. 8. 8 p. w.
colour. pl.   1.—
874 — Descr. of new Lycaenidae and Hesperidae fr. trop. W. Africa. (Lond.,
Z. S.) 1910. 8. 23 p. w. 3 colour. pl.   3.—
875 — Illustrat. of African Lycaenidae. Lond. 1910. 8. 8 plates w. 20 p.
letterpress. Cloth.   11.—
876 — New Nymphaline fr. Brit. India. (Lond., Ent. S.) 1911. 8. 2 p. w. pl.   1.—
877 **Druce, H. H., and Baker.** Monogr. of the g. Thysonotis. (Lond., Z. S.)
1893. 8. 18 p. w. 3 pl. (2 colour.)   3.—
878 **Drury.** Illustrations of Natural Hist.: Figures of Exotic Insects, chiefly
of Butterflies. 3 vols. Lond. 1770—82. 4. w. 1 plain and 150 colour. pl.
(15 £ 15 s) Calf.   90.—
    The beautiful and rare original edition. Text in English and French.
879 — — With 143 colour. pl. (i n s t e a d of 150 pl.) Half bd. calf.   35.—
880 — — New edition w. addit. by Westwood. 3 vols. Lond. 1837. 4. w. 150
colour. pl. (15 £ 15 s) Cloth.   75.—
881 **Dubois, Ch. et A.** Les Lépidoptères de la Belgique, leurs Chenilles et l.
Chrysalides. 2 vols. Brux. 1874 à 1878. 8. av. 283 pl. color.   32.—
    Du Cane Godman — see: G o d m a n.
882 **Dumans.** Liste des Lépidopt. du Calvados. Caen 1908. 8. 70 p.   1.50
883 **Duméril.** Considér. gén. s. l. Insectes. Paris 1823. 8. 284 p. av. 60 pl.
(fr. 30) Cart.   5.—
884 — Entomologie analytique. 2 vols. Paris (Ac.) 1860. 4. 1373 p. av. env.
500 fig.   13.—
885 — — Liste de s. travaux entomol. (Paris, S. Ent.) 1860. 8. 10 p.   1.—

W. Junk, Berlin, W. 15.

886 **Duncan.** British Butterflies. Edinb. 1835. 8. 246 p. w. frontisp., portr. and   *ℳ*
    34 colour. pl. Cloth.   5.—
887 — British Moths, Sphinxes etc. Edinb. 1836. 8. 268 p. w. frontisp., portr.
    and 30 colour. pl. Cloth.   5.—
888 — Foreign Butterflies. Edinb. 1837. 8. 208 p. w. 33 colour. pl. Cloth.   6.—
889 — Exotic Moths. Lond. 1841. 8. 229 p. w. 30 colour. pl. Cloth.   6.—
890 **Dunning.** On the g. Acentropus. (Lond., Ent. S.) 1878. 8. 10 p.   1.—
891 **Duponchel.** Catal. d. Lépidopt. du dép. de la Lozère. (Paris, S. Ent.) 1833.
    8. 26 p.   1.50
892 — Catal. méthod. d. Lépidopt. d'Europe. Paris 1844. 8. 555 p. (fr. 18.)   2.50
893 — Duméril. Vie et ouvrages. (Paris, S. Ent.) 1846. 8. 13 p.   1.—
894 **Duponchel et Guenée.** Iconographie et hist. nat. des Chenilles. 2 vols.
    Paris 1849. 8. av. 92 pl. color. D.-rel. maroqu.   60.—
    Rare. Supplément à nr. 1238.
895 **Dupont, L.** Les Zygènes de la Normandie. Elbeuf 1900. 8. 30 p.   1.50
896 **Dutreux.** Index d. Lépidopt. de Luxembourg. III. IV. (Luxemb.) 1855. 8. 23 p.   1.—
897 **Dyar.** Descr. of cert. Lepidopt. Larvae. (Boston, Soc. Nat.) 1895. 8. 10 p.   1.—
898 — On the Larvae of the higher Bombyces. (Bost., Soc. Nat.) 1896. 8.
    20 p. w. pl.   1.50
899 — Life histories of some N. Americ. Moths. (Wash., Mus.) 1900. 8. 30 p.   1.—
900 — On the Larvae of the g. Arctia. (N. York, Ent. S.) 1900. 8. 14 p.   1.—
901 — List of N. American Lepidopt. 6622 species.) (Wash., Mus.) 1902. 8. 742. p.   9.—
902 — Descr. of the Larvae of some Moths fr. Colorado. (Wash., Mus.) 1902. 8. 14 p.   1.—
903 — List of Lepidopt. taken at Williams, Arizona. I. (Wash., Ent. S.) 1903. 8. 10 p.   1.—
904 — The Lepidoptera of the Kootenai district of Brit. Columbia. (Wash.,
    Mus.) 1904. 8. 160 p.   1.50
905 — Descr. list of a coll. of early stages of Japanese Lepidopt. (Wash.,
    Mus.) 1905. 8. 20 p. w. 23 fig.   1.—
906 — List of Americ. Cochlidian Moths. 2 parts. (Wash., Mus.) 1905—7. 8. 43 p.   1.—
907 — Descr. of some new spec. and genera of Lepidopt. fr. Mexico. 2 parts.
    (Wash., Mus.) 1910—12. 8. 115 p.   2.—
908 **Dziurzynski.** Die paläarkt. Arten d. Gattg. Zygaena. (Berl., B. Ent. Z.)
    1908. 8. 60 p. m. 3 Tfln. (2 color.)   3.—
909 — 6 lepidopt. Abhdlgn. 1909—10. 8. 26 p.   1.50
910 — Bupalus piniarius. Formen d. Europ. Fauna. (Berl., B. Ent. Z.) 1912. 8.
    13 p. m. 2 color. Tfln.   2.—
911 **Eastlake.** Entomologia Hongkongensis. (Philad., Ac) 1885. 8. 9 p.   1.—
912 **Ebeling.** Ueb. d. pract. Theil b. Schmetterlingssammlng. (Neubrand.)
    1850. 8. 22 p.   1.—
913 **Ebert.** Ueb. ein. Aberrat. v. Lepidopt. (Cassel, Ver. Nat.) 1911. 8. 6 p.
    m. color. Tfl.   1.—
914 **Eckstein, C.** Die Schmetterlinge Deutschlands m. besond. Berücksicht.
    ihrer Biologie. (In 5 Bänden.) Band I: Allgem. u. speciell. Theil. Rhopa-
    locera. Stuttg. 1913. 8. ca. 110 p. m. 16 color. Tfln. — Unter der Presse.   3.50
    Bd. II wird enthalten: Schwärmer u. Spinner, III: Eulen, IV: Rest der Gross-
    schmetterl., V: Kleinschmetterl. — Jeder Band wird gleichen Preis u. ungefähr gleichen
    Umfang haben.
915 **Edwards, W. H.** Descr. of new spec. of Diurnal Lepidoptera of the
    U. S. 2 pap. (Philad., Ent. Soc.) 1866—72. 8. 16 p.   1.50
916 — The Butterflies of North America. 3 vols. Philad. and Boston 1868—97.
    4. w. 152 colour. pl. Half bd. morocco.   500.—
917 — On Pieris Bryoniae. New spec. of Americ. Moths. (N. York) 1881. 8.
    19 p. w. 2 col. pl.   2.—
918 — Report up. the Diurnal Lepidopt. coll. in Alaska by E. W. Nelson.
    Wash. 1887. 4. 6 p.   1.—
919 — Bibliogr. catal. of the transformat. of N. Americ. Lepidopt. (Wash.,
    Mus.) 1889. 8. 147 p.   2.—
920 — Möschler. Ueb. Edwards' Catal. of the Lepidopt. of America. I: Diur-
    nals. (Stettin, Ent. Z.) 1878. 8. 14 p.   1.—
    Ehrenberg et Hemprich. Symbolae — vide nr. 1767.

W. Junk, Berlin, W. 15.

921 **Eimer.** Die Artbildung u. Verwa ndtsch. b. d. chmetterlingen. 2 Thle.   *M*
    Jena 1889—95 8. 417 p. m. Atlas v. 8 color. Tfln. in-fol. (M. 28.)   15.—
922 — — Thl. I: System. Darstell. d. Abänderungen, Abarten u. Arten d.
    Segelfalter-ähnl. Formen d. Gatt. Papilio. 1889. 256 p. m. Atlas v. 4 color.
    Tfln. (M. 14.)   8.—
923 — — Thl. II: System. Darstell. d. Abänderungen, Abarten u. Arten d.
    Schwalbenschwanz-ähnl. Formen d. Gatt. Papilio. 1895. 161 p. m. Atlas
    v. 4 color. Tfln. (M. 14.)   8.—
924 — — Thl. II. 1895. 8. 161 p. (ohne die Tafeln.)   3.—
925 — Orthogenesis d. Schmetterlinge. Leipz. 1898. 8. 539 p. m. 2 Tfln. u.
    352 Fig. (M. 18)   14.—
       Fortsetzung der obigen Nr. 921.
926 — — Ohne die Tfln.   5.—
927 — — Nur die Einleitung.   1.—
928 — Linden. Eimer's Orthogenesis II. (Leipz.) 1898. 8. 27 p.   1.—
929 **Elliot, A.** Lepidopt. in Roxburghshire. 2 parts. (Edinb.) 1897. 8. 19 p.   1.—
930 **Elrod.** The Butterflies of Montana. (Missoula, Univ.) 1906. 8. 192 p. w.
    13 pl. (1 colour.) and 125 fig.   4.—
931 **Eltringham.** Edibility of cert. Lepidopt. Larvae. (Lond., Ent. S.) 1909.
    8. 8 p.   1.—
932 — African Mimetic Butterflies. Mimetic resembl. in the Rhopalocera of
    the Ethiop. region. Oxf. 1910. 4. 136 p. w. colour. map and 10 colour.
    pl. Cloth.   48.—
933 — On the forms and geogr. distrib. of Acraea lycoa and Acraea johnst.
    (Lond., Ent. S.) 1910. 8. 15 p. w. 2 pl. (1 colour.)   2.—
934 — Monogr. of the African spec. of the g. Acraea. (Lond., Ent. Soc.) 1912.
    8. 374 p. w. 16 pl. (6 colour.)   18.—
935 **Eltringham et Jordan.** Lepidopterorum Catalogus: Nymphalidae, Subfam.
    Acraeinae. Berolini 1913. 8.
       In Vorbereitung. — In preparation. — En préparation. — Vide nr. 2074.
936 **Elwes.** On the g. Colias. 2 parts. (Lond., Ent. S.) 1880—84. 8. 41 p.   1.50
937 — On the Butterfl. of Amurland, N. China and Japan. (Lond., Zool. S.)
    1881. 8. 61 p.   2.50
938 — On a coll. of Butterfl. fr. Sikkim. (Lond., Z. S.) 1882. 8. 11 p. w. col. pl.   1.50
939 — On Butterflies of the g. Parnassius. (Lond., Zool. S) 1886. 8. 58 p. w. 4 pl.   2.—
940 — — Kritik v. Möschler. (Stett., Ent. Z.) 1887. 8. 20 p.   1.—
941 — On the Butterfl. of the French Pyrenees. (Lond., Ent. S.) 1887.
    8. 19 p.   1.—
942 — Catal. of the Lepidopt. of Sikkim. I. (all pub'd.): Rhopaloc. (Lond.,
    Ent. S.) 1888 8. 198 p. w. 4 colour. pl.   5.—
943 — Revis. of the g. Argynnis. (Lond., Ent. S.) 1889. 8. 42 p.   1.50
944 — On the g. Erebia. (Lond., Ent. S.) 1889 8. 26 p.   1.—
945 — On some new Moths fr. India. (Lond., Zool. S.) 1890. 8. 23 p. w. 3 pl.
    (2 colour.)   2.—
946 — On some Moths allied to Himantopterus. (Lond., Ent. S.) 1890. 8. 10 p.
    w. colour. pl.   1.—
947 — On Butterflies coll. by Doherty in the Naga and Karen Hills. 2 parts.
    (Lond., Zool. S) 1891—92. 8. 88 p. w. 3 colour. pl.   6.50
948 — Address read bef. the Entomol. Soc. on the geograph. distrib. of Lepid.
    Lond. 1895. 8. 37 p.   1.50
949 — Revis. of the g. Erebia. (Lond., Ent. S.) 1898. 8. 40 p.   1.—
950 — On the Rhopaloc. of the Altai Mountains. (Lond., Ent. S.) 1899. 8.
    74 p. w. 4 colour. pl.   5.—
951 — On the Zool. and Botany of the Altai Mountains. (Lond., Linn. S.)
    1899. 8. 24 p.   1.—
952 — On the Butterflies of Bulgaria. (Lond., Ent. S.) 1900. 8. 24 p.   1.—
953 — The Butterflies of Chile. (Lond., Ent. S.) 1903. 8. 39 p. w. 4 col. pl.   5.—
954 — On a coll. of Lepidopt. fr. Arctic America. (Lond., Ent. S.) 1903. 8. 6 p.
    w. colour. pl.   1.—

W. Junk, Berlin, W. 15.

955 **Elwes and Edwards.** Revis. of the g. Ypthima. (Lond., Ent. S.) 1893.   *ℳ*
   8. 55 p. w. 3 pl.   2.—
956 — Revision of the g. Oeneis. (Lond., Ent. S.) 1893. 8. 25 p. w. pl.   1.—
957 — Revis. of the Oriental Hesperiidae. (Lond., Zool. S.) 1897. 4. 224 p.
   w. 10 pl., 4 colour. (40 s)   18.—
958 **Elwes, Hampson and Durrant.** On the Lepidoptera coll. by the Tibet
   Frontier Commiss. (Lond., Zool. S.) 1906. 8. 20 p. w. colour. pl.   2.—
959 **Emich.** Beitr. z. Lepidopt.-Fauna Transkaukasiens. (Petersb., Horae) 1873.
   8. 5 p. m. Tfl.   1.—
960 **Enderlein.** Einseit. Hemmungsbild. bei Telea polyphemus. (Jena, Zool. J.)
   1902. 8. 44 p. m. 3 Tfln.   2.—
961 — Z. Kenntn. d. Insekten Deutsch-Ostafrikas. (Berl., Zool. Mus.) 1902. 8.
   18 p. m. Tfl.   1.50
962 — Die Land-Arthropoden der v. d. Deutsch. Tiefsee-Exped. besucht.
   Antarkt. Inseln. Jena 1903. 4. 94 p. m. 10 Tfln. (4 color.) (M. 17.)
   Entomologen-Adressbuch — siehe Nr. 1661.
963 **Entomologica Americana.** Ed. by J. B. Smith, Hulst and Roberts. 6 vols.
   Brookl. 1885—90. 8. w. plates. — Complete copy.   60.—
     See also nr. 399.
964 **Entomological Magazine.** Ed by Newman, Haliday, Walker and o. 5 vols.
   Lond. 1833—38. 8. w. plates. Cloth. — All published.   65.—
965 — — Vol. I. Lond. 1833. 8. 547 p. w. 4 pl. (1 colour.) Cloth.   8.—
966 **Entomological News** and Proceed. of the Entomol. Section of the Acad.
   of Nat. Sciences of Philadelphia. Vol. I—XXII: Years 1890—1911. Philad.
   8. w. many plates.   200.—
     Volumes 2, 8, 10, 11 and 20 are out of print. The price of a complete set is
     rising. — Many odd volumes in stock.
   Entomological Society of America see nr. 33 and 3587, Brooklyn see
   nr. 399, Cambridge Mass. see nr. 2795, Hawaii see nr. 2776, London see
   nr. 3584—86, New South Wales see nr. 3583, New York see nr. 1654 and
   2625, Philadelphia see nr. 2765 and 2773, Washington see nr. 2775.
967 **Entomologische Blätter** der Schweiz, hrsg. v. Dietrich. 2 Hefte (soviel
   erschien.). Zürich 1871. 8. 60 p.   1.—
968 **Entomologisches Jahrbuch.** Herausg. v. Krancher. Jahrg. 1—19: 1892—
   1910. m. Portr. u. Tfln. Origbd.   45.—
     Zum Theil vergriffen. Fast alle Jahrgänge auch einzeln.
969 **Entomologische Litteraturblätter.** Hrsg. v. Friedländer. Jahrg. I—XI:
   1901—1911. Berl. 8. — Jahrg. VI fehlt.   10.—
     Jahrgang VI: 1906 ist vergriffen.
   Entomologische Monatsschrift — siehe Nr. 3835.
970 **Entomologische Nachrichten.** Hrsg. v. Katter u. Karsch. 26 Jahrgge.
   (soviel erschienen): 1875—1900. 8. (M. 156.) Gebd. u. brosch.   85.—
     Selten, da Jahrg. 2, 3 u. 8 vergriffen. Siehe auch Rara: Historico-Naturalia, ed.
   Junk, p. 3. — Fast alle Bände auch einzeln.
971 **Entomologische Rundschau.** Herausg. v. C. Schaufuss, Kuhnt, Grünberg. Jahrg. I—IV: 1909—12. Stuttg. 4. (M. 24.)
     Ist Jahrg. XXVI—XXIX der „Insektenbörse" (siehe Nr. 1612). Jahrg. XXIV u.
     XXV erschien unt. d. Titel „Entomol. Wochenblatt" (siehe Nr. 972). — Als Beiblatt z.
     obiger „Rundschau" erscheint von 1909 ab wieder die „Insektenbörse", jetzt ein
     reines Handelsblatt, von 1911 ab auch Jahrg. 25 und folgende der „Societas Ento-
     mologica" (siehe Nr. 3266).
972 **Entomologisches Wochenblatt.** Herausg. v. C. Schaufuss u. Frankenstein. Jahrg. I—II: 1907—08. (soviel erschienen.) Leipz. 4. (M. 12.)   8.—
     Ist Jahrg. XXIV u. XXV der „Insektenbörse" (siehe Nr. 1612). Von 1909 ab er-
     scheint das Blatt unter d. Titel „Entomolog. Rundschau" (siehe Nr. 971).
973 **Entomologische Zeitschrift.** Centralorgan d. Internation. Entomolog.
   Vereins. Jahrg. I—XXVI: 1887—1912. Guben, Stuttg. u. Frankfurt. 4.   130.—
     Vom 1.—20. Jahrgang ers· hien diese — hauptsächlich lepidopterol. — Zeitschrift
     in Guben, vom Jahrg. 21: 1907 bis zu Jahrg. 24: 1911 Nr. 39 in Stuttgart (siehe über-
     dies auch Nr. 1614) von Jahrg. 24 Nr. 40 ab wird sie in Frankfurt a. M. herausgegeben. Bei
     Jahrg. 24 u. teilweise bei Jahrg. 25 erschien als Beilage die „Societas Entomoloz."
     (siehe Nr. 3266), dann wird diese durch die „Fauna Exotica" ersetzt. (Ueber die Vor-
     läufer der „Entomol. Zeitschrift" siehe Nr. 707 u. 1613).

34

974 **Entomologisk Tidskrift,** utg. af Spangberg. Aarg. 1—30. Mit 2 Indiees (z.   *M*
    Bd. 1—30.) Stockh. 1880—1909. 8. m. viel. z. Thl. color. Tfln.   135.—
975 **Entomologiske Meddelelser.** Udg. af Entomol. Forening ved Meinert.
    I. Reihe (5 Bde.) u. II. Reihe Bd. I—IV. Kopenh. 1887—1910. 8. m. Tfln. 45.—
976 **The Entomologist.** Illustr. Journal of general Entomol. Ed. by Newman,
    Carrington and South. Vol. 1—33. Lond. 1840—1900. 8. w. colour. and
    plain plates. Cloth and in parts.   200.—
      Vol. 1 published between 1840 and 1842 is very rare. The periodical was dis-
      continued till 1864 when vol. II appeared. A number of the later volumes are also
      out of print.
977 **L'Entomologiste Genevois.** Rid. p. Tournier. Année I. (10 numéros, tout
    ce qui a paru). Genève 1889. 8. av. 6 pl.   3.—
978 **Entomologist's Annual.** Ed. by Stainton. 20 vols. Lond. 1855—74. 8.
    w. colour. and plain pl. (3 *£*) Half bd. calf.   25.—
    Many odd volumes in stock, each at M. 2.
979 **Entomologist's Monthly Magazine.** Conduct. by Barrett, Saunders, Wal-
    singham and o. Vols. 1—38. Lond. 1864—1902. 8. w. many pl. Cloth and
    in parts.   160.—
980 **Entomologist's Record** and Journal of Variation. Ed. by Tutt. Year
    1—21 : 1890—1909. Lond. 8. w. plates.   120.—
981 **Entomologist's Weekly Intelligencer.** Pub. by Stainton. 10 vols. (all
    pub'd.). Lond. 1856—61. 8. Cloth.   20.—
982 **Erfurt.** — Die Grossschmetterlinge Erfurts. (Dresd., Iris) 1900. 8. 63 p.   2.—
983 **Ergebnisse** (Zoologische) d. Hamburger Magalhaens. Sammelreise. Hrsg.
    v. Naturhistor. Museum zu Hamburg. Hamb. 1896—1904. 4. m. 41 z. Thl.
    color. Tfln. (M. 77.50.)   60.—
984 **Erman.** Verzeichn. v. Thieren u. Pflanzen d. Reise um d. Erde durch
    Nord-Asien u. d. beiden Oceane. Berl. 1835. Fol. 70 p. m. 17 Tfln. (2 color.)   25.—
985 **Ernst et Engramelle.** Papillons d'Europe. 8 vols. Paris 1779 à 1792. 4.
    av. 350 pl. color. — Bel exempl., d.-rel. veau.   180.—
986 **Erschoff.** Beschr. neuer exot. Schmetterl. II. (Petersb., Horae) 1870. 8.
    10 p. m. color. Tfl. — Russisch u. latein. Diagnosen.   1.50
987 — Üb. einige v. Eversmann aufgest. Lepidopt.-Species. (Mosk., Bull.) 1870.
    8. 22 p.   1.—
988 — Lepidopt. auf d. Reise in Turkestan v. Fedtschenko ges. Mosk. 1874.
    4. 133 p. m. 6 col. Tfln. — In latein. u. russ. Sprache.   8.—
989 — Lepidopt. v. Turkestan. (Stettin, Ent. Z.) 1874. 8. 32 p.   1.—
990 — Catalogus Lepidopt. agri Petropolitani. (Petrop., Horae) 1881. 8. 23 p.
    — Mit Nachträgen von Hedemann.   2.—
    Eschscholtz. Beschreib. neuer exotischer Schmetterl. v. Kotzebue's Reise
    — siehe Nr. 1797.
991 **Esper.** Die Europaeischen Schmetterlinge. Hrsg. v. Charpentier. 5 Tle.
    in 7 Bdn. m. Supplem. Erlang. 1829—39. 4. m. 455 color. Tfln. (M. 520.) 200.—
    Vollständiges Exemplar der Original-Ausgabe.
992 — — Theil I: Gattungen. 388 p. (4 p. fehlen) u. 42 (statt 50) color. Tfln. 10.—
993 — — Hünich. Bestimmung d. Esper'schen Abbildungen Europ. Schmetterl.
    Leipz. 1854. 4. 34 p.   2.—
994 — Die Ausländischen Schmetterlinge. Fortges. v. Charpentier. Leipz. 1830.
    4. 270 p. m. 64 color. Tfln. (M. 100).   40.—
995 — — Mit 54 (statt 64) color. Tfln.   15.—
996 **Europäische Lepidopteren.** 40 Abhandl. üb. Schmetterlings-Faunen v.
    Ball, Curò, Eversmann, Fuchs, Guenée, Heylaerts, Hormuzaki, Kirby,
    Mann, Schoyen, Zaitzev u. a. 1844—1912. 8. 422 p.   10.—
997 **Evans, W.** On Lepidopt. coll. in the Edinburgh district. Edinb. 1897. 8. 22 p. 1.50
998 **Evans, W. H.** List of the Butterflies of the Palni Hills. (Bombay, Asiat.
    Soc.) 1910. 8. 11 p.   1.—
999 **Eversmann.** Enumer. Lepidopteror. fluv. Wolgam inter et montes Ural.
    habit. 3 partes. (Mosq., Bull.) 1831—37. 8. 23 p.   2.—

35

1000 **Eversmann.** Kurze Notiz. üb. ein. Schmetterlinge Russlands. 2 Thle. ℳ
(Mosk., Bull.) 1837. 8. 68 p. 2.—
1001 — Quaedam Lepidopt. species novae Rossiae orient. 5 partes. (Mosq.,
Bull.) 1841—47. 8. 80 p. et 16 tab. color. 20.—
1002 — Einige noch unbeschrieb. Schmetterl. d. oestl. Russland. (Mosk., Bull.)
1841. 8. 16 p. m. color. Tfl. 1.50
1003 — Ueb. einige Schmetterlinge. (Mosk., Bull.) 1841. 8. 12 p. 1.—
1004 — Fauna Lepidopterol. Volgo-Uralensis. Casani 1844. 8. 633 p. Hfzb. 20.—
1005 — — Microlepidopt. 15 p. saubere Abschrift v. Hedemann. 2.—
1006 — Beschr. neuer Falter Russlands. 2 Abhandl. (Mosk., Bull.) 1848—52.
8. 50 p. 2.—
1007 — Descr. de qu. nouv. esp. de Lépidopt. de la Russie. (Mosc., Bull.) 1851.
8. 35 p. 1.50
1008 — Beitr. z. Lepidopterol. Russlands. (Mosk., Bull.) 1854. 8. 32 p. m. col. Tfl. 2.—
1009 — Erinnergn. aus e. Reise in's Ausland. (Mosk., Bull.) 1858. 8. 40 p. 1.—
1010 — Les Noctuélites de la Russie. 7 parties. (Mosc., Bull.) 1855 à 1859. 8.
606 p. av. 3 pl. color. et noir. 16.—
1011 **Experimente** an Schmetterlingen. 5 Abhandl. v. Plate, Standfuss u. a.
1892—1910. 4. u. 8. 26 p. 2.50
1012 **Fabre.** Souvenirs Entomolog. Séries 1 à 10. (1. et 2. en 2. éd.) Paris
1883 à 1907. 8. 3899 p. av. portr. et fig. 28.—
1013 — Insect Life. Souvenirs of a Naturalist. Transl. by Sharp. Ed. by Merrifield.
Lond. 1901. 8. 332 p. w. 16 pl. Cloth. 6.—
1014 — Social Life in the Insect World. Transl. by Miall. N. York 1912. 8.
335 p. w. fig. Cloth. 15.—
1015 — Bilder aus der Insektenwelt. Uebers. aus „Souvenirs Entomol." u.
„Moeurs d. Insectes". Reihe I—III. Stuttg. 1908—12. 8. 332 p. m. Fig.
(M. 6.25.)
1016 **Fabricius.** Opera Entomologica omnia. 17 volum. Hauniae, Brunsvig. etc.
1775—1805. 8. 90.—
Eine vollständige — von mir zusammengetragene — Reihe der entomolog.
Arbeiten dieses besonders aus Prioritätsgründen der Nomenclatur jetzt hochge-
schätzten Professors an der Kieler Universität (1745—1808); ausserordentlich
schwierig zu combinieren. Genaues Verzeichnis u. bibliographische Beschreibung
— siehe: Rara historico-naturalia, ed. Junk, p. 35. — Hieraus einzeln:
1017 — Systema Entomologiae. Flensb. 1775. 8. 864 p. Hfzb. 6.—
1018 — Philosophia Entomolog. Hamb. 1778. 8. 190 p. 3.—
1019 — Mantissa Insectorum. 2 vol. Hafn. 1787. 8. 750 p. Cart. 9.—
1020 — Entomologia systematica emend. et aucta. C. suppl. et indice. 8 partes.
Hafniae 1792—98. 8. Cart. 23.—
Exemplare mit Supplement und Index sind selten geworden. — Eine Anzahl
Bände auch einzeln vorhanden.
1021 — Epitome Entomologiae Fabricianae s. Nomenclator. Lips. 1797. 8. 240 p. 5.—
1022 **Failla-Tedaldi.** Fauna Entomol. Sicula. Lepidotteri d. Madonie. 2 parti.
(Firenze, S. Ent.) 1878. 8. 23 p. 1.—
1023 **Fallou.** Descr. de Lépidopt. anormaux. 2 mém. (Paris, S. Ent.) 1871 à 72.
8. 17 p. av. 2 pl. color. 2.—
1024 **Fauna.** Verein Luxemburg. Naturfreunde. Jhg. IX—XV. Luxemb. 1899—
1905. 8. m. Fig. (M. 56.) 23.—
Fauna of British India: Lepidoptera — see nr. 207 and 1370.
Fauna Exotica. Mitteilgn. aus d. Geb. d. exot. Insektenwelt — siehe Nr. 973.
1025 **Faunus.** Zeitschrift f. Zool. u. vergleich. Anatomie, hrsg. v. Gistl. 2 Bde.
Münch. 1832—35. 8. m. 2 Portr. 5.—
1026 **Favre et Wullschlegel.** Fauna d. Macrolépidoptères du Valais et d. rég.
limitr. Av. Supplém. Berne et Schaffh. 1900 à 1903. 8. 3?9 p. 7.—
1027 **Fawcett.** On the Transformat. of some S. Afric. Lepidopt. 2 parts.
(Lond., Zool. S.) 1901—03. 4. 58 p. w. 7 colour. pl. (33 s.) 11.—
1028 — On the Transformat. of Papilio dardanus and Philampelus megaera.
(Lond., Zool. S.) 1903. 8. 4 p. w. colour. pl. 1.—
1029 — On some new and little known Butterflies fr. high elevat. in the N.
E. Himalayas. (Lond., Zool. S.) 1904. 8. 8 p. w. colour. pl. 1.50

W. Junk, Berlin, W. 15.

3*

1030 **Fea.** Riassunto dei risult. zoolog. d. viaggio in Birmania. Genova 1897. *M*
8. 280 p. c. carta. 6.—
1031 **Federley.** 2 Temperaturaberrationen v. Rhopaloc. (Helsingf.) 1904. 8. 7 p. 1.—
1032 — Lepidopterol. Temperatur-Experimente. Helsingf. 1905. 8. 120 p. m.
3 Tfln. u. 7 Fig. 5.—
1033 **Felder, C.** Eine neue Nymphalide. (Jena, Leop. Ak.) 1861. 4. 50 p.
m. col. Tfl. 1.50
1034 — Verzeichn. d. Macrolepidopt. d. Novara Exped. (Wien, Z. b. G.) 1862.
8. 24 p. 1.—
1035 **Felder, C. u. R.** Lepidopt. Fragmente. 6 Thle. (Wien, Ent. Mon.) 1859
—1860. 8. 84 p. m. 10 Tfln. 8.—
1036 — Lepidopt. nova in paenins. Malayica coll. I. (Wien, Ent. Mon.) 1860.
8. 10 p. 1.—
1037 — Lepidopt. nova a Semper in ins. Philippinis coll. 3 partes. (Wien, Ent.
Mon.) 1861—63. 8. 55 p. 2.50
1038 — Lepidopt. nova Columbiae. 3 partes. (Wien, Ent. Mon.) 1861—62.
8. 50 p. 2.—
1039 — Spec. faunae lepidopterol. riparum flum. Negro super. in Brasilia.
4 partes. (Wien, Ent. Mon.) 1862. 8. 59 p. 2.50
1040 — De Lepidopt. nonnullis Chinae centr. et Japoniae. (Wien, Ent. Mon.)
1862. S. 16 p. 1.50
1041 — Species Lepidopter. hucusque descr. vel iconibus expr. I: Papilion.
(Wien, Z. b. G.) 1864. 8. 90 p. 1.50
1042 — Beschreib. d. Lepidopteren (hauptsächl. v. d. Südsee-Inseln) gesamm.
auf d. Reise d. Freg. „Novara". 5 Thle. Wien 1864—77. 4. 557 p. m.
140 color. Tfln. 350.—
Exemplare mit dem Original-Colorit sind sehr selten.
Siehe auch No. 448, 1034 und 1535.
1043 — — Mit schwarzen Tafeln. 100.—
1044 — — Hieraus einzeln: 7 Tfln. (3 color.)
Jede Tafel à M. 1.
1045 — — Rhopalocera. Wien 1864—67. 4. 555 p. m. 74 color. Tfln. 150.—
1046 **Felder, R.** Diagnosen neu. in Vorder-Indien ges. Lepidopt. (Wien, Z.
b. G.) 1868. 8. 6 p. 1.—
1047 — Diagnosen neuer v. Hedemann ges. Lepidopt. I. (Wien, Z. b. G.) 1869.
8. 16 p. 1.—
1048 **Fereday.** Synon. list of the Lepidopt. of New Zealand. (Wellingt., Inst.)
1898. 8. 52 p. 4.—
1049 **Fernald, C. H.** Synonym. catal. of the Tortricidae of America N. of
Mexico. (Philad., Ent. S.) 1882. 8. 72 p. 3.—
1050 — The Butterflies of Maine. Augusta 1884. 8. 104 p. w. 35 fig. 3.—
1051 — The Sphingidae of New England. Augusta 1886. 8. 85 p. w. 6 pl. 5.—
1052 — The Crambidae of N. America. (Boston, Agric. Coll.) 1896. 8. 93 p.
w. 9 pl. (6 colour.) 3.—
1053 — The Pterophoridae of N. America. (Amherst, Agr. Coll.) 1898. 8.
80 p. w. 9 pl. 3.—
1054 — The genera of the Tortricidae. Amherst 1908. 8. 68 p. 2.—
1055 **Fest-Schrift** z. Feier des 50jähr. Bestehens des Vereins für Schles. Insektenkunde in Breslau. Breslau 1897. 4. 141 p. m. 4 Tfln. 4.—
1056 **Fettig.** La variabilité d. Lépidopt. en Alsace. (Colmar) 1898. 8. 14 p. 1.50
1057 **Feuille** d. Jeunes Naturalistes. Réd. p. Dollfus. Années 1 à 37: 1870 à
1906. Rennes. 8. av. plchs. Toile et en livrais. 150.—
Des exemplaires qui possèdent tous les numéros — à peu près 500 en ont paru
jusqu'aujourd'hui — ne se trouvent que rarement.
1058 **Fickert.** Ueb. d. Zeichnungsverhältnisse d. Gattg. Ornithoptera. (Jena,
Z. Jahrb.) 1889. 8. 80 p. m. 3 Tfln. 3.—
1059 **Fiori.** Contr. allo studio d. Lepidotteri d. Modenese e d. Reggiano.
2 parti. (Fir., S. Ent.) 1880—81. 8. 52 p. 1.50
1060 **Fischer, E.** Transmutation d. Schmetterl. (Vanessen) infolge Temperatur-
änderungen. Berl. 1895. 8. 36 p. 1.—

1061 **Fischer, E.** Neue experim. Untersuch. üb. d. Aberrationen bei Vanessa.   *ℳ*
Berl. 1896. 8. 67 p. m. 2 Tfln. (M. 2.50.)   1.50
1062 — Lepidopt. Experimental-Forschungen. 3 Thle. (Neudamm, Z. Ent.) 1901.
8. 50 p. m. 6 Tfln.   3.50
1063 — Zucht u. Variat. v. Charaxes jasius. (Guben, Ent. Z.) 1904. 8. 12 p.   1.—
1064 — Ursachen d. Dispos. und üb. Frühsymptome d. Raupenkrankheiten.
(Leipz., Biol. Centr.) 1906. 8. 27 p.   1.50
1065 — Z. Physiol. d. Aberrationen- u. Variet.-Bild. d. Schmetterlinge. Münch.
1907. 8. 33 p. m. Tfl.   2.—
1066 — Taschenbuch f. Schmetterlingssammler. 6. (letzte) Aufl. Leipz. 1908.
8. 289 p. m. 14 color. Tfln. Lnb. (M. 2.75.)
1067 — 6 Abhdlgn. üb. Raupen u. Puppen d. Schmetterlinge. Frankf. u. Guben
1908—11. 8. 20 p.   1.50
1068 **Fischer de Waldheim, G.** Entomographia Imperii Rossici. 5 vol. Mosq.
1820—51. 4. 1518 p. et 140 tab. color.   225.—
    Très-rare. 'Mais, l'avouerai-je, la perte totale de l'édition restante des trois vo-
lumes de l'Entomographie, occasionnée par des mains infidèles, m' a découragé'
(Vol. IV, p. III).
1069 — — Vol. V: Lepidopt. (Nymphalid.) Mosq. 1851. 4. 154 p. et 18 tab. col.   35.—
1070 — Lepidopt. 2 nova Rossiae merid. (Mosq., Bull.) 1839. 8. 4 p. et tab. col.   1.—
1071 — De Lepidopt. prope Volgam infer. lectis. (Mosq., Bull.) 1840. 8. 9 p.
et tab. color.   1.—
1072 — Spicilegium Entomographiae Rossicae. (Mosq., Bull.) 1844. 8. 143 p. et
3 tab. (2 col.)   4.—
1073 **Fischer v. Röslerstamm, J. E.** Abbild. z. Berichtigung u. Ergänz. d.
Schmetterlingskunde, bes. d. Microlepidopterologie. Leipz. 1834. 4. 308 p.
m. 100 color. Tfln. Cart.   80.—
    Der Text einzeln (vollständig) und auch eine grosse Zahl von Defekten u. ein-
zelnen Tafeln vorhanden.
1074 — Ueb. Ochsenheimeria Taurella. (Stett., Ent. Z.) 1842. 8. 17 p.   1.—
1075 **Fixsen.** Lepidopt. Verzeichn. d. Umgeg. v. Petersburg. (Mosk., Bull.)
1849. 8. 40 p.   1.50
1076 **Fleck.** Die Macrolepidopteren Rumäniens. Bucarest 1901. 8. 200 p.   7.50
    Siehe auch Nr. 567: Caradja.
1077 **Fletcher, T. B.** List of the Lepidopt. of Malta. (Lond., Ent.) 1905. 8. 14 p.   1.—
1078 — Descr. of a new Plume-Moth fr. Ceylon. (Colombo) 1907. 8. 14 p.   1.—
1079 — The Plume-Moths of Ceylon. 2 parts. (Colombo) 1909—10. 8. 60 p. w.
7 pl. and map.   4.—
1080 — On the g. Deuterocopus. (Lond., Ent. S.) 1910. 8. 35 p. w. 2 pl. (1 col.)   2.—
1081 — Lepidoptera, exclus. of the Tortric. and Tineidae, of the Islands of
the Indian Ocean. (Lond., Linn. S.) 1910. 4. 59 p. w. pl.   4.—
1082 — The Orneodidae and Pterophoridae of the Seychelles Exped. (Lond.,
Linn. S.) 1910. 4. 7 p. w. 4 fig.   1.—
1083 **Flögel.** Einheitl. Bau d. Gehirns in den verschied. Insekten-Ordngn.
(Leipz., Z. Zool.) 1878. 8. 37 p. m. 2 Tfln.   2.—
1084 **Flügel d. Schmetterlinge.** 10 Abhandl. v. Linstow, Meissner, Miyake u. a.
1869—1909. 8. 89 p. m. 3 Tfln.   4.—
1085 **Folsom.** Entomology w. spec. reference to its biolog. and economic
aspects. Philad. 1909. 8. 502 p. w. 5 pl. (1 colour.) and 300 fig. Cloth.   16.—
1086 **Forel.** Expériences et rem. crit. s. les sensations d. Insectes. 5 fasc.
(Como, Riv. Sc. Biol.) 1900 à 1901. 8. 275 p. av. pl. color.   6.—
1087 — Das Sinnesleben der Insekten. Deutsch v. Semon. München. 1910. 8.
418 p. m. 2 Tfln. (1 color.) Origbd. (M. 8.50.)   5.—
1088 **Forsayeth.** Life-hist. of 60 Lepidopt. observ. in Mhow, Centr. India.
(Lond., Ent. S.) 1884. 8. 44 p. w. 2 pl. (1 colour.)   2.—
1089 **Forster, J. R.** Catal. of British Insects. Warringt. 1770. 8. 16 p.   2.—
1090 **Foetterle.** Descr. de Lepidopt. novos do Brazil. (Sao Paulo, Mus.) 1902.
8. 35 p. av. 4 pl. color.   5.—
1091 **Fountaine.** Descr. of hitherto unknown Larvae and Pupae of S. Afric.
Rhopalocera. (Lond., Ent. S.) 1911. 8. 14 p. w. 2 colour. pl.   2.—

$\mathcal{M}$

1092 **Franck.** Catal. de sa collect. des Lépidopt. Strasb. 8. 108 p.   2.—
1093 **Frauenfeld.** Zoologische Miscellen. 19 Thle. (Wien, Z. b. G.) 1864—73.
   8. 340 p. m. 9 z. Thl. color. Tfln. — Vollständ. Reihe.   7.—
1094 — Brunner v. Wattenwyl. Biographie. (Wien, Z. b. G.) 1873. 8.
   4 p. m. Portr.   1.—
1095 **French, G. H.** S. le g. Leparictia. (Paris, S. Ent.) 1889. 8. 6 p. av. pl.   1.—
1096 **Frey.** Die Tineen u. Pterophoren d. Schweiz. Zürich 1856. 8. 412 p.
   (M. 7.50.) Cart.   1.50
1097 — Revis. d. Nepticulen. (Berl., Linn. Entom.) 1857. 8. 98 p.   1.50
1098 — Das Tineen-Genus Elachista. 3 Thle. (Leipz. u. Stett.) 1859—85. 8. 167 p.   3.—
1099 — Das Tineengeschlecht Ornix. (Leipz., Linn. Ent.) 1863. 8. 40 p.   1.—
1100 — Die Schweizer. Microlepidopt. 6 Thle. (Bern, Ent. G.) 1865—68. 8. 89 p.   2.—
1101 — Beitr. z. Kenntn. d. Microlepidopt. 2 Thle. (Bern, Ent. G.) 1870. 8. 33 p.   1.—
1102 — Die Lepidopt. d. Albula-Passes. (Chur, Nat. Ges.) 1877. 8. 39 p.   1.50
1103 — Die Lepidopt. d. Schweiz. Leipz. 1880. 8. 480 p. (M. 10.)   6.—
1104 — — Nachträge z. Lepidopt.-Fauna d. Schweiz. 4 Thle. (Bern, Ent. Ges.)
   1881—87. 8. 56 p.   2.—
1105 **Frey u. Boll.** Nordamerikan. Tineen. (Stett., Ent. Ges.) 1873. 8. 24 p.   1.—
1106 — Ein. Tineen aus Texas. 2 Thle. (Stett., Ent. Ges.) 1876—78. 8. 51 p.   2.—
1107 **Frey u. Wullschlegel.** Die Sphingiden u. Bombyciden d. Schweiz. (Bern,
   Ent. Ges.) 1874. 8. 80 p.   1.50
1108 **Freyer.** Beiträge z. Gesch. Europ. Schmetterlinge. 3 Bde. Augsb. 1828—30.
   8. m. 144 color. Tfln. Hfzb.   45.—
1109 — Neuere Beiträge z. Schmetterlingskunde. 7 Bde. Augsb. 1833—58. 4. m.
   Portr. u. 700 color. Tfln. Hfzbde.   220.—
   Schönes Exemplar des seltenen Werkes. Eine grosse Zahl einzelner Theile u.
   Tafeln vorrätig.
1110 — Z. Naturgesch. ein. Falter-Arten. (Stett., Ent. Z.) 1845. 8. 10 p.   1.—
1111 — Die Falter um Augsburg. Augsb. 1860. 8. 70 p.   2.—
1112 — Lepidopterologisches. (Augsburg, Nat. Ver.) 1877. 8. 14 p.   1.—
1113 **Friedlaender u. Honrath.** Aberrat. und Hermaphroditen v. Lepidopt.
   2 Abhdl. (Berl., B. Ent. Z.) 1888. 8. 14 p. m. color. Tfl.   1.—
1114 **Frionnet.** Chenilles d. Macrolépidoptères français: Geometrae (Phalènes).
   Paris 1904. 8. 388 p.   7.—
1115 — Les prem. états d. Lépidoptères français. 2 vols. St. Dizier 1906 à 10.
   8. 922 p. av. 3 pl.   17.—
1116 **Frisch.** Beschreib. v. allerley Insekten in Teutschland. 13 Thle. Berl.
   1721—38. 4. 550 p. m. 273 Tfln. Cart.   7.—
1117 **Fritsch, G.** Das Insektenleben S.-Afrikas. (Berl., B. Ent. Z.) 1867. 8. 31 p.   1.—
1118 **Fritsch, K.** Jährliche Periode d. Insecten-Fauna v. Oesterr.-Ungarn.
   IV: Lepidopt. 2 Thle. (Wien, Ak.) 1878—79. 4. 164 p. m. 8 Tfln. (M. 9.60.)   5.—
1119 — Üb. blütenbesuch. Insekten in Steiermark. (Wien, Z. b. G.) 1906. 8. 25 p.   1.—
1120 **Froggatt.** Typical Insects of Centr. Australia. (Sydney) 1901. 8. 10 p. w. pl.   1.50
1121 — On the g. Psychopsis. (Sydney, Linn. S.) 1903. 8. 4 p. w. pl.   1.—
1122 — Australian Insects. Sydney (1908). 8. 463 p. w. 37 pl. (1 colour.) and
   180 fig. Cloth.   15.—
1123 **Frohawk and Rothschild.** On the life hist. of Melanargia Japygia subsp.
   Suwarovius. (Lond., Ent.) 1912. 8. 5 p. w. pl.   1.—
1124 **Fromholz.** Lebensweise u. Entwickl. d. Anaphe Panda. (Berl., B. Ent. Z.)
   1883. 8. 6 p. m. Tfl.   1.—
1125 — Wahrnehmungs- u. Gefühlsvermögen d. Insecten. (Berl., B. Ent. Z.)
   1884. 8. 8 p.   1.—
1126 — Üb. Missbildgn. bei Schmetterlingen. (Berl., B. Ent. Z.) 1888. 8. 8 p. m. Tfl.   1.—
1127 **Fruhstorfer.** Neue u. wenig bekannte Java-Rhopaloc. 2 Thle. (Stett. u. Berl.)
   1894. 8. 21 p. m. 5 color. Tfln.   2.50
1128 — Liste Javan. Lepidopt. (Berl., B. Ent. Z.) 1896. 8. 12 p.   1.—
1129 — Neue Rhopaloc. aus d. Malayisch. Archip. 20 Abhandl. 1896—1902.
   8. 200 p. m. 5 color. Tfln.   7.—

1130 **Fruhstorfer.** Neue exot. Lepidopt. 60 Abhandl. 1896—1906. 8. 424 p. _ℳ_
m. 3 Tfln. (2 color.) 10.—
1131 — Etwas üb. Agrias. (Berl., B. Ent. Z.) 1897. 8. 14 p. m. col. Tfl. 1.—
1132 — Aufzähl. v. auf Lombok gefang. Rhopaloc. 2 Abhandl. (Berl., B. Ent.
Z.) 1897. 8. 23 p. 1.—
1133 — Neue Papilioformen aus d. Indo-malay. Peloponnes. (Berl., B. Ent. Z.)
1897. 8. 42 p. 1.50
1134 — Monogr. Revis. v. Symphaedra u. Adolias. (Dresd., Iris) 1898. 8. 49 p. 1.50
1135 — Neue Parthenos-Lokalracen. (Stett., Ent. Z.) 1898. 8. 9 p. 1.—
1136 — Neue Lepidopt. aus Asien. (Berl., B. Ent. Z.) 1898. 8. 25 p. 1.—
1137 — Z. Kenntn. d. (Lepid.-) Fauna d. Liu-Kiu-Inseln. (Stett., Ent. Z.) 1898.
8. 16 p. 1.—
1138 — Neue Asiat. Lepidopt. Indo-Austr. Danaiden. Asiat. Ergolis. Pieriden-
Studien etc. (Berl., B. Ent. Z.) 1899. 8. 110 p. 2.—
1139 — Celebische Euploeen. Neue Hestien. (Stett., Ent. Z.) 1899. 8. 17 p. 1.—
1140 — Rhopalocera Bazilana. Neue Rhopaloc. aus d. Malay. Archipel. (Berl.,
B. Ent. Z) 1900. 8. 49 p. m. Tfl. 1.50
1141 — Aufzähl. d. Cethosia-Arten. 2 Thle. (Stett., Ent. Z.) 1900—02. 8. 38 p. 1.50
1142 — Neue u. selt. Lepidopt. aus Annam u. Tonkin. (Dresd., Iris) 1901. 8.
12 p. m. color. Tfl. 1.—
1143 — Neue Indo-Austral. Lepidopt. (Dresd., Iris) 1901. 8. 17 p. 1.—
1144 — Neue Lepidopt. aus d. Indo-Malay. Gebiet. 3 Abhdl. (Dresd., Iris) 1902.
8. 19 p. m. color. Tfl. 1.—
1145 — Verzeichn. d. in Tonkin, Annam u. Siam ges. Papilioniden. (Berl., B.
Ent. Z.) 1902. 8. 68 p. 1.50
1146 — Verzeichn. d. in Tonkin, Annam u. Siam ges. Pieriden. (Dresd., Iris)
1902. 8. 47 p. 1.50
1147 — Verzeichn. d. in Tonkin, Annam u. Siam ges. Nemeobiinae u. Liby-
thaeinae. (Berl., B. Ent. Z.) 1903. 8. 23 p. 1.—
1148 — Neue Hypolimnas u. Uebers. d. bekannt. Arten. Neue Euploea. (Berl.,
B. Ent. Z.) 1903. 8. 40 p. 1.—
1149 — 2 neue Pseudacraea aus Afrika. Neue Elymnias aus Formosa. Neue
Nymphaliden aus Ostasien. (Dresd., Iris) 1903. 8. 36 p. m. color. Tfl. 1.50
1150 — Neue Indoaustral. Lepidopteren. (Dresd., Iris) 1904. 8. 25 p. 1.—
1151 — Neue Rhopaloc. d. Malay. Archip. Z. Kenntn. d. Rhopalocerenfauna
d. Insel Engano. (Berl., B. Ent. Z.) 1904. 8. 42 p. m. 2 Tfln. 1.50
1152 — Tagebuchblätter. Leipz. (Insekt.-Börse) 1905. 8. 721 p. 10.—
1153 — — Theil I: p. 1—432. 3.—
1154 — Z. Kenntn. ein. Prepona-Arten u. Uebers. d. Arten dieser Gattg. Neue
Neptis. (Dresd., Iris) 1905. 8. 44 p. m. 4 Tfln. (2 color.) 2.50
1155 — Neue Rhopaloc. aus d. Indo-Austral. Gebiet. (Guben, Ent. Z.) 1905. 8.
14 p. m. 2 Tfln. 1.—
1156 — Neue Taenaris-Formen u. Uebers. d. Arten. 2 Tle. (Wien, Ent. Z.) 1905.
8. 43 p. m. 2 Tfln. 1.50
1157 — Monogr. Revis. d. Pieridengattg. Hebomoia. (Dresd., Iris) 1906. 8.
21 p. m. Tfl. 1.50
1158 — Histor. u. Morphol. üb. d. G. Athyma. (Wien, Z. b. G.) 1906. 8. 50 p. 1.50
1159 — Neue Danaiden und Uebers. d. Indo-Austral. Arten. (Dresd., Iris) 1906.
8. 42 p. 1.50
1160 — Verzeichn. der v. Koch-Grünberg am ober. Waupes (S.-America) ges.
Rhopaloceren. 2 Tle. (Stettin, Ent. Z.) 1907. 8. 161 p. m. Tfl. 2.50
1161 — Monogr. d. Elymniinae. (Dresd., Iris) 1907. 8. 96 p. m. 3 Tfln. 4.—
1162 — — Martin, L. Krit. Besprechung. (Dresd., Iris) 1909. 8. 38 p. 1.—
1163 — Monogr. Revis. d. Indo-Austral. Neptiden. (Stettin, Ent. Z.) 1908. 8.
173 p. m. 3 Tfln. 4.—
1164 — Neue Indo-Austral. Mycalesis. (Wien, Z. b. G.) 1908. 8. 114 p. m. Tfl. 2.—
1165 — Neue Cyaniris-Rassen. (Stett., Ent. Z.) 1910. 8. 24 p. 1.—
1166 **Fuchs.** Beobachtgn. üb. Lepidopt. 4 Thle. (Wiesb. u. Stett.) 1866—75.
8. 46 p. 1.50

40

1167 **Fuchs.** Verzeichn. d. Grossschmetterl. v. Oberursel. (Wiesb., Ver. Nat.) 1868. *ℳ*
  8. 61 p.   1.—
1168 — Ueb. d. Lepidopt.-Fauna d. ober. Wisperthales. (Wiesb., Ver. Nat.)
  1874. 8. 13 p.   1.—
1169 — Lepidopt. Mittheilg. aus d. Nassauisch. Rheinthale. 4 Thle. (Stett.,
  Ent. Z.) 1878—79. 8. 56 p.   1.50
1170 — Microlepidopt. d. Rheingaues. 3 Thle. (Stett., Ent. Z.) 1880—86. 8. 87 p. 3.—
1171 — Macrolepidopt. d. unt. Rheingau. 3 Abhdl. (Stett. u. Wiesb.) 1883—91.
  8. 88 p.   1.50
1172 — 3 neue Sesien d. unt. Rheingau. (Wiesb., Ver. Nat.) 1888. 8. 15 p.   1.—
1173 — Charakt. der Lepidopt.-Fauna des unter. Rheingaus. (Wiesb., Ver.
  Nat.) 1888. 8. 20 p.   1.—
1174 — Lepidopt. Beobachtgn. aus d. unter. Rbeingau. (Wiesb., Ver. Nat.)
  1889. 8. 34 p.   1.—
1175 — Macrolepid. d. Loreley-Gegend. III—VII. 5 Thle. (Wiesb., Ver. Nat.) 1892
  —1900. 8. 182 p.   3.—
1176 — Kleinschmetterl. d. Loreley-Gegend. IV. V. (Stett., Ent. Z.) 1895—97.
  8. 48 p.   1.50
1177 — Neueste Lepidopt. Forschgn. in d. Loreley-Gegend. (Wiesb., Ver. Nat.)
  1899. 8. 16 p.   1.—
1178 — 11 neue Schmetterl. 3 Abhdl. (Wiesb., Ver. Nat.) 1900—02. 8. 28 p.   1.—
1179 — Neue Geometriden v. Sumatra. (Wiesb., Ver. Nat.) 1902. 8. 12 p.   1.—
1180 — Alte u. neue Gross-Schmetterl. d. Europ. Fauna. (Wiesb., Ver. Nat.)
  1902. 8. 14 p.   1.—
1181 — Alte und neue Kleinfalter der Europ. Fauna. (Stettin, E nt. Z.) 1903.
  8. 21 p.   1.—
1182 — Neue Kleinfalter d. Mittelmeergebiet. (Stett., Ent. Z.) 1903. 8. 14 p.   1.—
1183 — 2 neue Arten u. ein. aberrative Falter. (Wiesb., Ver. Nat.) 1904. 8.
  16 p. m. color. Tfl.   1.—
1184 **Furneaux.** (British) Butterflies and Moths. Re-issue. Lond. 1911. 8. 376 p.
  w. 12 colour. pl. Cloth.   3.50
1185 **Fust.** On the distrib. of Lepidopt. in Great Britain and Ireland. (Lond.,
  Ent. S.) 1868. 8. 102 p. w. col. map. (8 s.)   5.—
1186 **Gahan, Hampson and o.** List of the Coleopt. and on the Lepidopt.
  coll. at Chapada, Centr. Brazil. (Lond., Zool. Soc.) 1904. 8. 16 p. w. colour. pl. 2.—
1187 **Gallardo.** Mimetismo de la oruga d. Esfingido Dilophonota Lassauxi.
  (B. Air., Mus.) 1908. 8. 6 p. av. pl. color.   1.—
1188 **Galton.** Pedigree Moth-breeding. (Lond., Ent. S.) 1887. 8. 10 p.   1.—
1189 **Galvagni.** Beitr. z. Lepidopt.-Fauna d. Brennergebietes. (Wien, Z. b. G.)
  1900. 8. 16 p.   1.—
1190 **Garbowski.** Material. zu e. Lepidopt.-Fauna Galiziens. (Wien, Ak.) 1892.
  8. 136 p.   1.50
1191 **Gartner.** Die Geometrinen u. Mikrolepidopt. d. Brünner Faunen-Gebiet.
  Mit Nachtrag. (Brünn, Nat. Ver.) 1866—70. 8. 250 p.   4.50
1192 — Lepidopt. Mitteilungen. (Brünn, Nat. Ver.) 1867. 8. 13 p.   1.—
1193 — Die Sesien d. Brünner Faunen-Gebiet. (Brünn, Nat. Ver.) 1874. 8. 28 p.   1.—
1194 **Gaschet.** Migrations d. Sphingides. (Paris, S. Ent.) 1876. 8. 14 p.   1.—
1195 **Gauckler.** Verzeichn. d. Gross-Schmetterl. d. Umgeg. v. Karlsruhe. Karlsr.
  1896 8. 68 p. (M. 1.50.)   1.—
1196 — 17 Abhdlgn. meist üb. exot. Schmetterl. 1898—1901. 8. 65 p. m. Tfl.   2.50
1197 — Sammlg. v. 18 lepidopt. Abhdlgn. 1899—1912. 8. 50 p. m. Fig.   2.50
1198 — Europ. Mordraupen. Zürich 1911. 8. 11 p.   1.—
1199 — V. Ködern u. nächtl. Raupensuchen. Zürich 1912. 8. 11 p.   1.—
1200 **Gavere.** S. qu. Macrolépidopt. indigènes. (Hague, T. Ent.) 1867. 8. 33 p. 1.—
1201 **Gay** (et autres). Historia fisica y politica de Chile. 26 vols. de texte in-8.
  av. 2 vols. d'atlas, Grand in-Folio, de 315 planches et cartes, dont 248
  coloriées. Paris 1844 à 1865. — Bel exemplaire, presque neuf, av. toutes
  les planches coloriées, sauf celles qui n'ont paru qu'en état noir.   800.—
  Exemplaire tout à fait complet de cet ouvrage rarissime.

W. Junk, Berlin, W. 15.

Entièrement épuisé depuis longtemps. Surtout des séries complètes ne se trou-
vent que très-rarement comme c'est souvent le cas quand un livre a été publié
pendant le cours d'un tel grand nombre d'années. L'édition aux planches noites
n'est pas aussi rare et beaucoup moins estimée. — On avait tiré de cet ouvrage
magnifique 1000 exempl., dont le gouvernement de Chili avait souscrit 400 ; le reste
fut abonné par les notables du pays.

1202 **de Geer.** Mémoires p. s. à l'histoire des Insectes. 7 vols. Stockh. 1752 à
1778. 4. av. 238 pl. D.-rel. veau. 650.—
Exemplaires complets sont extrêmement rares.
Voir sur l'importance de ces 'Mémoires' pour la nomenclature des Insectes:
Junk, Linné u. s. Bedeut. f. d. Bibliographie 1907. (M. 2.50).

1203 — Abhandlungen z. Geschichte der Insekten. Uebers. v. Götze. 7 Bde.
Nürnberg 1778—83. 4. m. 238 Tfln. Hfzbde. 75.—
Sehr geschätzte Uebersetzung, da in ihr zum ersten Mal die Linné'sche binäre
Nomenclatur für die Insekten zur Anwendung kommt.

1204 — — Bd. I—V (in 6 Tln.) m. 159 Tfln. Gbdn. 30.—
1205 — — Bd. I u. II (in 3 Thln.) m. 80 Tfln. 10.—
1206 **Genera Insectorum.** Publ. p. Wytsman. Fasc. 1 à 133. Brux. 1902 à
1912. 4. av. un grand nombre de planches color. et noires. 1850.—
1207 — — Lépidoptères. 23 fascic. Brux. 1902 à 12. 4. av. 85 pl. dont 47 color. 400.—
La division lépidptérologique, renfermant tous les fascicules (liste voir ci-
dessous) paru jusqu'à présent. Un nombre des premiers fascicules est épuisé. — La
continuation sera fournie régulièrement.
Fasc. 4: Wytsman, Subfam. Leptocircinae. 1902. 3 p. av. pl. M. 3. — 5:
Pagenstecher, Libytheidae. 1902. 4 p. av. pl. color. M. 5. — 6: Rippon, Subfam.
Papilioninae, sect. Troides. 1902. 15 p. av. 2 pl. color. M. 7. — 16: Janet et Wyts-
man, Epicopiidae. 1903. 5 p. av. pl. color. M. 4. — 17: Mabille, Hesperidae. 1904.
210 p. av. 4 pl. color. M. 35. — 20: Stichel, Subfam. Brassolinae. 1904. 48 p. av.
5 pl. (3 color.) M. 16. — 31: Stichel, Subfam. Discophorinae. 1905. 13 p. av. pl.
color. M. 4. — 36: Stichel, Subfam. Amathusiinae. 1906. 67 p. av. 6 pl. color.
M. 17. — 37: Stichel, Subfam. Heliconiinae. 1906. 74 p. av. 6 pl. color. M. 22.
— 39: Stichel, Subfam. Hyantinae. 1906. 7 p av. pl. color. M. 3. — 57: W.
Rothschild et Jordan, Sphingidae. 1907. 157 p. av. 8 pl. color. M. 40. — 58:
Stichel, Subfam. Zerynthiinae. 1907. 60 p. av. 3 pl. (1 color.) M. 7. — 59: Stichel,
Subfam. Parnassiinae. 1907. 27 p. av. 3 pl. (2 color.) M. 12. — 63: Stichel,
Subfam. Dioninae. 1908. 38 p. av. 3 pl. (2 color.) M. 9. — 100: Meyrick, Pterophoridae.
1910. 22 p. av. pl. color. M. 7. — 103: Prout, Subfam. Brephinae. 1910. 13 p. av.
pl. color. M. 5. — 104: Prout, Subfam. Oenochrominae. 1910. 120 p. av. 2 pl.
(1 color.) M. 20. — 108: Meyrick, Orneodidae. 1910. 4 p. av. pl. color. M. 3. — 112:
Stichel, Riodinidae. I. Divis. (2 parties.) 1911. 452 p. av. 27 pl. (4 color.) M. 130. —
128: Meyrick, Graciliariadae. 1912. 36 p. av. pl. M. 10. — 129: Prout, Sub-
fam. Hemitheinae. 1912. 271 p. av. 5 pl. M. 35. —132: Meyrick, Micropterygidae.
1912. 9 p. av. pl. M. 4. — 133: Meyrick, Adelidae. 1912. 11 p. av. pl. M. 4.

1208 **Genitalia Lepidopterorum.** 5 Abhdl. v. Baker, Meisenheimer u. a. 1891
—1910. 8. 30 p. m. Tfl. 2.50
1209 **Genthe.** Die Mundwerkzeuge d. Mikrolepidopt. Jena 1897. 8. 94 p. 2.—
1210 **Geoffroy.** Histoire d. Insectes. 2 vols. Paris 1764. 4. 1242 p. av. 22 pl. Veau. 5.—
Sur l'importance de ce livre pour la nomenclature entomologique — voir ma
Bibliographia Coleopterologica, page V. L'édition mentionnée ci-dessus est la
première. — Nodier, Bibliogr. Entom. p. 22: 'Les exemplaires datés de 1762 et
1764, ceux qui portent le nom de l'auteur et ceux qui ne le portent pas, sont d'une
seule et même édition'. — Je crois que les exemplaires de la première édition ont
tous de planches noires.

1211 — — Les planches seules sans le texte. 1.50
1212 — — Ed. nouv. 2 vols. Paris 1799. 4. 1300 p. av. 22 pl. color. D.-rel. veau. 15.—
1213 **Geometridae.** 15 Abhandl. v. Bastelberger, Bohatsch, Fuchs, Hulot,
Prout, Thierry-Mieg u. a. 1886—1912. 8. 77 p. m. Tfl. 4.—
1214 **Gerhard.** Monogr. d. Europ. Lycaeniden: Thecla, Polyommatus, Lycaena,
Nemeobius. Hamb. 1853. 4. 21 p. m. 39 color. Tfln. 65.—
1215 — Syst. Verzeichn. d. Macro-Lepidopt. v. N. Amerika. Leipz. 1878. 8.
212 p. Lnb. (M. 4.50.) 2.—
1216 — Geogr. Verbreit. d. Macro-Lepidopt. auf d. Erde. (Berl., B. Ent. Z.) 1883.
8. 14 p. 1.—
1217 **Germar.** Zeitschrift f. Entomologie. 5 Bde. Halle 1839—44. 8. m. 15 z.
Thl. color. Tfln. (M. 39.) 25.—
Fortsetzung ist: Linnaea Entomologica, siehe Nr. 2119.
1218 — — Bd. I, II, IV, V. Jeder Band: M. 3.

1219 **Germar.** Fauna Insector. Europae. Lepidopt.: Text zu den Spannern. (175 p.)   *ℳ*
u. 20 color. Tfln. Halle 1817—20. 8.   8.—
1220 **Germar u. Zinken.** Magazin d. Entomologie. 4 Bde. Halle 1813—21.
8. m. 10 Tfln. (M. 26.50.) Cart.   14.—
    Alle Bände auch einzeln à M. 4.
1221 **Gerstäcker.** Gliederthiere gesamm. auf v. d. Deckens Reise in Ost-
Afrika. Leipz. 1873. 4. 542 p. m. 18 color. Tfln. (M. 54.)   32. —
1222 — — Hieraus einzeln: Lepidopt. 20 p. m. 2 color. Tfln.   6.—
1223 **Geyer.** Lepidopt. v. Rosenau (Sajóthal). Budap. 1871. 8. 22 p.   1.—
1224 **Ghiliani.** Elenco d. spec. di Lepidott. n. Stati Sardi. Torino 1852. 4.
119 p. D.-rel. veau.   6.—
1225 **Gianelli.** La Polychrosis Botrana n. Valle d'Aosta. Torino 1904. 8. 20 p.   1.—
1226 — I Microlepidott. d. Piemonte. (Torino, Acc. Agr.) 1910. 8. 143 p.   3.—
1227 **Giebel.** Naturgesch. d. Gliedertiere (Insekten, Spinnen, Krebse, Würmer).
Leipz. (1863). 4. 570 p. m. 764 Fig. Lnb.   4.—
1228 **Gillmer.** Ein. umstritt. Aberrationen v. Amorphe populi. (Wiesb., Ver.
Nat.) 1906. 8. 16 p. m. color. Tfl.   1.—
1229 **Giorna.** Mémoire d'Entomologie (Lépid.). (Turin, Ac.) 1805. 4. 8 p. av. 2 pl.   1.50
1230 **Girard.** Femelles du g. Hibernia et de Lycaena adonis. 2 mém. (Paris,
S. Ent.) 1865. 8. 10 p. av. 2 fig. color.   1.—
1231 — Aberrations taraxacoides du Bombyx castrens. et de la Pyrameis
atalanta. (Paris, S. Ent.) 1866. 8. 12 p.   1.—
1232 — Études s. la chaleur libre dégagée p. l. Insectes. Paris 1869. 4.
140 p. av. 2 pl.   3.50
1233 — Les Métamorphoses d. Insectes. 3. éd. Paris 1870. 8. 411 p. av.
350 fig. D.-rel.   2.—
1234 — Les Insectes. Traité élém. d'Entomologie. 3 vols. Paris 1873 à 1885.
8. av. atlas de 118 pl. color. (fr. 170.)   110.—
1235 **Glaser.** Der neue Borkhausen od. hessisch-rheinische Falterfauna. Darmst.
1863. 8. 554 p. (M. 4.) Cart.   1.50
1236 — Catalogus etymolog. Coleopt. et Lepidopt. Berl. 1887. 8. 398 p. (M. 4.80.)   2.50
1237 **Glitz.** Verzeichn. d. b. Hannover vork. Schmetterl. (Hannov.) 1874. 8. 46 p.   1.50
1238 **Godart et Duponchel.** Histoire natur. d. Lépidopt. de France. 11 vols.
en 13 parties. Av. 4 vols. supplém. Paris 1821 à 1842. 8. av. 546 pl. color.
D.-rel. maroqu.   500.—
    Très-rare. Le supplément — voir nr. 894.
1239 **Goedart.** Métamorphoses ou hist. nat. d. Insectes. Vol. I, II. La Haye
1700. 8. 524 p. av. 60 pl. Veau.   4.—
1240 **Godman, F. du Cane.** Descr. of new Rhopalocera fr. Centr. and S.
America. (Lond., Zool. S.) 1879. 8. 17 p. w. 2 colour. pl.   2.—
1241 — On some Centr. and South American Erycinidae. (Lond., Ent. S.) 1903.
8. 22 p. w. 4 colour. pl.   3.—
1242 — Descr. of some new Satyridae fr. S. America. (Lond., Ent. S.) 1905.
8. 6 p. w. colour. pl.   1.—
1243 **Godman and Distant.** Descr. of 5 new Rhopaloc. fr. East. Africa. (Lond.,
Zool. S.) 1880. 8. 4 p. w. colour. pl.   1.—
1244 **Godman and Salvin.** Descr. of new Centr.-American Erycinidae. (Lond.,
Zool. S.) 1878. 8. 10 p.   1.—
1245 — On Diurnal Lepidopt. coll. in New Ireland and N. Britain. 2 pap.
(Lond., Zool. S.) 1878—79. 8. 10 p. w. colour. pl.   1.50
1246 — Lepidopt. Rhopalocera Centrali-Americana. 3 vols. Lond. (Biologia)
1879—1901. 4. 1313 p. w. 113 colour. pl.   750.—
1247 — List of Diurn. Lepidopt. coll. in the Sierra Nevada of Santa Marta,
Colombia. (Lond., Ent. S.) 1880. 8. 14 p. w. 2 colour. pl.   1.50
1248 — Descr. of new Butterflies fr. New Guinea. (Lond., Zool. S.) 1880. 8.
6 p. w. colour. pl.   1.50
1249 — New Agrias fr. the Amazons. (Lond., Z. S.) 1882. 8. 2 p. w. pl.   1.—
1250 — Descr. of new Centr. and S. Americ. Rhopaloc. (Lond., Ent. S.) 1897. 8. 8 p.   1.—
1251 — Descr. of new Americ. Rhopaloc. (Lond., Ent. S.) 1898. 8. 8 p.   1.—

1252 **Godman, Salvin and Butler.** Lepidopt. coll. by Brown in New Ireland   *ℳ*
and New Britain. (Lond., Zool. S.) 1879. 8. 11 p. w. colour. pl.   1.—
1253 **Godman, Salvin and Druce.** List of Lepidopt. fr. Billiton and East.
N. Guinea. (Lond., Zool. S.) 1878. 8. 11 p. w. colour. pl.   1.—
1254 — List of Lepidopt. coll. by Angas on Dominica. (Lond., Zool. S.) 1884.
13 p. w. colour. pl.   1.—
1255 — Lepidopt. coll. by Forbes on the banks of the Lower Niger. (Lond.,
Zool. S.) 1884. 8. 11 p. w. colour. pl.   1.50
1256 **Goeldi.** Chrysalide de Enoplocerus armillat. (Para,ͤMus.) 1897. 8. 7 p.
av. 3 pl.   2.—
1257 — Grandiosas migrações de Borboletas no valle Amazon. (Para, Mus.)
1904. 8. 8 p. av. 2 pl.   1.50
1258 **Goossens.** Descr. de Chenilles d'Eupithecia. (Paris, S. Ent.) 1869. 8. 6 p.
av. pl. color.   1.—
1259 — Tabl. analyt. d. Chenilles de ma collect.: Notodontidae. (Paris, S. Ent.)
1877. 8. 10 p. av. pl. color.   1.—
1260 — Des Chenilles urticant. (Paris, S. Ent.) 1881. 8. 6 p.   1.—
1261 — Les Oeufs d. Lépidopt. (Paris, S. Ent.) 1884. 8. 18 p. av. pl. col.   1.50
1262 — Les Pattes d. Chenilles. (Paris, S. Ent.) 1887. 8. 20 p. av. pl.   1.—
1263 **Gosse.** On the Clasping-Organs ancillary to generat. in cert. groups of
the Lepidopt. (Lond., Linn. S.) 1883. 4. 80 p. w. 8 pl. (20 s.)   4.50
1264 **Gouin.** S. qu. variétés nouv. de Lépidopt. (Bord., Soc. Linn.) 1900. 8.
8 p. av. 2 pl. (1 color.)   1.50
1265 **Gould, L. J.** Experim. on the colour-relation betw. certain Lepidopt.
larvae and their surroundings. (Lond., Ent. S.) 1892. 8. 32 p. w. col. pl.   1.50
1266 **Goureau et Laboulbène.** Hist. d. métamorphos. de la Gelechia Carli-
nella.(Paris, S. Ent.) 1858. 8. 16 p. av. pl. color.   1.—
1267 **de Graaf.** Nederl. Lepidopt. Mit 2 Nachträg. Leiden 1851—56. 8. 146 p.   2.—
1268 **de Graaf en Snellen.** Microlepidopt. nieuw voor de Fauna v. Nederland.
3 Thle. (Gravenh., T. Ent.) 1869—81. 8. 25 p.   1.50
1269 **Graber.** Die Insekten. 2 Bde. Münch. 1877—79. 8. 1020 p. m. 404 Fig. (M. 9.)   3.—
1270 **Graeffe.** Vergleich. d. Papilionidenfauna d. Hochalpen m. derjen. d. hoh.
Nordens. (Münch., Alp.-Ver.) 1880. 8. 12 p.   1.50
1271 — Z. Insektenfauna v. Tunis. (Wien, Z. b. G.) 1906. 8. 26 p.   1.—
1272 **Graells.** Métamorph. de la Chelonia Latreillii. (Paris, S. Ent.) 1843. 8.
8 p. av. pl. color.   1.—
1273 — Insectos nuevos (Coleopt. y Lepidopt.) de España. Madrid 1858. 4.
111 p. av. 8 pl. color.   12.—
1274 **Graeser.** Beitr. z. Kenntn. d. Lepidopt.-Fauna d. Amurlandes. 5 Thle.
(Berl., B. Ent. Z.) 1888—93. 8. 285 p.   7.—
1275 — Neue Lepidopt. aus Centr.-Asien. (Berl., B. Ent. Z.) 1893. 8. 20 p.   1.—
1276 **Graslin.** 2 explorat. entomol. d. l. Pyrénées Orient. av. descr. d. espèc.
inéd. de Lépidopt. (Paris, S. Ent.) 1863. 8. 96 p. av. pl. color.   2.—
1277 **Grätzel.** Systema Lepidopterorum Europae secund. Ochsenheimer et
Treitschke. (Götting.) 1850. 4. 165 p. Cart.   4.—
Sauberes Manuscript.
1278 **Gray, G. R.** Descr. and figures of Lepidopt. chiefly fr. Nepal. Lond.
1847. 8. 16 p. w. 15 colour. pl. Cloth.   18.—
1279 — Catal. of Lepidopt. in the Brit. Museum. Part I (all publ.): Papilionidae. Lond. 1852. 4. 84 p. w. 15 colour. pl.   50.—
Rare.
1280 **Gray, Walker, Stainton and o.** List of the specim. of Lepidopt. in the
British Museum. 35 parts. Lond. 1854—66. 8.   170.—
Parts 1—21 are out of print. Odd copies of nearly all parts are in stock. —
Parts 1—7: Heterocera. 1854—56. 1808 p. — 8: Sphingidae. 1856. 271 p. — 9—15:
Noctuidae. 1856—58. 1888 p. — 16: Deltoides. 1858. 253 p. — 17—19: Pyralides. 1859.
1036 p. — 20—26: Geometrites. 1860—62. 1796 p. — 27—30: Crambites, Tortricites, Ti-
neites. 1863—64. 1096 p. — 31—35: Supplements. 1864—66. 2040 p.
1281 **Grenacher.** Unters. üb. d. Sehorgan d. Arthropoden. Gött. 1879. 4.
188 p. m. 11 z. T. color. Tfln. (M. 45.)   22.—

1282 **Grentzenberg.** Die Makrolepidopt. (Noctuiden u. Geometriden) d. Prov.   *M*
Preussen. (Königsb., Phys. Ges.) 1869. 4. 36 p.   1.—
1283 **Griebel.** Die Lepidopt.-Fauna d. Bayer. Rheinpfalz. 2 Tle. Neustadt
1909–10. 8. 204 p.   4.—
1284 **Griffiths.** On the Frenulum of the Lepidopt. (Lond., Ent. S.) 1898. 8.
12 p. w. pl.   1.—
1285 **Griffiths and White.** Experim. up. the colour-relat. betw. the pupae of
Pieris rapae and their surrond. (Lond., Ent. S.) 1888. 8. 21 p.   1.50
1286 **Grimshaw.** On some type specim. of Lepidopt. and Coleopt. in the
Edinburgh Museum. Melanic specim. of Hestina nama. (Edinb., Roy. S.)
1897. 4. 14 p. w. col. pl.   1.50
    Grose Smith — see: Smith, H. G.
1287 **Grossbeck.** Studies of the N. Americ. Geometrid Moths of the g. Pero.
(Wash., Mus.) 1910. 8. 21 p. w. 4 pl.   1.50
    Die **Gross-Schmetterlinge** v. Berlin (siehe Nr. 3661), Dessau (Nr. 3663),
Erfurt (Nr. 1703), Genf (Nr. 585), Leipzig (Nr. 1878), Sachsen (Nr. 2986),
d. Vereinigten Staaten (Nr. 660), v. Wien (Nr. 760 u. 761).
    Anonym erschienene Verzeichnisse.
1288 **Grote, A. R.** Notes on the Zygaenidae of Cuba. I. (Philad., Ent. Soc.)
1866. 8. 17 p.   1.—
1289 — On the synonomy of cert. Americ. Lepidopt. (Philad., Ent. S.) 1868. 8. 8 p. 1.—
1290 — On the N. Americ. spec. of Catocala. (Philad., Ent. S.) 1872. 8. 28 p. 1.50
1291 — Descr. of N. Americ. Noctuidae. II. (Philad., Ent. S.) 1872. 8. 20 p. 1.—
1292 — Catal. of Sphingidae and Zygaenidae of N. America. (Buffalo, Soc. Nat.)
1873. 8. 40 p. w. pl.   2.—
1293 — Study of N. Americ. Noctuidae. (Buffalo, Soc. Nat.) 1873. 8. 33 p. w. pl. 1.50
1294 — Contrib. to a knowl. of N. Americ. Moths. (Buffalo, Soc. Nat.) 1873.
8. 24 p. w. pl.   1.50
1295 — 7 pap. on new Lepidopt. (Buffalo, Soc. Nat.) 1873. 8. 50 p.   2.—
1296 — Ueb. d. Nordamerik. Noctuinen. 2 Thle. (Stett., Ent. Z.) 1875. 8. 14 p. 1.—
1297 — Prelim. studies on the N. Americ. Pyralidae. (Wash., Geol. Surv.) 1878.
8. 37 p. w. 14 fig.   2.—
1298 — Es·ay on the Noctuidae of N. America. Lond. 1882. 8. 85 p. w. 4 colour.
pl. (10 s. 6 d.) Cloth.   5.—
1299 — List of N. Americ. Eupterotidae, Ptilodontae, Thyatiridae, Apatelidae
and Agrotidae. (Brem., Nat. Ver.) 1895. 8. 85 p.   2.—
1300 — Systema Lepidopterorum Hildesiae. 2 partes. Hildesh. 1895—1900. 4.
14 p. et tab.   3.—
1301 — — II: Phylogenie u. Begrenz. d. Tagfalter-Fam. 1900. 4. 10 p. m. Tfl. 1.50
1302 — Die Saturniiden. Hildesh. 1896. 4. 30 p. m. 3 photogr. Tfln.   4.50
1303 — Die Nachtpfauenaugen m. Berücks. ihr. Flügelbildung. (Frankf.) 1896.
8. 12 p.   1.—
1304 — The Brit. Day Butterflies and the changes in the Wings. (Lond.) 1897.
8. 21 p.   1.50
1305 — The changes in the struct. of the Wings of Butterflies. (Lond., Ent. S.)
1897. 8. 10 p.   1.—
1306 — The wing and larval charact. of the Emperor Moths. (Lond.) 1897. 8. 8 p. 1.—
1307 — Schmetterlingsfauna v. Hildesheim. I: Tagfalter. Hildesh. 1897. 4.
44 p. m. 4 Tfln. (M. 6.)   5.—
1308 — Specializ. of the Lepidopt. Wing: Parnassi — Papilionidae. 2 parts.
(Philad., Phil. Soc.) 1899. 8. 38 p. w. 3 pl.   2.50
1309 — Fossile Schmetterlinge u. d. Schmetterl.-Flügel. (Wien, Z. b. G.) 1901.
8. 7 p.   1.—
    See also nr. 2537.
1310 **Grote and Robinson.** On the N. Americ. Lepidopt. in the Brit. Museum.
(Philad., Ent. S.) 1867. 8. 22 p.   1.50
1311 — Descr. of Americ. Lepidopt. IV. (Philad., Ent. S.) 1867. 8. 28 p. w. 2 pl. 2.—
1312 **Gruber, A.** Üb. Nordamerikan. Papilioniden- u. Nymphaliden-Raupen.
(Jena, Z. Nat.) 1884. 8. 25 p. m. 2 Tfln.   2.—

1313 **Grum-Grshimailo.** Le Pamir et sa Faune Lépidopt. Pétersb. 1890. 4. *M*
594 p. av. 22 pl. (21 color.) et carte. 100.—
Le volume IV entier des "Mémoires s. 1. Lépidopt." (voir no. 2268.)
1314 — Lepidopt. nova vel parum cognita reg. Palaearcticae. I. (Petrop., Horae)
1900. 8. 18 p. 1.—
1315 **Grünberg.** Untersuch. üb. die Keim- u. Nährzell. in d. Hoden u. Ovarien
d. Lepidopter. (Leipz., Z. wiss. Z.) 1903. 8. 69 p. m. 3 Tfln. 3.—
1316 — Neue Afrikan. Heteroceren. 2 Abhdl. (Berlin, D. Ent. Z.) 1907. 8. 20 p.
m. Tfl. 1.—
1317 — Abbildungen wenig bekannt. Afrikan. Lepidopt. 3 Thle. (Berlin, D.
Ent. Z.) 1909—10. 8. 5 p. m. 5 Tfln. 3.—
1318 **Gudmann.** Bidr. t. fortegn. ov. de i Danmark lev. Lepidopt. (Kjöbenh.,
Ent. Medd.) 1897. 8. 32 p. 1.—
1319 **Guénée.** S. qu. nouv. genres d. Lépidopt. (Paris, S. Ent.) 1837. 8. 10 p. 1.—
1320 — S. la classif. d. Noctuélides. (Suite.) (Paris, S. Ent.) 1841. 8. 31 p. 1.50
1321 — Europ. Microlepidopter. index method. Pars I. (quantum prodiit): Tortric.
Phycid. Crambid. Tineae. Paris. 1845. 8. 112 p. 2.—
1322 — Spécies génér. d. Lépidopt. Noctuélites, Deltoides, Pyralites, Uranides,
Phalénites. 6 vols. Paris 1852 à 57. 8. av. atlas de 58 pl. 55.—
Vol. I à III: Noctuél., IV: Deltoid., Pyralit., V et VI. Uran., Phalénit. (Se vendent
aussi séparément.)
1323 — — Aux planches coloriées. 110.—
L'édition aux planches coloriées est épuisée et très-rare. Voir aussi nr. 234 à 237.
1324 — S. l. Bombyx Europ. du groupe Quercus. 2 mém. (Paris, S. Ent.) 1858
à 1868. 8. 30 p. av. pl. color. 1.50
1325 — S. un groupe du g. Morpho (Paris, S. Ent.) 1859. 8. 10 p. 1.—
1326 — Études s. le g. Lithosia. (Paris, S. Ent.) 1861. 8. 16 p. 1.—
1327 — Catal. raisonné d. Lépidopt. du dép. d'Eure et Loir. Chartr. 1867. 8. 298 p. 7.—
Rare.
1328 — S. divers Lépidopt. du Musée de Genève. (Gen., Soc. Phys.) 1872. 4.
56 p. av. pl. color. 3.—
1329 — Ébauche d'une monogr. d. Siculides. (Paris, S. Ent.) 1877. 8. 30 p. 1.—
1330 — Etude s. l. Yponomeutides. (Paris, S. Ent.) 1879. 8. 10 p. 1.—
1331 — Mabille. Not. nécrol. (Paris, S. Ent.) 1881. 8. 8 p. 1.—
1332 **Guilding.** The nat. hist. of Oiketicus. (Lond., Linn. S.) 1827. 4. 6 p. w. 3 pl. 2.—
1333 **Gumppenberg.** Üb. d. Genera d. Geometra. (Münch., Ent. Ver.) 1881. 8. 16 p. 1.—
1334 — Systema Geometrarum Zonae temperat. septentr. System. Bearbeit. d.
Spanner d. nördl. gemäss. Zone. 8 Thle. Halle (Ac. Leop.) 1887—96. 4.
1152 p. m. 8 Karten. (3 color.) 35.—
1335 — Z. Kenntn. d. Gatt. Erebia. (Stett., Ent. Z.) 1888. 8. 29 p. 1.50
1336 **Gundlach.** Contrib. à la Entomologia (Lepidopt.) Cubana. Habana 1881.
8. 466 p. 30.—
1337 **Guenther, K.** Ueb. Nervenendigungen auf d. Schmetterlingsflügel. Jena
1901. 8. 26 p. m. Tfl. 1.50
1338 **Guppy.** Life hist. of Cydimon (Urania) leilus. (Lond., Ent. S.) 1908. 8. 6 p.
w. 2 colour. pl. 1.50
1339 **Guthrie.** Lepidopt. of the Hawick District. 8. 14 p. 1.50
1340 **de Haan.** Bijdr. tot de kennis d. Papilionidea v. d. Oostind. Archipel. (Leiden)
1849. fol. 43 p. m. 9 color. Tfln. 45.—
1341 **ter Haar.** Lijst v. Planten waarop de Nederl. Microlepid. te vinden zijn.
Gravenh. 1887. 8. 112 p. 3.—
1342 — Onze Vlinders. 2. uitg., bewerkt naar „Lampert, Grossschmetterlinge".
Zutphen 1912. 8. 479 p. m. 95 color. Tfln. u. 70 Fig. 28.—
Haas, A. — siehe: Bang-Haas.
1343 **Haase, E.** Z. Kennt. d. sexuell. Charactere b. Schmetterlingen. 2 Thle.
(Bresl., Z. Ent.) 1884—85. 8. 14 p. 1.—
1344 — Duftapparate Indo-austral. Schmetterlinge. 3 Thle. (Dresd., Iris) 1886—88.
8. 92 p. m. Tfl. 4.—
1345 — — Les organes odorantes d. Lépidopt. Indo-austral. Résumé p. Plateau.
(Brux., S. Ent.) 1889. S. 7 p. 0.50

46

1346 **Haase, E.** Gli organi odoranti d. Lepidott. Jndo-Austr. Risoc. di Platea u. *ℳ*
(Firenze, S. Ent.) 1891. 8. 6 p. 0.50
1347 — Z. System d. Tagfalter. (Dresd., Iris) 1891. 8. 33 p. 1.50
1348 — Untersuch. üb. d. Mimicry. (Stett., Ent. Z.) 1892. 8. 18 p. 1.—
1349 — Untersuch. üb. d. Mimicry auf Grundl. e. natürl. Syst. d. Papilioniden.
2 Thle. Stuttg. 1893. 4. 282 p. m. 14 color. Tfln. (M. 92.) 45.—
1350 — Researches on Mimicry on the basis of a nat. classif. of the Papilionidae. Transl. by Child. Part II. (all pub'd.). Stuttg. 1896. 4. 158 p. w.
8 colour. pl. (M. 48.) 40.—
1351 — Seitz. Haase's Mimicry. (Stett., Ent. Z.) 1892. 8. 18 p. 1.—
1352 **Habich.** 3 Geometriden-Zwitter. (Stett., Ent. Z.) 1894. 8. 3 p. m. color. Tfl. 1.—
1353 **Hagen, B.** Z. Kenntn. d. Rhopaloc. d. Ins. Banka. (Berl., B. Ent. Z.)
1893. 8. 20 p. 1.—
1354 — Verzeichn. der auf Sumatra gefang. Rhopaloceren. 2 Thle. (Dresd.,
Iris) 1894—96. 8. 81 p. m. 2 color. Tfln. 3.—
1355 — Z. Kenntn. d. Rhopaloc.-Fauna d. Insel Bawean. (Wiesb., Ver. Nat.)
1896. 8. 18 p. m. Tfl. 1.—
1356 — Verzeichn. d. in Kaiser Wilhelms-Land u. Neupommern ges. Tagschmetterl. (Wiesb., Ver. Nat.) 1897. 8. 74 p. m. Kte. 1.50
1357 — Diagnose neuer Rhopaloc. d. Mentawej-Inseln. (Berl., Ent. N.) 1898.
8. 15 p. 1.—
1358 — Schmetterlinge v. d. Mentawej-Inseln. (Frankf., Senck.) 1902. 4. 34 p.
m. 2 Tfln. (1 color.) (M. 5.) 3.—
Siehe auch Nr. 2161.
1359 **Hagen, H.** Insekten-Zwitter. (Stett., Ent. Z.) 1861. 8. 28 p. 1.50
1360 — Bibliotheca Entomolog. Die Litteratur bis 1862. 2 Bde. Leipz. 1862—63.
8. 1090 p. (M. 22.) 15.—
Die beste unter den naturwissenschaftlichen Bibliographien. Der beim Verleger
bisher im Preise herabgesetzt gewesene Rest der Auflage nähert sich seinem Ende.
1361 — Kraatz. Ergänz. u. Nachträge zu Hagen. (Berl., B. Ent. Z.) 1874.
8. 18 p. 1.—
1362 — Schmidt-Göbel. Zusätze u. Bericht. zu Hagen. (Berl., D. Ent. Z.)
1876. 8. 16 p. 1.—
1363 — Schmetterlinge m. Raupenkopf. (Stett., Ent. Z.) 1872. 8. 15 p. 1.—
1364 — On some Insect Deformities (Lepid.). (Cambr., Mus.) 1876. 4. 23 p. w. pl. 2.—
1365 **Hagenbach.** Symbola Faunae Insectorum Helvetiae. Fasc. I. (quant. prodiit).
Basil. 1822. 8. 48 p. et 15 tab. color. Cart. 4.50
1366 **Hahnel.** Entomolog. (Lepidopt.) Erinnergu. au S.-Amerika. I. (Dresd., Iris)
1890. 8. 200 p. m. 2 color. Tfln. 8.—
1367 **Hamm.** Permanent record of British Moths in their natural attitudes of
rest. (Lond., Ent. S.) 1907. 8. 4 p. w. pl. 1.—
1368 **Hampson.** Illustrat. of typical Heterocera of the Nilgiri district. Lond.
1891. 4. 48 p. w. 18 colour. pl. Cloth. 40.—
See also nr. 486.
1369 — Illustrat. of Heterocera of Ceylon. Lond. 1893. 4. 187 p. w. 20 colour. pl. Cloth. 42.—
See also nr. 486.
1370 — The Moths of British India, includ. Ceylon and Burma. 4 vols. Lond.
1893—96. 8. 2460 p. w. 1171 figur. Cloth. 75.—
1371 — — Supplem. paper to vol. IV. (Bombay, Soc. Nat.) 1910. 8. 41 p. w. 2 pl. 2.50
1372 — Descr. of new Heterocera fr. India. (Lond., Ent. S.) 1895. 8. 39 p.
w. 16 fig. 1.—
1373 — On the classificat. of the Schoenobiinae and Crambinae. (Lond., Zool.
S.) 1895. 8. 78 p. w. 52 fig. 3.—
1374 — On the classificat. of the Epipaschiinae, Endotrichinae and Pyralinae.
(Lond., Ent. S.) 1896. 8. 100 p. 3.—
1375 — On the Geometridae, Pyralidae and allied Heterocera of the Lesser
Antilles. (Lond., Ann. & M.) 1896. 8. 21 p. 1.50
1376 — On the classificat. the Hydrocampinae and Scoparianae. (Lond., Ent.
S.) 1897. 8. 114 p. 3.—

1377 **Hampson.** On the classificat. of the Thyrididae and Chrysauginae. (Lond.,   *ℳ*
Zool. S.) 1897. 8. 90 p. w. 100 fig.   4.—
1378 — The Moths of the Lesser Antilles. (Lond., Ent. S.) 1898. 8. 20 p. w.
colour. pl.   1.50
1379 — Revision of the Pyraustinae and Pyralidae. 2 parts. (Lond., Zool. S.)
1898—99. 8. 292 p. w. 2 colour. pl. and 161 fig.   10.—
1380 — Catal. of the Lepidoptera Phalaenae in the Brit. Museum. Vols. I—XI.
Lond. 1898—1912. 8. w. 2541 fig. and 11 atlas of 191 colour. pl.   320.—

> Vol. I: Syntomidae. 1898. 580 p. w. 285 fig. and atlas of 17 colour. pl. M. 30. —
> II: Arctiadae (Nolinae, Lithosianae). 1900. 609 p. w. 411 fig. and atlas of 18 colour.
> pl. M. 30. — III: Arctiadae (Arctianae), Agaristidae. 1901. 716 p. w. 294 fig. and
> atlas of 19 colour. pl. M. 30. — IV: Agrotinae. 1903. 709 p. w. 125 fig. and atlas of
> 23 colour. pl. M. 30. — V: Hadeninae. 1905. 650 p. w. 172 fig. and atlas of 17 colour.
> pl. M. 30. — VI: Noctuidae, subfam. Cucullianae. 1906. 548 p. w. 172 fig. and
> 12 colour. pl. M. 30. — VII: Noctuidae, subfam. Acronyctinae. I. 1908. 724 p. w.
> 184 fig. and atlas of 15 colour. pl. M. 30. — VIII: Noctuidae, subfam. Acronyctinae
> II. 1909. 597 p. w. 162 fig. and atlas of 14 colour. pl. M. 27. — IX: Noctuidae, sub-
> fam. Acronyctinae III. 1910. 561 p. w. 247 fig. and atlas of 12 colour. pl. M. 26. —
> X: Noctuidae, subfam. Erastrianae. 1910. 849 p. w. 214 fig. and atlas of 26 colour.
> pl. M. 38. — XI: Noctuidae, subfam. Eutelianae, Stictopterinae, Sarrothripinae
> and Acontianae. 1912. 706 p. w. 275 fig. and atlas of 18 colour. pl. M. 36.

1381 — New Palaearct. Pyralidae. (Lond., Ent. S.) 1900. 8. 34 p. w. colour. pl.   2.—
1382 — The Moths of S. Africa. Parts I—III. (Cape Town, Mus.) 1900—1905.
8. 276 p.   10.—
1383 — Classif. of a new fam. of Lepidopt. (Lond., Ent. S.) 1901. 8. 6 p. w. 4 fig.   1.—
1384 — 3 remark. new gen. of Microlepidopt. (Lond., Ent. S.) 1905. 8. 5 p. w. 9 fig.   1.—
1385 — On a new g. and spec. of Noctuidae. (Lond., Ent. S.) 1909. 8. 3 p. w.
colour. pl.   1.50
1386 — Lepidopt. collect. fr. N. Rhodesia. (Lond., Zool. S.) 1910. 8. 123 p· w.
6 colour. pl.   9.—
1387 **Handbuch** d. Entomologie. Herausg. v. C. Schröder. (3 Bde. in 14 Liefgn.)
Liefg I—III (soviel erschien.). Jena 1912—13. 8. 480 p. m. 357 Fig.   15.—

> Inh.: D e e g e n e r , Haut u. Hautorgane. Nervensystem. Sinnesorgane. Der
> Darmtraktus. Repirationsorgane. Zirkulationsorgane u. Leibeshöhle. Muskulatur u.
> Endoskelett. P r o c h n o w , Organe z. Lautäusserung.

1388 **Handlirsch.** Die fossilen Insekten u. d. Phylogenie d. recenten Formen.
Leipz. 1908. 8. 1439 p. m. 54 Tfln. (M. 72.)   60.—
1389 **Hannyngton.** The Butterflies of Kumaun. 2 parts. (Bombay, Soc. Nat.)
1910. 8. 25 p. w. map.   1.50
1390 **Haensch.** Die Ithomiinen (Neotropiden) mein. Ecuador-Reise. (Berl., B.
Ent. Z.) 1903. 8. 58 p. m. Tfl.   2.—
1391 — Neue Südamerikan. Ithomiinae. (Berl., B. Ent. Z.) 1905. 8. 41 p. m. 2 Tfln.   1.50
1392 **Hansen, H. J.** Faunula Insectorum Faeroeensis. (Kjöbenh., Nat. T.)
1881. 8. 52 p.   1.50
1393 **Häpe.** Das Ausstopfen d. Raupen. (Zür.) 1852. 8. 62 p. m. 2 Tfln.   1.50
1394 **Harris, M.** The Aurelian. Nat. hist. of English Insects namely Moths
and Butterflies. Lond. 1766. Fol. 77 p. w. 41 c o l o u r. pl. Calf.   65.—

> The original edition. Has been reprinted in 1778, 1794 and 1841. All these
> editions exist though H a g e n has not seen that of 1778 and only one copy of that
> of 1794. (This edition however is not rarer than the first which also is found not
> seldom in second hand catalogues).

1395 — The English Lepidoptera or the Aurelian's Pocket Companion. Lond.
1775. 8. 82 p. w. colour. pl.   8.—
1396 **Hartmann, A.** Die Kleinschmetterlinge des Europäischen Faunengebietes. Erscheinungszeit der Raupen und Falter, Nahrung u. biologische
Notizen. München 1880. 8. 182 p. (M. 4.20.)   2.50
1397 **Hasselquist.** Iter Palaestinum eller Resa til Heliga Landet. Utg. af. C.
Linnaeus. Stockh. 1757. 8. 636 p. Frzb.   18.—

> Auch entomologisch.

1398 **Hatschek.** Z. Entwicklgsgesch. d. Lepidopt. Naumb. 1877. 8. m. 3 Tfln.   2.50
1399 — Lehrb. d. Zoologie. Lfrg. 1—3 (soviel erschienen). Jena 1888—91. 8.
432 p. m. 407 Fig.   12.—

> Liefg. 1 ist vergriffen.

W. Junk, Berlin, W. 15.

48

1400 **Hüttich.** Ueb. d. Bau d. rudiment. Mundwerkzeuge b. Sphingiden u.   *ℳ* Saturniden. Berl. 1907. 8. 29 p.   1.—
1401 **Hauder.** Verzeichn. d. um Kirchdorf im Kremsthale, Oberösterr., ges. Microlepidopt. 3 Thle. Linz 1896—97. 8. 87 p.   2.—
1402 — Beitr. z. Macrolepidopt.-Fauna v. Oesterreich ob d. Enns. 3 Thle. Linz 1901. 8. 186 p.   3.—
1403 **Hauser.** Physiol. u. histiol. Unters. üb. d. Geruchsorgan d. Insekten. Leipz. 1880. 8. 37 p. m. 3 color. Tfln.   2.50
1404 **Haverhorst.** Ov. de Staartspitsen onz. Heterocera-Poppen. (Gravenh., T. Ent.) 1910. 8. 20 p. m. 5 Tfln.   2.—
1405 **Headlee.** Study in Butterfly Wing-venation. (Wash., Smiths) 1907. 8. 13 p. w. 5 pl.   2.—
1406 **Hedemann.** Z. Kenntn. d. Microlepidopt.-Fauna v. Dän.-Westindien. 2 Tle. (Stett., Ent. Z.) 1894—96. 8. 32 p.   1.—
1407 — Bidr. til fortegn. ov. de i Danmark lev. Microlepidopt. (Kjöb., Ent. Medd.) 1894. 8. 36 p.   1.—
1408 — Om Samlen af Sommerfugle, isaer Microlepidoptera, i Troperne. (Kjöbenh., Ent. Medd.) 1896. 8. 4 p.   —.50
1409 — Microlepidopt. Sammel-Ergebnisse aus Herkulesbad (Mehadia). (Wien, Z. b. G.) 1897. 8. 4 p.   —.50
1410 — Hinterlassene Manuscripte (unveröffentlicht). In Mappe.   20.—
    Besteht aus folgenden ungedruckten Manuscripten: 1. Liste der von H. in Mexico gesammelten u. d. Wiener Hofmuseum übersandten Lepidopteren, mit verschiedenen beigefügten Notizen. 1867. 33 Seiten. 2. Beiträge z. Schmetterl.-Fauna Krakaus. 1868. 18 Seiten. 3. Journal f. Entomologie. 1871. 8 Seiten. 4. Lepidopterol. Notizen angefangen im Juni 1865 in Yucatan. 17 Seiten m. Zeichnungen. 5. Entomolog. Tagebuch geführt während meines Aufenthalts im Caucasus. 20 Seiten. — Ausserdem viele kleine Notizen u. Abschriften.
1411 — Die Pyraliden. Sauber geschriebenes eigenhänd. Manuscript von 61 S.   5.—
1412 **Heeger.** Beiträge z. Naturgesch. d. Insecten. 19 Thle. (Wien, Ak.) 1852—66. 8. m. 104 Tfln.   30.—
    Vollständige Reihe; selten. da mehrere Theile vergriffen sind. Theil II (1851), III (1852), V (1852) haben anderen als obigen Titel.
1413 — Album microsc.-photograph. Darstell. aus d. Geb. d. Zoologie. (Entom.) 4 Thle. Wien 1860 - 63. 8. 87 p. m. Portr. u. 40 photogr. Tfln. (M. 18.)   10.—
1414 **Heinemann.** Aufzähl. der in d. Umgeg. v. Braunschweig gef. Schmetterl. (Stett., Ent. Z.) 1851. 8. 10 p.   1.—
1415 — Die Schmetterlinge Deutschlands u. d. Schweiz, systemat. bearbeit. 2 Bde. (in 5 Thln.) Braunschw. 1859—76. 8. m. Fig. Gbdn.   110.—
    Original-Ausgabe, nicht der anastatische Neudruck. Das beste wissenschaftliche Werk über die deutsche Lepidopteren-Fauna, seit vielen Jahren vergriffen. (Näheres siehe: Rara Historico-Naturalia, ed. Junk, Seite 3).
    Hieraus einzeln:
    Bd. I: Macro-Lepidoptera. 1859. 992 p. m. 20 Fig.
    Bd. II: Micro-Lepidoptera. 1863—76. 8. Inhalt:
    Abtheil. I. Heft 1: Die Wickler. 287 p. M. 6.—Heft 2: Die Zünsler. 249 p. Vergriffen.—Abtheil. II. Heft 1: Die Motten u. Federmotten. I. 388 p. M.7.50.—Heft 2: Die Motten u. Federmotten. II. 439 p. M. 12.
1416 — — Bd. II: Microlepidopt. Famil. 20: Tortricina, 21: Pyralid., 22—24: Choreutina-Tineina. 170 p.   5.—
1417 — L i n s t o w. Heinemann's Schmetterlinge Deutschl. (Guben, Ent. Z.) 1912. 8. 15 p.   1.—
1418 — S p e y e r, A. Heinemann's Grossschmetterl. (Stettin, Ent. Z.) 1860. 8. 31 p.   1.—
1419 — Tabellen z. Bestimm. d. Schmetterl. Deutschl. u. d. Schweiz. Braunschweig 1859. 8. 118 p.   6.—
    Vergriffen. Sonderdruck aus Nr. 1415.
1420 — Ueb. die Arten der Gattung Nepticula. 2 Thle. (Wien u. Berl.) 1862 —1871. 8. 66 p.   2.50
1421 — B l a s i u s, W. H. v. Heinemann. (Braunschw.) 1887. 8. 7 p.   1.—
1422 **Heller, C.** Die alpinen Lepidopteren Tirols. (Innsbr., Nat. Ver.) 1881. 8. 103 p.   2.50
1423 **Heller, K. M.** Ueb. Terinos u. e. neue Abisara-Art aus Neu-Guinea. (Dresd., Iris) 1902. 8. 10 p. m. color. Tfl.   1.—

1423a**Hellweger.** Ueb. d. Zusammenhang u. Ursprung d. Tirol. Schmetterl.-   *ℳ*
Fauna. Brixen 1908. 8. 52 p.   2.—
1423b— Die Gross-Schmetterl. Nord-Tirols. I. II. (soviel erschien.) Brix. 1911—
1912. 8. 162 p.   3.50
1424 **Helm.** Ueb. d. Spinndrüsen d. Lepidopt. Leipz. 1876. 8. 36 p. m. 2 Tfln.   1.50
1425 **Henneguy.** Les Insectes. Morphol., réprod., embryogénie. Paris 1904. 8.
824 p. av. 4 pl. color. et 622 fig.   22.—
1426 **Henrichsen.** Fortegn. ov. Macrolepidopt. saml. i Aas. (Christ., Nyt Mag.)
1907. 8. 27 p.   1.—
1427 **Henssler.** Biolog. Mitth. üb. Erastria venustula. (Stett., Ent. Z.) 1896.
8. 29 p.   1.—
1428 **Henze.** Die Schmetterlings-Sammlung d. Gymnasiums Arnsberg. 3 Thle.
Arnsb. 1883—85. 4. 108 p.   3.—
1429 **Hering.** Die Geometrinen Pommerns. (Stett., Ent. Z.) 1880. 8. 18 p.   1.—
1430 — Die Pommerschen Sphingiden, Bombyc. u. Noctuinen. 2 Thle. (Stett.,
Ent. Z.) 1881. 8. 51 p.   2.—
1431 — Beitr. z. Mitteleurop. Microlepid.-Fauna. (Stett., Ent. Z.) 1889. 8. 31 p.   1.—
1432 — Saisondimorphism. u. ungelöste Räthsel bei d. Gatt. Gracilaria. (Stett.,
Ent. Z.) 1891. 8. 13 p.   1.—
1433 — Platyptilia ochrodactyla. (Stett., Ent. Z.) 1892. 8. 11 p.   1.—
1434 — Zuträge u. Bemerk. z. Pommerschen Microlepidopt.-Fauna. (Stett.,
Ent. Z.) 1893. 8. 41 p.   1.—
1435 — Zusammenstell. d. Palaearkt. Phycitinen. (Stett., Ent. Z.) 1893. 8. 13 p.   1.—
1436 — Uebersicht d. Sumatra-Pyralidae. 3 Thle. (Stett., Ent. Z.) 1901—03. 8.
312 p. m. color. Tfl.   10.—
1437 — Neue exot. Kleinfalter d. Stettin. Museums. (Stett., Ent. Z.) 1906. 8. 110 p.   3.—
1438 **Herklots.** Bouwstoffen v. eene (entomolog.) Fauna v. Nederland. 3 Bde.
Leid. 1853—66. 8. (M. 40.) Cart.   10.—
1439 **Herold, E.** Deutscher Raupenkalender. Nordh. 1845. 8. 191 p. m. 8 color. Tfln.   1.50
1440 **Herold, M.** Die Entwicklgesch. d. Schmetterlinge. Cassel 1815. 4. 158 p.
m. 33 z. Thl. color. Tfln. (M. 24.)   6.—
1441 — De Insectorum generatione in ovo. Bildungsgesch. d. Insekten im Ei.
3 Hefte. Frankf. 1838—76. Fol. m. 32 color. u. schwarz. Tfln. (M. 74.)   18.—
1442 **Herrich-Schäffer.** Nomenclator entomolog. Verzeichn. d. Europ. Insecten. 2 Hefte. Regensb. 1835—40. 12. 360 p. m. 8 Tfln. (M. 9.)   2.—
1443 — System. Bearbeit. d. Schmetterlinge v. Europa. 6 Bde. Regensburg
1843—56. 4. m. 672 color. Tfln. Hfzbde.   800.—
     Schönes Exemplar dieses berühmten Nachtrags zu „H ü b n e r" (Nr. 1571). —
    O r i g i n a l - Colorit, daher viel wertvoller. Die 36 anatomischen Tafeln sind
    immer schwarz.
1444 — — Bd. VI (letzter). Regensb. 1843—56. 4. m. d. 36 (anat.) Tfln.   8.—
1445 — Üb. d. auf die Flügelrippen gegründ. System d. Schmetterl. (Regensb.,
Zool.-min. Ver.) 1849. 8. 22 p. m. 4 Tfln.   3.—
1446 — Lepidopt. exotica nova. Sammlg. neuer od. wenig bek. aussereurop.
Schmetterlinge. Bd. I, II. Theil 1 (soviel erschien.). Regensb. 1850—69. 4.
m. 129 color. Tfln.   400.—
1447 — Systemat. Verzeichn. der Europ. Schmetterl. Regensb. 1855. 8. 32 p.   2.—
1448 — — 2. Aufl. Regensb. 1861. 8. 36 p.   2.—
1449 — — 3. Aufl. Regensb. 1862. 8. 28 p.   2.—
1450 — Neue Schmetterlinge aus Europa. 3 Hefte. (Soviel erschien.) Regensb.
1856—61. 4. 32 p. m. 26 color. Tfln.   60.—
1451 — Vorarbeiten zu ein. Synonymik sämmtl. Lepidopt. (Berl., B. Ent. Z.)
1859. 8. 8 p.   1.—
1452 — Ueb. d. Klassif. d. Tortricinen. (Regensb.) 1860. 8. 19 p.   2.—
1453 — Prodromus Systematis Lepidopter. 2 partes. (Ratisb., Zool.-min. Ver.)
1864—65. 8. 110 p.   3.—
1454 — Neue Schmetterlinge d. Museums Godeffroy. (Stett., Ent. Z.) 1869. 8.
16 p. m. 4 Tfln.   3.—
1455 — — O h n e d. Tafeln.   1.—
— Correspondenzblatt — siehe Nr. 708.

W. Junk, Berlin, W. 15.

1456 **Herrmann, P.** Der Raupen- und Schmetterlingsjäger. Leipz. 1859. 8. 188 p. *ℳ* m. 12 color. Tfln. Cart. 1.—
1457 — — 3. Aufl. v. Reuther. Leipz. 1890. 8. 166 p. m. 14 color. Tfln. (M. 5.40.) 2.50
1458 **Hertwig, R.** Lehrb. d. Zoologie. 4. Aufl. Jena 1897. 8. 624 p. m. 568 Fig. (M. 11.50.) 4.—
1459 — — 9. Aufl. Jena 1909. 8. 682 p. m. viel. Fig. (M. 11.50.)
1460 **Herz.** Reise nach Nordost-Sibirien in d. Lenagebiet m. Verz. d. Macrolepidopt. (Dresd., Iris) 1898. 8. 57 p. 2.50
1461 **Heuäcker.** Ueb. d. Noctuae d. nördl. Harz. (Berl., B. Ent. Z.) 1872. 8. 5 p. m. Tfl. 1.—
1462 **Hewitson.** Descr. of new Butterflies. (Lond., Ent. Soc.) 1851. 8. 4 p. w. 2 colour. pl. 3.—
1463 — Descript. of some new Butterflies fr. S. America. (Lond., Ent. S.) 1854. 8. 3 p. w. 2 colour. pl. 3.—
1464 — Exotic Butterflies. Illustr. of new species of Exotic Butterflies. 5 vols. London 1856—76. 4. w. 300 colour. pl. (26 *£* 5 s.) Half bd. morocco. 400.—
Very fine copy. — Some volumes and parts may still be had separately. Supplement — see nr. 3193.
1465 — On Pronophila, a g. of Diurn. Lepidopt. (Lond., Ent. S) 1862. 8. 18 p. w. 6 pl. 4.—
1466 — Catal. of Lycaenidae in the British Museum. Lond. 1862. 4. 15 p. w. 8 colour. pl. Cloth. 21.—
1467 — Illustr. of Diurnal Lepidoptera. Lycaenidae. (8 parts). Lond. 1864—78. 4. w. 108 colour. pl. (9 *£* 15 s.) 140.—
Certain parts may still be had.
1468 — Descr. of new spec. of Diurnal Lepidopt. (Lond., Ent. S.) 1864. 8. 5 p. w. 2 pl. 1.50
1469 — Monogr. of the g. Yphthima. (Lond., Ent. S.) 1865. 8. 14 p. w. 2 pl. (1 colour.) 1.50
1470 — Descr. of new Hesperidae. (Lond., Ent. S.) 1866. 8. 22 p. 1.—
1471 — Descr. of new Diurn. Lepidopt. 2 pap. (Lond., Ent. S.) 1867—69. 8. 12 p. 1.—
1472 — Descript. of 22 new Equator. Lepidopt. (Lond., Ent. S.) 1870. 8. 12 p. 1.—
1473 — Descr. of new Lycaenidae. (Lond., Ent. S.) 1874. 8. 13 p. 1.—
1474 **Hewitson and Kirby.** Catal. of the collect. of Diurnal Lepidopt., formed by Hewitson. Lond. 1879. 4. 250 p. 7.—
1475 — Crüger. Catal. of the coll. of Diurnal Lepidopt. formed by Hewitson. (Berl., B. Ent. Z.) 1881. 8. 14 p. 1.—
1476 **Hewitson and Moore.** Descript. of new Indian Lepidopt. fr. the coll. of Atkinson. 3 parts. Calc. 1879—88. 4. w. 7 colour. pl. 28.—
1477 — — Part 1. 102 p. w. 3 plain pl. 3.50
1478 **(Heydenreich.)** Verzeichn. d. Europ. Schmetterlinge. Weissenf. (1843.) 8. 12 p. 1.—
1479 — — 3. Ausg. Leipz. 1851. 8. 131 p. 1.—
1480 **Heylaerts.** Descr. de nouv. esp. de Psychides. 3 mém. (Brux., S. Ent.) 1880 à 83. 8. 12 p. 1.—
1481 — Essai d'une monogr. d. Psychides de la Faune Europ. Partie I. (la seule paru). (Brux., S. Ent.) 1881. 8. 49 p. 2.—
1482 — Psyche helicinella. (Gravenh., T. Ent.) 1887. 8. 6 p. av. pl. color. 1.—
1483 **Heyne.** Neue u. wenig bek. melanist. Formen Europ. Grossschmetterlinge. (Zürich, Soc. Ent.) 1900. 8. 7 p. 1.—
1484 **Hill.** Decade of curious Insects: some of them not descr. before. Lond. 1773. 4. 26 p. w. 10 colour. pl. Half bd. calf. 20.—
1485 **Hirschler.** Embryol. Unters. an Catocala nupta. (Krak., Ak.) 1905. 8. 9 p. 1.—
1486 **Hirt.** Die Dufteinrichtungen d. Neotropiden. Freib. 1910. 8. 58 p. m. 4 Tfln. u. 26 z. Tl. color. Fig. 2.50
1487 **Hoffer.** Praxis d. Insectenkunde. Wien 1892. 8. 241 p. m. 83 Fig. Lnb. (M. 3.) 2.—
1488 **Hoffmann, A.** Lepidopt. d. Shetland-Inseln. 2 Thle. (Stett., Ent. Z.) 1885—87. 8. 39 p. 1.50
1489 — Die Lepidopt.-Fauna d. Moorgebiete d. Oberharz. (Stett., Ent. Z.) 1888. 8. 66 p. 2.—
1490 **Hoffmann, J.** Der Schmetterlingssammler. 2. Aufl. Stuttg. 1881. 8. 172 p. m. 19 color. Tfln. Cart. 2.—

1491 **Hoffmann, P.** Raupen- u. Schmetterlingskalender. Leipz. 8. 137 p. Lnb.   1.—
1492 **Hofmann, E.** Isoporien d. Europ. Tagfalter. Stuttg. 1873. 8. 52 p. m.
2 Tfln.   2.—
1493 — Der Schmetterlingsfreund. Stuttg. 1883. 8. 128 p. m. 23 color. Tfln.
Cart. (M. 4.)   1.50
1494 — — 7. (letzte) Aufl. Stuttg. 1901. 8. 128 p. m. 23 color. Tfln. Lnb. (M. 4.)   2.50
1495 — Die Schmetterlinge Europas. Stuttg. 1886. 4. 236 p. m. 66 color. Tfln.
Gbdn. (M. 25.)   10.—
1496 — — 2. Aufl. u. d. Titel: Die Gross-Schmetterlinge Europas. 2. Aufl.
1894. 4. 281 p. m. 71 color. Tfln. Lnb. (M. 28.)   15.—
    3. Aufl. siehe Nr. 3328: Spuler.
1497 — Die Raupen der Schmetterlinge Europas. Stuttg. 1893. 4. 312 p. m.
50 color. Tfln. (M. 27) Lnb.   16.—
    2. Aufl. siehe Nr. 3330: Spuler.
1498 **Hofmann, O.** Ueb. d. Naturgesch. d. Psychiden. (Berl., B. Ent. Z.) 1860.
8. 53 p. m. 2 Tfln.   1.50
1499 — Beitr. z. Naturgesch. d. Tineinen. 2 Thle. (Stett., Ent. Z.) 1868—93.
8. 12 p.   1.—
1500 — Beitr. z. Naturgesch. d. Coleophoren. 2 Thle. (Stett., Ent. Z.) 1869. 8. 20 p.   1.—
1501 — Untersuch. üb. Sciaphila Wahlbom. (Stett., Ent. Z.) 1871. 8. 14 p.   1.—
1502 — Z. Kenntn. d. Butaliden. (Stett., Ent. Z.) 1888. 8. 13 p. m. Tfl.   1.—
1503 — Die deutschen Pterophorinen. (Regensb., Nat. V.) 1896. 8. 195 p. m.
3 Tfln.   4.—
1504 — Verzeichn. v. b. Angora, Kleinasien, ges. Schmetterl. (Dresd., Iris) 1897.
8. 10 p.   1.—
1505 — 3 neue Tineen-Gattgn. Eine neue Butalis-Art. 2 Abhdl. (Dresd., Iris)
1898. 8. 10 p.   1.—
1506 — Die Orneodiden d. palaearkt. Gebiet. (Dresd., Iris) 1898. 8. 31 p. m. Tfl.   1.50
1507 — Lita Petryi. (Stett., Ent. Z.) 1899. 8. 6 p.   0.50
1508 — Z. Naturgesch. d. Micropterygiden. (Neud., Z. Ent.) 1900. 4. 4 p.   0.50
1509 — Escherich. Nekrolog. (Neud., Z. Ent.) 1901. 4. 4 p. m. Portr.   1.—
1510 **Höfner.** Die Schmetterl. d. Lavantthales. Nachtrag 8, 10, 11. (Klagenf.,
Mus.) 1896—1900. 8. 23 p.   1.—
1511 — Die Schmetterlinge Kärntens. I: Macros. (Klagenf., Mus.) 1905. 8. 238 p.   8.—
    Vergriffen.
1512 — — II: Micros. (Klagenf., Mus.) 1907. 8. 118 p.   4.50
1513 **Holland.** On Rhopalocera coll. in Hainan. (Philad., Ent. S.) 1878. 8. 14 p.
w. 2 pl.   2.—
1514 — Contrib. to a knowl. of the Lepidopt. of West Africa. (Philad., Ent.
S.) 1886. 8. 8 p. w. 2 pl.   1.50
1515 — Descr. of new Japan. Heterocera. (Philad., Ent. S.) 1889. 8. 20 p. w. 3 pl.   2.—
1516 — List of the Diurn. Lepid. taken by Doherty in Celebes. (Boston, Soc.
Nat.) 1890. 8. 32 p. w. 3 pl.   2.50
1517 — List of Lepidopt. coll. in East. Africa, in Somaliland, in Aldabra,
Seychelles and in Kashmir. (Wash., Mus.) 1895. 8. 51 p. w. 2 pl.   2.—
1518 — Revis. and synon. Catal. of the Hesperiidae of Africa. (Lond., Zool. S.)
1896. 8. 107 p. w. 5 colour. pl.   7.50
1519 — The Butterfly Book. Guide to a knowl. of the Butterflies of N.
America. Philad. 1898. 8. 400 p. w. 48 colour. and 185 plain plates and
over 1000 fig. Cloth.   18.—
1520 — The Moth Book. Guide to a knowl. of the Moths of N. America.
New York 1903. 4. 503 p. w. 48 colour. pl. and many fig. Cloth.   18.—
1521 **Hollandre.** Catal. d. Lépidopt. de Metz. (Metz) 1849. 8. 24 p.   1.50
1522 **Holle.** Die Schmetterlinge Deutschlands. Altona 1866. 8. 319 p. m. 2 col. Tfln.   1.50
1523 **Holmgren, E.** Histolog. studier öfv. nagra Lepidopterlarvers Digestions-
kanal. (Stockh., Ent. T.) 1892. 8. 48 p. m. 6 Tfln.   3.—
1524 — Hudens och de körtelartade hudorganens morfologi h. Skandinav.
Makrolepid.- Larver. (Haut d. Raupen d. Gross-Schmetterl.) (Stockh., Ak.)
1895. 4. 84 p. m. 9 z. Thl. color. Tfln.   7.—

52

1525 **Holmgren, E.** Ueb. d. respirat. Epithel d. Tracheen bei Raupen. (Upsala, *ℳ*
Ges. Wiss.) 1896. 4. 18 p. m. 2 Tfln. 5.—
1526 **Holmgren, N.** Z. Morphol. d. Insektenkopfes. 3 Tle. (Stockh., Zool. Inst.)
1905–07. 8. 77 p. m. 2 Tfln. 2.—
1527 **Holtheuer.** Wanderbuch f. Raupensammler. Anleit. z. Aufsuch. u. Zucht
d. Raupen. Berl. 1908. 8. 182 p. 1.50
1528 **Hombron et Jacquinot.** Zoologie du voyage au Pôle Sud et dans l'Océanie
de l'Astrolabe et la Zélée p. Dumont d'Urville. 5 vols. Paris 1846 à 1854.
8. av. atlas in fol. de 140 pl. color. 300.—
Ne se trouve en état complet que très-rarement.
1529 **Homeyer.** Mein Fang im Ober-Engadin. (Wiesb., Ver. Nat.) 1879. 8. 32 p. 1.—
1530 — Vorkomm. ein. Macro-Lepidopt. in Vorpomm. u. Rügen. (Stett., Ent. Z.)
1884. 8. 26 p. 1.—
1531 **Homeyer u. Dewitz.** 3 neue Westafrikan. Charaxes. (Berl., Ent. Z.) 1882.
8. 3 p. m. col. Tfl. 1.—
1532 **Honrath.** Neue exotische Rhopalocera. 11 Tle. (Berl., B. Ent. Z.) 1884
—1892. 8. 59 p. m. 14 Tfln. (6 color.) 18.—
Fast alle Theile auch einzeln.
1533 — Ein. Varietäten, Abnormität., Monstrosität. u. Hermaphroditen v. Lepidopt. (Berl., B. Ent. Z.) 1888. 8. 6 p. m. color. Tfl. 1.—
1534 **Hope.** On some rare and beautiful Insects (Lepidopt. and Homopt.) fr.
Silhet. (Lond., Linn. S) 1843. 4. 5 p. w. 2 colour. pl. 4.50
1535 **Hopffer.** Felder's Lepidopt. d. Reise d. 'Novara'. 2 Thle. (Stett., Ent. Z.)
1865—69. 8. 44 p. 1.50
Siehe auch Nr. 1042.
1536 — Neue Arten d. Gattg. Papilio. (Stett., Ent. Z.) 1866. 8. 11 p. 1.—
1537 — Neue Lepidopt. v. Peru u. Bolivia. (Stett., Ent. Z.) 1874. 8. 43 p. 1.—
1538 — Beitr. z. Lepidopt.-Fauna v. Celebes. (Stett., Ent. Z.) 1874. 8. 31 p. 1.—
1539 — Exot. Schmetterlinge. 2 Thle. (Stett., Ent. Z.) 1879. 8. 90 p. 1.50
1540 **Hopffgarten.** Entomol. Reise n. Südungarn, Siebenbürg. u. d. Biharer
Comitat. (Stett., Ent. Z.) 1877. 8. 12 p. 1.—
1541 **Hoppe.** Entomolog. Taschenbuch für 1796—1797. 2 Bde. (soviel erschien.)
Regensb. 8. 512 p. Cart. 5.—
1542 **Horae** Societatis Entomologicae Rossicae. Vol. 1—39 et omnia supplem.
Petrop. 1861—1908. 8. c. permultis tabulis color. et nigris. — Schönes
Exempl. in uniform. Halbfranzbdn. 630.—
Siehe auch Nr. 2880.
1543 — — Trudi Russkajo Entomolog. Obtschestwa (Verhandlungen d. Russ.
Entomolog. Gesellsch. In russischer Sprache). 13 Bde. (soviel erschien.)
Petersb. 1861–83. 8. m. viel. color. u. schwarz. Tfln. 120.—
Bd. I u. II (nicht aber die folgenden) haben gleichen Inhalt wie die zwei ersten
Bände der „Horae".
1544 **Hormuzaki.** Ueb. ein. Abänderungen v. Lepidopt. 2 Tle. (Berl., Ent. N.)
1889. 8. 11 p. 1.—
1545 — Lepidopt. Beobachtgn. in d. Bukowina. (Berl., Ent. N.) 1892. 8. 17 p. 1.—
1546 — 6 lepidopt. Abhandlungen. 1892—1901. 8. 25 p. 1.50
1547 — Aufzähl. d. Rhopaloc. Rumäniens. (Berl., Ent. N.) 1893. 8. 24 p. 1.—
1548 — Untersuchgn. üb. d. Lepidopt.-Fauna d. Bucovina. Czernow. 1894. 8.
183 p. (M. 3.50.) 1.—
1549 — Ueb. Varietäten ein. Bukowin. Grossschmetterl. (Wien, Z. b. G.) 1895.
8. 30 p. 1.—
1550 — Die Schmetterlinge d. Bukowina. 2 Tle. u. Nachtrag. (Wien, Z. b. G.)
1897—1904. 8. 270 p. m. 3 color. Ktn. 7.—
Einzeln. I: Einleitung. 34 p. m. color. Karte. M. 1.—; II. Thl. 1: Rhopalocera.
50 p. M. 1.50; 2: Heterocera. 12 p. M. 1; 3: Bombyces. 31 p. M. 1; 4: Noctuae. 57 p.
M. 1.50; V: Geometrae. 56 p. M. 1.50. — Nachtrag. 26 p. M. 1.50.
1551 — Beob. an d. Melitaeen-Gruppe Athalia, Aurelia u. Parthenie. (Dresd.,
Iris) 1898. 8. 13 p. 1.—
1552 — Z. Macrolepid.-Fauna d. Oesterr. Alpenländer. (Wien, Z. b. G.) 1900.
8. 11 p. 1.—

1553 **Hormuzaki.** Ueber die in d. Karpathen einheim. Arten d. Gattg. Erebia.   *M*
(Dresd., Iris) 1901. 8. 28 p.   1.—
1554 — Catal. Lepidopt. culese in Romania. 2 parties. (Bucur.) 1902—3. 8. 20 p.   1.—
1555 — Analyt. Uebers. d. paläarkt. Lepidopt.-Familien. Berl. 1904. 8. 68 p.
m. 45 Fig.   2.—
1556 — Neuer Beitr. z. Definition des Artbegriffes. (Berl., Z. Ins.-Biol.) 1907.
8. 13 p.   1.—
1557 — Die Stell. d. Bukowiner Formen v. Melitaea athalia u. M. aurelia. (Berl.,
Z. Ins.) 1911. 8. 13 p.   1.—
1558 **Hornickel.** Z. Morphol. u. Ontogenie v. Schmetterlingsraupen. Schneeb.
1898. 4. 30 p.   1.50
1559 **Hornig.** Ueb. d. ersten Stände d. Lepidopt. 8 Abhdl. (Wien, Z. b. G.)
1853—82. 8. 37 p.   1.50
1560 **Hornschuch.** Archiv Skandinav. Beiträge z. Naturgeschichte. 2 Bde.
(3 Tle.) Greifswald 1845—50. 8. 929 p. m. 2 Ktn. u. 6 Tfln. Cart.   8.—
1561 **Horsfield and Moore.** Catal. of the Lepidopt. in the Museum of the
East-India Company. 2 vols. Lond. 1857—59. 8. 482 p. w. 36 pl. Cloth.   15.—
1562 — — With the plates coloured. Cloth.   60.—
  Very rare, issued only in a limited number of coloured copies.
1563 **Horvath.** Rovarok Dimorphismusáról. (Budap.) 1883. 8. 50 p. m. col. Tfl.   1.—
1564 **Horvath et Mocsáry.** Les espèces du g. Troides du Musée Hongrois.
(Budap., Mus.) 1900. 4. 6 p. av. 3 pl. color.   3.50
1565 **Houlbert.** Les Insectes, Anat. et physiol. géner. Introd. à l'ét. de l'Entomologie biolog. Paris 1910. 8. 374 p. av. 202 fig. Toile.   4.50
1566 **Hoyningen-Huene.** Aberrationen ein. Esthländ. Eulen u. Spanner. (Berl.,
B. Ent. Z.) 1901. 8. 11 p. m. Tfl.   1.—
1567 — Beitr. z. Kenntn. d. Lepidopt.-Fauna v. Krasnoufimsk. Mit Nachtrag.
(Berl., B. Ent. Z.) 1904—06. 8. 63 p.   1.50
1568 **Hüber.** Ueb. d. Fangart d. Nachtschmetterl. (Petersb., Horae) 1867. 8. 14 p.   1.—
1569 — Notodonta unicolora. (Petersb., Horae) 1867. 8. 4 p. m. color. Tfl.   1.—
1570 **Hübner.** Beitr. z. Geschichte d. Schmetterlinge. 2 Bde. Augsb. 1786—90.
8. m. Titelbild u. 32 color. Tfln. Hfzb. — Gutes Exempl.   75.—
1571 — Sammlung Europäischer Schmetterlinge. Fortgesetzt v. Geyer. 7 Bde.
Augsb. 1796—1834. 4. m. 2 Titelkupfern u. 789 color. Tfln.   1200.—
  Schönes fast unbeschnitt. Exemplar mit Original-Colorit. — Nachtrag siehe:
  Herrich-Schäffer, Nr. 1443.
1572 — — 789 color. Tafeln ohne d. Text. Cart.   850.—
  Original-Colorit. Vollständiges Exemplar, nur der — wissenschaftlich wenig
  wertvolle — Text fehlt.
1573 — — Mit 743 (statt 789) color. Tfln. Hfzb. — Ohne Text.   400.—
  Original-Colorit.
1574 — — Texte (ohne Tafeln): 2. Horde: Die Schwärmer. 4. Horde: Die Eulen.
7. Horde: Die Wickler. Augsb. 1796—1830. 4. 36, 24 u. 20 p.
  Preis jeder „Horde": M. 5. — Viele einzelne Texte ausserdem vorhanden.
1575 — — Fernald. On the dates of "Hübner's Sammlg. Europ. Schmetterl."
and some of his other works. Amherst 1905. 8. 14 p.   1.—
1576 — Geschichte Europ. Schmetterlinge (Raupen, Puppen, Futterpflanzen.)
Augsb. 1806—30. 4. m. 447 color. Tfln.
1577 — Sammlung Exotischer Schmetterlinge. 3 Tle. m. 491 color. Tfln. —
Mit Zuträgen v. Geyer. 5 Centurien mit 172 color. Tfln. Augsburg 1806
—1837. 4. m. 663 color. Tfln.
1578 — — (Lépidopt. exotiques). Neue Ausg. v. Wytsman u. Kirby. 3 Dde.
u. 6 Zuträge. (72 Liefgn.) Brüssel 1894—1911. m. 663 color. Tfln. (fr. 720.)   320.—
  Text Deutsch, Englisch oder Französisch.
1578a — — Zuträge z. Sammlung Exotischer Schmetterl. Brüssel 1908—
1912. 4. 100 p.   20.—
1579 — — Text zu Papiliones. Augsb. 1805. 4. 198 p.   5.—
1580 — — Zuträge zur Sammlg. Exot. Schmetterlinge. 5 Tle. Fortges. v.
Geyer. Augsb. 1818(—87). 4. 224 p. — Text ohne die Tafeln.   25.—
  Auch einzelne Theile vorhanden.

1581 **Hübner.** Index exoticorum Lepidopteror. in foliis 244 à Hübner effigiat. Aug.   *M*
Vindel. 1821. 4. 8 p.   4.—
1582 — Semper. „Lepidopterol. Zuträge" v. Hübner 1820, Augsburg. (Dresd.,
Iris) 1906. 8. 8 p.   1.—
1583 — Sherborn and Prout. On the date of publicat. of the works of
Huebner. (Lond., Ann. & M.) 1912. 8. 6 p.   1.—
1584 — Zeller. Ueb. Hübner's „Samml. auserles. Vögel u. Schmetterl." (Stett.,
Ent. Z.) 1876. 8. 12 p.   1.—

Jacob Hübner's (1761—1826) Werke sind in aller Beziehung höchst bemerkenswert. Sie sind erstens wohl die schönst colorirten Schmetterlingsabbildungen, die jemals erschienen sind, zweitens für die Nomenclatur von solcher Wichtigkeit, dass bekanntlich bei einigen ein genaues Studium des Erscheinungsdatums der einzelnen Lieferungen aus Prioritätsgründen sich notwendig erwies, drittens haben sie sämmtlich (in Folge ihrer geringen Auflage) eine Seltenheit, wie — in seiner Gesammtheit — kein Lebenswerk irgend eines anderen Zoologen, viertens ist die Feststellung der bibliographischen Vollständigkeit der 3 grossen Atlanten eine sehr interessante, da fast alle vorkommenden Exemplare dieser durch 30—40 Jahre hindurch fortgesetzten Lieferungswerke differiren. — Den „Europaeischen" Species ist die „Geschichte" beigesellt, welche die Entwicklungsstadien abbildet, für die „Exoten" war dies bei dem damaligen Stande der Kenntnisse begreiflicherweise nicht möglich. An diesen 3 Hauptwerken hat Hübner's Gehilfe C. Geyer mitgearbeitet bezieh. sie nach H.'s Tode fortgesetzt. 1841 übernahm G. A. W. Herrich-Schäffer die Vorräte und publicirte dann Fortsetzungen zu der „Sammlung der Europäer", siehe Nr. 1443, und — unvollendet geblieben — zu der „Sammlung der Exoten", siehe Nr. 1446. (Auch Panzer's Fauna, siehe Nr. 2622, und Hahn's Wanzen hat dieser verdiente Entomologe fortgesetzt). — Die Preise der Hübner'schen Werke sind stark gestiegen. 1880 kostete die „Sammlung der Europäer" noch ca. M. 700, die „Geschichte" M. 350, die „Exoten" M. 900. — Wesentl.ch für die Bewertung ist die Güte des Hand-Colorits, da die von Herrich-Schäffer und gar die nach seinem Tode zusammengestellten Exemplare weit weniger sorgfältig colorirt sind.

1585 **Hudson.** Manual of New Zealand Entomology. Lond. 1892. 8. 158 p. w.
21 colour. pl. Cloth. (14 s)   10.—
1586 — New Zealand Moths and Butterflies. (Macro-Lepidopt.) Lond. 1898. 4.
163 p. w. 13 pl. (11 colour.) Cloth.   28.—
1587 **Huguenin.** Verzeichn. d. in d. Weissenburgerschlucht beobacht. Macrolepidopt. (Bern, Ent. Ges.) 1887. 8. 17 p.   1.—
1588 **Hulme.** Butterflies and Moths of the Country Tide. Lond. 1903. 8.
320 p. w. 35 colour. pl. Cloth.   12.—
1589 **Hulst.** Descr. of some new Geometridae. 4 pap. (Brookl., Ent. Soc.)
1880. 8. 46 p.   1.50
1590 — The g. Catocala. (Brookl., Ent. S.) 1884. 8. 43 p. w. pl.   1.50
1591 — Descr. of new Pyralidae. (Philad , Ent. S.) 1886. 8. 24 p.   1.50
1592 — The Phycitidae of N. America. (Philad., Ent. S.) 1890. 8. 136 p. w. 3 pl.   7.—
1593 — Classif. of the Geometridae of N. America. (Philad., Ent. S.) 1896. 8.
142 p. w. 2 pl.   7.—
1594 **Humboldt, A.** Voyage aux régions Equinoxiales. Insectes. Collect. de 24
planches color. 1799. Fol. D.-rel. veau.   30.—
1595 **Humphreys.** The genera and species of British Butterflies. Lond. 1859.
4. w. frontisp. and 32 colour. pl. Cloth.   12.—
1596 — The genera of British Moths. Lond. 1861. 4. w. 62 colour. pl. Cloth.   22.—
1597 **Humphreys and Westwood.** British Moths and their transformat. 2 vols.
Lond. 1849. 4. 526 p. w. 124 colour. pl. Half bd. calf.   80.—
1598 — British Butterflies and their transformat. Lond. 1849. 4. 138 p. w.
42 colour. pl. Half bd. calf.   25.—

The earliest editions of Humphreys' works have a higher value as it is only the fine colouring which is esteemed (the letterpress is valueless) and which is the best in the original issues.

Huene — siehe: Hoyningen-Huene.

1599 **Husz.** Die Gross-Schmetterl. der Umgeb. v. Eperies. Igló 1881. 8. 34 p.   1.—
1600 **Hüttner.** Fauna d. Grossschmetterl. d. Karlsbader Gebiet. Karlsb. 1900. 8.   2.—
1601 **Hutton.** Index Faunae Novae Zealandiae. Lond. 1904. 8. 380 p. Cloth.   10.—
1602 **Huwe.** Verzeichn. d. v. Fruhstorfer auf Java erbeut. Sphingiden. (Berl.,
B. Ent. Z.) 1895. 8. 17 p. m. Tfl.   1.—
1603 — Neues v. Parnassius delphius albulus. (Berl., B. Ent. Z.) 1905. 8. 15 p.   1.—

1604 **Huwe.** Neue u. wenig bek. Sphingiden seiner Samml. (Berl., B. Ent. Z.) *M*
1906. 8. 16 p. m. Tfl. 1.—
1605 **Icones Lepidopterorum.** Samml. v. 120 color. Tafeln u. ein. Zahl v. Hand-
zeichnungen. 4. u. 8. 10.—
1606 **Ihle.** Biologien heimischer Schmetterlinge, bes. v. Schädlingen. (30 color.
Tfln. m. Text in 3 Serien.) Serie I u. II. Frankf. 1912. Fol. 20 color. Tfln.
m. Text. (M. 15.)
1607 **Ihle u. Lange.** Grossschmetterlinge Deutschlands, der. Eier, Raupen,
Puppen, Nahrungspflanzen. Heft 1—8. (soviel erschien.) Gotha 1897—1904.
4. 24 handcolor. Tfln. (M. 24.)
Heft 1—4 haben d. Titel: Grossschmetterl. Thüringens˜bez. Mitteldeutschlands.
1608 **Illig.** Duftorgane d. männl. Schmetterlinge. Stuttg. 1902. 4. 34 p. m.
5 color. Tfln. (M. 24.) 15.—
1609 **Illiger.** Magazin f. Insektenkunde. 6 Bde. Braunschw. 1804—07. 8. 25.—
Bd. 1—5 vergriffen.
Illustrations of typic. Heterocera in the Brit. Museum — see nr. 486.
Indian Museum Notes — see nr. 1958.
1610 **Ingpen.** On Scale evolution in Ithomia Diasia. (Lond., Quek. Cl.) 1895.
8. 9 p. w. col. pl. 1.—
Insect Life — see nr. 1959.
1611 **Insecta.** Revue illustrée d'Entomologie. Pub. p. la Station Entomol. de
Rennes. Années I et II: 1911 à 12 Renn. 8. av. fig. 36.—
1612 **Insektenbörse.** Internation. Wochenblatt d. Entomologie. Redig. v. C.
Schaufuss u. Frankenstein. 23 Jahrgänge: 1884—1906. Leipz. 4. 90.—
Vom 24. Jahrgang ab heisst die Zeitschrift: „Entomolog. Wochenblatt" (siehe
Nr. 972), später „Entomolog. Rundschau" (siehe Nr. 971).
1613 Die **Insekten-Welt.** Zeitschr. d. Internation. Entomologen-Vereins. Jahrg.
II—IV: April 1885—Sept. 1887 (soviel erschien.). Guben. 4. 20.—
Jahrg. I führt den Titel: Correspondenz-Blatt (siehe Nr. 707), vom V. Jahrg. ab
führt das Organ des Vereins den Titel „Entomolog.Zeitschrift" (siehe Nr. 973). Der
IV. Jahrg. der „Insektenwelt" hat nicht wie die beiden andern 24 sondern nur 11 Nrn.

Internationaler Entomologischer Verein.

April 1884 durch Anregung von U. Lehmann-Neudamm (jetzt Gr. Lichterfelde) gegründet, publicierte er, vom 1. Mai 1884 angefangen, eine Vereins-Zeit-
schrift, die zuerst hiess „Correspondenz-Blatt der Internation. Vereinigung v.
Lepidopt.- u. Coleopt.·Sammlern". Vom 1. April 1885 ab erschien die Zeitschrift
monatlich zweimal unter dem Titel „Die Insekten-Welt" unter Redaction von
U. Lehmann; diese hörte am 1. September 1887 auf. Vom 15. September 1887
an wurde unter Redaction von H. Redlich, später von P. Hoffmann die
Publication unter dem Titel „Entomologische Zeitschrift" fortgesetzt. Letzterer
trat am 1. April 1907 zurück, der Sitz des Vereins wurde nach Stuttgart verlegt;
die „Zeitschrift" wurde vom Jahrg. XXI: 1907—08 ab redigirt von C. Reehten
(Nr. 1—7), H. Stichel (Nr. 8—43), A. Seitz (Nr. 44—52 und XXII—XXIV, XXV
Nr. 1), A. Spuler u. M. Nassauer (XXV. Nr. 2 bis XXVI. Nr. 11), F. Meyer
(XXVI. Nr. 13 u. Folge), nachdem inzwischen der Sitz des Vereins v. die Redaction
von Jahrg. XXIV Nr. 40 ab nach Frankfurt a. M. gekommen war. Vom 12. August
1911 an gab der Verein ein neues Blatt als Beilage zur „Entomolog. Zeitschrift"
unter dem Titel „Fauna exotica, Mitteilungen aus dem Gebiete der exotischen
Insektenwelt" heraus (Redaction des letzteren: Jahrg. I [12. Aug. 1911 bis 31. März
1912) u. Jahrg. II Nr. 1—6: M. Nassauer, Nr. 7 u. Folge: F. Meyer). Mit der
Gubener „Internationalen Entomolog. Zeitschrift", mit der „Societas" u. d. „Allgemein. Zeitschrift" (auf deren Titelblatt ein „Allgemeiner Verein" steht) hat der
Verein nichts zu tun. Er ist in erster Linie der Lepidopterologie gewidmet.

1614 **Internationale Entomologische Zeitschrift.** Redig. v. P. Hoffmann.
Jahrg. I—VI: 1907—12. Guben. 4. (M. 36.) 30.—
Als im Jahre 1907 die bis dahin in Guben erschienene „Entomolog. Zeitschrift"
(siehe Nr. 973) nach Stuttgart verlegt wurde, erschien obige Zeitschrift als zweite
Fortsetzung der alten Gubener weiter.
1615 **Iris.** Deutsche Entomologische Zeitschrift. Lepidopterol. Hefte. Bd. I—
XXV. Dresd. 1884—1911. 8. m. sehr viel. color. u. schwarz. Tfln. (M. 571.) 260.—
Die vollständige Reihe dieser ersten aller lepidopterol. Zeitschriften ist recht
selten geworden, da Band I (der unter dem Titel: „Correspondenzblatt d. Entomolog.
Vereins Iris" erschienen ist), VII u. VIII vergriffen sind. — Ich liefere auch alle
Bände einzeln (mit Ausnahme der vergriffenen) für à M. 12.

1616 **Jablonsky u. Herbst.** Natursystem aller in- u. ausländ. Schmetterlinge. *ℳ*
11 Bde. Text u. Atlas in Folio v. 328 color. Tfln. Berl. 1783—1804. 8.
(M. 292.) Hfzb. 90.—
  Siehe auch: Rara Historico-Naturalia, ed. Junk, p. 10.
  Siehe auch Nr. 1737. — Sehr viele einzelne Tafeln u. einzelne Textbände vorhanden.
1617 **Jackson, W. H.** Studies in the Morphology of the Lepidopt. I (all published.) (Lond., Linn. S.) 1890. 4. 44 p. w. 5 pl. (12 s.) 4.—
1618 **Jacobson, E.** Symbiose zw. d. Raupe v. Hypolycaena Erylus u. Oecophylla Smaragdina. (Haag, T. Ent.) 1912. 8. 6 p. m. 2 Tfln. (1 color.) 1.50
1619 **Jacobson, G.** Insecta Novaja-Zemljensia. (Petersb.) 1898. 4. 74 p. — Rossice conscript. 2.50
1620 **Jacoby.** Entwickl. d. Zeichnung an d. Schmetterlingsflügeln. (Kasan) 1889. 8. 13 p. 1.—
1621 **Jaeger, B.** Life of North American Insects. N. York 1859. 8. 333 p. w. 69 fig. Cloth. 5.—
1622 **Jäggi.** Zwei lepidopt.Excursion. in's Wallis. (Bern, Ent.Ges.) 1865—72. 8. 40 p. 1.—
1623 — Lycaena Lycidas. (Bern, Ent. Ges.) 1881. 8. 5 p. m. col. Tfl. 1.—
1624 **Jahrbuch** 1910 d. Entomol. Vereinig. „Sphinx" Wien. Red. v. Kramlinger. Wien 1910. 8. 52 p. m. 4 Tfln. (2 col.) 2.—
1625 **Jahresbericht** d. Wiener Entomolog. Lepidopt. Vereins. I—X. Wien 1891—1900. 8. m. 10 color. Tfln. 12.—
1626 — — XIII. Wien 1903. 8. 53 p. 1.50
1627 **Jahreshefte** d. Vereins f. Schlesische Insektenkunde zu Breslau. Heft 1—5. Breslau 1908—1912. 8. m. Tfln. 5.—
  Ist die Fortsetzung der „Zeitschrift" — siehe Nr. 3872.
1628 **Janet.** S. la constitut. morphol. de la tête de l'Insecte. Paris 1899. 8. 73 p. av. 7 pl. 2.—
1629 **Janet et Wytsman.** Fam. Epicopiidae (e: Genera Insectorum). Brux. 1903. 4. 5 p. av. 2 pl. (1 color.) 4.—
1630 **Janson.** Notes on Japanese Rhopalocera, w. descr. of new spec. 3 pap. (Lond., Cistula) 1877—79. 8. 15 p. w. 2 pl. 2.—
1631 **Jaroschewsky.** Z. Kenntn. d. Lepidopt.-Fauna v. Charkow u. Umgeb. Chark. 1879. 8. 20 p. — Russisch. 1.—
1632 **Jensen, L. P.** Bestemmelses-Tabeller ov. Danske Sommerfugle (Macro-Lepidopt.). Silkeborg 1902. 8. 23 p. m. Fig. 1.—
1633 **Joannis.** Lépidopt. du Miss. d'Alluaud aux îles Séchelles. (Paris, S. Ent.) 1894. 8. 14 p. av. pl. col. 1.—
1634 — Descr. de Lépidopt. nouv. de l'île Maurice. (Paris, S. Ent.) 1906. 8. 15 p. av. pl. col. 1.—
1635 — Contrib. à l'ét. d. Lépidopt. du Morbihan. (Paris, S. Ent.) 1909. 8. 142 p. av. pl. color. 4.—
  — Atlas d. Papillons — voir nr. 186 et 188.
1636 **Joannis et Ragonot.** Descr. de genres nouv. et esp. nouv. de Lépidopt. (Paris, S. Ent.) 1888. 8. 14 p. av. pl. col. 1.—
1637 **Johansen, F., and Nielsen, J. C.** The Insects of the "Danmark" Exped. (Kjöbenh., Medd. Grönl.) 1910. 8. 36 p. w. 2 pl. 2.—
1638 **John.** Beitr. z. Kenntn. d. Gatt. Plusia. 2 Thle. (Petersburg, Rev. Ent.) 1908. 8. 26 p. 1.50
1639 — Z. Lepidopt.-Fauna d. Mandschurei. (Petersb., Rev. Ent.) 1908. 8. 9 p. 1.—
1640 — Callogonia or Telesilla virgo? (Petersb., Rev. Ent.) 1909. 8. 4 p. w. pl. 1.—
1641 — Generic subdivis. of the g. Palpangula. (Petersb., Rev. Ent.) 1909. 8. 11 p. w. 24 fig. 1.—
1642 — The missing Vein, a lepidopt. study. (Petersb., Rev. Ent.) 1911. 8. 11 p. w. 12 fig. — In Russian language. 1.—
1642a**Johnson, T.** Illustr. of British Hawkmoths. (Lond.) 1874. fol. w. 16 colour. drawings. Cloth. 25.—
  The author being of the opinion that insects could not be reproduced by any artificial process, illustrated his book with water-colour drawings.

1643 **Jones, E. D.** On the resembl. betw. 2 spec. of Molippa. (Lond., Ent. S.)   *M*
1907. 8. 3 p. w. pl.   1.—
1644 — Descr. of new spec. of Heterocera fr. Southeast Brazil. 2 parts. (Lond.,
Ent. Soc.) 1908—12. 8. 60 p.   3.—
1645 **Jonston, J.** Historia naturalis de Quadrupedibus. De Avibus. De Pisci-
bus. De Exanguibus aquaticis. De Insectis, Serpent. et Draconibus.
Amstelod. 1657. fol. 964 p. et 253 tab. aen. Ldrbd.   35.—
1646 **Jordan.** Die Schmetterlingsfauna Nordwest-Deutschlands. Jena 1886. 8.
182 p. (M. 5.)   4.—
1647 — Das Mesosternit d. Tagfalter. (Jena, Zool.-Congr.) 1902. 8. 14 p. m. 3 Tfln.   2.50
1648 — Some new spec. of Moths. (Lond., Nov. Zool.) 1903. 4. 2 p.   1.—
Jordan et Burgeff. Lepidopterorum Catalogus: Zygaenidae.
In Vorbereitung. — In preparation. — En préparation. — Vide nr. 2074.
1649 **Jourdheuille.** Aberrat. de la Chelonia Quinsel. (Paris, S. Ent.) 1865. 8.
2 p. av. pl. color.   1.—
1650 — Calendrier du Microlépidoptériste. Recherche d. Chenilles. 3 parties.
(Paris, S. Ent.) 1869. 8. 74 p.   1.50
1651 — Catal. d. Lépidopt. du dép. de l'Aube. Avec supplém. (Troyes) 1883 à
1889. 8. 291 p.   4.—
1652 — Notes Lépidoptérol. 2 parties. (Paris, S. Ent.) 1888 à 89. 8. 8 p.   1.—
1653 **Journal** of Entomology descript. and geogr. 2 vols. Lond. 1860—66. 8.
w. 41 colour. and plain pl. Cloth. — All publish.   65.—
1654 **Journal** of the New York Entomolog. Society. Ed. by Beutenmüller. Vols.
I—XIV. N. York 1893—1907. 8. w. 65 pl.   140.—
See also no. 2625.
1655 **Jung, C.** Verzeichn. d. meisten Europ. Schmetterl. Frankf. 1782. 8.
168 p. Cart.   2.—
1656 **Junge.** Versuch e. Raupenbestimmungstabelle. 2 Thle. (Hamb., Ver. Nat.)
1899. 8. 52 p.   3.—
1657 — Die an Gräsern leb. Raupen d. Gross-Schmetterl. d. Niederelbfauna.
(Hamb., Ver. Nat.) 1899. 8. 23 p.   1.50
1658 **Junk, W.** Bibliographia Entomologica. 3 partes. Berolini 1912—13. 8. ca.
400 p. et 3 tab. Lnb.   3.—
    I: Bibliographia Coleopterologica — siehe Nr. 1660.
    II: „   Lepidopterologica — siehe Nr. 1659.
    III: „   Hymenopterorum, Dipteror., Hemipter., Neuropter., Pseudo-
Neuropter., Orthopter., Apterygot. — in Vorbereitung, erscheint noch 1913.
    Hieraus einzeln:

1659 — — Bibliographia Lepidopterologica. Berolini 1913. 8. XVI et
140 p. et tabula. Leinbd.   1.—
    Das obige Werk ist der vorliegende Catalog, auf gutes holzfreies Papier ge-
druckt und in Leinenband gebunden und versehen mit einem Vorwort „Die Lepidopterologische Literatur", in welchem zum ersten Male der Versuch gemacht wird, den Wert und die Wichtigkeit der hauptsächlichen Werke und Zeitschriften, die sich mit der Schmetterlingskunde beschäftigen, für den sammelnden
und forschenden Lepidopterologen festzustellen. In ähnlicher Weise, wie dies in
meinen — von der Fachpresse auf das günstigste aufgenommenen — „Bibliographia
Botanica" und „Bibliographia Coleopterologica" (siehe Nr. 1660) geschehen ist.
Beigefügt ist ferner ein „Adressen-Verzeichnis aller lebenden Lepidopterologischen Autoren".

    The 'Bibliographia Lepidopterologica' is this catalogue, but printed on fine
paper and in cloth binding, and with the addition of a complete list of
addresses of all living lepidopterological writers and an important
preface (written in German): 'The Lepidopterological Literature', in
which I tried — for the first time — to enter into the value (for the collector and
the scientific worker) of the chief lepidopterological books and periodicals. Two
years ago I published a similar work, most favourably reviewed by the American
and English press, the 'Bibliographia Botanica', and in 1912 the 'Bibliographia
Coleopterologica' (see no. 1660) came out.

    La 'Bibliographia Lepidopterologica' est le présent catalogue, mais tiré sur
papier fort et relié en toile et avec une liste des adresses de tous les
auteurs lépidoptérologiques et avec une préface (écrite en langue Alle-
mande): 'La littérature lépidoptérologique', dans laquelle j'ai essaié — pour

58

la première fois — à critiquer la valeur des livres principaux et des journaux ℳ
lépidoptérol. pour le collecieur et le savant. J'ai édité il y a deux ans un ouvrage
analogue très-favorablemcnt accueilli aussi par la presse française, la 'Bibliographia
Botanica' et en 1912 la 'Bibliographia Coleopterologica' (voir no. 1660).

1660 **Junk, W.** Bibliographia Coleopterologica. Berolini 1912. 8. XVI
et 146 p. et tabula. Leinbd.   1.—
   Dr. Kuntzen in der „Deutschen Entomolog. Zeitschrift": Vor kurzem ist unter
diesem Titel eine Arbeit veröffentlicht worden, die dem durch seine reichhaltigen
Kataloge wohlbekannten Verfasser und Verlagsbuchhändler entschieden Freunde
werben muss... Sehr hübsch liest sich aber vor allem die 14 Seiten einnehmende
Einleitung: „Die coleopterolog. Literatur", die als eine darkenswerte Einführung
auch zumal für den, der noch nicht im Gebiete der Käferkunde weiter vorge-
schritten ist, gelten kann; hier sind die wesentlichen Werke der Anfängerliteratur,
über mitteleuropäische Käfer, der allgemein systematisch-morphologischen Literatur, die wichtigsten Kataloge, die biologischen, die ökonomisch-entomologischen,
vor allem die zahlreichen wichtigen systematischen Arbeiten über die Faunen-
gebiete der Erde und die Zeitschriften nach ihrer Bedeutung zusammengestellt.
Der billige Preis macht diesen Katalog einer allgemeinen Benutzung noch mehr
zugänglich. — C. Houlbert dans 'Insecta': Ce petit volume intéressant élégam-
ment cartonné en toile grise, n'est pas une simple énumération d'ouvrages neufs
ou d'occasion, il renferme, en effet, en plus des références d'origine, un résumé
systématique suffisamment complet de la Littérature coléopterologique, établi sur
le même plan que celui de la 'Bibliographie botanique' et donnant l'indication de
tous les Traités, Articles et Périodiques ayant une certaine importance scientifique.
"Bibliographie coléopterol." peat rendre de grands services aux entomologistes
de tous les pays. — Coleopterolog. Rundschau: Als Nachschlagewerk von hervor-
ragender Bedeutung. — E. Olivier-Moulins: La liste la plus importante qui ait
paru depuis longtemps. — Geh. Rat Prof. F. E. Schulze-Berlin: Ihre wertvolle
B. C. wird mir besonders bei meinen beiden grossen Unternehmen, dem „Nomenclator Animalium" und dem „Tierreich" gute Dienste tun. — Kosmos-Stuttgart:
Ganz besonders zu erwähnen die trefflichen Ratschläge bibliographischer Art, die
diesem an Vollständigkeit wohl kaum zu übertreffenden Kataloge als Einführung
beigegeben sind. — Prof. Sudhoff in den „Mittlgn. z. Geschichte d. Medicin u.
Naturwiss.": Vortrefflich orientierende Einleitung. Für den Fachmann ein Hand-
und Nachschlagebuch von dauerndem Wert, das viel Nutzen stiften wird. —
E. Csiki in „Rovartani Lapok": Für jeden Käfersammler von grossem Nutzen,
wichtigste bibliographische Notizen, Richtschnur über die Literatur, als gutes Nachschlagebuch kaum zu entbehren, Interessenten bestens empfohlen. — I. E. Everts
in der „Tijdschrift v. Entomol.": Ich wünsche dem so wohlbekannten Herausgeber viel Glück zu diesem grossartigen Werke.

1661 — **Entomologen-Adressbuch. The Entomologist's Directory.**
Annuaire des Entomologistes. Berl. 1905. 8. 302 p. Leinenbd. (M. 5.) 3.—
   Circa 9000 Namen und Adressen nebst Angabe der Specialität enthaltend.
(Insektenbörse:) Unentbehrliches Nachschlagebuch. — (The Entomologist:) This
exceedingly useful Directory. — (Psyche:) Very creditable to the author, and the
most complete Directory. — (Entomol. Zeitschrift, Guben:) Der Herausgeber ist mit
ausserordentlicher Sorgfalt und peinlicher Genauigkeit zu Werke gegangen. Er hat
weder Mühe noch Kosten gescheut, um bis zum letzten Augenblick die Adressen zu
vervollständigen und so ein Adressbuch herzustellen, das sicher allen Ansprüchen
genügen wird. — (Prof. Porta-Camerino): Di somma importanza, molto accurato
ed elegante, pubblicazione indispensabile. — (Zeitschr. f. Insektenbiologie:) Mühe-
volle und offenbar sorgfältige wie übersichtliche Zusammenstellung, verdient grösste
Verbreitung. — (Journal of the New York Entomol. Soc.:) Well printed and in con-
venient, compact form. — (Entomologist's Record:) By far the best book of its kind
ever offered to the entomological public. The number of addresses is enormous, and
considering its extent, the errors are remarkably few. An excellent 5 s worth, and
one that no doubt will have an enormous circulation, as it fills a great want. —
(Revue d'Entomologie:) Nous recommandons ce très-utile Annuaire à nos collègues. —
(Miscellanea Entomologica:) Rendra de grands services à tous ceux qui désirent se
créer des relations d'échange. Un index alphabétique rend les recherches très-
promptes et très-faciles.

1662 — Antiqar.-Catalogue Nr. 25, 34, 40: Entomologia. 3 Thle. 1904—10.
238 p. m. 6061 Bücher-Titeln. — Gratis u. franco.
   Alle wichtigen entomolog. Publicationen enthaltend.

1662a— Antiquar.-Catalog Nr. 41: Rarissima Historico-Naturalia. 1911. 32 p.
m. ca. 420 Titeln. — Gratis u. franco.
   — Coleopterorum Catalogus — vide nr. 688; — Rara Historico-Naturalia —
vide no. 2827; — Publicationen über Linné — siehe Nr. 2118.

1663 **Junod.** Faune Lépidopt. de Delagoa. (Neuchât., Soc. Nat.) 1900. 8. 76 p.
av. 4 pl. color.   3.—

1663a**Kalchberg.** Beitr. z. Lepidopt.-Fauna Siciliens. 3 Thle. (Stett., Ent. Z.)
1872—76. 8. 32 p.   1.50

1664 — Ueb. d. Lepidopt.-Fauna v. Haifa, Syrien. (Dresd., Iris) 1897. 8. 30 p. 1.—

1665 **Kammerer.** Das Terrarium u. Insektarium. Leipz. 1912. 8. 209 p. m. ℳ
87 Fig. Lnbd. (M. 3.75)
1666 **Kane, W. K. de Vismes.** Catal. of the Lepidopt. of Ireland. Lond. 1901.
8. 184 p. w. colour. pl. 10.—
1667 — Lepidopt. of the Clare Island Survey. Lond. 1912. 4. 10 p. 1.—
1668 **Karsch, A.** Die Insectenwelt. Münst. 1863. 12. 560 p. Hfzb. (M. 3.) 1.50
1669 — — 2. (letzte) Aufl. Leipz. 1883. 8. 844 p. m. 389 Fig. (M. 9.60.) 7.50
1670 **Karsch, F.** 8 Abhdl. üb. exot. Lepidopt. (Berl.) 1884—98. 8. 40 p. 2.—
1671 — Neue Sphingiden aus Afrika. Sphingiden aus Kamerun. 2 Abhdlgn. (Berl.,
Ent. N.) 1891. 8. 14 p. m. col. Tfl. 1.—
1672 — Insecten v. Baliburg (D.-Westafrika). (Berl., Ent. N.) 1892. 8. 23 p. 1.—
1673 — 15 Abhdlgn. üb. Ost- u. West-Afrikan. Lepidopt. (Berlin) 1892—1900.
8. 57 p. 3.—
1674 — Die Insecten d. Berglandschaft Adeli, Togo. Abt. I. (soviel erschien.):
Apterygota, Odonata, Orthopt. Saltatoria, Rhopalocera. (Berl., B. Ent. Z.)
1893. 8. 266 p. m. Kte. u. 6 (2 color.) Tfln. 7.—
1675 — — Rhopalocera. 100 p. m. Kte. u. 2 color. Tfln. 4.50
1676 — Verzeichn. d. v. Preuss in Kamerun beob. Saturniiden u. Papilioniden.
(Berl., B. Ent. Z.) 1893. 8. 17 p. m. 2 col. Tfln. 2.—
1677 — Ein. neue Afrikan. Tagfalter. (Berl., Ent. N.) 1894. 8. 32 p. 1.—
1678 — Ein. neue Nymphaliden v. Yaúnde (Kamerun). (Berl., B. Ent. Z.) 1894.
8. 10 p. 1.—
1679 — Aethiopische Rhopaloceren. 2 Tle. (Berl., Ent. N.) 1895. 8. 46 p. 1.50
1680 — Aethiop. Heteroceren. 2 Tle. (Berl., Ent. N.) 1895. 8. 43 p. m. 4 Tfln. 2.50
1681 — Die Aethiop. Limakodiden d. Berl. Museum. 2 Thle. (Berl., Ent. N.)
1896—99. 8. 40 p. 1.50
1682 — Aethiop. Noctuiden d. Berl. Museum. (Berl., Ent. N.) 1896. 8. 13 p. 1.—
1683 — Neue Eingänge deutsch-ostafrikan. Insecten im Berlin. Museum. 2 Tle.
(Berl., Ent. N.) 1897—98. 8. 16 p. 1.—
1684 — Ueb. d. auf d. Irangi-Exped. ges. Orthopt. u. Lepidopt. (Wien, „Exped.")
1898. 4. 7 p. m. 2 Tfln. 3.—
1685 — Westafrikan. Pyralididen. 2 Tle. (Berl., Ent. N.) 1900. 8. 15 p. 1.—
1686 **Kathariner.** Werden die flieg. Schmetterlinge von Võgeln verfolgt?
(Leipz., Biol. Centrbl.) 1898. 8. 3 p. 0.50
1687 — Das Schienenblättchen d. Schwärmer. (Neudamm, Z. Ent.) 1899. 8.
8 p. m. Tfl. 1.—
1688 — Einfl. d. Spektrums auf Puppe u. Falter v. Vanessa. 2 Abh. 1899—1901.
8. 15 p. m. col. Tfl. 1.50
1689 — Ursachen d. part. Albinismus b. Schmetterl. (Neud., Z. Ent.) 1900. 4. 3 p. 0.50
1690 **Kaye.** Catal. of the Heterocera of Trinidad. (Lond., Ent. S.) 1901. 8.
46 p. w. 2 colour. pl. 2.50
1691 — On the domin. Müllerian group of Butterflies fr. Brit. Guiana. (Lond.,
Ent. S.) 1906. 8. 26 p. w. 5 pl. (1 colour.) 3.—
1692 **Kaye and Guppy.** Catal. of the Rhopalocera of Trinidad. (Lond., Ent.
S.) 1904. 8. 72 p. w. 2 colour. pl. 3.—
1693 **Kayser.** Deutschlands Schmetterlinge. Leipz. 1860. 8. 608 p. m. Atlas v.
153 color. Tfln. (M. 38.) Cart. 15.—
1694 **Kearfott.** Descr. of new Tortricid. fr. N. Carolina. (Wash., Mus.) 1905.
8. 16 p. 1.—
1695 — Descr. of new N. Americ. Crambid Moths. (Wash., Mus.) 1908. 8. 29 p. 1.—
1696 **Keferstein, A.** Ueb. d. Geschlechtsverschied. d. Schmetterl. 2 Tle.
(Stett., Ent. Z.) 1853. 8. 16 p. 1.—
1697 — Sphinx Celerio u. Nerié Europ. Falter? (Wien, Ent. Mon.) 1858. 8. 14 p. 1.—
1698 — Jungfräul. Zeugung bei Schmetterl. (Stett., Ent. Z.) 1861. 8. 13 p. 1.—
1699 — Ueb. seine Schmetterlingssammlung. (Stett., Ent. Z.) 1869. 8. 40 p. 1.—
1700 — Ueb. d. Entwicklgsgesch. d. Schmetterlinge u. der. Varietäten. Erf.
1880. 8. 116 p. 1.50
1701 — Ueb. d. Gattung Colias. (Wien, Z. b. G.) 1883. 8. 10 p. 1.—

60

1702 **Keferstein, C.** Krit.-system. Aufstell. d. Europ. Lepidopt. I. (Stett., Ent. *M*
Z.) 1851. 8. 54 p. 2.—
1703 **(Keferstein u. Werneburg.)** Die Grossschmetterlinge Erfurts. (Dresd.,
Iris) 1900. 8. 63 p. 2.—
1704 **Kellogg.** American Insects. New ed. New York 1909. 8. 694 p. w. 11 colour.
pl. and 812 fig. Cloth. 22.—
1705 **Kennel.** Die Verwandtschaftsverhältn. d. Arthrop. (Dorpator., Nat. Ges.)
1891. 4. 47 p. m. color. Tfl. 2.—
1706 — Der sexuelle Dimorphismus b. Schmetterl. Jurjeff 1896. 4. 64 p. 2.—
1707 — Neue Tortriciden d. Sammlgn. v. Staudinger u. Seebold. (Dresd., Iris)
1899. 8. 43 p. m. Tfl. 2.—
1708 — Neue paläarkt. Tortriciden. (Dresd., Iris) 1900. 8. 37 p. m. Tfl. 2.—
1709 — Neue Wickler d. paläarkt. Gebietes aus d. Sammlgn. v. Staudinger u.
Bang-Haas. (Dresd., Iris) 1901. 8. 101 p. 4.—
1710 — Die paläarkt. Tortriciden. Monogr. Darstellg. (In 3—4 Lfrgn) Lfg. 1,
2. (soviel erschien.) Stuttg. 1910. 4. 232 p. m. 12 color. Tfln. (M. 48.)
1711 **Kenrick.** List of Pyralidae coll. in Brit. New Guinea. (Lond., Zool. Soc.)
1907. 8. 20 p. w. 2 colour. pl. 3.—
1712 — Some undescr. Butterflies fr. Dutch New Guinea. (Lond., Ent. S.) 1911.
8. 5 p. w. 4 colour. pl. 3.—
1713 — List of Pyralidae coll. in Dutch New Guinea. (Lond., Zool. S.) 1912.
8. 10 p. w. colour. pl. 2.—
1714 **Kershaw.** The life hist. of Gerydus chinens. Butterfly destroyers in S.
China. 2 pap. (Lond., Ent. S.) 1905. 8. 9 p. w. col. pl. 1.—
1715 — Butterflies of Hongkong and S. E. China. Hongkong 1906. 4. 184 p.
w. 21 pl. (19 colour.) 28.—
1716 — Life hist. of Spindasis lohita. (Lond., Ent. S.) 1907. 8. 4 p. w. colour. pl. 1.—
1717 **Kheil.** 12 lepidopt. Abhandl. 1877—1911. 8. 46 p. 1.50
1718 — Die Rhopalocera d. Insel Nias. Berl. 1884. 4. 38 p. m. 5 photogr.
Tfln. (M. 10.) 8.—
Die Heterocera — siehe Nr. 2580.
1719 — — Ohne die Tafeln. 2.—
1720 — Ueb. geschlechtl. Dimorphismus d. Abessyn. Pap. Antinorii. (Dresd., Iris)
1890. 8. 6 p. m. 2 color. Tfln. 2.—
1721 — Los Lepidópt. de la Sierra de Espuña. (Zaragoza) 1902. 8. 24 p. 1.50
1722 — Lepidópteros de la Guinea española. 2 partes. (Madrid, Soc. Nat.) 1905.
8. 45 p. 2.—
1723 — Ab ovo-Zucht d. südfranzös. Parnassius apollo. (Guben) 1905. 8. 14 p. 1.—
1724 — Ueb. Deilephila phileuphorbia u. paralias. (Guben) 1912. 8. 12 p. 1.—
1725 **Killias.** Beitr. z. e. Verzeichn. d. Lepidopt.-Fauna Graubündens. Nachtrag II, III. (Chur, Nat. Ges.) 1895—1900. 8. 87 p. m. 2 color. Ktn. 2.—
1726 **Kirbach.** Ueb. d. Mundwerkzeuge d. Schmetterl. Leipz. 1883. 8. 44 p.
m. 2 Tfln. 1.50
1727 **Kirby, W., and Spence.** Introduct. to Entomology. 7. ed. Lond. 1859.
8. 635 p. Cloth. 3.—
1728 **Kirby, W. F.** Manual of Europ. Butterflies. Lond. 1862. 8. 168 p. w.
pl. Cloth. 1.50
1729 — On the geograph. distrib. of Europ. Rhopalocera. (Lond., Ent. S.) 1863.
8. 11 p. 1.—
1730 — Catal. d. Rhopaloc. Europ. dont l. Chenilles ne sont pas connus. (Paris,
S. Ent.) 1865. 8. 10 p. 1.—
1731 — On the Diurnal Lepidopt. of the extratropical North. Hemisphere.
(Dublin, Roy. S.) 1868. 8. 10 p. 1.—
1732 — On the Diurn. Lepidopt. in Gmelin's edit. of the 'Syst. Naturae'. (Lond.,
Ent. S.) 1869. 8. 8 p. 1.—
1733 — 5 lepidopt. papers. (Lond.) 1869—87. 8. 34 p. 2.—
1734 — On the Butterflies descr. by Linnaeus. (Lond., Ent. S.) 1870. 8. 20 p. 1.—
1735 — Reform in the generic nomenclat. of Diurnal Lepidopt. (Lond., Linn.
S.) 1870. 8. 10 p. 1.—

1736 **Kirby, W. F.** Synonymic Catal. of Diurnal Lepidopt. With Supplement. *M*
2 vols. Lond. 1871—77. 8. 883 p. 80.—

Rare. The only scientific work in existence on the Rhopalocera of the world which will not loose its value before the new 'Lepidopterorum Catalogus' (nr. 2074) will be finished.

1737 — On the Diurnal Lepidopt. descr. by Jablonsky and Herbst. (Lond., Ent. S.) 1872. 8. 10 p. 1.—
1738 — On the new or rare Sphingidae in the Museum of the Dublin Soc. (Lond., Ent. S.) 1877. 8. 11 p. 1.—
1739 — On the Afric. Saturniidae in the collect. of the Dublin Soc. (Lond., Ent. S.) 1877. 8. 8 p. 1.—
1740 — Catal. of the collect. of Diurnal Lepidopt. formed by Hewitson. Lond. 1879. 4. 250 p. 7.—
1741 — — Crüger. Catal. of the coll. of Diurnal Lepidopt. formed by Hewitson. (Berl., B. Ent. Z.) 1887. 8. 14 p. 1.—
1742 — Catal. of the Lepidopt. in the Museum of Science. (Dublin, Roy. S.) 1879. 8. 50 p. 2.—
1743 — On new Papilionidae and Pieridae coll. in East. Ecuador. (Lond., Ent. S.) 1881. 8. 8 p. 1.—
1744 — British Butterflies, Moths and Beetles. Lond. 1885. 8. 96 p. w. 9 pl. and many fig. Cloth. 1.50
1745 — On 4 rare Sphingidae. (Lond., Zool. S.) 1886. 8. 3 p. w. col. pl. 1.—
1746 — Descr. of new Papilion., Pieridae and Lycaen. (Lond., Ann. & M.) 1887. 8. 10 p. 1.—
1747 — On the Butterflies and Moths of Africa. (Lond., Vict. Inst.) 1890. 8. 12 p. 1.50
1748 — On the g. Xanthospilopteryx. (Lond., Ent. S.) 1891. 8. 14 p. w. colour. pl. 1.—
1749 — Synonymic Catal. of Lepidopt. Heterocera. Vol. I (all publ.): Sphinges and Bombyces. Lond. 1892. 8. 952 p. Cloth. (42 s.) 25.—
1750 — — Strecker. Index of spec. to Kirby's Synonymic Catal. Reading 1899. 8. 45 p. 4.—
1751 — Hand-book to the order Lepidopt. w. spec. refer. to British spec. 5 vols. Lond. 1894—97. 8. w. 158 colour. pl. Cloth. (30 s.) 16.—
1752 — Butterflies and Moths of Europe. Lond. 1903. 4. 504 p. w. 54 colour. pl. Cloth. 21.—

Based upon Berge's Schmetterlingsbuch (see nr. 184).

1753 — Butterflies and Moths of the United Kingdom. New ed. Lond. 1909. 8. 520 p. w. fig. Cloth. 7.50
1754 — Spence. Biograph. and bibliograph. memoir. (Lond., Ent. S.) 1850. 8. 15 p. 1.—
1755 **Kirsch.** Z. Kenntn. d. Lepidopt.-Fauna v. Neu Guinea. (Dresd., Mus.) 1877. 4. 34 p. m. 3 color. Tfln. 12.—
1756 — On the Butterfl. of Timorlaut. (Lond., Zool. S.) 1885. 8. 3 p. w. colour. pl. 1.—
1757 **Klages.** On the Syntomid Moths of S. Venezuela. (Wash., Mus.) 1906. 8. 22 p. 1.—
1758 **Kleine.** Unsere heimisch. Schmetterlinge, ihr Leben u. ihre Entwicklg. Leipz. 1912. 8. 95 p. m. color. Titelbl. u. 29 Fig. 1.—
1759 **Klemensiewicz.** Z. Kenntn. d. Hautdrüsen b. d. Raupen u. b. Malachius. (Wien, Z. b. G.) 1883. 8. 18 p. m. 2 Tfln. 1.—
1760 — Beitr. z. Lepid.-Fauna Galiziens. (Wien, Z. b. G.) 1894. 8. 24 p. 1.—
1761 — Ueb. neue u. wenig bekannte Schmetterl.-Gttgn. v. Galizien. 2 Thle. (Krakau, Ak.) 1898—99. 8. 105 p. — Polnisch. 2.—
1762 — Galicyjskie Gatunki Zygaenidae. Lwów 1902. 8. 40 p. m. Tfl. 1.50
1763 **Klier.** Raupen-Kalender. 3. Aufl. Leipz. 1904. 8. 56 p. m. 2 color. Tfln. Cart. 1.—
1764 **Klöcker.** Tillaeg t. fortegn. ov. de i Danmark lev. Macrolepidopt. (Kjöbenh., Ent. Medd.) 1903. 8. 23 p. 1.—
1765 — Danmarks Dag-Sommerfugle. Kjöbenh. 1908. 8. 96 p. m. 14 Tfln. 2.50
1766 — De fem aeldste fortegnelser ov. Danske Sommerfugle. (Köbenh., Ent. Medd.) 1908. 8. 24 p. 1.—

1767 **Klug.** Symbolae physicae, s. icones et descr. Insectorum ex itinere p. *ℳ* Africam boreal. et Asiam Hemprich et Ehrenberg novae aut illustr. redier. 5 decades. Berol. 1829—45. fol. c. 50 tab. color. (M. 180.) 60.—

1768 — Jahrbücher d. Insektenkunde. Bd. I (einzig.). Berl. 1834. 8. 304 p. m. 2 color. Tfln. 5.—

1769 **Klug u. Hopffer.** Neue Schmetterlinge d. kgl. Zool. Musei d. Univ. Berlin. 2 Hefte. Berl. 1836—56. fol. 16 p. m. 10 color. Tfln. Cart. 80.—
Rarissimum. Ein vollständiges Exemplar (wie das obige) habe ich noch nie gesehen.

1770 **Kollar.** Beitr. z. Insekten-(Lepidopt.-)Fauna v. Neu-Granada u. Venezuela. (Wien, Ak.) 1849. fol. 14 p. m. 4 color. Tfln. 10.—

1771 **Knaggs.** Pupa Hunting. Huddersf. 1900. 8. 16 p. 1.—

1772 **Knapp.** Verzeichn. d. Schmetterlinge Thüringens. (Stett., Ent. Z.) 1887. 8. 44 p. 1.50

1773 **Knatz.** Z. Entwicklgsgesch. d. Lepidopt. Jugendformen v. Eulenraupen. (Cassel, Ver. Nat.) 1886. 8. 22 p. 1.50

1774 **Knoch.** Beitr. z. Insektengeschichte (Lepidopt.). 3 Thle. Leipz. 1781—83. 8. 368 p. m. 19 color. Tfln. Hfzb. 7.—

1775 **Kobelt.** Reiseerinnerungen aus Algerien u. Tunis. Frankf. 1885. 8. 480 p. m. 13 Tfln. (M. 10.) 4.50
Darin: Saalmüller, Liste d. gesamm. Schmetterl.

1776 **Koca.** Beitr. z. Coleopt.- u. Lepidopt.-Fauna d. Gore Papuka. (Agram, Soc. Hist. Nat.) 1900. 8. 36 p. 1.50

1777 — Prilog Fauni Leptira. (Lepidopt.) Hrvatske i Slavonije. (Zagreb) 1901. 8. 67 p. 1.50

1778 **Koch, A.** Sammlungsverzeichn. f. Europ. Grossschmetterlinge. 2. Aufl. Berl. 1907. 4. 100 p. Cart. (M. 4.) 3.—

1779 **Koch, G.** Beschr. e. Raupen-Erzieh.-Apparat. (Stett., Ent. Z.) 1850. 8. 3 p. m. Tfl. 1.—

1780 — Die geograph. Verbreit. d. Europ. Schmetterl. Leipz. 1854. 8. 153 p. Hfzb. 1.50

1781 — Die Schmetterlinge d. südwestl. Deutschlands. Cassel 1856. 8. 512 p. m. 2 z. Thl. color. Tfln. (M. 10.50.) 2.50

1782 — Die Indo-Austral. Lepidopt.-Fauna. 2. Aufl. Berl. 1873. 8. 119 p. m. Karte u. Tfl. (M. 5.) 2.50

1783 **Köhler, F.** Die Duftschuppen d. Gatt. Lycaena. Jena 1899. 8. 24 p. m. 3 z. Thl. color. Tfln. 2.—

1784 **Kolb.** Die Grossschmetterl. v. Kempten. (Augsb., Nat. Ver.) 1883. 8. 34 p. 1.—

1785 — — 2. Aufl. (Augsb., Nat. Ver.) 1890. 8. 44 p. 1.50

1786 **Kolbe.** Beitr. z. Systematik d. Lepidopt. (Berl., B. Ent. Z.) 1883. 8. 8 p. 1.—

1787 — Einführ. in d. Kenntn. der Insekten. Berl. 1893. 8. 721 p. m. 324 Fig. (M. 14.) 12.—

1788 **Kolisko.** Inzuchtversuche m. Dilina tiliae. (Wien, Z. b. G.) 1908. 8. 15 p. 1.—

1789 **Kollmorgen.** Versuch e. Macrolepidopt.-Fauna v. Corsica. 2 Thle. (Dresd., Iris) 1899—1900. 8. 38 p. 1.50

1790 **Konwiczka.** Schmetterlingsbuch. Die bekanntest. Schmetterl. Mittel- deutschlands m. syst. Verzeichn. sämtl. Mitteleurop. Arten. Fürth 1912. 8. 164 p. m. 20 color. Tfln. Cart. 4.—

1791 **Kopec.** Experimentaluntersuch. üb. d. Entwickl. d. Geschlechtscharactere b. Schmetterl. (Krak., Ak.) 1908. 8. 26 p. 1.50

1792 — Ueb. morphol. u. histol. Folgen d. Kastration u. Transplantat. bei Schmetterl. 2 Thle. (Krak., Ak.) 1910. 8. 13 p. m. Tfl. 1.50

1793 **Korb.** Die Schmetterlinge Mittel-Europas. Nürnb. (1893). 4. 364 p. m. 30 color. Tfln. Origbd. (M. 17.) 7.—

1794 — Brahmea christophi. (Dresd., Iris) 1899. 8. 3 p. m. color. Tfl. 1.—

1795 **Korschelt.** Kerne in d. Spinndrüsen u. Zellmembranen an Spinndrüsen d. Raupen. 2 Abhdl. (Bonn, Arch. Anat.) 1896. 8. 70 p. — Die 3 Tfln. fehlen. 1.50

1796 **Kosminsky.** Einwirk. äusserer Einflüsse auf Schmetterlinge. (Jena, Zool. J.) 1909. 8. 30 p. m. 5 Tfln. 3.50

1797 **Kotzebue.** Entdeckungs-Reisen in d. Südsee u. nach d. Beringsstrasse. *M*
Mit zoolog. Bemerkgn. 3 Bde. Weimar 1821. 4. 607 p. m. 26 Tfln. (19 color.)
Cart. (M. 48.) 18.—
   Hierin u. a.: Eschscholtz, Beschr. neuer exot. Schmetterlinge (m. 6 color. Tfln.)
Krancher. Entomolog. Jahrbuch — siehe Nr. 968.
1798 **Krauss u. Eimer.** Ueb. d. Wandern v. Vanessa Cardui. (Stuttg., Ver.
Nat.) 1880. 8. 10 p. 1.—
1799 **Kroulikowsky.** Versuch e. Lepidopt.-Fauna d. Kasan'schen Gouvern.
II—V: Sphinges, Bombyc., Noctuae, Geometrae, Microlepid. (Moskau, Bull.)
1893—1900. 8. 186 p. — In Russischer Sprache m. Latein. Diagnosen. 4.—
1800 — Beitr. z. Fauna d. Macrolepidopt. d. Gouv. Ufa. Mosk. 1897. 8. 16 p. —
Russisch. 1.—
1801 — Liste d. Lepidopt. Gouv. Kasan. Mosk. 1898. 8. 28 p. — Russisch. 1.—
1802 — Materialien z. Kenntn. d. Lepidopt.-Fauna Russlands. I. (Moskau, Bull.)
1900. 8. 31 p. m. col. Tfl. — Russisch. 1.50
1803 — D. Lepidopt. d. Gouv. Wjatka. Mosk. 1908. 8. 250 p. — In Russ. Sprache. 4.—
1804 — Neues Verzeichn. d. Lepidopt. d. Gouv. Kasan. (Dresd., Iris) 1909. 8. 71 p. 2.50
1805 **Krüger, L.** Insektenwanderungen zwisch. Deutschl. u. d. Ver. Staat. v.
N. Amerika. Stett. 1899. 8. 182 p. (M. 4.) 3.—
1806 **Kubary u. Ribbe.** Frühere Stände v. Ornithoptera Paradisea. Ein. noch
nicht bek. Raupen u. Puppen d. Südsee. 2 Abhdl. (Dresd., Iris) 1895. 8.
13 p. m. 3 color. Tfln. 2.—
1807 **Kühn.** Z. Kenntn. Indisch. Lepidopt.-Larven. (Dresden, Iris) 1887. 8. 6 p.
m. color. Tfl. 1.50
1808 **Künow.** Raupe u. Puppe d. Argynnis laodice. (Königsb., Phys. Ges.)
1872. 4. 3 p. m. col. Tfl. 1.—
1809 **Kunze.** Die Tagfalter Anhalts. (Leipz., Ent. Jahrb.) 1912. 8. 14 p. 1.—
1810 **Kusnezow.** Beitr. z. Kenntn. d. Grossschmetterl. d. Gouv. Pskov. (Petersb.,
Horae) 1904. 8. 54 p. — Russisch. 1.50
1811 **Labram u. Imhoff.** Insecten d. Schweiz. Fragment v. 258 meist color.
Tfln. (219 Coleopt., 39 Lepidopt.) Basel 1836. 8. 20.—
1812 **Lacaze-Duthiers.** Rech. s. l'armure génitale femelle d. Insectes. Paris
1853. 4. 238 p. av. 17 pl. 14.—
1813 — — Sans les planches. 3.—
1814 **Lacordaire.** Introd. à l'Entomologie. 2 vols. Paris 1834 à 1838. 8. 1196 p.
av. 24 pl. (fr. 21.) 6.—
1815 — — Aux planches coloriées. (fr. 34.) Cart. 12.—
1816 — Morren. Éloge. (Liége) 1870. 8. 20 p. av. portr. 1.—
1817 **L'Admiral.** Naauwkeur. waarneem. omtr. de Verander. v. veele Insekten
of gekorvene Diertjes. Amsterd. 1774. fol. 38 p. m. 33 Tfln. Hfzb. 7.—
1818 **Lafaury.** Descr. de Chenilles de Microlépidopt. inéd. ou peu connus.
(Paris, S. Ent.) 1880. 8. 12 p. 1.—
La Harpe — voir: De La Harpe.
1819 **Lambillion.** Hist. natur. et moeurs de tous les Papillons de Belgique.
Vol. I (tout ce qui a paru). Namur 1902. 8. 455 p. av. fig. (fr. 6.) 3.—
1820 — Catal. d. Lépidoptères de Belgique. 2. éd. Fasc. 1 à 27 (tout ce qui a
paru). Namur 1900 à 1907. 8. 432 p. 11.—
1821 **Lameere.** Insectes supér. de la Faune de Belgique. Brux. 1907. 8. 870 p.
av. 755 fig. Toile. 6.—
1822 **Lampert.** Die Grossschmetterlinge u. Raupen Mitteleuropas. Essling. 1907.
8. 346 p. m. 95 color. Tfln. Lnb. (M. 27.) 24.—
   Siehe auch Nr. 1342.
1823 — Kleines Schmetterlingsbuch. Essl. 1912. 8. 212 p. m. 28 color. Tfln. u.
429 Fig. Lnb. (M. 4.50.)
1824 **Landois.** Der Stigmenverschluss d. Lepidopt. Büschelförm. Spermatozoen
d. Lepidopt. (Bonn, Arch. Phys.) 1866. 8. 18 p. m. 2 Tfln. 2.—
1825 — Beitr. z. Entwicklungsgesch. d. Schmetterlingsflügel in d. Raupe u.
Puppe. (Leipz., Z. Zool.) 1871. 8. 11 p. m. Tfl. 1.50

64

1826 **Lang, H. C.** Rhopalocera Europae. The Butterflies of Europe. 2 vols.   *M*
Lond. 1884. 8. w. 82 colour. pl. Cloth. (3 *£* 18 s.)   63.—
1827 **Lanz.** Besprech. d. v. Bumiller aus Ostafrika mitgebr. Schmetterlinge.
(Dresd., Iris) 1896. 8. 35 p.   1.50
1828 **Laplace.** Verzeichn. d. Schmetterl. d. Umgeb. Hamburg-Altonas. (Hamb.,
Ent. Ver.) 1904. 8. 114 p.   2.—
1829 **Larvae.** 22 mém. p. Chapman, Dyar, Gillmer, Linden, Oudemans, Plateau,
Scudder, Stainton, Thierry-Mieg et a. 1855 à 1911. 8. et 4. 106 p. av.
5 pl. (1 color.)   8.—
1830 **Lathy.** Monogr. of the g. Calisto. (Lond., Ent. S.) 1899. 8. 8 p. w. colour. pl.   1.—
1831 — Account of Rhopaloc. coll. at Zomba, Brit. Centr. Africa. (Lond., Ent.
Soc.) 1901. 8. 18 p. w. colour. pl.   1.50
1832 — Account of Rhopaloc. coll. on the Anambara Creek in Nigeria, W.
Africa. (Lond., Ent. S.) 1903. 8. 24 p. w. colour. pl.   1.50
1833 — New S. Americ. Erycinidae. (Lond., Ent. S.) 1904. 8. 6 p. w. colour. pl.   1.—
1834 — On some aberrat. of Lepidopt. (Lond., Ent. S.) 1904. 8. 6 p. w. colour. pl.   1.—
1835 — Contrib. to the knowl. of Afric. Rhopaloc. (Lond., Ent. S.) 1906. 8.
10 p. w. 2 colour. pl.   2.—
1836 — On 3 new forms of the g. Heliconius. (Lond., Zool. S.) 1906. 8. 3 p.
w. colour· pl.   1.50
1837 — On the Indo-Austral.Papilionidae. (Lond., Ent. S.)1907. 8. 6 p. w. colour. pl.   2.—
1838 **Lathy and Rosenberg.** On the g. Catasticta. (Lond., Ent. S.) 1911. 8.
9 p. w. 2 colour. pl.   2.—
1839 **Latreille.** Précis d. Caractères génériques d. Insectes. Bord. 1796. 8.
215 p. av. pl. D.-rel. veau.   80.—
        Sur cet ouvrage rarissime — voir: Rara historico-naturalia, ed. Junk, p. 30.
1840 — — Réimpression. Paris 1907. 8. 215 p.   6.—
1841 — Hist. natur. des Crustacés et des Insectes. 14 vols. Paris 1802 à 1805.
8. av. 113 pl. color. D.-rel.   55.—
1842 — Mém. s. divers sujets de l'hist. nat. des Insectes. Paris 1819. 8. 227 p.
D.-rel. veau.   6.—
1843 — Cours d'Entomologie. Année I. (unique). Paris 1821. 8. 601 p. av. 24 pl.
(fr. 20.)   6.—
1844 **Latreille, Olivier, Guérin, Serville, Godart.** Histoire natur. d. Insectes,
Crustacés et Arachnides. 7 vols. de texte et 2 vols. d'atlas de 398 pl.
Paris (Encyclopéd.) 1789 à 1825. 4.   80.—
1845 **Latter.** On the secretion of Potassium Hydroxide by Dicranura vinula.
2 parts. (Lond., Ent. S.) 1892—95. 8. 20 p. w. 2 pl.   1.50
1846 — The Prothoracic Gland of Dicranura vinula. (Lond., Ent. S.) 1897. 8.
14 p. w. pl.   1.—
1847 **Ledebour.** Wissensch. Reise durch d. Altai-Geb. u. d. Songor. Kirgisen-
Steppe. 2 Thle. Berlin 1829. 8. 1248 p. — O h n e die (nicht entomolog.) Tfln.   9.—
        Vergriffen. — Enthält: Gebler. Catalogus Insectorum Siberiae occident. et
confinis Tatariae. 228 p.
1848 **Lederer.** Versuch die Europ. Lepidopt. in natürl. Reihenfolge zu stellen.
2 Thle. (Wien, Z. b. G.) 1852—53. 8. 92 p. m. 2 Tfln.   10.—
1849 — Die Europaeischen Spanner (Geometr.). (Wien, Z. b. G.) 1853. 8. 106 p.
m. 2 Tfln.   5.—
1850 — Lepidopterolog. aus Sibirien. I. (Wien, Z. b. G.) 1853. 8. 36 p. m. 7 Tfln.   4.—
1851 — Beitrag z. e. Schmetterl.-Fauna v. Cypern. Beirut u. ein. Theil Kleinasiens. (Wien, Z. b. G.) 1855. 8. 78 p. m. 3 Tfln.   5.—
1852 — Die Noctuinen Europas, d. Asiat. Russl., Kleinasiens,Syriens u. Labradors.
Wien 1857. 8. 267 p. m. 4 Tfln. (M. 6.)   4.—
1853 — Ueb. d. Lycaeniden-Gattgn. d. Europ. Fauna. (Wien, Ent. Mon.) 1857. 8. 8 p.   1.—
1854 — Nachtrag z. Schmetterlings-Fauna v. Beirut. 2 Thle. (Wien, Ent. Mon.)
1857. 8. 12 p.   1.—
1855 — Noch ein. Syrische Schmetterlinge. (Wien,Ent.Mon.)1858. 8. 18 p. m. 3 Tfln.   2.—
1856 — Lepidopterol. Mitthlgn. (Berl., B. Ent. Z.) 1858. 8. 8 p. m. Tfl.   1.—
1857 — Classific. d. Europ. Tortricinen. 6 Thle. (Wien, Ent. Mon) 1859. 8. 94 p.   3.50

1858 **Lederer.** Ueber Kindermanns letzte lepidopterol. Ausbeute (aus Syrien und *ℳ*
Palästina). (Wien, Ent. Mon.) 1861. 8. 10 p. m. 2 Tfln. 2.—
1859 — Unpartheilichk. modern. Kritik (geg. Herrich-Schäffer). (Wien, Ent. Mon.)
1861. 8. 25 p. 1.—
1860 — Celonoptera mirific., e. neuer Spanner. (Berl., B. Ent. Z.) 1862. 8. 2 p.
m. col. Tfl. 1.—
1861 — Verzeichn. d. v. Haberhauer bei Varna u. Sliwno ges. Lepidopt. 2 Thle.
(Wien, Ent. Mon.) 1863. 8. 19 p. m. Tfl. 1.50
1862 — Beitr. z. Kenntn. d. Pyralidinen. 4 Thle. (Wien, Ent. Mon.) 1863. 8.
210 p. m. 17 Tfln. 10.—
1863 — Z. Lepidopt.-Fauna v. Imeretien u. Grusien. (Wien, Ent. Mon.) 1864.
8. 8 p. m. Tfl. 1.—
1864 — Excurs. lépidopterol. en Anatolie. (Brux., S. Ent.) 1865. 8. 33 p. av. pl. color. 2.—
1865 — Nachtrag z. Verzeichn. d. v. Haberhauer bei Astrabad in Persien gesamm.
Schmetterl. (Petersb., Horae) 1872. 8. 26 p. m. 2 color. Tfln. 2.—
1866 — Contrib. à la faune d. Lépidopt. de la Transcaucasie. (Brux., S. Ent.)
1872. 8. 38 p. av. 2 pl. color. 3.—
1867 **Leech.** British Pyralides incl. the Pterophoridae. Lond. 1886. 8. w.
18 colour. pl. Cloth. 9.—
1868 — On the Lepidopt. of Japan and Corea. 3 parts. (Lond., Zool. S.)
1887—90. 8. 206 p. w. 9 colour. pl. 15.—
1869 — — With plain plates. 7.—
1870 — — Part I: Rhopalocera. (Lond., Zool. S.) 1887. 8. 34 p. w. 2 colour. pl. 4.—
1871 — — Part II: Heterocera. (Lond., Zool. S.) 1888. 8. 76 p. w. 3 colour. pl. 5.—
1872 — On a coll. of Lepidopt. fr. Kiukiang. (Lond., Ent. S.) 1889. 8. 50 p.
w. 3 colour. pl. 3.—
1873 — Butterflies fr. China, Japan and Corea. 3 vols. (11 parts.) Lond.
1892—94. 4. w. map, views and 43 colour. pl. (12 *℔*) 120.—
1874 — Lepidopt. Heterocera fr. China, Japan and Corea. 5 parts. (Lond., Ent.
S.) 1898—1901. 8. 676 p. w. 2 colour. pl. 15.—
— Catal. of his collect. — see no. 3282.
1875 **v. Leeuwen.** Ov. de rups v. Bombyx Crataegi. (Gravenh., T. Ent.) 1880.
8. 3 p. m. col. Tfl. 1.—
1876 **Lefebure.** Syntomis Kulweinii. (Paris, S. Ent.) 1831. 8. 2 p. av. pl. color. 1.—
1877 **Leigh, Poulton and Trimen.** Synepigonic series of Papilio cenea and
Hypolimnas misippus. (Lond., Ent. Soc.) 1904. 8. 18 p. w. 2 pl. 2.—
1878 **Leipzig.** — Die Gross-Schmetterl. d. Leipzig. Gebiet. Leipz. 1889. 8. 48 p. 1.—
3. (letzte) Auflage — siehe Nr. 2867.
1879 **Lentner.** Deutsches Schmetterlings-Buch. 3. Aufl. Quedlinb. 1845. 4. 76 p.
m. 16 color. Tfln. 2.—
1880 **Le Peletier de Saint-Fargeau.** Faune Française: Lépidopt. (Paris) 1820
à 1830. 8. 256 p. 6.—
Tout ce qui a paru du texte de cette division du grand ouvrage de Vieillot
et a. — Les 46 planches manquent.

Lepidoptera noxia.

1831 **Aldrich.** The Codling Moth. Moscow 1900. 8. 16 p. w. pl. 1.—
1882 **Altum.** Forst-Zoologie. 3 Bde. (4 Thle.) Berl. 1872—75. 8. m. viel. Fig.
(M. 35.) Hfzbde. 13.—
1883 — — 2. (letzte) Aufl. Berl. 1876—82. 8. m. 6 Tfln. u. viel. Fig. (M. 41.)' 26.—
1884 — — Bd. III: Insecten. 2 Thle. Berl. 1874. 8. 713 p. m. Fig. (M. 16.) Lnb. 6.—
1885 — — Bd. III: Insecten. 2. Aufl. 2 Thle. Berl. 1881—82. 8. 749 p. m. Fig.
(M. 16.) Cart. 9.—
1886 — Der Raupenleim u. s. Verwendg. (Berlin, Z. Forstw.) 1892. 8. 27 p. 1.—
1887 — Antinonnin im Dienst d. Forstschutz. (Berlin, Z. Forstw.) 1893. 8. 10 p. 1.—
1888 **Annual Report** of the U. S. Entomolog. Commission. 5 vols. Wash.
1878—1890. 8. w. 185 pl. and 18 maps, partly colour. Cloth. 80.—
Vol. I and IV separately at M. 12. — See also nr. 1905.
1889 **Atlas** d'Entomologie forestière. Nancy 1869. 8. 34 planches (en partie
color.) av. texte descript. D.-rel. veau. 8.—

66

Lepidoptera noxia.

1890 **Audouin.** Histoire d. Insectes nuisibles à la Vigne et particul. de la *M*
Pyrale. Paris 1842. 4. av. atlas de 23 pl. color. D.-rel. veau.   60.—
Epuisé et rare.

1891 **Aulmann u. La Baume.** Die Schädlinge der Kulturpflanzen in d.
Deutsch. Kolonien. Heft 1—4. Berl. 1911—12. 8. 392 p. m. viel. Fig. (M.11.)

1892 **Aurivillius.** Om Slökornflugan (Oscinis frit). (Stockh., Ent. T.) 1892. 8. 16 p.   1.—

1893 **Baer.** Ueb. Dioryctria splendidella u. abietella. (Tharandt) 1906. 8.
23 p. m. 2 Tfln.   1.50

1894 — Gracilaria simploniella u. d. Eichenrindenminen. (Stuttg.) 1909. 8. 10 p.   1.—

1895 **Bemerkungen** in Rücks. d. Mittel z. Vermind. d. Baumraupen. Leipz.
1791. 8. 172 p. Cart.   2.—

1896 **Berlese e Leonardi.** Effetto d. Insettifughi n. lotta contra la Cochylis
Ambiguella. Padova 1896. 8. 43 p.   1.50

1897 **Bishopp and Jones.** The Cotton Bollworm (Heliothis obsoleta).
Summary of its life-hist. and habits. (Wash., Dept. Agr.) 1907. 8. 32 p.   1.—

1898 **Boisduval.** Essai s. l'Entomologie Horticole. Paris 1867. 8. 664 p. av. 126 fig.   7.—
Epuisé.

1899 **Boletin** de la Comision de Parasitologia Agricola. Réd. p. Herrera. Vol.
I, II. Mexico 1900 à 1905. 8. av. beauc. de pl.   40.—
Epuisé.

1900 **Bollettino** del Laboratorio di Zoologia generale ed agraria d. Scuola
d'Agricoltura di Portici. Vol. I—V. Portici 1907—1911. 8. c. 8 tav.   75.—

1901 **Bos, J. R.** Tierische Schädlinge u. Nützlinge. Berl. 1891. 8. 892 p.
m. 477 Fig. (M. 18.)   15.—

1902 **Brez.** La Flore d. Insectophiles. Utrecht 1791. 8. 824 p.   3.—

1903 **Brunet.** Maladies et Insectes de la Vigne. 2. éd. Paris 1912. 8. av.
12 pl. color.   3.50

1904 **Bulletin** d'Insectologie Agricole. Journal de la Société centr. d'Agricult.
et d'Insectol. 14 années (tout ce qui a paru). Paris 1876 à 89. 8. av. fig.   75.—
Très-rare. Beaucoup d'années dépareillées en magasin. — A partir de 1890 le
'Bulletin' a été fondu avec 'l'Apiculteur'.

1905 **Bulletin** of the U. S. Entomological Commission. By Riley, Packard,
Thomas. 7 nrs. Wash. 1877—81. 8. w. 5 pl. and maps.   25.—
See also nr. 1888: Annual Report of the U. S. Ent. Commiss.

1906 **Bulletin** of the U. S. Dept. of Agriculture, Division of Entomology.
Series I. 33 nrs. Wash. 1883—93. 8. w. 41 pl.   75.—

1907 — —New Series. 30 nrs. w. index by Banks. Wash. 1896—1901. 8. w. many pl.   60.—
Particulars on nr. 1906 and 1907. — see: Rara Historico-Natuialia, od. Junk, p. 29.

1908 ˙ **Canavari.** Gl'Insetti d. Vite. Pisa 1912. 8. 189 p. c. 4 tav. color.   8.—

1909 **ten Cate.** Verwoestingen door schadel. Dennen-Rupsen. (Amsterd.) 8.
43 p. m. color. Tfl.   1.50

1910 **Chittenden.** The Fall Army Worm (Laphygma frugiperda) and Variegat.
Cutworm (Peridromia saucia). (Wash., Dept. Agr.) 1901. 8. 64 p.   1.50

1911 **Cobelli, R.** La Processionaria d. Pino. Rover. 1877. 8. 95 p. c. 5 tav.   2.—

1912 **Collinge.** Manual of Injurious Insects. Birmingh. 1912. 8. 288 p. w.
105 fig. Cloth.   12.—

1913 **Curtis.** Farm Insects. Insects injur. to the Field Crops of Gt. Britain.
Edinb. 1860. 8. 572 p. w. 16 colour. pl. Cloth.   25.—
Rare. The colouring of a reprint made in 1883 is not equal to that of the edition
quoted above.

1914 **Dorrer.** Die Nonne im oberschwäb. Fichtengebiet. Stuttg. 1891. 8. 47 p.   1.—

1915 **Eckstein.** Die Beschädigung unserer Waldbäume durch Thiere. Die
Kiefer (Pinus silvestris) u. ihre thierisch. Schädlinge. Bd. I (soviel erschien.): Die Nadeln. Berl. 1893. fol. 59 p. m. 22 color. Tfln. Cart. (M. 36.)   28.—

1916 — Forstliche Zoologie. Berl. 1897. 8. 664 p. m. 660 Fig. Lnb. (M. 20.)   16.—

1917 O **Entomologista Brasileiro.** Rivista mensal de Entomol. economica.
Dir. p. Barbiellini. Années I et II. S. Paulo 1908 à 09. 8. 208 p. av. fig.   8.—

1918 **Fabre.** Les Ravageurs Insectes nuis. à l'Agriculture. Paris 1912. 8.
284 p. av. 16 pl.   3.—

W. Junk, Berlin, W. 15.

Lepidoptera noxia.

1919 **Felt.** Insects injurious to Forest Trees. (N. York) 1898. 4. 31 w. 5 pl. *ℳ* (3 colour.) — 3.50
1920 — Grapevine Root Worm (Fidia). 2 parts. (Albany, Mus.) 1902—03. 8. 90 p. w. 19 (2 colour.) pl. — 2.—
1921 — Insects affecting Park and Woodland Trees. 2 vols. (Albany, Mus.) 1904—06. 4. 877 p. w. 70 pl. (20 colour.) and 223 fig. Cloth. — 40.—
1922 — Gipsy and Brown Tail Moths. Albany 1906. 8. 42 p. w. 10 pl. (2 colour.) — 1.50
1923 — White marked Tussock Moth and Elm Leaf Beetle. (Albany, Mus.) 1907. 8. 31 p. w. 8 (2 colour.) pl. — 2.—
1924 **Fernald.** The Gypsy Moth (Ocneria dispar) and its exterminat. 3 pap. Amherst and Boston 1892—93. 8. 102 p. w. 20 pl., partly colour. — 5.—
1925 — The Gypsy Moth. Bost. 1898. 8. 138 p. w. 4 pl. (1 colour.) — 2.—
1926 **Fernald and Kirkland.** The Browntail Moth (Euproctis chrysorrhoea). Boston 1903. 8. 73 p. w. 14 pl. Cloth. — 2.—
1927 **Ferrant.** Die schädlichen Insekten d. Land- u. Forstwirtschaft. Luxemb. 1911. 8. 615 p. m. 367 Fig. — 8.—
1928 **Fitch.** 1. and 2. Report on the noxious, benefic. and other Insects of New York. Albany 1856. 8. 336 p. w. 4 pl. Cloth. — 6.—
1929 **Fletcher, T. B.** On the Moth-Borer (Chilo simplex). Lucknow 1911. 4. 5 p. w. pl. — 1.—
1930 — 2 Insect Pests of the Unit. Provinces. Calc. 1911. 4. 13 p. — 1.—
1931 — The Wax-Moth. Calc. 1911. 4. 6 p. w. colour. pl. — 1.50
1932 — The Cabbage white Butterfly. Calc. 1912. 4. 4 p. w. colour. pl. — 1.50
1933 **(Forbush).** Exterminat. of the Ocneria dispar or Gypsy Moth f. 1892 and 1896. 2 parts. Bost. 1892—96. 8. 70 p. w. 8 pl. and 1 map. — 2.50
1934 **Forbush and Fernald.** The Gypsy Moth (Porthetria dispar). Bost. 1896. 8. 607 p. w. 5 maps and 66 partly colour. pl. Cloth. — 8.—
1935 **Forstlich-Naturwissenschaftliche Zeitschrift** (f. Forst-Botan. u. -Zool., Pflanzenkrankh. etc.). Hrsg. v. Tubeuf. 7 Bde. (soviel erschien.) Münch. 1892—98. 8. m. Tfln. (M. 84.) — 60.—
Viele Jahrgänge auch einzeln vorhanden.
1936 **French.** Handb. of the destruct. Insects of Victoria. 5 parts. Melbourne 1893—1911. 8. 980 p. w. 136 colour. pl. Cloth. — 17.—
1937 **Freyer.** Die schädlichsten Schmetterlinge Deutschlands. Augsb. 1839. 8. 86 p. m. 12 Tfln. — 1.50
1938 — — Mit color. Tafeln. — 4.—
1939 **Fulmek.** Z. Kenntn. schädl. Schmetterlingsraupen. II. III. (Wien) 1910. 8. 12 p. m. 2 Tfln. — 1.50
1940 **Gillanders.** Forest Entomology. 2. ed. Edinb. 1912. 8. 452 p. with 354 fig. Cloth. — 15.—
1941 **Gillette and Johnson.** Beet Worms and their remedies. Fort Collins 1905. 8. 22 p. w. 4 pl. — 2.—
1942 **Goureau.** Les Insectes nuisibles. 4 vols. av. 2 supplém. Paris 1861 à 69. 8. — 60.—
Collection rare, renfermant tous les ouvrages de G. se rapportant à l'Entomologie économique: Ins. nuis. aux arbres fruitiers. Av. 2 suppl. 1861 à 65. (Très - rare. M. 30.) Ins. nuis. aux arbustes. 1869. (M. 9.) Ins. nuis. aux forêts. 1867. (M. 15.) Ins. nuis. à l'homme et aux animaux. 1867. (M. 10.)
1943 — Miot. Notice nécrol. (Paris, Soc. Ent.) 1879. 8. 12 p. — 1.—
1944 **Harris, T. W.** Treat. on Insects of New England injurious to Vegetation. 3. (last) ed. ed. by Flint. Bost. 1862. 8. 651 p.w. 8 colour. pl. and 278 fig. Cloth. — 20.—
1945 **Hennert.** Ueb. d. Raupenfrass u. Windbruch in d. Preuss. Forsten. Berlin 1797. 4. 208 p. m. 8 color. Tfln. Cart. — 5.—
1946 **Henschel.** Die schädlichen Forst- u. Obstbaum-Insekten, ihre Lebensweise u. Bekämpfung. 3. (letzte) Aufl. Berl. 1895. 8. 758 p. m. 197 Fig. Lnb. (M. 12.) — 10.—
1947 **Henshaw and Banks.** Bibliography of the more important contributions to American Economic Entomol. 8 parts. (Wash., Dept. Agr.) 1889—1905. 8. — 45.—
Complete sets are now very rare, as part IV is nearly always wanting. Copies without that part are not worth third of the price. Many odd parts in stock.

68

Lepidoptera noxia.

1948 **Hess, W.** Bilder a. d. Leben schädl. u. nützl. Insekten. 3 Thle. Leipz. *ℳ*
1872—81. 8. 522 p. m. 165 Fig. (M. 6.) 4.—
1949 — Feinde d. Obstbaues aus d. Thierreiche. 2 Thle. Hannov. 1892. 8.
585 p. m. 106 Fig. (M. 8.) 5.—
1950 **Howard.** Some Mexican and Japanese injurious Insects liable to be
introd. into the U. S. (Wash., Dept. Agr.) 1896. 8. 56 p. w. 6 fig. 2.—
1951 — Some miscellan. results of the works of the Divis. of Entomology.
5 parts. (Wash., Dept. Agr.) 1897—1901. 8. 494 p. w. 2 pl. and many fig. 4.—
1952 — Parasit. of the White-mark. Tussock Moth. (Wash., Dept. Agr.)
1897. 8. 57 p. 1.50
1953 — The Gypsy Moth in America. (Wash., Dept. Agr.) 1897. 8. 39 p. 1.50
1954 — Insects affect. the Cotton Plant. (Wash., Dept. Agr.) 1897. 8. 32 p. 1.50
1955 — Recent laws against injur. Insects in N. America. (Wash., Dept.
Agr.) 1898. 8. 68 p. 1.50
1956 — The Gypsy and Browntail Moths. (Wash.,Dept.Agr.) 1906.8.19 p. w.2 pl. 1.50
1957 — Parasites reared fr. the eggs of the Gipsy Moth. (Wash., Dept. Agr.)
1910. 8. 12 p. 1.—
Ihle. Biologien v. Schädlingen — siehe Nr. 1606.
1958 **Indian Museum Notes** (on econom. Entomol.). Ed. by Atkinson, Cotes,
Nicéville and others. Vol. I—V, VI part 1. (all pub'd.) Calc. 1889—1903.
8. w. many colour. and plain pl. 70.—
Partly out of print.
1959 **Insect Life.** Devot. to the economy and life habits of Insects. Ed.
by Riley and Howard. 7 vols. w. index. Wash. 1888—97. 8. w. many
illustrat. 100.—
Complete sets are now rare. See also: Rara Historico-Naturalia, ed. Junk,
page 29. — Many single volumes and parts in stock.
1960 **L'Insectologie Agricole.** Vol. I, II, III, Nr. 1 à 3, 6, 7, 12. Paris 1867
à 1869. 8. av. planches color. 20.—
Série rare. Vol. IV est le dernier volume paru, pas le VI., comme Taschenberg dit.
1961 **Johannsen, O. A.** On the Gypsy and Brown Tail Moths and San
José Scale. Orono 1910. 8. 26 p. w. 3 pl. 1.50
1962 **Journal** of economic Entomology. Editor: Felt. Year I—V: 1908—12.
Durham, N. H. 8. w. plates. 60.—
1963 **Judeich u. Nitsche.** Lehrb. d. mitteleurop. Forstinsektenkunde. (8. Aufl.
v. Ratzeburg's Waldverderber). 2 Bde. Wien 1885—95. 8. m. Portr.
u. 11 z. Thl. color. Tfln. Lnb. 50.—
Vergriffen. Mehrere Theile auch einzeln vorrätig.
1964 **Junk, W.** Antiquar-Catalog Nr. 39: Plantarum Pathologia. 1911. 50 p.
m. 1420 Bücher-Titeln. — Gratis u. franco.
Cont.: Morbi et Parasita Plantarum.
1965 **Kaltenbach.** Die deutschen Phytophagen aus d. Klasse d. Insekten.
8 Hefte. (Bonn, Nat. Ver.) 1856—70. 8. 864 p. 10.—
1966 — Die Pflanzenfeinde aus d. Klasse d. Insekten. Stuttg. 1874. 8. 856 p.
m. 402 Fig. 12.—
Vergriffen.
1967 **Koch, F. W.** Der Heu- u. Sauerwurm (Tortrix ambiguella). Trier 1898.
8. 32 p. m. 2 col. Tfln. 1.50
1968 **Koerner.** Die Mehlmotte (Ephestia Kuehniella). Leipz. 1910. 8. 99 p.
m. 37 Fig. 3.50
1969 **Künstler.** Die uns. Kulturpflanzen schädl. Insekten. Wien 1871. 8. 117 p. 1.—
1970 **Lécaillon.** Insectes et autres Invertébrés nuisibles aux plantes cultiv.
Paris 1903. 4. 184 p. av. 153 fig. 9.—
Lepidopterorum Catalogus. Editus a H. Wagner — vide nr. 2074.
Unentbehrlich für Landwirtschaftliche Versuchsstationen, da die schädlichen Species besonders berücksichtigt sind.
Indispensable to Experiment Stations as the injurious species are
listed with special care.
Indispensable aux Stations d'Agriculture, comme les espèces nuisibles
sont mentionnées avec le plus grand soin.

W. Junk, Berlin, W. 15.

Lepidoptera noxia.

1971	**Lintner.** Reports I—XII on the Injurious and o. Insects of the State of New York. 12 vols. Albany 1882—97. 8. w. many plates. Report 3 and 4 are out of print.	*M* 75.—
1972	— Cut-Worms. (Albany, Mus.) 1888. 8. 36 p. w. 28 fig.	1.50
1973	**Lowe.** Miscell. notes on Injur. Insects. 2 parts. (Geneva, Exp. Stat.) 1900—02. 8. 49 p. w. 17 pl.	4.—
1974	**Lugger.** Butterflies and Moths injurious to our Fruit-produc. Plants. Anthony Park 1898. 8. 280 p. w. 24 pl. and 237 fig.	5.—
1975	**Lunardoni e Leonardi.** Gli Insetti nocivi. 4 vol. Napoli 1888—1901. 8. c. 656 fig.	36.—
	Lyonet. Chenille qui ronge la Saule — voir nr. 2156.	
1976	**Macquart.** Les Arbres et Arbrisseaux d'Europe et leurs Insectes. Av. supplém. (Lille, Soc. Sc.) 1852 à 54. 8. 394 p. av. carte.	12.—
1977	— Les Plantes Herbacées d'Europe et leurs Insectes. 2 vols. (3 parties.) (Lille, Soc. Sc.) 1854 à 56. 8. 512 p. av. pl.	14.—
1978	— — Vol. III: Dicotylédones Monopétales. (Lille, Soc. Sc.) 1856. 8. 159 p.	2.50
1979	**Maladies** de la Vigne. 22 mém. p. Guillory, Keller, Bruni, Cuigneau, Chatel, Rondani et a. 1845 à 1864. 8. 529 p. av. 3 pl. D.-rel. vélin.	8.—
1980	**Mally.** The Boll Worm of Cotton. (Wash., Dep. Agr.) 1891. 8. 50 p.	1.50
1981	— Report on the Boll Worm of Cotton. (Wash., Dep. Agr.) 1893. 8. 73 p. w. 2 pl.	2.—
1982	**Marlatt.** The principal Insect Enemies of the Grape. (Wash., Dep. Agr.) 1896. 8. 20 p. w. 12 fig.	1.—
1983	— The princip. Insect Enemies of Wheat. (Wash., Dep. Agr.) 1901. 8. 40 p. w. 25 fig.	1.50
1984	**Marlatt and Orton.** The control of the Codling Moth and Apple Scab. (Wash., Dep. Agr.) 1906. 8. 22 p.	1.—
1985	**Matsumura.** D. schädl. Lepidopteren Japans. (Neudamm, Z. Ent.) 1900. 4. 20 p.	1.—
1986	— Die schädl. u. nützl. Insekten v. Zuckerrohr Formosas. Tokyo 1910. 4. 56 p.	2.50
1987	**Maxwell-Lefroy.** The Castor Semi-Looper (Ophiusa melicerte). (Calc., Dept. Agr.) 1908. 8. 18 p. w. 2 colour. pl.	2.50
1988	— The Cotton Leaf-Roller (Sylepta derogate). (Calc., Dept. Agr.) 1908. 8. 16 p. w. colour. pl.	2.—
1989	— The Tobacco Caterpillar (Prodentia littoralis). (Calc., Dept. Agr.) 1908. 8. 15 p. w. colour. pl.	2.—
1990	— Insecticides. 2. ed. Calc. 1912. 4. 35 p. w. 7 pl.	2.50
1991	**Melander and Jenne.** The Codling Moth in the Yakima Valley. Pullman 1906. 8. 96 p. w. 13 pl.	2.—
1992	**Metzger u. N. J. C. Müller.** Die Nonnenraupe u. ihre Bakterien. Berl. 1895. 8. 170 p. m. 45 color. Tfln. (M. 16.)	4.—
1993	**Minà-Palumbo.** Insetti Ampelofagi. Firenze 1892. 8. 23 p.	1.50
1994	**Mitteldorpf.** D. Vertilgung d. Kiefernraupe. Berl. 1872. 8. 52 p.	1.—
1995	**di Muro.** Per la conservaz. d. Boschi ossia metodo p. la distruz. d. Ocneria Dispar. Caserta 1891. 8. 40 p. c. tav.	1.50
1996	**Nitsche.** Die Nonne. Wien (Lehrb. Forstinsekt.) 1862. 8. 68 p.	1.50
1997	**Nördlinger.** Die kleinen Feinde d. Landwirtschaft. Stuttg. 1855. 8. 660 p. m. Fig. (M. 9.60.)	4.—
1998	**Nüsslin.** Leitfaden d. Forstinsektenkunde. 2. Aufl. Berl. 1913. 8. 538 p. m. 439 Fig. Lnb. (M. 12.)	
1999	**Ormerod.** Report 1—24 of observat. of injurious Insects and common Farm Pests for 1876—1900. With general index by Newstead. Lond. 1877—1901. 8. w. many plates. — All published. Rare set. Most of the early reports are out of print; many odd parts in stock.	100.—
2000	**Packard.** Insects injur. to Forest and Shade Trees. (Wash., Ent. Comm.) 1881. 8. 275 p. w. 100 fig.	3.—
2001	— Insects injurious to Forest and Shade Trees. Wash. 1890. 8. 963 p. w. 40 pl., partly colour.	15.—

70

Lepidoptera noxia.

2002	**Pauly.** Die Nonne in d. Bayer. Waldungen. Frankf. 1891. 8. 108 p. m. Kte. (M. 1.50.)	*ℳ* 1.—
2003	**Peragallo.** Etudes s. les Insectes nuisibles à l'Agriculture. 2. éd. 2 parties. Nice 1885. 8. 278 p. av. 2 pl. color.	8.—
2004	**Proceedings** of the annual meetings of the Association of Economic Entomologists. VII—XIII. Wash. (Dept. Agr.) 1895—1902. 8. w. 4 pl.	10.—
2005	**Quaintance.** Insect enemies of Truck and Garden Crops. Jacksonv. 1896. 8. 95 p. w. 36 fig.	2.50
2006	**Quaintance and Brues.** The Cotton Bollworm (Heliothis obsoleta). (Wash., Dept. Agr.) 1905. 8. 155 p. w. 2 maps (1 colour.) and 23 pl.	5.—
2007	**Ratzeburg.** Die Forst-Insecten. 3 Bde. m. Nachtr. v. Nördlinger. Berl. 1837—56. 4. u. 8. m. 56 color. Tfln. (M. 66.) Cart. Selten gewordenes Fundamental-Werk.	45.—
2008	— — 3 Bde. — Alle Tafeln fehlen.	5.—
2009	— Die Waldverderber u. ihre Feinde. Berl. 1841. 8. 134 p. m. 8 (6 color.) Tfln. Cart.	3.—
2010	— — 3. Aufl. Berl. 1850. 8. 175 p. m. 8 (6 color.) Tfln. Cart.	4.—
2011	— — 4. Aufl. Berl. 1856. 8. 135 p. m. 10 (6 color.) Tfln. Cart.	5.—
2012	— — 6. Aufl. Berl. 1869. 8. 473 p. m. 10 (6 color.) Tfln. Cart. Die 8. Auflage dieses Werkes ist Judeich-Nitsche's Lehrb., siehe nr. 1963.	6.—
2013	— Les Hylophthires et leurs Ennemis. Trad. p. Corberon. Nordh. 1842. 8. 280 p. av. 8 pl. en partie color. Toile.	3.—
2014	— Die Waldverderbniss durch Insektenfrass, Schälen, Verbeissen etc. Mit entomol. Anhang. 2 Bde. Berl. 1866—68. 4. 762 p. m. 61 z. Thl. color. Tfln. (M. 60.) Hfzbd.	30.—
2015	**Redia.** Giornale di Entomol., pubbl. dalla Stazione di Entomol. Agraria in Firenze. Vol. I—VII. Firenze 1905—1911. 8. c. molte tav.	125.—
2016	**Report** of the Entomolog. Society of Ontario (on noxious and beneficial Insects). Year 1—32: 1870—1901, w. general index. Toronto 1872—1902. 8. w. many pl. Rare set, as the first parts are out of print.	150.—
2017	**Richter v. Binnenthal.** Die Rosenschädlinge aus d. Tierreiche. Stuttg. 1903. 8. 402 p. m. 50 Fig. (M. 4.) Cart.	3.—
2018	**Riley.** Reports on the Noxious, Beneficial and other Insects of the State of Missouri. 9 parts w. suppl. and gener. index. Jefferson City and Wash. 1869—81. 8. w. many fig. — All published. Very rare.	150.—
2019	— The Army-Worm, Canker-Worms and the Hessian Fly. (Wash., Ent. Comm.) 1883. 8. 162 p. w. map and 5 pl.	3.—
2020	— Descr. of Larvae of injur. Forest Insects. (Wash., Ent. Comm.) 1883. 8. 12 p. w. 10 pl.	3.—
2021	— On the Cotton Worm and on the Boll Worm. (Wash., Dept. Agr.) 1885. 8. 546 p. w. 2 colour. maps and 64 pl. (13 colour.) Cloth.	15.—
2022	— Reports of observat. and experim. of the Entom. Division of the Dept. of Agric. 5 parts. Wash. 1890—94. 8. w. plates.	5.—
2023	**Robin et Laboulbène.** Dégâts causés au Maïs et au Chauvre p. Botys nubilalis. Alophora aurigera. Myasis due à la Sarcophaga. 3 mém. (Paris, Soc. Ent.) 1884. 8. 40 p. av. pl. color.	1.50
2024	**Rossikow.** Die Bandeule (Agrotis seget.) u. e. neu. Mittel zu ihr. Bekämpf. Petersb. 1895. 8. m. 2 Tfln. — In russisch. Sprache.	8.—
2025	**Schädliche Schmetterlinge.** 12 Abhandl. v. Bertolini, Laboulbène, Ratzeburg u. a. 1863—1910. 4. u. 8. 63 p. m. Tfl.	3.—
2026	**Schilling.** Die Schädlinge d. Obst- u. Weinbaues. Frankf. 1899. 8. 63 p. m. 2 color. Tfln.	1.50
2027	— Die Schädlinge d. Gemüsebaues. Frankf. 1898. 8. 68 p. m. 4 color. Tfln.	1.50
2028	**Schmidt-Göbel.** Die schädlichen u. nützl. Insekten in Forst, Feld u. Garten. 3 Thle. Wien 1881. 8. m. Atlas v. 14 color. Tfln. in-fol. (M. 25.)	13.—
2029	**Schoene.** The Tussock Moths in Orchards. Geneva 1909. 8. 13 p. w. 3 pl.	1.—

Lepidoptera noxia.

2030	**v. Schrenk.** Constrict. of twigs by the Bag Worm (Thyridopteryx ephemeraeformis). (St. Louis, Bot. Gard.) 1906. 8. 29 p. w. 9 pl.	2.—
2031	**Schwangart.** Ueb. die Traubenwickler (Conchylis ambig. u. Polychrosis botrana). Jena 1910. 4. 73 p. m. 3 Tfln. (1 color.)	5.—
2032	**Scudder.** Pine Moth of Nantucket. Bost. 1883. 8. 22 p. w. colour. pl.	1.—
2033	**Silvestri.** L'Ocnogina betica. (Portici) 1905. 8. 12 p.	1.—
2034	— La Tignola d. Olivo. (Portici) 1907. 8. 102 p. c. 68 fig.	5.—
2035	— Dispense di Entomologia Agraria. Parte speciale. Portici 1911. 8. 575 p. c. 474 fig.	12.—
2036	**Simpson, G. B.** Report on Codling Moth investigat. (Wash., Dept. Agr.) 1902. 8. 29 p. w. 5 pl.	2.—
2037	— The Codling Moth. (Wash., Dept. Agr.) 1903. 8. 105 p. w. 16 pl.	2.—
2038	**Slingerland.** The Bud Moth (Tmetocera ocell.). Ith. 1893. 8. 29 p.	1.—
2039	— The Cabbage Root Maggot. Ith. 1894. 8. 97 p.	1.50
2040	— Wireworms and the Bud Moth. Ithaca 1895. 8. 30 p.	1.—
2041	— Climbing Cutworms in West. New York. Ith. 1895. 8. 46 p. w. 5 pl.	2.—
2042	— The Cigar-Case-Bearer in W. New York. Ith. 1895. 8. 16 p.	1.—
2043	— Green Fruit Worms. Ith. 1896. 8. 14 p. w. 4 pl.	1.50
2044	— The Army-Worm (Leucania unipuncta) in New York. Ith. 1897. 8. 26 p. w. 2 pl.	1.50
2045	— The Codling-Moth. Ith. 1898. 8. 69 p. w. pl.	1.50
2046	— The Peach-Tree Borer. 3 parts. Ithaca 1899—1901. 8. 102 p. w. 31 fig.	2.50
2047	— The Palmer-Worm. Ithaca 1901. 8. 25 p. w. 2 pl.	1.50
2048	— Trap-Lanterns or Moth Catchers. Ith. 1902. 8. 45 p.	1.—
2049	— The Grape-Berry Moth. Ith. 1904. 8. 20 p. w. 4 pl.	2.—
2050	**Slingerland and Craig.** The Grape Root-Worm. 2 parts. Ith. 1900—92. 8. 44 p. w. 10 pl.	3.50
2051	**Slingerland and Fletcher.** The ribbed Cocoon-maker of the Apple. Ith. 1903. 8. 12 p. w. 4 pl.	1.50
2052	**Smith, J. B.** The Peach Borer. New Jersey 1898. 8. 28 p. w. 4 pl.	2.—
2053	— 2 Strawberry Pests. New Jers. 1901. 8. 17 p. w. 2 pl.	1.—
2054	— Report of the Entomol. Dept. of the New Jersey Agricult. Experim. Station, for 1900—09. 10 parts. Trenton 1901—10. 8. w. many pl.	15.—
2055	— Insects injur. to Shade Trees and Ornamental Plants. 2 pap. N. Jersey 1905. 8. 66 p. w. 5 pl. (2 colour.)	3.—
2056	**Snellen.** Ov. Lepidopt. schadelijk voor h. Suikkeriet. (Haag, T. Ent.) 1891. 8. m. 2 color. Tfln.	2.50
2057	**Stainton.** Moeurs d'une Chenille de la Vigne. (Paris, S. Ent.) 1855. 8. 3 p. av. pl. color.	1.—
2058	**Standfuss.** Hauptfeinde uns. Obstbäume aus d. Insektenwelt. (Zürich) 1909. 8. 22 p.	1.—
2059	**Taschenberg, E. L.** Entomologie f. Gärtner u. Gartenfreunde. Leipzig 1871. 8. 586 p. m. 123 Fig. (M. 8.)	4.—
2060	— Die dem Wein- u. Obstbau schädl. Insekten. (Bonn, Nat. Ver.) 1872. 8. 135 p.	2.—
2061	— Forstwirtschaftl. Insekten-Kunde. Leipz. 1874. 8. 548 p. m. Fig. (M.8.)	4.—
2062	— Praktische Insektenkunde. 5 Thle. Brem. 1879—80. 8. 1410 p. m. viel. Fig. (M. 23.)	15.—
	Jeder Theil, eine Insektenordnung enthaltend, auch einzeln.	
2063	— Die Insekten n. ihr. Schaden u. Nutzen. Prag 1882. 8. 304 p. m. 70 Fig. Lnb.	1.—
2064	**Theobald.** The Insect and other allied Pests of Orchard, Bush and Hothouse Fruits. Wye 1909. 8. 566 p. w. 328 fig. Cloth.	32.—
2065	**Tölg.** Hydroecia micacea e. neuer Hopfenschädl. Saaz 1911. 8. 29 p. m. 2 Tfln.	2.—
2066	**Vetter.** Der Traubenwickler. Pozsony 1903. 8. 48 p. m. color. Tf.	1.50

72

Lepidoptera noxia.

2067 **Wachtl.** Die Weisstannen-Triebwickler Tortrix murinana u. Stega-noptycha rufimitr. Wien 1882. 4. 66 p. m. 12 z. Tl. color. Tfln. (M. 12.) 8.—

2068 — Die Nonne. (Wien, Ent. Z.) 1891. 8. 32 p. m. 2 color. Tfln. 2.—

2069 **Wachtl u. Kornauth.** Z. Kenntn. d. Morphol., Biol. u. Pathol. d. Nonne. Wien 1893. 4. 44 p. m. 3 Tfln. (1 color.) (M. 2.40.) 1.50

2070 **Willkomm.** Die Nonne, der Kiefernspinner u. d. Kiefernblattwespe. Dresd. 1858. 8. 34 p. 1.—

2071 **Woodhouse and Fletcher.** The Caterpillar Pest of the Mokameh Tal Lands. Calcutta 1912. 4. 12 p. w. 2 pl. 2.—

2072 **Woodworth.** The California Peach-Tree Borer. (Berkeley, Univ.) 1902. 8. 15 p. 1.—

2073 — Directions for Spraying for the Codling-Moth. Sacram. 1904. 8. 20 p. 1.—

2074 **Lepidopterorum Catalogus. Editus a H. Wagner. Berolini 1911 (et sequ.). in-8.-maj.**

In der Art des ‚Coleopterorum Catalogus, ausp. et auxilio W. Junk editus a S. Schenkling' (siehe Nr. 688), von welchem in unerreichter Schnelligkeit in 3 Jahren bereits 50 Lieferungen aus der Feder von 28 verschiedenen Autoren erschienen sind, bringt der obige 'Catalogus' in lateinischer Sprache ein Verzeichnis aller bekannten Lepidopteren-Species der Erde, ihrer Haupt-Literatur, ihrer Synonyme und Varietäten und ihrer Vaterlands-Angaben. Eine jede der 61 Schmetterlings-Familien wird von ihrem führenden Specialisten verfasst. — Der 'L. C.' erscheint ebenfalls in Lieferungen, eine jede eine abgeschlossene Familie oder Gruppe umfassend und in zwangloser Folge fortlaufend numeriert. Ein Index-Band wird erscheinen, sobald alle Hefte abgeschlossen sein werden — also in ca. 4 Jahren, da die Schnelligkeit der Herausgabe die gleiche wie die des ‚Coleopterorum Catalogus', der Umfang des Werkes aber natürlich ein viel kleinerer sein wird, weil die Zahl der Species etwa nur den vierten Teil beträgt. Regelmässige Supplementbände werden das Werk auf dem Laufenden erhalten.

Über die Notwendigkeit dieses Monumentalwerkes braucht kaum etwas gesagt zu werden. Denn während es auf coleopterologischem Gebiet wenigstens den — allerdings ganz veralteten — Gemminger-Harold'-schen Catalog gab, existiert für die Schmetterlinge überhaupt keine Vorarbeit, da Staudinger-Rebel bloß die Palaearcten, Kirby nur die Rhopaloceren (und diese auch nur bis 1877) und die Sphinges und Bombyces (1892—99) umfaßt.

Die Litteratur über Biologie und Entwickelungsgeschichte, speciell die der Schädlinge, wird besonders sorgfältig registriert.

Eine jede Lieferung ist auch einzeln käuflich. Der Preis für den Druckbogen beträgt Mark 1,50.

Subscribenten auf das ganze Werk erhalten eine Ermäßigung von einem Drittel, zahlen also für den Bogen (von 16 Seiten) 1 Mark.

In the manner of the 'Coleopterorum Catalogus, ausp. et auxilio W. Junk editus a S. Schenkling' (see nr. 688 —, 50 parts of which, written by 28 authors, have appeared in the course of only 3 years) the 'Lepidopterorum Catalogus' contains in Latin language the names, synonyms, varieties, literature and geographical distribution of all the species of Lepidoptera of the whole world known till now. For each of the 61 families of the butterflies the leading specialist is chosen. — 'L. C.' is published in parts, each part embracing one family or group thus being a complete work in itself. An index volume will be issued as soon as all parts have appeared, id est in about 4 years, for 'L. C.' will come out as quickly as 'C. C.' (though of course it will be much smaller as there are about four times more species of coleoptera). Supplements will come out regularly.

It is superfluous to dwell upon the necessity of this monumental work. For while coleopterologists had till now Gemminger-Harold's — though obsolete — work, there exists for lepidopterologists only Staudinger-Rebel's book on the palaearctic species, and Kirby's old book on the Rhopalocera (published 1871—77) and on the Sphinges and Bombyces (1892—99).

The literature on the biology and development of Lepidoptera, chiefly of the injurious species, is listed with special care.

Every part is sold separately. Price of the sheet 1 s 6 d = 36 cents. **For Subscribers to the whole work the price of a sheet (16 pages) is reduced to 1 s = 24 cents.**

☞ Le 'Lepidopterorum Catalogus' est publié d'après le modèle du 'Coleopterorum Catalogus, ausp. et auxilio W. Junk editus a S. Schenkling', — voir no. 688 —, dont 50 livraisons écrites par 28 auteurs ont paru dans le cours de seulement 3 années. Le 'L. C.', écrit en langue Latine renferme les noms, les synonymes, les variétés, la littérature et la distribution géographique des Lépidoptères du monde entier connus jusqu'à ce jour. Nous avons trouvé pour chacune des 61 familles son spécialiste. Le 'L. C.' est publié en fascicules dont chacun comprend une famille ou un groupe et formera de cette manière un ouvrage complet. Une table des matières sera publiée après l'achèvement, et des suppléments renfermant les espèces récemment découvertes, paraîtront. Le 'L. C.' sera terminé en env. 4 années comme la vitesse de sa publication n'est sera pas inférieure à celle du 'C. C.'. Mais son volume sera naturellement beaucoup plus petit comme le nombre des espèces des coléoptères est quatre fois plus grand que celui des papillons.

Nous ne croyons pas qu'il faut montrer la nécessité du 'Lepidopterorum Catalogus'. Les coléoptérologues ont eu jusqu'à maintenant au moins l'ouvrage très-vieux de Gemminger-Harold, mais il n'existait pour la Lépidoptérologie que le livre de Staudinger-Rebel sur la faune paléarctique et ceux de Kirby sur les Rhopalocères (de 1871 à 1877) et sur les Sphinges et Bombyces (de 1892 à 99).

La littérature concernant la biologie et le développement surtout des espèces nuisibles est mentionnée avec le plus grand soin.

Chaque livraison est vendu séparément. Le prix de la feuille (de 16 pages) est de fr. 1,90.

Le prix de souscription à l'ouvrage complet est de fr. 1,25 la feuille.

Bisher erschienen: Paru jusqu'à ce jour: Published till now:

Pars 1: Chr. Aurivillius, Chrysopolomidae. 30. V. 1911. 4 p. M. 0.40 (Subscription M. 0.25).

„ 2: A. Pagenstecher, Callidulidae. 30. IX. 1911. 14 p. M. 1.35 (Subscription M. 0.90).

„ 3: A. Pagenstecher. Libytheidae. 12. X. 1911. 12 p. M. 1.10 (Subscription M. 0.75).

„ 4: H. Wagner et R. Pfitzner, Hepialidae. 24. XI. 1911. 26 p. M. 2.50 (Subscription M. 1.65).

„ 5: E. Strand, Noctuidae, Agaristinae. 18. III. 1912. 82 p. M. 7.75 (Subscription M. 5.15).

„ 6: E. Meyrick, Adelidae, Micropterygidae, Gracilariadae. 20. V. 1912. 68 p. M. 6.40 (Subscription M. 4.25).

„ 7: H. Zerny, Syntomidae. 25. VII. 1912. 179 p. M. 16.90 (Subscription M. 11.25).

„ 8: L. B. Prout, Geometridae, Brephinae, Oenochrominae. 10. VIII. 1912. 94 p. M. 8.85 (Subscription M. 5.90).

W. Junk, Berlin, W. 15.

74

Pars 9: P. Mabille, Hesperidae: Subfam. Pyrrhopyginae. — Mc Donnough, Megathymidae. 14. X. 1912. 22 p. M. 2.10 (Subscription
M. 1.40).
„ 10: E. Meyrick, Tortricidae. 15. XII. 1912. 86 p. M. 8.10 (Subscription M. 5.40).
„ 12: H. Wagner, Sphingidae: Subfam. Acherontiinae. 25. II. 1913.
77 p. M. 7.20 (Subscription M. 4.80).

Im Druck oder in Vorbereitung: Sous presse ou en préparation: Printing, or
in preparation:
„ 11: H. Eltringham et K. Jordan, Nymphalidae: Subfam.
Acraeinae.
„ 13: L. B. Prout, Geometridae: Subfam. Hemitheinae.
„ 14: H. Wagner, Sphingidae: Subfam. Ambulicinae.
„ 15: P. Mabille, Hesperidae II.
„ 16: K. Jordan et H. Burgeff, Zygaenidae.
„ 17: E. Strand, Saturnidae et Brahmaeidae.
„ 18: H. Wagner, Sphingidae: Subfam. Sesiinae, Chaerocampinae.
„ 19: L. Paravicini, Pieridae.
„ 20: W. P. Zykoff, Psychidae.
„ 21: H. Wagner, Aegeridae.
„ 22: M. Nassauer, Arctiidae.
„ 23: G. Th. Bethune-Baker, Lycaenidae.

Probeheft gratis und franco.
Specimen-number free on application.
Un numéro-spécimen est envoyé gratuitement sur demande.

2075 **Lesser et Lyonnet.** Théologie d. Insectes. 2 vols. La Haye 1742. 8. *ℳ*
680 p. av. 2 pl. Veau. 2.—
2076 **Leunis.** Synopsis d. Zoologie. 2. Aufl. Hann. 1860. 8. 1080 p. m. 702 Fig.
(M. 16.25.) Hfzb. 4.—
2077 — — 3. (letzte) Aufl. v. Ludwig. 2 Bde. Hann. 1883—86. 8. 1414 p. m.
viel. Fig. (M. 34.) 23.—
2078 **Lewin.** The Insects (Papilios) of Great Britain. Lond. 1795. 4. 97 p. w.
46 colour. pl. Cloth. 30.—
2079 — Nat. History of Lepidopt. of New South Wales. Lond. 1822. 4. 26 p.
w. 19 colour. pl. (2 £ 2 s.) Boards. 42.—
Rare. The editions of 1805 and 1822 do not differ.
2080 **Lewis, W. A.** Examinat. of the arrangem. of Macro-Lepidopt. introduc.
in Engl. by Doubleday. (Lond., Ent. S.) 1871. 8. 36 p. 1.50
2081 **Leydig.** Das Bauchgefäss d. Schmetterl. (Berl., Arch. Phys.) 1862. 8. 16 p. 1.50
2082 **Libbach.** Ueb. d. Lebensweise ein. Sesienraupen. 2 Abhdlgn. (Berl., B.
Ent. Z.) 1857—59. 8. 5 p. m. color. Tfl. 1.—
2083 **Lie-Pettersen.** Lepidopt. undersög. i nordre Bergenhus amt. (Bergen,
Mus.) 1899. 8. 14 p. 1.—
2084 — Lepidopt. undersög. paa Jaederen. (Bergen, Mus.) 1900. 8. 10 p. 1.—
2085 — Notiser vedkomm. Hardangerviddens Lepidopterfauna. (Bergen, Mus.)
1902. 8. 12 p. 1.—
2086 **Liénard.** Constit. de l'anneau Oesophagien d. Arthropod. (Brux., Ac.)
1880. 8. 15 p. av. pl. color. 1.—
2087 **v. Linden.** Die Artbildg. u. Verwandtsch. bei d. Schmetterl. Leipzig
1897. 8. 26 p. 1.50
2088 — Ueb. d. Entwickl. d. Schuppen, Farben u. Farbenmuster auf d. Flügeln
d. Schmetterl. Leipz. 1898. 8. 11 p. 1.—
2089 — Einfl. äusser. Verhältn. auf d. Gestalt. d. Schmetterlinge. (Neudamm,
Z. Ent.) 1899. 8. 12 p. 1.—
2090 — Le dessin des Ailes d. Lépidopt. (Paris, Ann. Sc. Nat.) 1902. 8. 200 p.
av. 20 pl. (2 color.) 12.—

2091 **v. Linden.** Die Farben d. Schmetterl. u. ihre Ursachen. Halle 1902. 4. 10 p.   2.—
2092 — Ursachen d. Flügelzeichn. u. Färbung d. Schmetterl. Jena 1902. 8. 7 p.   1.—
2093 — Die gelb. u. rot. Farbstoffe d. Vanessen. Leipz. 1903. 8. 27 p.   2.—
2094 — Morphol. u. phys.-chem. Unters. üb. d. Pigmente der Lepidopt. I. Bonn 1903. 8. 90 p. m. color. Tfl.   3.—
2095 — Die Assimilations-Tätigkeit bei Schmetterlingspuppen. Leipz. 1912. 8. 164 p. m. 3 Tfln. (M. 4.50.)
2096 **Linnaeus.** Systema Naturae. Ed. I. [Stockholm 1735]. Facsimile-Edit. Ed.: Academia Regia Holmiensis. Holm. 1907. fol. 16 p. et effig. Hfzb.   27.50
2097 — — Ed. IX. Lugd. Bat. 1756. 8. 263 p. et 8 tab. Frzb.   6.—
2098 — — Ed. X. 2 vol. Holmiae 1758—59. 8. Cart.   80.—
    Vol. I: Animalia, II: Vegetabilia. — Nächst der XII. die wertvollste Ausgabe, da die erste, welche für die Zoologie die binäre Nomenclatur aufstellt.
2099 — — Ed. X. 1758. Vol. I: Regnum animale. Iterum edita. Lips. 1894. 8. 834 p. (M. 10.)   8.—
2100 — — Ed. XII. 3 vol. Holm. 1766—68. 8. 2371 p. et 3 tab. Hfzb.   90.—
    Die wertvollste, da letzte vom Autor besorgte Ausgabe.
2101 — — Ex ed. XII. in epitomem red. a Beckmann. 2 vol. Gotting. 1772. 8. 628 p. et tab.   6.—
2102 — Vollständ. Natursystem. Nach d. 12. Ausg. ausgef. v. Müller. 6 Tle. m. Suppl. u. Regist. Nürnb. 1773—76. 8. m. Frontisp. u. 159 Tfln. In 10 Hldrbdn.   15.—
2103 — Surinamensia Grilliana. Lugd. Bat. (Amoenit.) 1749. 8. 31 p. et 3 tab.   3.—
2104 — Miracula Insectorum. Holm. (Amoen.) 1756. 8. 22 p.   3.—
2105 — Noxa Insectorum. Holm. (Amoen.) 1756. 8. 28 p.   3.—
2106 — Phalaena Bombyx. Holm. (Amoen.) 1759. 8. 12 p.   2.—
2107 — Centuria Insectorum. Holm. (Amoen.) 1763. 8. 32 p.   3.—
2108 — Fundamenta Entomologiae. Holm. (Amoen.) 1769. 8. 31 p.   3.—
2109 — Bigae Insector. Erlang. (Amoen.) 1785. 8. 7 p. et tab.   2.—
2110 — Entomologia Faunae Suecicae. Cur. de Villers. 4 vol. Lugd. 1789. 8. c. 12 tab. in-fol.   10.—
2111 — Linneo en España. Homenaje á Linneo en su 2. centenario 1707—1907. Zaragoza 1907. 8. 530 p. av. 30 portraits et pl. (2 color.) et 96 fig.   8.—
    Table de matières. I: Linneo e su obra (8 mémoires). II: Naturalistas Españolas (38 mém. biograph.). III: Miscelánea (9 mém.).
2112 — Fée. Vie de Linné. Paris 1832. 8. 388 p. av. 2 portr., 2 facsim. et 2 pl. D.-rel. veau.   10.—
    Avec hommage manuscr. de l'auteur.
2113 — Holm, Th. Linnaeus. (Chicago, Bot. Gaz.) 1907. 8. 5 p. w. 2 portr.   1.—
2114 — Hulth. Bibliographia Linnaeana. Vol. I. Pars 1. Upsala 1907. 8. 170 p. et 11 tab. (titres facsimil.)   10.—
2115 — Pulteney. Gener. view of the writings of Linnaeus. Lond. 1781. 8. 431 p. Calf.   8.—
2116 — Smith, J. E. Select. of the correspond. of Linnaeus. 2 vols. Lond. 1821. 8. 1229 p. w. 10 pl. (1 £ 10 s.) Half bd. calf.   12.—
2117 — Stöver. Leben Linné's. 2 Thle. Hamb. 1792. 8. 780 p. Cart. — Ohne Porträt.   3.—
2118 — C. v. Linné's Bedeutung als Naturforscher u. Arzt. Hrsg. v. d. kgl. Schwed. Akad. Jena 1909. 8. 581 p. m. 2 Tfln. (M. 20.)   17.—
    Siehe auch Nr. 1397, 1732 u. 1734. — Näheres auch über die andern an Bedeutung und Zahl so grossen Schriften Linné's — siehe: W. Junk, Bibliographia Linnaeana. 1902. (M. 2) und W. Junk, C. v. Linné u. s. Bedeutung f. d. Bibliographie. 1907. (M. 2.50.)
    — Aurivillius. Lepidopt. Musei Ludovicae Ulricae — vide nr. 48.
    — Clerck. Icones Insectorum rariorum cum nominibus etc. e Linnaei Systemate — vide nr. 686.
2119 **Linnaea Entomologica.** Hrsg. v. Entomol. Verein in Stettin. 16 Bde. Berl. 1846—66. 8. m. 45 Tfln. (M. 106.) Gbdn.   60.—
    Die letzten Bände sind selten. — Vorläufer siehe Nr. 1217.
2120 **v. Linstow.** Z. System. d. Macrolepidopt. (Berl., B. Ent. Z.) 1907. 8. 10 p.   1.—
2121 — Revis. d. deutschen Psychiden-Gattgn. (Berl., B. Ent. Z.) 1909. 8. 14 p. m. Tfl.   1.—

76

2122 **v. Liustow.** Das Flügelgeäder d. deutsch. Noctuen. (Guben, Ent. Z.) 1910.   *ℳ*
    8. 15 p. m. 5 Tfln.   3.—
2123 — Geschlechtsdimorph. d. Antennen d. deutsch. Noctuen. (Guben, Ent. Z.)
    1910. 8. 18 p. m. 16 Fig.   1.50
2124 — 14 Abhdlgn. üb. Lepidopt. (Berl. u. Guben) 1910–12. 8. 56 p. m. Fig.   2.50
    List of Lepidopt. in the British Museum — see nr. 1280.
2125 **(Lister).** Appendices ad historiae Animalium Angliae 3 tractatus. Ed. II.
    Lond. 1685. 8. 413 p. et 25 tab. Calf.   15.—
    The plates are entomological (chiefly on Lepidoptera).
2126 **Lohde.** Insectenepidemien w. durch Pilze hervorgerufen werden. (Berl.,
    B. Ent. Z.) 1872. 8. 28 p. m. 3 Tfln.   1.50
2127 **Longstaff.** On the Butterflies observ. in a tour through India and Ceylon.
    (Lond., Ent. S.) 1905. 8. 84 p.   2.—
2128 — Some rest-attitudes of Butterfl. (Lond., Ent. S.) 1906. 8. 22 p.   1.—
2129 — On some Butterflies taken in Jamaica and Tobago. 2 pap. (Lond., Ent.
    S.) 1908. 8. 22 p.   1.—
2130 — Bionomic notes on Butterflies. (Lond., Ent. S.) 1909. 8. 67 p.   2.50
2131 — Butterfly-Hunting in many Lands. Lond. 1912. 8. 756 p. w. 16 pl.
    (7 colour.) Cloth. (21 s.)   15.—
2132 **Lowne.** On the compound vision and the morphol. of the eye in Insects.
    (Lond., Linn. S.) 1884. 4. 32 p. w. 4 pl. (10 s.)   3.—
2133 **Lübben.** Anpassg. v. Raupen, Puppen u. Schmetterl. an das Wasser. (Leipz.)
    1909. 8. 10 p. m. 12 Fig.   1.50
2134 **Lubbock.** Ursprung u. Metamorph. d. Insekten. Deutsch v. Schlösser. Jena
    1876. 8. 112 p. m. 6 Tfln. u. 63 Fig. (M. 2.50.)   1.—
2135 — Blumen u. Insecten in ihrer Wechselbeziehung. 2. Aufl., deutsch v.
    Passow. Berl. 1877. 8. 238 p. m. 130 Fig. (M. 4.) Cart.   2.50
2136 — Colours of Brit. Caterpillars. (Lond., Ent. S.) 1878. 8. 20 p.   1.—
2137 **Lucas, D.** S. qlqs. Lépidopt. (Paris, S. Ent.) 1905. 8. 3 p. av. pl. col.   1.—
2138 **Lucas, H.** Hist. natur. d. Lépidoptères d'Europe. Paris 1834. 8. 216 p. av.
    79 pl. color. D.-rel. veau.   12.—
    Edition originale.
2139 — Hist. natur. d. Lépidoptères exotiques. Paris 1835. 8. 156 p. av. 80 pl.
    color. D.-rel. veau.   22.—
    Edition originale.
2140 — S. l. g. Papilio, Anthocharis, Cigaritis et Cerocala. (Paris, Soc. Ent.) 1849.
    8. 23 p. av. pl.   1.—
2141 — Descr. d. nouv. esp. de Lépidopt. du Musée de Paris. 6 parties. (Paris,
    Rev. Zool.) 1852 à 53. 8. 80 p. av. pl. color.   3.—
2142 — Revue du g. Trichosoma. (Paris, S. Ent.) 1853. 8. 26 p. av. pl.   1.50
2143 — Entomologie de l'expéd. dans l'Amérique exéc. p. Castelnau. Paris 1857.
    4. 204 p. av. 20 pl. color.   54.—
2144 — 2 nouv. Sphingiens. (Paris, S. Ent.) 1857. 8. 8 p. av. pl. color.   1.—
2145 — Vie de la Xylopoda violac. (Paris, S. Ent.) 1868. 8. 10 p.   1.—
2146 — S. l. Euryades corethr. et Duponcheli. (Paris, S. Ent.) 1881. 8. 12 p.   1.—
    — Encyclopédie de Chenu: Lépidopt. — voir nr. 661.
2147 **Lucas, H., et Mabille.** Lépidopt. de la faune paléarct. — Faune de l'île
    d'Oléron. 3 mém. (Paris, S. Ent.) 1906. 8. 31 p. av. pl. col.   1.50
2148 **Lucas, T. P.** Contrib. to a knowl. of the g. Iodis. (Sydn., Linn. S.)
    1888. 8. 7 p.   1.—
2149 — On Queensland and o. Austral. Macro-Lepidopt. 2 pap. (Sydn. and
    Brisb.) 1890. 8. 40 p.   3.—
2150 **Lüders.** Z. Kenntn. d. Gattg. Phyllocnistis. Hamb. 1900. 8. 33 p. m. 4 Tfln.   2.—
2151 **Lundbeck.** Entomolog. undersög. i Vest-Grönland. (Kjöb., Medd. Grönl.)
    1891. 8. 40 p. m. 3 Tfln.   2.—
2152 **Lunel.** Iconographie d. Papillons d'Europe centr. et partic. de la Suisse et
    d. Alpes. Livr. 1 et 2 (tout ce qui a paru). Paris 1878. 4. 16 p. av. 12
    pl. color. (fr. 10).   4.—

2153 **Lutz.** Das Buch d. Schmetterlinge. Stuttg. 1889. 4. 194 p. m. 30 color. 𝓜
Tfln. Lnb. (M. 12). 7.—
Die 2. Auflage von 1890 ist unverändert.
2154 — Der Schmetterlingszüchter. 2. Aufl. Ulm 1904. 8. 184 p. m. 15 color.
Tfln. u. 107 Fig. Lnb. (M. 4.50.) 3.—
2155 **Lycaenidae.** 7 pap. by Baker, Gillmer,'Guenée, Snellen and o. 1867—1910.
8. 29 p. w. 2 pl. 2.50
2156 **Lyonet.** Traité anatom. de la Chenille qui ronge le bois de Saule. La
Haye 1762. 4. 640 p. av. 18 pl. Veau. 14.—
2157 — — Les pages 193 à 208 manquent. 8.—
2158 — Rech. s. l'anat. et l. métamorph. de différ. espèces d'Insectes. Publ.
p. de Haan. Paris 1832. 4. 584 p. av. 54 pl. (fr. 50.) D.-rel. veau. 16.—
2159 — Hublard. Vie et oeuvres. Brux. 1910. 8. 159 p. av. portr. et facsim. 5.—
2160 — Snellen v. Vollenhoven. Levensschets. 8. 14 p. m. Portr. 1.—
2161 **Maass, A.** Bei liebenswürd. Wilden. Beitr. z. Kenntn. d. Mentawai-Insu-
laner. M. Bearbeit. d. Schmetterl. v. B. Hagen. Berlin 1902. 8. 264 p. m.
Krte. u. 8 Tfln. (2 color. lepidopterol.) (M. 7.50.)
Siehe auch Nr. 1358.
2162 **Maassen, P.** Z. Kenntn. d. Schmetterl.-Verbreitung. (Stett., Ent. Z.) 1880.
8. 17 p. 1.—
2163 **Maassen, P., Weymer u. Weyding.** Beitr. z. Schmetterlingskunde. Fam.
d. Saturniden. 5 Hefte. (Soviel erschienen.) Elberf. 1869—85. Fol. 4 p. m.
50 color. Tfln. 140.—
2164 **Maassen, T.** Verzeichn. d. bei Neuenahr u. Altenahr gef. Schmetterlinge.
(Stett., Ent. Z.) 1868. 8. 20 p. 1.—
2165 **Mabilde.** Guia pract. para as princip. colleccionadores de Insectos (Lepidopt.) do Rio Grande do Sul. Porto Alegre 1896. 8. av. 24 pl. 20.—
2166 **Mabille.** S. l. Lépid. de la Corse. 3 parties. (Paris, Soc. Ent.) 1866 à 69.
8. 72 p. av. 2 pl. color. 4.—
2167 — Rech. et observat. lépidopt. I. (Paris, S. Ent.) 1872. 8. 14 p. av.pl. color. 1.—
2168 — S. la classif. d. Hespériens. (Paris, S. Ent.) 1876. 8. 24 p. 1.—
2169 — Catal. d. Hespérides du Musée de Bruxelles. (Brux., S. Ent.) 1878. 8. 33
p. av. pl. color. 1.50
2170 — Recensem. d. Hétérocères de Madagasc. (Paris, S. Ent.) 1879. 8. 58 p.
av. pl. color. 2.—
2171 — Diagnoses Lepidopt. Malgassicor. (Brux., S. Ent.) 1880. 8. 12 p. 1.—
2172 — Histoire naturelle d. Lépidoptères Rhopalocères de Madagascar (- Vol.
XVIII de Grandidier, Histoire). Tout ce qui a paru: Texte de 364 p. et
Atlas de 63 planches coloriées. Paris 1885 à 88. 4. (fr. 260.) 150.—
2173 — Lépidopt. de la Mission Scientif. du Cap Horn. Paris 1888. 4. av. 3
pl. color. 16.—
2174 — Lépidopt. rec. p. Alluaud dans le territ. d'Assinie. (Paris, S. Ent.) 1890.
8. 38 p. av. 2 pl. 1.50
2175 — Descr. de Lépidopt. nouv. (Paris, S. Ent.) 1896. 8. 50 p. av. pl. color. 1.50
2176 — Lepidopt. nova Malgassica et Afric. (Paris, S. Ent.) 1899. 8. 22 p. 1.—
2177 — Fam. Hesperidae (e: Genera Insectorum). 4 fascic. Brux. 1903 à 1904.
4. 210 p. av. 4 pl. color. 35.—
2178 — Lepidopterorum Catalogus. Pars 9: Hesperidae: Subfam. Pyrrhopyginae.
Mc Donnough, Megathymidae. Berolini 1912. 8. 22 p. 2.10
Subscriptionspreis für Abnehmer des ganzen „Lepidopterorum Catalogus" (siehe
Nr. 2074) M. 1.40.
2179 **Mabille et Vuillot.** Novitates Lepidopterolog. Fasc. 1 à 12 (tout ce qui
a paru). Rennes 1890 à 1895. 4. 161 p. av. 22 pl. color. 48.—
2180 **Mc Coy.** Prodromus of the Zoology of Victoria. Fig. and descr. of the
Victorian Animals. 2 vols. Melbourne 1878—90. 4. w. 200 pl. partly colour. 150.—
2181 — — Decades I—V. 1878—80. 226 p. w. 50 colour. pl. 16.—
Mc Donnough. Lepidopterorum Catalogus. Pars 9: Megathymidae.
Vide nr. 2178.

W. Junk, Berlin, W. 15.

78

2182 **Machado, Da Gama-.** Théorie des Ressemblances, ou essai philosoph. ℳ
s. l. moyens de déterminer les dispositions physiques et morales d. Animaux d'après les analogies de formes, de robes et de couleurs. 4 volumes.
Paris 1831 à 58. fol. avec 46 pl. color. 150.—
Ouvrage extrêmement rare (voir B r u n e t) qui n'a jamais paru dans le commerce.
Exemplaire tout à fait complet.
2183 — — Vol. 1 à 3. Paris 1831 à 1844. 4. av. 35 pl. color. 50.—
2184 **Macker et Fettig.** Suppléments au catal. d. Lépidopt. d'Alsace. 3 parties.
(Colmar) 1883 à 94. 8. 28 p. 1.50
2185 **M'Lachlan.** On some varieties of Sterrha sacraria, w. notes on variat. in
Lepidopt. (Lond., Ent. Soc.) 1866. 8. 16 p. w. col. pl. 1.50
2186 — S. l. variations d. Lépidopt. (Paris, S. Ent.) 1867. 8. 28 p. 1.50
2187 — Report on the Insecta coll. dur. the Arctic Exped. (Lond., Linn. Soc.)
1878. 8. 24 p. w. map. 1.—
2188 **Macleay, W.** The Insects of King's Sound and its vicin. (Sydney, Linn.
S.) 1888. 8. 38 p. 2.—
2189 **Macleay, W. S.** Horae Entomologicae or essays on the Annulose Animals.
Vol. I. (2 parts.) Lond. 1819—21. 8. 524 p. w. 3 pl. Half bd. calf. 80.—
On this extremely rare (chiefly coleopterological) work of which nearly the
whole edition was destroyed by fire — see: H a g e n, vol. I. p. 510, and Rara historico-
naturalia, ed. J u n k, p. 33. Only the two parts quoted above have appeared. (I
possess besides a copy of the second part).
2190 **Maddox.** On the Scales of some Lepidopt. (Lond., Micr. J.) 1871. 8. 20 p.
w. 3 pl. 1.50
2191 **Mader.** Raupenkalender. Hrsg. v. Kleemann. 2. Aufl. Nürnb. 1786. 8. 120 p. 1.50
Magazin d. Entomologie — siehe Nr. 1220.
Magazin f. Insektenkunde — siehe Nr. 1609.
2192 **Maindron.** Les Papillons. Paris 1888. 8. 280 p. 1.—
2193 **Malayische Lepidopteren.** 20 Abhandl. v. Fruhstorfer, Hagen, Hewitson,
Snellen u. a. 1884—99. 8. 115 p. m. 3 Tfln. (2 color.) 6.—
2194 **Malpighi.** Opera omnia. 2 vol. Lugd. 1687. 4. 622 p. et 118 tab. Prgtb. 20.—
2195 — Opera posthuma. Amstelod. 1698. 4. 402 p. et 19 tab. Prgtb. 10.—
Siehe auch Nr. 301.
2196 **Manders.** Catal. of the Rhopaloc. coll. in the Shan States. (Lond., Ent.
S.) 1890. 8. 30 p. 1.50
2197 — Some breeding experim. on Catopsilia pyrantha. (Lond., Ent. S.) 1904.
8. 8 p. w. 2 pl. 1.50
2198 — The Butterflies of Mauritius and Bourbon. (Lond., Ent. Soc.) 1908. 8.
26 p. w. colour. pl. 2.50
2199 — Study of mimicry by temperature-experim. in 2 tropic. Butterflies.
(Lond., Ent. S.) 1912. 8. 25 p. w. pl. 2.—
2200 **Mann.** Aufzähl. d. Schmetterl. ges. auf ein. Reise n. Oberkrain u. d.
Küstenland. (Wien, Z. b. G.) 1854. 8. 52 p. 1.50
2201 — Verzeichn. d. bei Fiume ges. Schmetterl. (Wien, Ent. Mon.) 1857. 8. 52 p. 2.—
2202 — Verzeichn. d. in Sicilien ges. Schmetterl. 3 Thle. (Wien, Ent. Mon.)
1859. 8. 47 p. 2.—
2203 — Z. Lepidopt.-Fauna v. Amasia. 2 Thle. (Wien, Ent. Mon.) 1861. 8. 19 p.
m. 2 Tfln. 2.—
2204 — Verzeichn. d. bei Brussa in Kleinasien ges. Schmetterl. 2 Thle. (Wien,
Ent. Mon.) 1862—64. 8. 71 p. m. 3 Tfln. 3.—
2205 — In d. Dobrudscha ges. Schmetterl. (Wien, Z. b. G.) 1866. 8. 40 p. m. Tfl. 1.—
2206 — Schmetterl. ges. in Bozen. (Wien, Z. b. G.) 1867. 8. 16 p. 1.—
2207 — Schmetterl. um Josefsthal (Croatien) gesamm. (Wien, Z. b. G.) 1867.
8. 14 p. 1.—
2208 — 17 neue Schmetterlingsarten. 2 Abh. (Wien, Z. b. G.) 1867—72. 8. 14 p. 1.—
2209 — Lepidopt. ges. in Dalmatien. (Wien, Z. b. G.) 1869. 8. 18 p. 1.—
2210 — Z. Kenntn. d. Lepidopt.-Fauna d. Glocknergebiet. (Wien, Z. b. G.) 1871.
8. 14 p. 1.—
2211 — Verzeichn. d. in Livorno u. Pratovecchio ges. Schmetterl. (Wien, Z.
b. G.) 1873. 8. 16 p. 1.—

2212 **Mann.** Beitr. z. Kenntn. d. Microlepidopt.-Fauna v. Oesterr. ob u. unt. d.   *M*
Enns u. Salzburgs. 14 Thle. (Wien, Ent. Z.) 1884. 8. 63 p.   4.—
2213 — Rogenhofer. Nachruf. (Wien, Ent. Z.) 1889. 8. 4 p. m. Portr.   1.—
2214 **Mann u. Rogenhofer.** Z. Lepidopt.-Fauna d. Dolomiten-Gebiet. (Wien,
Z. b. G.) 1878. 8. 10 p.   1.—
2215 **Marchi, G.** I Ropaloceri del Trentino. Trento 1910. 8. 203 p.   2.50
2216 **Marott.** Lepidott. nuovi e rari di Sicilia. (Palermo) 1879. 4. 6 p. c. tav.   1.50
2217 **Marshall, G. A. K.** On season. Dimorphism in S. African Rhopalocera.
(Lond., Ent. S.) 1896. 8. 15 p.   1.—
2218 — Synonymy of the g. Teracolus. (Lond., Zool. S.) 1897. 8. 34 p.   1.—
2219 — Birds as a factor in the product. of mimetic resembl. among Butterflies. (Lond., Ent. S.) 1909. 8. 55 p.   2.—
2220 **Marshall, G. A. K., and o.** Observ. and experim. on the Bionomics of
S. Afric. Insects. Mimicry and Warning Colours. (Lond., Ent. S.) 1902. 8.
298 p. w. 15 pl. (2 colour.)   9.—
2221 **Marshall, G. F. L., and Nicéville.** The Butterflies of India, Burmah
and Ceylon. 3 vols. Calc. 1882—90. 8. 1162 p. w. 31 pl. (3 colour.)   90.—
    Out of print.
2222 **Marshall, W. S., and Severin.** On the anat. of Ranantra fusca. (Madison,
Ac.) 1904. 8. 16 p. w. 3 pl.   2.—
2223 **Martelli.** Contrib. alla conosc. d. Dicranura vinula. Portici 1909. 4. 22 p.   1.50
2224 **Martin, J.** Les Papillons d'Europe. Paris 1905. 8. 307 p. av. 54 pl. color.
Cart. (fr. 9.)   6.—
2225 **Martin, L.** Lepidopterolog. aus Sumatra. (Berl., B. Ent. Z.) 1890. 8. 10 p.   1.—
2226 — Aus mein. Tagebuch. I (Sumatra). (Berl., B. Ent. Z.) 1892. 8. 8 p.   1.—
2227 —'Neue Lepidopt. aus Sumatra. Batavia 1893. 8. 9 p.   1.50
2228 — Verzeichn. d. in N.-O.-Sumatra gef. Rhopalocer. (Dresd., Iris) 1895. 8. 36 p.   1.50
2229 — Ein. neue Tagschmetterl. v. N.-O.-Sumatra. 2 Tle. Münch. 1895. 8. 21 p.   1.50
2230 — Verzeichn. d. Lemoniiden v. Sumatra. (Dresd., Iris) 1896. 8. 12 p.   1.—
2231 — Das Genus Cyrestis. (Dresd., Iris) 1903. 8. 99 p.   1.—
2232 — Ein selt. Ixias, 2 neue Euploeen, 2 neue Dolias. 3 Abhdl. (Dresd., Iris)
1912. 8. 14 p.   1.—
2233 **Martini.** Antispila Petryi nov. spec. (Stett., Ent. Z.) 1898. 8. 8 p.   1.—
2234 **Martyn, T.** Psyche. Figures of nondescript Lepidopt. Lond. 1792. folio.
w. 32 colour. pl.
    W e s t w o o d: Only 10 copies have been reproduced. — See also S h e r b o r n's
bibliograph. account in 'Annals and Magazine' series VII, vol. 1, 1898. — One of
the rarest zoological works. Its price (if ever a copy will turn up) is more than M. 1000.
2235 **Mason, T.** Tenasserim Fauna, Flora, Minerals and Nations of Burmah
and Pegu. Maulmain 1852. 8. 732 p. Calf.   18.—
2236 **Masters.** Catal. of the Diurnal Lepidopt. of Australia. Sydn. 1873. 8. 24 p.   2.—
2237 — Miskin. Note on Masters' Catal. (Lond., Ent. S.) 1874. 8. 6 p.   1.—
2238 **Mathew, G. F.** Life-hist. of West. Pacific Rhopaloc. 2 parts. (Lond., Ent.
S.) 1885—89. 8. 18 p. w. colour. pl.   1.50
2239 — Descr. of new Rhopalocera fr. the Solomon Isl. 2 pap. (Lond., Ent. and
Z. Soc.) 1886—87. 8. 22 p. w. 2 colour. pl.   2.—
2240 — Life-histories of Rhopaloc. fr. the Austral. region. (Lond., Ent. S.) 1888.
8. 52 p. w. colour. pl.   2.—
2241 — Effect of change of Climate up. the Emergence of cert. spec. of Lepidopt. (Lond., Ent. S.) 1891. 8. 6 p.   1.—
2242 **Matsumura.** Insects collect. on Mount Fuji. (Tokyo) 1898. 8. 12 p.   1.50
2243 — Neue Rhopaloc. Japans. (Tokyo) 1906. 8. 9 p. m. Tfl.   1.50
2244 — Catalogus Insector. Japonicor. Vol. I: Lepidopt. (Tokyo 1908). 8. 307 p.
Half bd. calf. — In Japanese and English.   6.—
2245 — Die Papilioniden Japans. (Sapporo, Soc. Nat.) 1908. 4. 12 p. m. Tfl.   2.—
2246 — Die illustr. Tagfaltervarietäten Japans u. Formosa's. Lief. I. Tokyo
1903. 4. 4 color. Tfln. m. Japan. Text. (16 p.)   8.—
2247 — Thousand Insects of Japan. Vols. I—VI. Tokyo 1908—1910. 4. 1110 p.
w. 108 pl. Half bd. morocco. — In Japanese language.   90.—

80

		M
2248 **Mattel.** I Lepidott. e la Dicogamia. Bologna 1888. 8. 44 p. — 1.50

2249 **Mattuschka.** Raupen- u. Schmetterlings-Tabellen. Leipz. (ca. 1805.) 8. 147 p. Cart. — 3.—

2250 **Maurissen.** Macrolépidopt. obs. dans le duché de Limbourg. (Hague, T. Ent.) 1866. 8. 20 p. — 1.—

2251 **Maxwell-Lefroy and Howlett.** Indian Insect Life. A Manual of the Insects of the Plain (Tropical India). Calc. 1909. 8. 798 p. w. 84 colour. pl. and 536 fig. Boards. — 31.—

2252 **May.** Erste Stände ein. Geometriden. (Wien, Ent. Ver.) 1892. 8. 7 p. — 1.—

2253 **Mayer, A. G.** The developm. of the Wing Scales and their pigment in Butterflies and Moths. (Cambr., Mus.) 1896. 8. 32 p. w. 7 pl. — 4.50

2254 — On the Color and Color-Patterns of Moths and Butterfl. (Bost., Nat. Soc.) 1897. 8. 88 p. w. 10 pl. (7 colour.) — 5.—

2255 — Effects of natural selection and race-tendency up. the Color-Patterns of Lepidopt. (N. York, Brookl. Inst.) 1902. 8. 56 p. w. 30 tables and 2 pl. — 4.50

2256 **Meade-Waldo.** On a coll. of Butterflies made in Morocco. (Lond., Ent. S) 1906. 8. 25 p. w. map and colour. pl. — 2.50

2257 **Meddelelser** om Grönland. Udg. af Commiss. f. geolog. og geograph. Undersögelser i Grönland. Heft 3. 7. 10. 12. 17. 19. 21. 23, I. 27. 29, I. 32. Kjöbenh. 1890—1904. 8. m. Tfln. (M. 96.) — 50.—

2258 **Medicus.** Illustr. Raupenkalender. Kaisersl. 1889. 8. 85 p. m. 7 color. Tfln. Cart. — 1.—

2259 **Meigen.** Handb. f. Schmetterlingsliebhaber. Aach. 1827. 8. 252 p. m. 16 col. Tfln. (M. 6.) Hfzb. — 2.—

2260 — System. Beschreib. d. Europ. Schmetterlinge. 3 Bde. Aachen 1829—32. 4. 672 p. m. 124 Tfln. (M. 53.) Cart. — 10.—

2261 **Meisenheimer.** Ueb. Flügelregeneration bei Schmetterl. (Leipz., Zool. Anz.) 1908. 8. 10 p. m. Tfl. — 1.—

2262 — Zusammenhang prim. u. sekund. Geschlechtsmerkmale b. d. Schmetterlingen. Jena 1909. 8. 156 p. m. 2 Tfln. u. 55 Fig. (M. 6.50.)

2263 **Meixner.** Monatl. Sammelanweis. f. Microlepidopt. 2 Tle. (Leipz., Ent. Jahrb.) 1908—09. 8. 60 p. — 2.—

2264 **Melioransky.** Ueb. d. Grossschmetterl. d. Südküste d. Krim. (Petersb., Horae) 1898. 8. 24 p. m. color. Tfl. — Russisch. — 1.50

2265 **Melvill.** New Calinaga fr. Siam. (Lond., Ent. S.) 1893. 8. 2 p. w. colour. pl. — 1.—

2266 **Mémoires** de la Société Entomolog. de Belgique. Vol. 1 à 17. Brux. 1895 à 1909. 8. — 75.—
    Voir aussi Nr. 29.

2267 **Mémoires** de la Société Entomolog. d'Egypte. Vol. I, fac. 1, 2. Le Caire 1908 à 1910. 4. 193 p. av. 7 pl. color. — 30.—
    Voir aussi nr. 397.

2268 **Mémoires** s. l. Lépidoptères. Réd. p. Romanoff. 9 vols. (tout ce qui a paru). Pétersb. 1884 à 1901. 4. 4202 p. av. 4 cartes et 164 pl. color. — 600.—
    Mémoires très-importants avec de belles planches sur la Faune d'Asie par le grand-duc Nicolai Michailovitch (Romanoff), par Christoph, Staudinger, Snellen, Grum-Grshimaïlo, Heylaerts, Erschoff, Alphéraky, Herz, Standfuss. — Tout le vol. IV. renferme la Faune du Pamir, par Grum-Grshimaïlo (voir nr. 1313), les vol. VII et VIII la monographie des Phycitinae et Galleriinae par Ragonot (voir nr. 2815). — La série est épuisée, surtout le vol. VIII est rare. Je possède aussi de volumes dépareillés aux planches noires.

2269 — — Vol. IX. 1897. 368 p. av. 14 pl. color. D.-rel. maroq. (M. 48.) — 40.—
    6 mém. p. Alphéraky sur Lépid. rec. p. Grum-Grshimaïlo, Potanin, Herz, Roborovsky, Kozlov dans l'Asie centr. et orient.

2270 — Hering. Mém. s. l. Lépidopt. tome VII. (Stett., Ent. Z.) 1893. 8. 25 p. — 1.—

2271 — Seitz. Mém. s. l. Lépidopt. tome IV et V. (Stett., Ent. Z.) 1891. 8. 33 p. — 1.—

2272 — Speyer, A. Mém. s. l. Lépidopt. tomes I et II. (Stett., Ent. Z.) 1884—85. 8. 28 p. — 1.—

2273 **Mendes d'Azevedo.** Lepidopteros de Portugal. 3 parties. (Lisboa, Broteria) 1903 à 10. 8. 130 p. — 4.—

2274 — Mendesia joannisiella n. sp. Geometridae mais variaveis de Portugal. Lepidopt. de Minho. (S. Fiel, Broter.) 1909. 8. 12 p. av. 4 pl. — 2.—

2275 **Mendes d'Azevedo.** Lepidopt. ex Zambezia et Angola Lusit. (Braga, Broter.) $\mathcal{M}$
1912. 8. 11 p. av. pl. 1.50
2276 **Ménétriés.** S. qu. Lépidopt. du Brésil. (Moscou, Mém.) 1829. 4. 16 p. av.
8 pl. (2 color.) 4.—
2277 — Catal. rais. d. objets de Zoologie (Coléopt., Lépid.) rec. dans un voy. au
Caucase. Pétersb. 1832. 4. 310 p. Toile. 6.—
2278 — Catal. de qu. Lépidopt. d. Antilles. (Mosc., Bull.) 1832. 8. 26 p. 1.50
2279 — Descr. d. nouv. espèces de Lépidopt. (particul. de la Sibérie) de la coll.
de l'Acad. 3 parties. Pétersb. 1855 à 1863. 8. 285 p. av. 18 pl. color. 25.—
  La seconde partie est epuisée. Parties 1 et 2 portent le titre: Enumeratio
  corporum animalium Musei etc.
2280 — Lépidopt. de la Sibérie orient. et en partic. d. rives de l'Amour. (Pétersb.,
Schrenck's Reisen) 1859. 4. 75 p. av. 5 pl. color. 5.—
2281 — Notice biograph. (Pétersb., Horae) 1863. 8. 7 p. av. portr. 1.—
2282 **Mengel.** Catal. of the Erycinidae of the world. Reading 1905. 8. 9.—
2283 **Mercer.** Developm. of the Wings in the Lepidopt. (N. York, Ent. Soc.)
1900. 8. 20 p. w. 5 pl. 4.—
2284 **Merian.** Der Raupen wunderbare Verwandlung u. sonderbare Blumen-
Nahrung. Tl. I. Nürnb. 1679. kl. 4. 100 p. m. 50 Tfln. Cart. — Fehlt
Titelblatt. 30.—
  Rarissimum. Ich habe von dieser deutschen Original-Ausgabe niemals
  ein Exemplar gesehen.
2285 — **Kraatz.** Ueb. d. älteste Merian'sche Werk. (Berl., B. Ent. Z.) 1870. 8. 6 p. —.50
2286 **Merrifield.** Method of breeding Selenia illustr. (Lond., Ent. S.) 1887. 8. 6 p. 1.—
2287 — Report on Pedigree Moth-breeding. (Lond., Ent. S.) 1888. 8. 14 p. w. pl. 1.—
  See also nr. 1188.
2288 — Incidental observat. in Pedigree Moth-breed. (Lond., Ent. S.) 1889. 8. 20 p. 1.—
2289 — 10 pap. on the biology of Lepidopt. (Lond.) 1889—1907. 8. 90 p. 4.—
2290 — Systemat. Temperature experim. on some Lepidopt. (Lond., Ent. S.)
1890. 8. 30 p. w. 2 colour. pl. 2.50
2291 — Markings and colour. of Lepidopt. caused by expos. of the pupae to
differ temperat. condit. (Lond., Ent. S.) 1891. 8. 14 p. w. colour. pl. 2.—
2292 — Effects of artific. Temperat. on the colour. of Lepidopt. (Lond., Ent.
S.) 1892. 8. 12 p. 1.—
2293 — Temperature experim. on Vanessa and oth. Lepidopt. (Lond., Ent. S.)
1894. 8. 14 p. w. pl. 1.50
2294 — Instincts in Insects prod. results of the moral sense. (London) 1900.
8. 8 p. 1.—
2295 — Factors in seasonal Dimorphism. Brux. 1911. 8. 16 p. 1.50
2296 **Merrifield and Dixey.** Effects of Temperat. in the pupal stage on the
colour. of Pieris napi, Vanessa atalanta etc. (Lond., Ent. S.) 1893. 8.
20 p. w. colour. pl. 1.50
2297 **Merrifield and Poulton.** The Colour-relat. betw. the pupae of Papilio
machaon, Pieris napi, and o. spec. (London, Ent. S.) 1899. 8. 66 p. 2.—
2298 **Metschnikow.** Embryolog. Studien an Insecten. Leipz. 1866. 8. 118 p.
m. 10 z. Thl. color. Tfln. (M. 8.) 4.—
2299 **Meyer.** Analyt. Tabelle z. Bestimm. d. Tortriciden-Raupen. (Leipz., Ent.
Jahrb.) 1909. 8. 13 p. 1.50
2300 **Meyer-Dür.** Verzeichn. d. Tagfalter der Schweiz. Zürich 1852. 4. 239 p. m.
col. Tfl. 6.—
2301 — Entomol. Reise durch d. Seegebiet v. Tessin. (Bern, Ent. G.) 1863. 8. 24 p. 1.50
2302 — Skizze d. entomol. Charakters v. Corsika. (Bern, Ent. Ges.) 1869. 8. 8 p. 1.—
2303 **Meyrick.** On the classificat. of some fam. of the Tineina. (Lond, Ent.
S.) 1883. 8. 14 p. 1.50
2304 — On the classificat. of the Austral. Pyralidina. 3 parts. (Lond., Ent. S.)
1884—85. 8. 132 p. 6.—
2305 — Descr. of Lepidopt. (Geometr., Pyralid., Tortric., Tin.) fr. the South
Pacific. (Lond., Ent. S.) 1885. 8. 108 p. 3.-
2306 — Monogr. of New Zealand Noctuina. (Wellingt., Inst.) 1886. 8. 40 p. 3.-
2307 — On the classificat. of the Pterophoridae. (Lond., Ent. S.) 1886. 8. 21 p. 1.-

82

2308 **Meyrick.** On some Lepidopt. fr. the Fly River. (Sydney, Linn. S.) 1886. 8.   *ℳ*
18 p.   1.50
2309 — On Pyralidina fr. Australia and the S. Pacific. (Lond., Ent. S.) 1887.
8. 84 p.   2.—
2310 — Descr. of some exotic Micro-Lepidopt. (Lond., Ent. S.) 1887. 8. 12 p.   1.—
2311 — On the Pyralidina of the Hawaiian Isl. (Lond., Ent. S.) 1888. 8. 38 p.   1.—
2312 — Descr. of Austral. Micro-Lepidopt. XV: Oecophoridae. (Sydn., Linn. S.)
1888. 8. 138 p.   6.—
2313 — On some Lepidopt. fr. New Guinea. (Lond., Ent. S.) 1889. 8. 68 p.   2.—
2314 — Revis. of Austral. Lepidopt. III, IV. (Sydney, Linn. S.) 1890—91. 8. 190 p.   5.—
2315 — Descr. of addit. Austral. Pyralidina. (Sydn., Linn. S.) 1890. 8. 12 p.   1.50
2316 — On the classificat. of the Pyralidina of the Europ. Fauna. (Lond., Ent.
S.) 1890. 8. 64 p. w. pl.   2.—
2317 — — Rebel u. Hering. Meyrick's Pyralid.-Classific. (Stett., Ent. Z)
1891. 8. 26 p.   1.50
2318 — On the classificat. of the Geometrina of the Europ. fauna. (Lond., Ent.
S.) 1892. 8. 88 p. w. pl.   2.—
2319 — On a collect. of Lepidopt. fr. Upper Burma. (Lond., Ent. S.) 1894. 8. 31 p.   1.—
2320 — On Pyralidina fr. the Malay Archipel. (Lond., Ent. S.) 1894. 8. 26 p.   1.—
2321 — Handbook of British Lepidopt. Lond. 1895. 8. 843 p. w. fig. Cloth.
(10 s. 6 d.)   5.—
2322 — On Lepidopt. fr. the Malay Archipel. (Lond., Ent. S.) 1897. 8. 24 p.   1.—
2323 — Descr. of new Lepidopt. fr. Australia and New Zealand. 3 parts. (Lond.,
Ent. Soc.) 1897—1902. 8. 64 p.   2.—
2324 — The Macrolepidopt. of the Hawaiian Isl. With supplem. Cambr. 1899
—1904. 4. w. 5 colour. plates.   33.—
2325 — Lepidopt. fr. the Chatham Isl. (Lond., Ent. S.) 1902. 8. 7 p.   1.—
2326 — On New Zealand Lepidopt. (Lond., Ent. S.) 1905. 8. 26 p.   1.50
2327 — On the g. Imma. (Lond., Ent. S.) 1906. 8. 38 p.   1.50
2328 — Notes and descr. of Pterophoridae and Orneodidae. (Lond., Ent. S.)
1907. 8. 41 p.   1.50
2329 — Descr. of Afric. Microlepidopt. (Lond., Zool. S.) 1908. 8. 41 p.   1.50
2330 — Descr. of Microlepidopt. fr. Bolivia and Peru. (Lond., Ent. S.) 1909.
8. 32 p.   1.50
2331 — New S. Afric. Micro-Lepidopt. (Pretoria, Mus.) 1909. 8. 31 p.   1.50
2332 — Descr. of Transvaal Micro-Lepidopt. 2 parts. (Pretoria, Mus.) 1909—11.
8. 51 p.   2.50
2333 — Descr. of Malay. Micro-Lepidopt. (Lond., Ent. S.) 1910. 8. 49 p.   1.50
2334 — Descr. of Indian Micro-Lepidopt. XI. XII. (Bombay, Nat. Soc.) 1910.
8. 54 p.   2.—
2335 — Descr. of Micro-Lepidopt. fr. Mauritius. (Lond., Ent. S.) 1910. 8. 12 p.   1.—
2336 — Fam. Pterophoridae (e: Genera Insector.). Bruss. 1910. 4. 22 p. w. colour. pl.   7.—
2337 — Fam. Orneodidae (e: Genera Insector.). Bruss. 1910. 4. 4 p. w. colour. pl.   3.—
2338 — Tortricina and Tineina fr. the Sladen Exped. to the Indian Ocean.
(Lond., Linn. S.) 1911. 4. 45 p.   3.50
2339 — Descr. of S. Americ. Micro-Lepidopt. (Lond., Ent. S.) 1911. 8. 46 p.   2.—
2340 — Descr. of S. Afric. Micro-Lepidopt. III. (Pretoria, Mus.) 1911. 8. 21 p.   1.50
2341 — Fam. Gracilariadae (e: Genera Insector.). Bruss. 1912. 4. 36 p. w. pl.   10.—
2342 — Fam. Micropterygidae (e: Genera Insector.). Bruss. 1912. 4. 9 p. w. pl.   4.—
2343 — Fam. Adelidae (e: Genera Insector.). Bruss. 1912. 4. 11 p. w. pl.   4.—
2344 — Lepidopterorum Catalogus. Pars 6: Adelidae, Micropterygidae, Gracilariadae. Berolini 1912. 8. 68 p.   6.40
    Subscriptionspreis für Abnehmer des ganzen „Lepidopterorum Catalogus" (siehe
Nr. 2074): M. 4.25.
2345 — Lepidopterorum Catalogus. Pars 10: Tortricidae. Berol. 1912. 8. 86   8.10
    Subscriptionspreis für Abnehmer des ganzen „Lepidopterorum Catalogus" (siehe
Nr. 2074): M. 5.40.
2346 **Michael.** Fang u. Lebensweise d. wichtigst. Tagfalter d. Amazonasebene.
(Dresd., Iris) 1894. 8. 45 p.   2.—

2347 **Microlepidoptera.** 20 pap. by Chapman, Fuchs, Gartner, Hofmann, Hormu-   *M.*
zaki, Stainton and o. 1854—1910. 8. 129 p. w. 2 pl.   6.—
2348 **Miller.** 2 neue Erodiinen-Genera. (Wien, Ent. Mon.) 1858. 8. 10 p.   1.—
2349 — Ergebn. e. entom. Reise nach Cephalonia. 4 Thle. (Wien, Ent. Mon.)
1862. 8. 48 p.   1.50
2350 — Entomol. Reise in d. ostgaliz. Karpathen. (Wien, Z. b. G.) 1867. 8. 34 p.   1.—
2351 **Millière.** Hist. de Choreutis dolosana. (Paris, Soc. Ent.) 1856. 8. 11 p.
av. pl. color.   1.50
2352 — Descr. d'un Platyonide nouv. (Paris, S. Ent.) 1857. 8. 7 p. av. 6 fig. color.   1.—
2353 — Iconographie et descript. de Chenilles et Lépidopt. inédits. 3 vols. Paris
1858 à 78. 4. av. 154 pl. color. D.-rel. maroqu.   280.—
Des exemplaires complets avec le 3. volume ne se trouvent que très-rarement.
Les 2 premiers volumes ont paru en 22 parties dans les 'Annales de la Société
Linnéenne de Lyon' 1858 à 1869, qui contiennent aussi parties 23 à 27. Les parties
suivantes (28 à 35) n'ont jamais paru dans une publication périodique mais seulement dans le volume III. complet dont on n'a imprimé qu'un nombre très-restreint.
2354 — — Partie 1. (Lyon, Soc. Linn.) 1858. 4. 36 p. av. 4 pl. color.   3.—
2355 — Catal. raisonné d. Lépidoptères d. Alpes-marit. 3 parties. Paris 1871
à 1875. 8. 415 p. av. 2 pl. color.   21.—
2356 — Descr. de 8 Lépidopt. inédits d'Europe. (Paris, Rev. Z.) 1873. 8. 10 p.   1.—
2357 — Descr. de Chenilles et de Lépidopt. inédits. 5 mém. (Paris, S. Ent.)
1875 à 87. 8. 34 p. av. 5 pl. color.   5.—
2358 — Descr. de 6 Lépid. d'Europe. (Paris, S. Ent.) 1877. 8. 8 p. av. pl. col.   1.—
2359 — Lépidoptérologie (Lépidopt. nouv. ou peu connus des envir. de Cannes).
8 fascic. Cannes et Lyon 1881 à 82. 8. av. 16 pl. color.   32.—
2360 — Kheil et Constant. 2 nécrologues. 1887. 8. 10 p.   1.—
2361 **Mimicry in Butterflies.** 7 pap. by Butler, Distant, Plateau, and o.
1869—1907. 8. 37 p. w. pl.   3.50
2362 **Mina-Palumbo.** Lepidott. Druofagi. (Palermo 1879.) 8. 31 p.   1.50
2363 **Mina-Palumbo e Failla-Tedaldi.** Materiali p. la Fauna Lepidott. d.
Sicilia. (Palermo, Natur. Sicil.) 1889. 4. 148 p.   3.—
2364 **Minot and Burgess.** Report on the anat. of Aletia Xylina. (Wash., Ent.
Comm.) 1884. 8. 16 p. w. 6 col. pl.   2.50
2365 **Miscellanea Entomologica.** Organe internation. bimensuel. Publ. p. Barthe.
Vol. I à XIV. Narbonne 1890 à 1907. 8.   85.—
Les volumes 1 et 2 sont épuisés. Les autres se vendent séparément à M. 4.
2366 **Miskin.** 4 pap. on Austral. Lepidopt. (Lond., Ent. S.) 1874—84. 8. 13 p.   1.—
2367 — Descr. of new Austral. Diurn. Lepidopt. (Lond., Ent. S.) 1876. 8. 8 p.   1.—
2368 — On Ogyris Genoveva. (Lond., Ent. S.) 1883. 8. 4 p. w. colour. pl.   1.—
2369 — Revis. of the Austral. g. Ogyris. Descr. of undescr. Austral. Lycaenidae.
2 pap. (Sydney, Linn. S.) 1890. 8. 21 p.   1.50
2370 — Revis. of the Austral. sp. of Euploea. (Sydney, Linn. S.) 1890. 8. 10 p.   1.50
2371 — Synon. Catalogue of the Rhopalocera of Australia. Brisbane 1891. 8. 93 p.   5.—
2372 **Mitis.** Revis. d. Genus Delias. (Dresd., Iris) 1893. 8. 57 p. m. 2 col. Tfln.   4.50
2373 **Mitteilungen** aus d. Entomologischen Gesellschaft zu Halle. Herausg. v.
C. Daehne. Heft 1—4 (soviel erschien.). Leipzig (Z. Nat.) 1909—1912. 8.
198 p. m. Fig.   5.50
2374 **Mitteilungen** d. Entomolog. Vereins Polyxena. Jahrg. I—IV: 1906—1910.
Wien. 4. m. color. Tfl.   30.—
Rein lepidopterologisch. — Jahrg. I ist in nur 30 Exempl. autographisch hergestellt
worden und ist jetzt ganz vergriffen. Auch Jahrg. II u. III sind Autographie.
2375 **Mitteilungen** d. Schweizer. Entomologischen Gesellschaft. Redig. v. Stierlin.
Band I—XI. Bern 1865—1909. 8. m. Tfln. (M. 180.)   70.—
2376 **Mitterberger.** Verzeichnis der im Kronlande Salzburg bisher beobachteten
Mikrolepidopteren (Kleinschmetterlinge). Salzb. 1909. 8. 358 p.   10.—
2377 **Miyake.** Annot. list of the Lepidopt. of Oki. (Tokyo, Annot. Zool.) 1907.
8. 55 p.   2.—
2378 — List of a coll. of Lepidopt. fr. Formosa. (Tokyo, Annot. Zool.) 1907.
8. 30 p.   1.50
See also supplement to this catalogue.

W. Junk, Berlin, W. 15.

84

2379 **Mocsary.** Käfer u. Schmetterl. d. Bihár-Gebirges. (Budap.) 1873. 8. 98 p.   *ℳ*
   — Magyarisch.   1.—
2380 **Möller.** Fauna Mulhusana. (Lepidopt.) (Mülh.) 8. 22 p.   1.—
2381 **Moncreiffe.** The Lepidopt. of Moncreiffe Hill. (Edinb., Scott. Nat) 1877.
   8. 61 p.   2.—
2382 **Monstruosités d. Lépidopt.** 12 mém. p. Chapman, Eckstein, Fallou et
   a. 1864 à 1911. 8. 57 p. av. 5 pl. (1 color.)   6.—
2383 **Montandon.** Contrib. à la Faune entomol. de la Roumanie (Lépidopt.).
   Bucar. 1900. 8. 8 p.   1.—
2384 **Montrouzier.** Lépidopt. de la faune de l'ile de Woodlark. (Paris) 1856. 8. 22 p.   2.—
2385 **Moore, F.** 4 pap. on new Asiatic Lepidopt. (Lond., Zool. S.) 1858—79.
   8. 78 p. without the plates.   1.50
2386 — Monogr. of the g. Adolias. (Lond., Ent. S.) 1859. 8. 27 p. w. 7 pl.   3.—
2387 — On the Lepidopt. of Bengal. 3 parts. (Lond., Zool. S.) 1865—67. 8.
   196 p. w. 7 colour. pl.   10.—
2388 — — I. 1865. 69 p. — Without the 3 pl.   1.—
2389 — — II: Noctuae. 1867. 8. 55 p. w. 2 plain pl.   1.50
2390 — — III. 1867. 75 p. w. 2 plain pl.   1 50
2391 — Descr. of new Bombyces fr. N. E. India. (Lond., Ent. S.) 1866. 8. 3 p.
   w. colour. pl.   1.—
2392 — Descr. of new Indian Lepidopt. (Lond., Zool. S.) 1872. 8. 29 p. w.
   3 colour. pl.   4.50
2393 — — With plain plates.   2.—
2394 — Descr. of new Asiatic Lepidopt. (Lond., Zool. S.) 1874. 8. 15 p. w.
   2 colour. pl.   3.—
2395 — — With plain plates.   1.—
2396 — The Lepidopt. Fauna of the Andaman and Nicobar Islands. (Lond.,
   Zool. S.) 1877. 8. 53 p. w. 3 colour. pl.   5.—
2397 — — With plain plates.   2.—
2398 — List of Lepidopt. coll. in Upper Tenasserim. (Lond., Zool. S.) 1878. 8.
   38 p. w. 3 colour. pl.   5.—
2399 — — With plain plates.   2.—
2400 — Revis. of cert. genera of Europ. and Asiat. Lithosiidae. (Lond., Zool.
   S.) 1878. 8. 36 p. w. 3 colour. pl.   3.50
2401 — — With plain plates.   1.50
2402 — Descr. of new Asiat. Hesperidae. (Lond., Zool. S.) 1878. 8. 9 p. w. col. pl.   1.—
2403 — List of Lepidopt. coll. in Hainan. (Lond., Zool. S.) 1878. 8. 14 p.   1.—
2404 — Descr. of new genera and spec. of Asiatic Heterocera. (Lond., Zool. S.)
   1879. 8. 31 p. w. 3 colour. pl.   3.50
2405 — — With plain plates.   1.50
2406 — Descr. of new Asiat. Diurnal Lepidopt. (Lond., Zool. S.) 1879. 8. 9 p.   1.—
2407 — Descr. of the g. Kallima. (Lond., Ent. S.) 1879. 8. 8 p.   1.—
2408 — Lepidoptera coll. dur. the second Yarkand Mission. Calcutta 1879. 4.
   w. colour. pl.   10.—
2409 — On the Asiat. spec. of the g. Mycalesis. (Lond., Ent. S.) 1880. 8. 24 p.   1.50
2410 — The Lepidopt. of Ceylon. 3 vols. Lond. 1880—87. 4. w. 215 colour. pl.
   (21 £ 12 s.) Cloth.   300.—
2411 — Descr. of new gen. and spec. of Asiat. Nocturn. Lepidopt. (Lond.,
   Zool. S.) 1881. 8. 55 p. w. 2 colour. pl.   3.—
2412 — — With plain plates.   1.50
2413 — On the gen. and spec. of the Ophiderinae, inhab. the Indian Region.
   (Lond., Zool. S.) 1881. 4. 14 p. w. 3 colour. pl.   4.—
2414 — Descr. of new Asiat. Diurn. Lepid. (Lond., Ent. S.) 1881. 8. 10 p.   1.—
2415 — Descr. of new Indian Lepidopt. fr. the coll. of Atkinson. 3 parts.
   Lond. 1882—88. 4. w. 7 colour. pl. Boards.   35.—
2416 — — Part II. 1882. 112 p. w. 2 plain pl.   4.—
2417 — List of the Lepid. coll. by Hocking in the Kangra District, Himalaya.
   2 parts. (Lond., Zool. S.) 1882—88. 8. 53 p. w. 2 col. pl.   4.50
2418 — — With plain plates.   2.—

W. Junk, Berlin, W. 15.

2419 **Moore, F.** Monogr. of Limnaina and Euploeina. 2 parts. (Lond., Zool. Soc.) *ℳ*
1883. 8. 122 p. w. 4 colour. pl. 6.—
2420 — — With plain plates. 3.—
2421 — Descr. of new gen. and spec. of Asiat. Heterocera. (Lond., Zool. S.)
1883. 8. 15 p. w. 2 colour. pl. 2.50
2422 — — With plain plates. 1.—
2423 — Descr. of new Asiatic Diurn. Lepidopt. (Lond., Zool. S.) 1884. 8. 14 p.
w. 2 colour. pl. 2.50
2424 — — With plain plates. 1.—
2425 — Descr. of new Indian Heterocera. (Lond., Ent. S.) 1884. 8. 22 p. 1.—
2426 — List of the Lepidopt. of Mergui and its Archipel. (Lond., Linn. S.)
1886. 8. 30 p. w. 2 colour. pl. 1.50
See also nr. 704.
2427 — Lepidoptera Indica. Descr. of all Lepidopt. of the Indian region. Cont.
by Swinhoe. Vols. 1—9. (112 parts). Lond. 1890—1912. 4. w. 896 pl. 1000.—
2428 — — With the plates coloured. 1500.—
The continuation is supplied at M. 10 for the part with plain plates and at
M. 15 for the coloured edition.
2429 **Moore and Butler.** List of Diurnal Lepidopt. of Cashmire Territ. and
of the S. Sea-Islands. 2 pap. (Lond., Zool. S.) 1874. 8. 27 p. w. 2 col. pl. 2.—
2430 — — With plain plates. 1.—
2431 **Moore, Walker and o.** Descr. of some new Insects coll. in Yunan. New
Pierinae. 2 pap. (Lond., Zool. S.) 1871. 8. 11 p. w. 2 pl. 1.50
2432 **Moreira.** Metamorph. de uma Heliconia. (Rio de J., Mus.) 1881. 4. 14 p.
av. pl. color. 1.50
2433 **Morpho.** 7 mém. p. Bar, Honrath, Lucas et a. 1860 à 1908. 8. 33 p. av. pl. 2.—
2434 **Morris, F. O.** Hist. of Brit. Moths. 5. ed. 4 vols. Lond. 1896. 8. w. 132
colour. pl. Cloth. 55.—
2435 — Hist. of British Butterflies. 10. ed. Lond. 1908. 8. 244 p. w. 79 colour.
pl. Cloth. 15.—
2436 **Morris, J. G.** Catal. of the Lepidopt. of N. America. (Wash., Smiths.) 1860. 1.50
8. 76 p. 1.50
2437 — Synops. of the Lepidopt. of N. America. Part I. (all pub.'d.). Diurnal
and Crepuscular Lepid. (Wash., Smiths.) 1862. 8. 386 p. 2.—
2438 — Prittwitz. Synonym. u. geogr. Glossen z. Morris'schen Catal. d.
Fälter Nordamerik. 2 Thle. (Stett., Ent. Z.) 1863. 8. 41 p. 1.50
2439 **Mory.** Ueb. ein. neue Schweiz. Bastarde d. Genus Deilephila. (Bern, Ent.
G.) 1901. 8. 28 p. m. Tfl. 1.50
2440 **Möschler.** Bemerk. zu ein. Süd-Russischen Falterarten. 3 Abhdl. 1854.
8. 27 p. 1.50
2441 — Die Schmetterl. d. Oberlausitz. I. (Görlitz, Nat. Ges.) 1857. 8. 102 p. 1.50
Nachtrag — siehe Nr. 3275.
2442 — Beitr. z. Lepidopt.-Fauna v. Labrador. 4 Thle. (Wien, Ent. Mon.)
1860—64. 8. 76 p. m. 4 Tfln. 2.50
2443 — Die Europ. Arten d. Gatt. Chionobas. (Wien, Ent. Mon.) 1863. 8. 41 p. 1.50
2444 — Aufzähl. v. in Andalusien ges. Schmetterl. (Berl., B. Ent. Z.) 1866. 8. 11 p. 1.—
2445 — Die Tineen der Oberlausitz. 2 Thle. (Görl., Nat. Ges.) 1868—71. 8.
28 p. m. Tfl. 1.50
2446 — Beitr. z. Schmetterlingsfauna v. Labrador. 6 Thle. (Stett., Ent. Z.)
1870—83. 8. 58 p. 2.50
2447 — Neue exot. Schmetterlinge. (Stett., Ent. Z.) 1872. 8. 27 p. 1.—
2448 — Exotisches. 5 Thle. (Stett., Ent. Z.) 1874—78. 8. 70 p. 2.—
2449 — Beitr. z. Schmetterl.-Fauna v. Surinam. 5 Thle. (Wien, Z. b. G.) 1876—
1883. 8. 550 p. m. 11 Tfln. 13.—
2450 — Nordamerikanisches (Lepidopt.). 3 Thle. (Stett., Ent. Z) 1877—86. 8. 30 p. 1.—
2451 — Neue exotische Hesperidae. (Wien, Z. b. G.) 1878. 8. 28 p. 1.—
2452 — Die Famil. u. Gattgn. d. Europ. Tagfalter. (Görlitz, Nat. Ges.) 1880.
8. 79 p. m. 3 Tfln. 2.50
2453 — Beitr. z. Schmetterl.-Fauna d. Kaffernland. (Wien, Z. b. G) 1884. 8.
44 p. m. Tfl. 1.50

86

2454 **Möschler.** Die Nordamerika u. Europa gemeinsam. Schmetterl. (Wien,   ℳ
Z. b. G.) 1884. 8. 94 p.   1.50
2455 — Beitr. z. Schmetterlingsfauna v. Jamaica. (Frankf., Senck.) 1886. 4.
63 p. m. color. Tfl.   3.50
2456 — Beitr. z. Schmetterlingsfauna d. Goldküste. (Frankf., Senck.) 1887. 4.
53 p. m. color. Tfl.   3.50
2457 — Die Lepidopt.-Fauna v. Portorico. (Frankf., Senck.) 1890. 4. 292 p. m.
Portr. u. color. Tfl. (M. 12.)   6.—
2458 **Mosley.** Illustrations of Varieties of Brit. Lepidopt. Series I. (all pub.'d.)
Huddersf. 1890—1903. 4. w. 30 colour. pl. Cloth.   21.—
2459 **Moss.** On the Sphingidae of Peru. (Lond., Zool. S.) 1912. 4. 42 p. w.
map and 9 colour. pl. (3 £)   40.—
2460 **Moufet.** Insectorum sive minimorum animalium theatrum. Lond. 1634. fol.
350 p. et multae fig. Parchm.   30.—
    The real author of this rare work is Conrad Gesner. The very interesting
    history of the book is told by Hagen (vol. I., p. 554).
2461 **Moulton.** On some Mimetic Combinations of Tropic. Americ. Butterflies.
(Lond., Ent. S.) 1909. 8. 22 p. w. 5 pl.   4.—
2462 **Mühl.** Raupen u. Schmetterl. Stuttg. 1908. 8. 98 p. m. 6 Tfln. (1 color.)   1.—
2463 **Mühlig u. Frey.** Beitr. z. Naturgesch. d. Coleophoren. (Zürich, Nat. Ges.)
1857. 8. 19 p.   1.—
2464 **Müller, A.** On the dispersal of non-migrat. Insects by atmosph. agencies.
(Lond., Ent. Soc.) 1871. 8. 12 p.   1.—
2465 **Müller, F.** As maculas sexuaes d. Danais erippus e gilippus. (Rio de J.,
Mus.) 1877. 4. 5 p. av. pl.   1.—
2466 — A prega costal d. Hesperideas. (Rio de J., Mus.) 1878. 4. 10 p. av. 2 pl.   1.50
2467 — On Brazil. Entomology. (Lond., Ent. S.) 1878. 8. 13 p.   1.—
2468 — Os orgãos odoriferos de certos Lepidopt. 4 mém. (Rio de J., Mus.)
1878 à 79. 4. 23 p. av. 4 pl.   4.—
2469 — Die Stinkkölbchen d. Maracujáfalter. (Leipz., Z. Zool.) 1878. 8. 4 p. m. Tfl.   1.50
2470 **Müller, H.** Die Befrucht. d. Blumen durch Insekten. Leipz. 1873. 8.
487 p. m. 152 Fig. Cart.   20.—
    Das seltene Fundamentalwerk.
2471 — Weitere Beobachtungen üb. d. Befrucht. d. Blumen durch Insekten.
3 Thle. (Bonn, Ver. Nat.) 1878—82. 8. 234 p. m. 5 Tfln.   9.—
2472 — Alpenblumen, ihre Befrucht. durch Insekten. Leipz. 1881. 8. 616 p. m.
173 Fig. (M. 16.)   7.50
2473 — The Fertilization of Flowers. Transl. by D'Arcy W. Thomson. New ed.
London 1894. 8. 680 p. w. many fig. Cloth.   45.—
    Out of print ant very rare.
2474 **Müller, Jul.** Weisse Varietät d. Melitaea Didyma. (Stett., Ent. Z.) 1855.
8. 2 p. m. color. Tfl.   1.—
2475 — Terminologia Entomologica. 2. (letzte) Aufl. Brünn 1872. 8. 314 p. m.
33 Tfln. (1 color.) (M. 10.)   5.—
2476 **Müller, W.** Südamerikan. Nymphalidenraupen. Versuch e. natürl. Systems
d. Nymphaliden. Jena (Zool. J.) 1886. 8. 263 p. m. 4 Tfln. (M. 11.)   5.—
2477 **Mulsant.** Opuscules Entomologiques. 16 cahiers. Paris 1852 à 1875. 8. av.
portraits et planches.   70.—
    Série rare. Beaucoup de cahiers dépareillés en magasin.
2478 **Munk.** Die Gross-Schmetterl. v. Augsburg. (Augsb., Nat. Ver.) 1898. 8. 46 p.   1.50
2479 **Munson.** Spermatogenesis of the Papilio Rutulus. (Boston, Nat. Soc.) 1906.
8. 80 p. w. 6 pl.   4.—
2480 **Murray.** Descr. of some new Lycaena. (Lond., Ent. S.) 1874. 8. 8 p. w.
colour. pl.   1.—
2481 **Nagano.** Icones Japonicorum Insector. Vol. I: Sphingidae. Gifu 1904. Fol.
5 colour. pl. w. descr. text in English and Japan. of 65 p.   16.—
    The editor of this series is Y. Nawa.
2482 **Nassauer.** Lepidopterorum Catalogus: Arctiidae.
    In Vorbereitung. — In preparation. — En préparation. — Vide nr. 2074.
2483 **Neave.** Bionomic notes on Butterflies fr. the Victoria Nyanza. (Lond.,
Ent. S.) 1906. 8. 18 p. w. 4 pl. (2 colour.)   2.50

2484 **Neave.** Rhopaloc. fr. N. Rhodesia. (Lond., Zool. S.) 1910. 8. 85 p. w. map *ℳ*
and 3 colour. pl. 5.—
2485 **Nécrologues.** 14 mém. s. Berce, Girard, Lucas, Snellen et a. 1832 à 1901.
8. 109 p. av. 5 portr. 6.—
2486 **Neuburger.** Etiquettenliste d. Grossschmetterl. von Europa. Berlin 1901.
8. 27 p. 2.—
2487 **Neumoegen and Dyar.** Prelim. revis. of the Bombyces of America, N.
of Mexico. (N. York, Ent. S.) 1894. 8. 28 p. 2.—
2488 **Neustadt, Kornatzki u. Assmann.** Abbild. u. Beschr. d. Schmetterl.
Schlesiens. Papiliones, Sphinges, Bombyces Thl. 1. (soviel erschien.). 3 Bde.
Bresl. 1842—51. 8. 146 p. m. 76 color. Tfln. Cart. 25.—
2489 **Newman.** (Entomolog.) Letters of Rusticus on the Nat. History of Godal-
ming. Lond. 1849. 8. 172 p. w. 14 fig. Half bd. calf. 3.—
2490 — Charact. of a few Austral. Lepidopt. (Lond., Ent. S.) 1856. 8. 20 p.
w. colour. pl. 1.50
2491 — Illustr. natur. hist. of British Butterflies and Moths. New ed. Lond.
1897. 8. 688 p. w. 900 fig. Cloth. (25 s.) 9.—
2492 **Newport.** On the nerv. system of the Sphinx ligustri. (Lond., Philos.
Trans.) 1832. 4. 16 p. w. 2 pl. 6.—
2493 — On the Temperat. of Insects. (Lond., Phil. Trans.) 1837. 4. 80 p. 3.50
2494 **Nicelli.** Ueb. d. Pommersch. Arten d. Gatt. Lithocolletis. (Stett., Ent. Z.)
1851. 8. 18 p. 1.—
2495 **Nicéville.** On new and little known Rhopalocera fr. the Indian region.
(Calc., Asiat. S.) 1883. 8. 27 p. w. 3 colour. pl. 4.—
2496 — Papilio polydecta. (Lond., Ent. S.) 1884. 8. 4 p. w. colour. pl. 1.—
2497 — 5 pap. on new Indian Lepidopt. 1885—1900. 8. 60 p. — Without
the 6 plates. 2.—
2498 — Descr. of some new Butterflies fr. India. (Lond., Zool. S.) 1887. 8.
20 p. w. 2 colour. pl. 2.50
2499 — — With plain plates. 1.—
2500 — List of the Butterfl. of Khorda in Orissa. Calc. 1888. 8. 20 p. 2.50
2501 — On new and little-known Butterflies fr. the Indian Region. (Bombay,
Nat. Soc.) 1890. 8. 27 p. w. 2 colour. pl. 3.50
2502 — Descr. of a new Morphid Butterfly fr. North-East. India. (Bombay,
Nat. Soc.) 1890. 8. 2 p. w. colour. pl. 1.50
2503 — II. list of Chin-Lushai Butterfl. (Bomb., Nat. Soc.) 1891. 8. 7 p. 1.—
2504 — On new and little known Lepidopt. fr. the Indo-Malay. region. 7 parts.
(Bombay and Calc.) 1892—98. 8. 290 p. w. 1 colour. pl. (instead of 16). 5.—
2505 — On new and little known Butterflies fr. N.-East Sumatra. (Bombay,
Nat. Soc.) 1893. 8. 20 p. w. 3 colour. pl. 4.50
2506 — — Without the 3 pl. 1.—
2507 — Lebensgesch. gewiss. Satyrinen v. Calcutta. (Stett., Ent. Z.) 1893. 8. 13 p. 1.—
2508 — Neptis Praslini Boisd. (Calc., Asiat. S.) 1897. 8. 11 p. 1.—
2509 — Revis. of the g. Dercas. (Lond., Ann. & M.) 1898. 8. 7 p. 1.—
2510 — On a coll. of Butterflies fr. Buru, Moluccas. (Calc., As. S.) 1898. 8. 17 p. 1.—
2511 — On new and little known Butterflies fr. the Indo-Malay., Austro-Malay.
and Austral. reg. (Bomb., Nat. Soc.) 1898. 8. 33 p. w. 4 colour. pl. 5.—
2512 — Some Butterfl. fr. Tenasserim. (Bomb., Nat. Soc.) 1899. 8. 8 p. — The
plate wanting. 1.—
2513 — On the Butterfl. compr. in the subg. Tronga. (Calc., As. Soc.) 1901. 8. 27 p. 1.50
— The Butterflies of India — see nr. 2221.
2514 **Nicéville and Kühn.** Annot. list of the Butterflies of the Ké Isles.
(Calc., Asiat. S.) 1898. 8. 35 p. w. colour. pl. 3.—
2515 **Nicéville and Martin.** List of the Butterflies of Sumatra. (Calc., Asiat.
Soc.) 1895. 8. 100 p. 5.—
2516 **Nicholl, M. De la Beche.** The Butterflies of Aragon. (Lond., Ent. Soc.)
1897. 8. 7 p. 1.—
2517 **Nicholl and Elwes.** Butterflies of the Lebanon. (Lond., Ent. S.) 1901.
8. 24 p. 1.50

88

2518 **Nickerl, F. A.** Beitrag z. Lepidopt.-Fauna v. Ober-Kärnthen u. Salzburg. *ℳ*
3 Tle. (Stett., Ent. Z.) 1845. 8. 24 p. 1.50
2519 — Beschr. e. neu. Gatt. u. Art. (Stett., Ent. Z.) 1846. 8. 3 p. m. color. Tfl. 1.—
2520 — Synopsis d. Lepidopt.-Fauna Böhmens. I. Prag 1850. 8. 77 p. 1.50
2521 — Neue Microlepidopt. (Wien, Ent. Mon.) 1864. 8. 17 p. m. Tfl. 1.50
2522 **Nickerl, F. A. u. O.** Die Zünsler Böhmens. Prag 1906. 8. 43 p. 1.50
2523 **Nickerl, O.** Die Kleinschmetterlinge Böhmens. Prag 1894. 8. 38 p. 1.50
2524 — Die Gross-Schmetterlinge Böhmens. Prag 1897. 8. 48 p. 1.50
2525 — Die Wickler Böhmens. Prag 1906. 8. 63 p. 2.—
2526 — Die Spanner Böhmens. Prag 1907. 8. 81 p. 2.50
2527 — Die Motten Böhmens. Prag 1908. 8. 172 p. 2.50
2528 — Die Federmotten Böhmens. Prag 1910. 8. 12 p. 1.—
2529 **Nieden.** Der sexuelle Dimorphismus d. Antennen bei d. Lepidopt. Freib.
1909. 8. 55 p. m. 57 Fig. 2.—
2530 **Nolcken.** Lepidopterolog. Fauna v. Estland, Livland u. Kurland. 2 Bde.
(3 Thle.) (Riga, Nat. Ver.) 1868—71. 8. 858 p. 5.—
Die Theile auch einzeln.
2531 — Lepidopterologisches. (Stett., Ent. Z.) 1869. 8. 24 p. 1.—
2532 — Cidaria tristata u. funerata. (Wien, Z. b. G.) 1870. 8. 10 p. 1.—
2533 — Lepidopt. Notizen. (Stett., Ent. Z.) 1882. 8. 29 p. 1.—
2534 **Nöldner.** 2 neue Heliconius. (Berl., B. Ent. Z.) 1901. 8. 4 p. —.50
2535 **Nordmann.** Neue Schmetterl. Russlands. (Mosk., Bull.) 1851. 8. 8 p. m.
2 color. Tfln. 2.—
2536 **North American Butterflies.** 6 pap. by Beutenmüller, Dyar, Edwards,
Scudder and Smith. 1878—1908. 8. 32 p. 2.50
2537 The **North American Entomologist.** Ed. by Grote. Vol. I (all pub.).
Buffalo 1880. 8. 108 p. w. 6 pl. 18.—
Rare.
2538 **Novae Species Lepidopterorum.** 100 Abhandl. v. Bastelberger, Butler,
Chapman, Christoph, Dyar, Enderlein, Fuchs, Heinemann, Honrath, Karsch,
Lucas, Rogenhofer, Schaus, Seeldrayers, Smith, Snellen, Standfuss,
Staudinger, Stichel, Strand, Weymer, Zerny u. a. 1854—1912. 8. u. 4.
416 p. m. 6 Tfln. (3 color.) 20.—
Novara. Reise um d. Erde. Lepidoptera — siehe Nr. 1042.
2539 **Novitates Zoologicae.** Ed. by Rothschild, Hartert and Jordan. Vol.
I—XVIII. W. supplements. Lond. 1894—1912. 8. w. very many colour.
and plain pl. 600.—
Highly important periodical, chiefly devoted to Birds and Butterflies.
2540 **Nowicki.** Enumer. Lepidopt. Haliciae orient. Leop. 1860. 8. 315 p. et
tab. (M. 9.) 2.—
2541 — Microlepidopter. species novae. Cracov. 1864. 8. 20 p. et tab. color. 1.50
2542 — Beitr. z. Lepidopt.-Fauna Galiziens. (Wien, Z. b. G.) 1865. 8. 18 p. 1.—
2543 **Oberthür, C.** Etudes d'Entomologie. Faunes entomolog. Descr. d'Insectes
nouv. ou peu connus. 21 livrais. (tout ce qui a paru). Rennes 1876 à 1902.
4. av. 142 pl. (128 color. à la main). 1000.—
Livraisons 1 à 18 de cette publication magnifique et exclusiv. lépidoptérol. sont
épuisées et — surtout les premières — rares. Seulement les exemplaires au coloris
original sont estimés.
Contenu I: Faune d. Lépid. d'Algérie. 1876. 74 p. av. 4 pl. — II: Espèces nouv.
rec. en Chine par David. 1876. 34 p. av. 4 pl. — III: Lépid. de l'Afrique orient. et
de l'Algérie. 1878. 48 p. av. 4 pl. M. 20. — IV: Catal. rais. d. Papilionidae de la coll.
de C. Oberthür. 1880. 117 p. av. 6 pl. M. 28. — V: Faune de l'île Askold. I. 1880.
88 p. av. 9 pl. M. 50. — VI: Lépid. de la Chine, de l'Amérique, de l'Algérie. Le
g. Ecpantheria. 1881. 115 p. av. 20 pl. M. 75. — VII: Hépialides nouv. d'Europe.
Lépid. de l'Amérique méridion. 1883. 36 p. av. 3 pl. — VIII: Observ. s. l. Lépid.
d. Pyrénées. 1884. 51 p. av. pl. — IX: Lépid. du Thibet, de la Mantschourie, de
l'Asie mineure et de l'Algérie. 1884. 40 p. av. 3 pl. M. 18. — X: Lépid. de l'Asie
orient. 1884. 35 p. av. 3 pl. — XI: Esp. nouv. du Thibet, 1887. 38 p. av. 7 pl. —
XII: Nouv. Lépid. d'Afrique et d'Amérique. Premiers états de Lépid. de la Réunion.
Lépid. Europ. altér. 1888. 55 p. av. 7 pl. — XIII: Lépid. d. îles Comores, d'Algérie
et du Thibet. 1890. 50 p. av. 10 pl. M. 55. — XIV: Lépid. du g. Parnassius. 1891.
19 p. av. 3 pl. — XV: Lépid. d'Asie. 1891. 26 p. av. 3 pl. M. 20. — XVI: Lépid. du
Pérou, du Thibet et de Yunnan. 1892. 19 p. av. 2 pl. M. 18. — XVII: Lépid. d'Asie
(Tonkin) et d'Afrique. 1893. 36 p. av. 4 pl. — XVIII: Lépid. d'Afrique (Zygaenidae

de Madagasc.) et d'Asie. 1893. 57 p. av. 6 pl. M. 30. — XIX: Lépid. d'Europe, d'Algérie, d'Asie et d'Océanie. 1894. 51 p. av. 8 pl. — XX : De la variation chez l. Lépid. 1895. 94 p. av. 24 pl. — XXI: Variation d. Heliconia, Thelxlope et Vesta. 1902. 26 p. av. 11 pl.

2544 **Oberthür, C.** — Riffarth u. Stichel. Oberthür's Etudes vol. 21. (Berl., B. Ent. Z.) 1902. 8. 16 p.   *ℳ* 1.—

2545 — S. l. Lépidopt. rec. à Doreï, N. Guinée. (Gêneve, Mus.) 1878. 8. 20 p. 1.50

2546 — Diagnoses de Lépidopt. nouv. de l'île Askold. (Rennes) 1879. 4. 16 p. 1.50

2547 — S. l. Lépidopt. d. îles Sangir. (Lond., Ent. S.) 1879. 8. 6 p. av. pl. color. 1.50

2548 — Lepidotteri d. spediz. ital. n. Africa Equatoriale. 2 parti. (Genova, Mus.) 1880—83. 8. 91 p. c. carta e 2 tav. 8.—

2549 — — II. 1883. 32 p. c. tav. 2.—

2550 — Etudes de Lépidoptérologie comparée. Fasc. I à VI (en 8 parties). Rennes 1904 à 1912. 8. av. 229 pl. (160 color.) 900.—
Les 'Etudes' sont dévouées à la connaissance des variations géographiques et des hybrides des Lépidoptères. Partie VII paraîtra vers la fin du mars 1913, VIII vers la fin du juin 1913. — Les parties I et II sont épuisées.

2551 — — Partie I. Rennes 1904. 8. 77 p. av. 6 pl. (61 fig.) color. D.-rel. maroqu. 25.—

2552 — — Partie III. Rennes 1909. 8. 415 p. av. 25 pl. color. (M. 100.) 70.—

2553 **Ochsenheimer u. Treitschke.** Die Schmetterlinge v. Europa. 10 Bde. (17 Theile.) Leipz. 1807—35. 8. (M. 88.) Cart. 15.—
Siehe: Rara Historico-Naturalia, ed. Junk, p. 32. — Auch viele einzelne Bände vorhanden.

2554 **Ogérien.** Histoire natur. du Jura. III : Zoologie. Paris 1863. 8. 590 p. av. 211 fig. 5.—

2555 **Oken.** Allgem. Naturgeschichte. 14 Bde. Stuttg. 1833—42. 8. m. Atlas in fol. v. 165 color. Tfln. (M. 126.) Gbdn. 12.—

2556 **Olliff.** 3 pap. on Austral. Lepid. (Lond. and Melb.) 1885—88. 8. 11 p. w. pl. 1.—

2557 **Oppenheim.** Die Ahnen uns. Schmetterlinge in d. Sekundär- u. Tertiär-Periode. (Berl., B. Ent. Z.) 1885. 8. 19 p. m. 3 Tfln. 1.—

2558 **Osburn.** Butterflies and Moths. (Cincinn.) 1902. 8. 40 p. w. 21 fig. 1.—

2559 **Oudemans, J. T.** De Nederlandsche Macrolepidopt. (Amsterd. 1888.) fol. 13 p. 1.50

2560 — De Nederlandsche Insecten. Gravenh. 1896—1900. 8. 851 p. m. 38 Tfln. u. 427 Fig. (M. 24.) 18.—

2561 — Faunist. en biol. aanteeken. betr. verschillende Macrolepidopt. (Gravenh., T. Ent.) 1896. 8. 14 p. 1.—

2562 — Vlinders uit gecastreerde rupsen. (Haag) 1897. 8. 16 p. 1.50

2563 — Trichiosoma lucor. (Gravenh., T. Ent.) 1900. 8. 20 p. m. Tfl. 1.—

2564 — S. la position de repos chez l. Lépidopt. Amsterd. 1903. 8. 101 p. av. 11 pl. (M. 16.) 10.—

2565 **Pabst.** Vergleich. d. Macrolepidopt.-Fauna v. Chemnitz mit der d. Leipz. Gebiet. (Dresd., Iris) 1890. 8. 33 p. 1.50

2566 **Packard.** Synops. of the Bombycidae of the U. S. 2 parts. (Philad., Ent. S.) 1864. 8. 101 p. 2.50

2567 — Gynandromorphism in the Lepidopt. (Bost., Nat. Soc.) 1875. 4. 2 p. w. pl. 1.50

2568 — Monogr. of the Geometrid Moths or Phalaenidae of the U. S. Wash. 1876. 4. 607 p. w. 13 pl. Cloth. (M. 65.) 12.—

2569 — Extern. struct. and phylogeny of Lepidopt. Larvae. (Boston, Soc. Nat.) 1890. 8. 32 p. w. 2 pl. 2.—

2570 — Studies on the transformat. of Saturnidae. (Phil., Ac.) 1893. 8. 38 p. w. 3 pl. 1.50

2571 — Study of the transformat. and anat. of Lagoa crispata. (N. York, Phil. Soc.) 1894. 8. 18 p. w. 7 pl. 2.50

2572 — Monogr. of the Bombycine Moths of N. America. 2 parts. Wash. (Ac.) 1895—1905. 4. 448 p. w. 10 maps and 110 pl. (56 colour.) 70.—

2573 — — Vol I: Noctodontidae. 1895. 300 p. w. 10 maps and 49 pl. (32 colour.) 30.—

2574 — — Vol. II: Ceratocampidae. 1905. 148 p. w. 61 pl. (24 colour.) 40.—

2575 — Textbook of Entomology. Bost. 1909. 8. w. many fig. Cloth. 21.—

2576 **Pagenstecher.** Ueb. d. nächtl. Fang v. Schmetterl. (Wiesb., Ver. Nat.) 1877. 8. 15 p. 1.—

2577 — Zwitterbildgn. bei Lepidopt. (Wiesb., Ver. Nat.) 1882. 8. 15 p. m. Tfl. 1.—

90

2578 **Pagenstecher.** Beiträge z. Lepidopt.-Fauna d. Malay. Archipels. 14 Thle.
(Wiesb., Ver. Nat.) 1884—1901. 8. m. 18 Tfln. (10 color.)   28.—
Zum Teil vergriffen. — Hieraus einzeln:
2579 — — I: Lepidopt.-Fauna v. Amboina. 1884. 176 p. m. 2 Tfln.   3.—
2580 — — II: Heterocera d. Insel Nias. 1885. 71 p. m. 2 color. Tfln.   3.—
Siehe auch Nr. 1718.
2581 — — III: Heteroceren d. Aru- u. Kei-Inseln. 1886. 91 p. m. Tfl.   3.—
2582 — — IV: Ueb. die Calliduliden. 1887. 40 p. m. 3 Tfln.   1.50
2583 — — — Mit color. Tfln.   3.—
2584 — — V: Verzeichn. d. Schmetterl. v. Amboina. 1888. 133 p.   2.50
2585 — — VI: Schmetterl. v. Ost-Java. 1890. 16 p.   1.—
2586 — — VII: Ornithoptera Schoenbergi. 1893. 13 p. m. 2 color. Tfln.   2.50
2587 — — VIII: Weibchen v. Ornithoptera Schoenbergi. 1893. 8 p. m. color. Tfl.   1.—
2588 — — IX: Ueb. Javan. Schmetterl. u. üb. Schmetterl. d. Insel Sumba.
1894. 34 p. m. Tfl.   1.50
2589 — — X: Ueb. Schmetterl. a. d. Schutzgeb. d. Neu Guinea Co. 1894. 27 p.
m. 2 color. Tfln.   2.50
2590 — — XI: Ueb. Lepid. v. Sumba u. Sambawa. 1896. 78 p. m. 3 Tfln.   2.—
2591 — — XII: Ueb. ein. Schmetterlinge v. d. Insel Bawean. Lepid. v. d.
klein. Sundainseln Sumba, Sambawa, Alor; üb. ein. Heteroc. v. Lombok.
1898. 32 p.   1.50
2592 — — XIII (m. „XII" bezeichn.): Geogr. Verbreit. d. Tagfalter im Malay.
Archip. 1900. 116 p.   2.50
2593 — — XIV: Gattg. Nyctemera. 1901. 88 p. m. Tfl.   3 —
2594 — Heteroceren d. Ins. Palawan. (Dresd., Iris) 1890. 8. 33 p.   1.50
2595 — Ueb. d. Fam. d. Siculiden. 2 Thle. (Dresd., Iris) 1892. 8. 134 p. m. Tfl.   4.—
2596 — Lepidopt. ges. v. Stuhlmann in Ostafrika. (Hamb., Anst.) 1893. 8. 56 p.   1.50
2597 — Heterocera (aus Semon's Zool. Reise in Austral. u. d. Malay. Arch.).
Jena 1895. 4. 19 p. m. color. Tfl.   4.50
2598 — Die Lepidopt. v. Kükenthals Reise in d. Molukken u. in Borneo. (Frankf.,
Senck.) 1897. 4. 118 p. m. 3 color. Tfln. (M. 12.)   6.—
2599 — Die Lepidopt. d. Nordpolargebietes. (Wiesb., Ver. Nat.) 1897. 8. 62 p.   2.—
2600 — Die Lepidopt. d. Hochgebirges. (Wiesb., Ver. Nat.) 1898. 8. 74 p.   3.—
2601 — Die Lepidopterenfauna d. Bismarck-Archipels. 2 Tle. Stuttg. 1899—
1900. 4. 429 p. m. 4 color. Tfln. (M. 66.)   40.—
2602 — Die Arktische Lepidopt.-Fauna. Jena (Fauna Arct.) 1891. 4. 204 p.   8.—
2603 — Libytheidae (aus „Tierreich"). Berl. 1901. 8. 27 p. (M. 2.)   1.50
2604 — Fam. Libytheidae (e: Genera Insector.). Brux. 1902. 4. 4 p. av. pl. color.   5.—
Epuisé.
2605 — Callidulidae (aus „Tierreich"). Berl. 1902. 8. 34 p. (M. 3.)   2.—
2606 — Result. d. Reise Erlangers durch Süd-Schoa, die Galla- u. Somaliländer:
Rhopaloc., Sphingid. u. Bombyc. 2 Thle. (Wiesb., Ver. Nat.) 1902—3. 8.
122 p. m. 2 Tfln. (1 color.)   4.—
2607 — Ueb. Ornithoptera Goliath. (Wiesb., Ver. Nat.) 1903. 8. 10 p.   1.—
2608 — Heterocera v. Madagaskar, d. Comoren u. Ostafrika (v. Voeltzkows
Reise). Stuttg. 1907. 4. 54 p. m. color. Tfl. (M. 8.)
2609 — Die Lepidopt.-Fauna d. Antillen. (Wiesb., Ver. Nat.) 1907. 8. 12 p.   1.—
2610 — Die geograph. Verbreit. d. Schmetterl. Jena 1909. 8. 451 p. m. 2 Ktn.
(M. 11.)
2611 — Verbreitungsbezirke u. Lokalformen v. Parnassius apollo. (Wiesb., Ver.
Nat.) 1909. 8. 95 p. m. 2 color. Tfln.   2.—
2612 — Die Lepidopt. d. Aru- u. Kei-Inseln. (Frankf., Senck.) 1911. 4. 72 p.   2.50
2613 — Geschichte, Vorkomm. u. Erscheinungsweise v. Parnassius mnemosyne.
(Wiesb., Ver. Nat.) 1911. 8. 49 p.   1.50
2614 — Lepidopterorum Catalogus. Pars 2: Callidulidae. Berolini 1911. 8. 14 p.   1.35
Subscriptionspreis für Abnehmer des ganzen „Lepidopterorum Catalogus" (siehe
Nr. 2074) M. 0.90.
2615 — Lepidopterorum Catalogus. Pars 3: Libytheidae. Berolini 1911. 8. 12 p.   1.10
Subscriptionspreis für Abnehmer des ganzen „Lepidopterorum Catalogus" (siehe
Nr. 2074) M. 0.75.
2616 — Ueb. Parnassius phoebus. 2 Thle. (Wiesb., Ver. Nat.) 1912. 8. 74 p. m. Tfl.   2.—

W. Junk, Berlin, W. 15.

2617 **Palisot de Beauvois (et Serville).** Insectes rec. en Afrique (Oware, Benin) et en Amérique (Saint-Domingue et Etats-Unis). Paris 1805 (à 21). *M* in-folio. XVI et 276 p. av. 91 pl. color. D.-rel. veau. 350.—
> Ouvrage rarissime, surtout dans l'état complet. Car même H a g e n ne connait que 267 pages et 90 planches et pas la planche 91 et les pages I à XVI ('Notes préliminares') et 268 à 276 ('Table des matières'). — E. W. J a n s o n: 'Complete copies are of excessive rarity. I purchased 3 copies in order to complete one ere I succeeded'.

2618 **Pallas.** Voyages en différ. provinces de Russie et d. l'Asie septentr. Trad. p. Gauthier de la Peyronie. 5 vols. Paris 1788 à 1793. 4. av. atlas de 109 pl. et cartes in-fol. Veau. 35.—

2619 — — Avec notes p. Lamarck et Langlois. Nouv. éd. 8 vols. Paris 1794. 8. av. atlas in-fol. de 109 pl. Cart. 30.—

2620 **Palmén.** Z. Morphol. d. Tracheensystems. Helsingf. 1877. 8. 159 p. m. 2 Tfln. 2.50

2621 — Ueb. paarige Ausführungsgänge d. Geschlechtsorgane b. Insecten. Helsingf. 1884. 8. 112 p. m. 5 Tfln. 3 50

2622 **Panzer.** Faunae Insectorum Germanicae initia. Deutschlands Insekten. Fortgesetzt von (Heft 110) G e y e r u. (Heft 111—190) H e r r i c h - S c h ä f f e r u. K o c h. 190 Hefte. Nürnb. u. Regensb. 1793—1844. 12. m. 4572 (von S t u r m) gemalten Tafeln. 420.—
> Vollständige Exemplare, speciell solche, die die Fortsetzung von H e r r i c h - S c h ä f f e r enthalten, werden immer seltener. Hingegen kommen incomplete Reihen häufig in den Handel. Ich besitze mehrere unvollständige Exempl., sowie zahlreiche einzelne Hefte u. Tafeln, z. B.:

2623 — — Heft 1—100. Nürnb. 1793—1820. 8. m. ca. 3000 color. Tfln. 100.—

2624 — — Lepidopt. (e: Fauna Insector.). 66 tab. color. et textus 5.—

2625 **Papilio.** Organ of the New York Entomolog. Club, devoted exclus. to Lepidopt. Ed. by Edwards. 4 vols. (all pub.). N. York 1881—84. 8. w. colour. pl. 30.—
Continuation see no. 1654.

2626 **Papilionidae.** 20 Abbandl. v. Bramson, Guénée, Hewitson, Honrath, Karsch, Kirby, Salvin, Staudinger u. a. 1829—1900. 8. 82 p. m. 3 Tfln. (1 color.) 7.—

2627 Les **Papillons.** Paris. 4. 74 p. av. 7 pl. 1.50

2628 **Paravicini.** Lepidopterorum Catalogus: Pieridae.
In Vorbereitung. — In preparation. — En préparation. — Vide no. 2074.

2628a **Passerini.** S. la Sphinx Atropos. Pisa 1828. 8. 8 p. 1.—

2629 — Istoria d. Lithosia Caniola. Fir. 1844. 8. 9 p. 1.—

2630 — Lixus viv. n. Heracleum flav. Fir. 1856. 8. 12 p. 1.—

2631 **Paux.** Les Lépidopt. du dép. du Nord. Paris 1901. 8. 264 p. av. pl. 6.—

2632 **Pavie.** Animaux artic. rec. en Indo-Chine (Lépidopt. p. P o u j a d e). (Paris, Mus.) 1896. 8. 28 p. 1.—

2633 **Pearsall.** List of Geometridae coll. in Utah, Arizona and Texas. (Brookl., Inst.) 1906. 8. 18 p. 1.—

2634 **Peel, Austen, Gahan and o.** On a collect. of Insects made in Somaliland. (Lond., Zool. S.) 1900. 8. 60 p. w. 4 pl. (1 colour.) 4.—

2635 **Pelt Lechner.** Lepidopt. om Zevenhuizen. (Gravenh., T. Ent.) 1897. 8. 6 p. m. Tfl. 1.—

2636 — Ov. Calamia lutosa. (Gravenh., T. Ent.) 1899. 8. 11 p. m. col. Tfl. 1.—

2637 — Verborgenhed. uit h. Nonagria-leven. (Gravenh., T. Ent.) 1899. 8. 4 p. m. 2 col. Tfln. 1 50

2638 **Periódico Zoológico.** Organo de la Soc. Zoológica Argentina. 3 vols. (tout ce qui a paru). Buenos Aires 1874 à 78. 8. av. 20 pl. D.-rel. — 3 pl. m a n q u e n t à l'exempl. complet. 20.—

2639 **Perlini.** Forme di Lepidott. esclusiv. Italiane. Bergamo 1906. 4. 78 p. c. 6 tav. color. 6.—

2640 **Perris.** Histoire d. Insectes du Pin maritime. 10 parties. (Paris, Soc. Ent.) 1851 à 70. 8. av. 17 pl. 65.—
Très-rare. Beaucoup de parties dépareillées en magasin.

2641 — L a b o u l b è n e. Notice s. Perris. (Paris, S. Ent.) 1879. 8. 16 p. av. portr. 1.—

2642 **Petagna.** Specimen Insector. ulter. Calabriae. Ed. nova. Lips. 1820. 4. 52 p. et tab. color. 1.50

2643 **Peters, H. T.** Die Heteroceren-Raupen Brasiliens. Neudamm 1901. 8. *M*
12 p. m. 10 Tfln. 5.—
2644 — Rhopaloceren-Tafeln Brasilian. Schmetterlings-Biologien. Itzehoe 1902.
4. 85 color. Tfln. (M. 185.)
2645 **Peters, W.** Naturwiss. Reise nach Mossambique. Insekten u. Myriapoden,
bearb. v. Klug, Löw, Gerstäcker, Hopffer u. A. Berl. 1862. 4. 587 p. m.
35 color. Tfln. 145.—
Die Schmetterlinge (mit 8 color. Tafeln) sind von Hopffer.
2646 **Petersen.** Fauna Baltica. Die Schmetterl. d. Ostseeprov. Russlands. I:
Rhopaloc. Reval 1890. 8. 50 p. 1.50
2647 — Chromophotogr. bei Schmetterl.-Puppen. (Dorp., Nat. Ges.) 1890. 8. 39 p. 1.—
2648 — Entwickel. d. Schmetterl. nach d. Verlassen d. Puppenhülle. (Dresd.,
Iris) 1891. 8. 16 p. 1.—
2649 — Ungleichzeitigk. in d. Erschein. d. Geschlechter b. Schmetterl. (Jena,
Zool. J.) 1893. 8. 9 p. 1.—
2650 — Beitr. z. Morphol. d. Lepidopt. (Petersb., Ak.) 1900. 4. 141 p. m.
4 Tfln. (M. 7.)
2651 — Lepidopt.-Fauna v. Estland. Reval 1902. 8. 217 p. 4.—
2652 — Die Morphol. d. Generationsorgane d. Schmetterl. u. ihre Bedeut. f. d.
Artbildg. (Petersb., Ak.) 1904. 4. 88 p. m. 64 Fig. 3.—
2653 — Z. Kenntn. d. Gatt. Eupithecia. (Dresd., Iris) 1909. 8. 112 p. m. 32 Tfln.
(28 color.) 12.—
2654 **Petites Nouvelles Entomologiques.** Publ. p. Deyrolle et a. 11 années
(tout ce qui a paru) en 2 vols. Paris 1869 à 79. in-fol. D.-rel. veau. —
Manquent 2 numéros. 20.—
Le 'Naturaliste' est la continuation de ce journal.
2655 **Petry.** 2 neue Gelichiiden d. Centr.-Pyrenäen. (Dresd., Iris) 1904. 8. 6 p. —.50
2656 **Peyrimhoff.** Catal. d. Lépidopt. d'Alsace. 2. éd. Rev. p. Macker et Fettig.
2 parties. Colmar 1880 à 82. 8. 350 p. 6.—
2657 **Peyron.** Z. Morphol. der Skandinav. Schmetterlings-Eier. (Uppsala, Ak.)
1909. 4. 304 p. m. 10 Tfln. u. 232 Fig. (14 Kronen.) 12.—
2658 **Peytoureau.** Contrib. à l'ét. de l'Armure génitale d. Insectes. Paris 1895.
8. 248 p. av. 22 pl. en partie color. (fr. 25.) 8.—
2659 **Pfaffenzeller.** Ueb. Euprepia flavia. (Stett., Ent. Z.) 1857. 8. 7 p. m.
color. Tfl. 1.—
2660 **Pfeiffer, A.** Verzeichn. III. aus d. Schmetterlingsfauna v. Kremsmünster.
Linz 1892. 8. 20 p. 1.—
2661 **Pfeil.** 2 entomol. Riesengebirgs-Excursionen. (Berl., B. Ent. Z.) 1865.
8. 15 p. 1.—
2662 **Pfitzner.** Die Macrolepidopt. d. Sprottauer Gegend. I. (Dresd., Iris) 1901.
8. 25 p. 1.—
2663 **Pfützner.** Verzeichn. d. bei Berlin vorkomm. Schmetterl. (Berl., Ent. Z.)
1867. 8. 14 p. 1.—
2664 — Systemat. Verzeichn. d. Schmetterl. Berlins u. Umgeg. (Berl., Ent. Z.)
1879. 8. 15 p. 1.—
2665 — Verzeichn. d. Schmetterl. d. Prov. Brandenburg. Berl. 1891. 8. 100 p. 1.50
2666 **Philippi, R. A.** Metamorph. v. Castnia. (Stett., Ent. Z.) 1863. 8. 5 p.
m. color. Tfl. 1.—
2667 — Chilenische Insekten. (Stett., Ent. Z.) 1873. 8. 21 p. m. 2 Tfln. 2.—
2668 **Philippine Journal** of Science. Ed. by Freer. Vol. I, II and Supplemen-
tary Vol. I. Manila 1906—07. 8. w. many pl. and maps. (M. 55.) 40.—
2669 **Philipps.** Ein interess. Aberrationen u. Hermaphroditen. (Dresd., Iris)
19.2. 8. 2 p. m. color. Tfl. 2.—
2670 **Pictet, A.** Contrib. à l'ét. de la variat. d. Papillons. (Luzern) 1905. 8. 8 p. 1.—
2671 — Influence de l'alimentat. et de l'humidité s. la variat. d. Papillons.
(Genève, Soc. Phys.) 1906. 4. 83 p. av. 5 pl. 8.—
2672 — Rech. expérim. s. l. mécanismes du mélanisme et de l'albinisme chez
l. Lépidopt. (Genève, Soc. Phys.) 1912. 4. 186 p. av. 5 pl. 8.—

2673 **Piepers.** Ueb. d. Entwicklgsgesch. ein. Javan. Papilioniden-Raupen. *ℳ*
(Gravenh., T. Ent.) 1888. 8. 20 p. m. 2 col. Tfln. 2.—
2674 — Ueb. die Farbe u. d. Polymorphi: mus d. Sphingiden-Raupen. (Gravenh.,
T. Ent.) 1897. 8. 79 p. 3.—
2675 — Ueb. d. Horn d. Sphingiden-Raupen. (Gravenh., T. Ent.) 1897. 8. 26 p.
m. 4 color. Tfln. 4.—
2676 — Die Farbenevolution (Phylogenie d. Farben) b. d. Pieriden. (Leiden,
Dierk. Ver.) 1898. 8. 218 p. 8.—
2677 — Ueb. d. Schwänze d. Lepidopt. (Dresd., Iris) 1904. 8. 38 p. 1.50
2678 — Mimicry, Selection, Darwinismus. 2 Bde. Leid. 1904—7. 8. 1037 p.
(M. 18.50.) — Lepidopt. Inhalts. 13.—
2679 **Piepers en Snellen.** Lepidopt. v. Java. (Rhopaloc. en Heteroc.) 2 Thle.
(Gravenh., T. Ent.) 1876—77. 8. 80 p. m. 4 Tfln. (1 color.) 6.—
2680 — Nieuwe Pyraliden op Celebes. (Gravenh., T. Ent.) 1880. 8. 53 p. 2.50
2681 — Aanteek. ov. Lepidopt. v. de Talaut-eiland. (Gravenh., T. Ent.) 1896.
8. 13 p. m. col. Tfl. 1.50
2682 — The Rhopalocera of Java. Parts I, II (all pub'd.): Pieridae, Hesperidae.
Hague 1909—10. 4. 179 p. w. 10 colour. pl. 65.—
2683 **Pierce.** Genital armature of the g. Miana. (Hartlep.) 1891. 8. 8 p. 1.—
2684 — Spec. differences in Lithosidae. (Lond.) 1903. 8. 6 p. w. pl. 1.—
2685 — The Genitalia of the Brit. Noctuidae. Liverp. 1909. 8. 100 p. w.
32 pl. Cloth. 7.50
2686 — The Genitalia of the Brit. Geometrae. — Printing.
2687 **Pieridae.** 7 Abhandl. v. Butler, Hewitson, Scudder, Staudinger u. a.
1860—1904. 8. u. 4. 27 p. 2.50
2688 **Pieszczek.** Variabilit. v. Colias Myrmid. (Wien, Z. b. G.) 1905. 8. 23 p.
m. color. Tfl. 1.—
2689 **Pittier y Biolley.** Heteróceros de Costa Rica. (San José) 1897. fol. 20 p. 2.—
2690 **Plateau.** S. la force muscul. d. Insectes. 2 parties. (Brux., Ac.) 1864 à
1866. 8. 56 p. 2.—
2691 — Qu' est-ce qui l'aile d'un insecte? (Stett., Ent. Z.) 1871. 8. 10 p. av. pl. 1.—
2692 — Rech. expér. s. la position du Centre de Gravité d. l. Insectes. (Genève,
Arch. Sc.) 1872. 8. 55 p. 1.50
2693 — Rech. s. l. Phénomènes de la Digestion ch. l. Insectes. Av. supplém.
(Brux., Ac.) 1874 à 77. 4. et 8. 151 p. av. 3 pl. 4.—
2694 — Mouvem. et innervat. de l'organe centr. de la circulat. d. Articulés.
(Brux., Ac.) 1878. 8. 12 p. 1.—
2695 — Rech. expér. s. l. mouvem. respirat. d. Insectes. (Communic. prélim.)
(Brux., Ac.) 1882. 8. 13 p. 1.—
2696 — Rech. expér. s. l. mouvem. respirat. d. Insectes. (Brux., Ac.) 1884. 4.
226 p. av. 7 pl. 4.—
2697 — Rech. expérim. s. la vision d. Insectes. (Brux., Ac.) 1885. 8. 22 p. 1.—
2698 — Rech. expérim. s. la vision d. Arthropod. I, III à V. (Brux., Ac.) 1887
à 1888. 8. 266 p. av. 4 pl. 3.50
2699 — — Sharp, D. Account of Plateau's experim. on the vision of Arthro-
pods. (Lond., Ent. S.) 1889. 8. 16 p. w. pl. 1.—
2700 — La ressemblance protectr. chez l. Lépidopt. Europ. (Paris, Natural.)
1891. 4. 4 p. av. 7 fig. 1.—
2701 — La ressemblance protectr. d. le Règne Animal. (Brux., Ac.) 1892. 8. 49 p. 1.—
2702 — Moyens de protect. de l'Abraxas grossular. (Paris, S. Zool.) 1894. 8. 18 p. 1.—
2703 — Comment l. Fleurs attirent l. Insectes. 5 parties. (Brux., Ac.) 1895 à
1898. 8. 163 p. av. 2 pl. 10.—
En partie épuisé. — Les parties II, IV et V se vendent aussi séparément à M. 1 50.
2704 — Filet empêch. le passage d. Insectes Ailés. (Brux., Ac.) 1895. 8. 24 p. av. pl. 1.50
2705 — Nouv. rech. s. l. rapports entre l. Insectes et l. Fleurs. (Paris, S. Zool.)
1898. 8. 37 p. 2.—
2706 — Attraction d. insectes p. les étoffes color. et les objets brillants. (Brux.,
Soc. Ent.) 1900. 8. 15 p. 1.—
2707 — Pavots décorollés et l. Insectes Visiteurs. (Brux., Ac.) 1902. 8. 30 p. 1.—

94

2708 **Plateau.** Une glace étamée dans l'ét. d. rapports entre l. Insect. et l. *ℳ*
Fleurs. (Brux., Ac.) 1905. 8. 22 p.   1.—
2709 — Les Fleurs artific. et l. Insectes. (Brux., Ac.) 1906. 8. 103 p.   2.—
2710 — Le Macroglosse. Observat. et expér. (Brux., S. Ent.) 1906. 8. 42 p. av. fig. 1.—
2711 — Récipients en verre dans l'ét. d. rapports entre l. Insectes et l. Fleurs.
(Brux., Ac.) 1906. 8. 37 p.   1.—
2712 — Les Insectes et la Couleur d. Fleurs. (Paris) 1907. 8. 13 p.   1.—
2713 — La Pollination d'une Orchidée p. l. Insectes. (Gand, S. Bo.t) 1909. 8. 33 p. 1.—
2714 — Rech. expérim. s. l. Fleurs Entomophiles peu visitées par l. Insectes.
(Brux., Ac.) 1910. 8. 55 p.   2.—
2715 **Plötz.** Die Gatt. Pyrrhopyga. (Stett., Ent. Z.) 1879. 8. 19 p.   1.—
2716 — Verzeichn. d. v. Buchholz in W. Africa, Meerbusen v. Guinea, ges.
Hesperiden. (Stett., Ent. Z.) 1879. 8. 12 p.   1.—
2717 — Verzeichn. d. v. Buchholz in W. Africa auf d. Camerons-Geb. u. auf
Fernando-Po ges. Schmetterl. 3 Thle. (Stett., Ent. Z.) 1880. 8. 41 p.   1.50
2718 — Die Hesperiinen-Gatt. Goniurus. (Mosk., Bull.) 1881. 8. 22 p.   1.—
2719 — Die Hesperiinen-Gatt. Hesperia. 4 Thle. (Stett., Ent. Z.) 1882—83. 8. 130 p. 3.—
2720 — Ein. Hesperiinen-Gattgn. 2 Thle. (Berl., B. Ent. Z.) 1882. 8. 25 p.   1.—
2721 — Die Hesperiinen Gatt. Eudamus. II. (Stett., Ent. Z.) 1882. 8. 15 p.   1.—
2722 — Die Hesperiinen Gatt. Phareas. (Stett., Ent. Z.) 1883. 8. 8 p.   1.—
2723 — Die Hesperiinen-Gruppe d. Achlyoden. (Wiesb., Ver. Nat.) 1884. 8. 56 p. 1.50
2724 — Die Hesperiinen-Gatt. Ismene. (Stett., Ent. Z.) 1885. 8. 16 p.   1.—
2725 — Die Hesperiinen-Gatt. Plastingia. Apaustus. 2 Abhdlgn. (Stett., Ent. Z.)
1885. 8. 22 p.   1.—
2726 — Die Hesperiinen-Gatt. Thymelicus. Butleria. 2 Abhdlgn. (Stett., Ent. Z.)
1885. 8. 12 p.   1.—
2727 — Die Hesperiinen-Gatt. Telesto. (Stett., Ent. Z.) 1885. 8. 22 p.   1.—
2728 — System d. Schmetterlinge. Greifsw. 1885. 8. 44 p.   2.—
2729 — Nachtrag u. Berichtig. zu d. Hesperiinen. (Stett., Ent. Z.) 1886. 8. 35 p. 1.—
2730 — Die Hesperiinen-Gatt. Sapaea-Leucochitonea. (Stett., Ent. Z.) 1886. 8. 6 p. —.50
2731 — Neue Hesperiden d. Indischen Archip. (Berl., B. Ent. Z.) 1886. 8. 8 p.   1.—
2732 **Plötz and Swinhoe.** On the Hesperidae fr. the Indo-Malayan and Afric.
regions. (Lond., Ent. S.) 1908. 8. 36 p. w. 3 colour. pl.   2.—
2733 **Poey.** Memorias s. la Historia natur. (Zoolog.) de Cuba. Vol. I. Habana
1851. 8. 463 p. av. 34 pl. (17 color.) D.-rel. veau.   28.—
2734 **Pomona College Journal** of Entomology. Vol. I—III. Claremont 1909—12.
4. w. plates.   18.—
2735 **Poppius, A.** Finlands Dendrometridae. 2 Tle. (Helsingf., Soc. Fauna)
1887—93. 8. 321 p. m. Kte. u. 14 Tfln.   8.—
2736 — Flügelgeäder d. Finnischen Dendrometriden. (Berl., Ent. Z.) 1888. 8.
12 p. m. Tfl.   1.—
2737 **Porritt.** On a race of Arctia mendica. (Lond., Ent. S.) 1889. 8. 2 p.
w. colour. pl.   1.—
2738 **Porritt and Prest.** Yorkshire Lepidopt. (York) 1877. 8. 16 p.   1.—
2739 **Porter, G. S.** Moths of the Limberlost. N. York 1912. 8. 384 p. w.
colour. and plain pl. Cloth.   10.—
2740 **Portraits** von Entomologen. 11 Stiche u. Lithograph. aus d. XIX. Jahrh. 10.—
Inhalt : H. A. Hagen, G. v. Heyden, v. Kiesenwetter, T. Lacordaire, K. Letzner,
L. Redtenbacher, J. Roger, J. F. Ruthe, J. R. Schiner, F. Sturm, J. H. Wollaston.
2741 **Portschinsky.** Coloration marqu. et taches ocellées d. Lépid. (Pétersb.,
Horae) 1897. 8. 71 p. av. pl. color. — En l. Russe.   2.—
2742 **Poujade.** Métamorph. de l'Attacus Atlas. (Paris, S. Ent.) 1880. 8. 6 p.
av. pl. col.   1.—
2743 — Attitudes d. Insectes pend. le vol. (Paris, S. Ent.) 1884. 8. 4 p. av. pl. 1.—
2744 — Métamorph. d'un Bombycide. (Paris, S. Ent.) 1892. 8. 6 p. av. pl. color. 1.—
2745 — Nouv. esp. d. Phalaenidae rec. à Mou-Pin. (Paris, S. Ent.) 1895. 8. 10 p.
av. 2 pl. color.   2.—
2746 **Poulton.** On the colours, markings and protect. attitude of Lepidopt.
Larvae and Pupae. 2 parts. (Lond., Ent. S.) 1884—85. 8. 82 p. w. 2 colour. pl. 4.—

2747 **Poulton.** Notes in 1885—87 up. Lepidopt. Larvae and Pupae. 3 parts. *M*
(Lond., Ent. S.) 1886—88. 8. 178 p. w. 4 colour. pl. 6.—
2748 — Colour-relat. betw. the Larva of Smerinthus ocellat. and its food-plants.
(Lond., Roy. Soc.) 1836. 8. 38 p. 2.—
2749 — Cause and extent of a special Colour-relat. betw. cert. exposed Lepidopt.
Pupae etc. (Lond., Phil. Trans.) 1887. 4. 132 p. w. colour. pl. 6.—
2750 — Experim. proof of the protect. value of colour and markings in Insects.
(Lond., Zool. S.) 1887. 8. 84 p. 2.—
2751 — The Colours of Animals, espec. of Insects. Lond. 1890. 8. w. colour.
pl. Cloth. 5.—
2752 — External morphology of the Lepidopt. Pupa. 2 parts. (Lond., Linn. S.)
1890—91. 4. 45 p. w. 4 pl. 11.—
2753 — Example of protect. mimicry discov. in Brit. Guiana. (Lond., Zool. S.)
1891. 8. 3 p. w. col. pl. 1.—
2754 — Further experim. up. the colour-relat. betw. Lepidopt. Larvae etc. (Lond.,
Ent. S.) 1892. 8. 195 p. w. 2 pl. (1 colour.) 5.—
2755 — Sexes of Larvae emerg. fr. the successiv. laid eggs of Smerinthus pop.
(Lond., Ent. S.) 1893. 8. 6 p. 1.—
2756 — Natural select. the cause of mimetic resembl. and warning colours
(in Lepidopt.). (Lond., Linn. S.) 1898. 8. 55 p. w. 5 (2 colour.) pl. 2.50
2757 — Experim. up. the colour relat. betw. Lepidopt. Larvae and their surround.
(Lond., Ent. S.) 1903. 8. 64 p. w. 3 colour. pl. 4.—
2758 — Signif. bionom. d. taches ocellaires d. Satyrinae et Nymphal. (Paris, S.
Ent.) 1903. 8. 6 p. av. pl. col. 1.—
2759 — Mimetic forms of Papilio dardanus and Acraea Johnstoni. (Lond.,
Ent. S.) 1906. 8. 40 p. w. 6 pl. 5.—
2760 — Cryptic ressembl. of Dracenta rusina and the Locustid Plagioptera
bicord. (Lond., Ent. S.) 1906. 8. 7 p. w. pl. 1.—
2761 — Mimetic N. Americ. spec. of the g. Limenitis and their models. (Lond.,
Ent. Soc.) 1909. 8. 42 p. w. pl. 2.—
2762 — Heredity in 6 fam. of Papilio dardanus subsp. cenea. (Lond., Ent. S.)
1909. 8. 19 p. w. 2 pl. (1 colour.) 2.—
2763 **Powell.** Contr. to the life hist. of Hesperia sidae. (Lond., Ent. S.) 1911.
8. 14 p. w. pl. 1.—
2764 **Pozzi.** Note Lepidott. I. (Modena) 1892. 8. 11 p. 1.—
2765 The **Practical Entomologist.** Pub. by the Entomol. Society of Philadelphia. 2 vols. (all pub'd.) Philad. 1865—67. 4. 10.—
See also nr. 2773 and 3587.
2766 **Praun.** Abbild. u. Beschreib. Europaeisch. Schmetterlinge. 42 Hefte.
Nürnb. 1857—70. 4. m. 171 color. Tfln. (M. 117.60.) 60.—
Hieraus einzeln: Papiliones. Mit 42 color. Tfln. (M. 32.50.) M. 18. — Sphinges.
Mit 11 color. Tfln. (M. 9.) M. 6. — Bombyces. Mit 25 color. Tfln. (M. 18.50.) M. 12. —
Noctuae. Mit 41 color. Tfln. (M. 31.50.) M. 20. — Geometrae. Mit 20 color. Tfln.
(M. 15.75.) M. 10. — Microlepidopt. Mit 32 color. Tfln. (M. 24.75.) M. 18.
2767 — Abbild. u. Beschreib. Europaeisch. Schmetterlings-Raupen. Hrsg. v. E.
Hofmann. 9 Hefte. Nürnb. 1874—76. 4. m. 35 color. Tfln. (M. 54.) 30.—
Hieraus einzeln: Macrolepidopt. Mit 25 color. Tfln. (M. 40.) M. 25. — Microlepidopt.
Mit 10 color. Tfln. (M. 20.) M. 15.
2768 **Preiss.** Abbildgn. hervorrag. Nachtschmetterlinge aus d. Indo-austral. u.
Südamerikan. Faunengebiet. Cobl. 1888. 4. 13 p. m. 12 Tfln. (M. 4.) 3.—
2769 — Neue u. selt. Arten d. Genus Castnia. Ludwigsh. 1899. fol. 11 p. m. 8
Tfln. (5 color.) Cart. (M. 15.) 12.—
Preudhomme de Borre — voir: Borre.
2770 **Prittwitz.** Die Generat. u. d. Winterformen d. Schlesisch. Falter. 2 Thle.
(Stett., Ent. Z.) 1861—62. 8. 67 p. 2.—
2771 — Beitr. z. Fauna d. Corcovado. 2 Thle. (Stett., Ent. Z.) 1865. 8. 40 p. 1.50
2772 — Lepidopterologisches. 5 Thle. (Stett., Ent. Z.) 1867—71. 8. 80 p. m. 3 Tfln. 2.—
2773 **Proceedings** of the Entomological Society of Philadelphia. 6 vols. (all
pub.) Philad. 1861—67. 8. w. 32 pl. 200.—
Vol. I is out of print. Very rare. — See also nr. 2765 and 3587.
2774 — — Vol. V. Philad. 1865. 8. 264 p. w. 4 pl. 18.—

2775 **Proceedings** of the Entomological Society of Washington. Vol. I—VI. *ℳ*
Wash. 1890—1904. 8. w. plates. 105.—
2776 **Proceedings** of the Hawaiian Entomolog. Society. Vol. I and II. Honolulu
1906 - 10. 8. w. plates. 20.—
2777 **Prochnow.** Üb. d. Färbung d. Lepidopt. Beitr. z. Descend.-Theorie. Gub.
1907. 8. 262 p. m. 4 Tfln. (2 color.) 12.—
Vergriffen.
2778 — Die Lautapparate d. Insekten. Beitr. z. Zoophysik u. Deszend.-Theorie.
Berl. 1908. 8. 178 p. m. 49 Fig. 5.—
2779 — Reactionen auf Temperatur-Reize. (Biophysikal.-descendenztheoret.
Studien. Tl. I.) Berl. 1908. 8. 67 p. m. 3 Fig. 2.50
2780 — Der Erklärungswert d. Darwinismus u. Neo-Lamarckismus als Theorien
d. indirekt. Zweckmässigkeitserzeugung. Berl. 1909. 8. 59 p. 1.50
2781 **Prout.** Coremia ferrugaria and unident. (Lond.) 1894. 8. 19 p. 1.50
2782 — Heredity experim. w. Coremia ferrug. (Lond., Ent. S.) 1898. 8. 8 p, 1.—
2783 — New Neotropic. Geometridae. 4 parts. (Lond., Ann. & Mag.) 1910. 8. 65 p. 2.50
2784 — On the Geometridae of the Argent. Republ. (Lond., Ent. S.) 1910. 8.
141 p. w. colour. pl. 4.50
2785 — Subfam. Brephinae (e: Genera Insector.). Brux. 1910. 4. 13 p. av. pl. color. 5.—
2786 — Subfam. Oenochrominae (e: Genera Insector.). Brux. 1910. 4. 120 p.
av. 2 pl. (1 color.) 20.—
2787 — New Geometridae. (Lond., Ann. & Mag.) 1911. 8. 10 p. 1.—
2788 — Subfam. Hemitheinae (e: Genera Insector.). Brux. 1912. 4. 271 p. av. 5 pl. 35.—
2789 — Lepidopterorum Catalogus. Pars 8: Geometridae: Brephinae, Oenochrominae. Berolini 1912. 8. 94 p. 8.85
Subscriptionspreis für Abnehmer des ganzen „Lepidopterorum Catalogus" (siehe
Nr. 2074). M. 5.90.
2789a— Lepidopterorum Catalogus: Geometridae, Subfam. Hemitheinae.
In Vorbereitung. — In preparation. — En préparation. — Vide nr. 2074.
2790 **Prout and Bacot.** On the Cross-bearing of 2 races of Moth Acidalia
virgul. (Lond., Roy. Soc.) 1909. 8. 18 p. 1.—
2791 **Prunner.** Lepidopt. Pedemontana. Aug. Taurin. 1798. 8. 176 p. 3.—
2792 **Pryer.** Temperature forms of Japan. Butterflies. (Lond., Ent. S) 1882. 8. 8 p. 1.—
2793 — 2 cases of mimicry fr. Elopura, Borneo. (Lond., Ent. S.) 1885. 8. 6 p.
w. colour. pl. 1.—
2794 — Rhopalocera Nihonica: Descr. of the Butterflies of Japan. 3 parts.
Yokohama 1886—89. 4. w. 10 colour. pl. 90.—
2795 **Psyche.** Journal of Entomology. Pub. by the Cambridge Entomolog.
Club. Vol. I—XVI. Cambr., Mass. 1877—1909. 8. 250.—
Vol. XIII is out of print.
2796 **Psychidae.** 4 mém. 1834 à 1900. 8. 24 p. av. 2 pl. (1 color.) 2.—
2797 **Puget.** S. la struct. d. Yeux de divers Insectes et s. la trompe des Papillons.
Lion 1706. 8. 168 p. av. 3 pl. D.-rel. veau. 7.50
2798 **Püngeler.** Lepidopt. Mitthlgn. aus d. Schweiz. 2 Thle. (Stett., Ent. Z.)
1889 - 96. 8. 32 p. 1.—
2799 — 2 Psychiden-Art. aus Sizilien. (Dresd., Iris) 1892. 8. 8 p. 1.—
2800 — Z. Kenntn. d. Geometridenfauna Japans. (Dresd., Iris) 1897. 8. 11 p. 1.—
2801 — Neue Macrolepidopt. aus Centralasien. 5 Thle. (Dresd., Iris) 1899—1902.
8. 72 p. m. 7 Tfln. 7.—
2802 — Deilephia Siehei. (Berl., B. Ent. Z.) 1902. 8. 3 p. m. color. Tfl. 1.—
2803 — Neue paläarkt. Makrolepidopt. 2 Thle. (Dresd., Iris) 1906—09. 8. 45 p.
m. 4 Tfln. 3.—
2804 **Quaedvlieg.** Anomalie chez une Hestia Belia. (Brux., S. Ent.) 1871. 8.
2 p. av. pl. color. 1.—
2805 **Quail.** Life histories in the Hepialid group. (Lond., Ent. S.) 1900. 8. 22 p.
w. 2 pl. 1.50
2806 — On the antennae of Hepialidae. (Lond.. Ent. S.) 1903. 8. 10 p. w. pl. 1.—
2807 **Quensel.** Ignota Insector. species. Lund. 1790. 4. 20 p. 5.—
Durchschossen und mit vielen Nachträgen v. alter Hand.

2808 **Quoy et Gaimard.** Voyage autour du monde de la corvette 'Astrolabe'. ℳ
Zoologie. 4 vols. de texte in-8. av. 2 atlas in-fol. de 192 pl. (noires).
Paris 1830 à 33. (fr. 500) 130.—
2809 **Ragonot.** Microlépidopt. (Tinéines) nouv. ou peu connus. 2 parties. (Paris,
S. Ent.) 1874 à 76. 8. 46 p. av. 2 pl. color. 2.—
2810 — Revis. of the Brit. Phycitidae and Galleridae. (Lond., Ent. Mag.) 1885.
8. 23 p. 1.50
2811 — Diagnoses of N. Americ. Phycitidae and Galleriidae. (Paris, S. Ent.)
1887. 8. 20 p. 1.50
2812 — Diagn. d'espèces nouv. de Phycitidae d'Europe. (Paris, S. Ent.) 1887.
8. 36 p. 1.—
2813 — Nouv. genres et esp. de Phycitidae et Galleriidae. (Paris, S. Ent.) 1888.
8. 52 p. 1.50
2814 — Essai s. la classif. d. Pyralites. (Paris, Soc. Ent.) 1888. 8. 276 p. av.
4 pl. color. 10.—
2815 — Monogr. d. Phycitinae et d. Galleriinae. 2 vols. Pétersb. 1893 à 1901.
4. 1332 p. av. 57 pl. color.
Epuisé et très-rare. — Voir no. 2208.
2816 — — Séparément: Catal. d. Phycitinae. Pétersb. 1893. 4. 52 p. 6.—
2817 — Notes synonym. s. l. Microlépidopt. (Paris, Soc. Ent.) 1894. 8. 66 p. av.
pl. color. 2.—
2818 — Constant. Notice nécrolog. (Paris, S. Ent.) 1896. 8. 7 p. av. portr. 1.—
2819 **Ragusa.** Catal. d. Lepidott. di Sicilia. 2 parti. Palermo 1905. 4. 35 p. 2.—
2820 **Rainbow.** Guide to the study of Australian Butterflies. Melb. 1907. 8.
272 p. w. 6 pl. (1 colour.) and 184 fig. Cloth. 5.—
2821 **Ramann.** Die Schmetterlinge Deutschlands u. d. angrenz. Länder. (36
Liefgn.) Arnst. 1870—76. 4. 475 p. m. 72 color. Tfln. (M. 100.) Lnb. 20.—
2822 — — Thl. II, III: Schwärmer, Spinner, Eulen. Arnst. 1873—75. 4. m.
38 color. Tfln. Lnb. 10.—
2823 — Der Schmetterlings-Sammler. Berl. 1875. 4. 92 p. m. 6 Tfln. 2.50
2824 **Rambur.** Faune entomolog. de l'Andalousie. Vol. II. Paris (1839.) 8.
11 planches color. sans texte. 18.—
De ces 11 planches tirées de l'ouvrage rarissime et jamais achevé 6 figurent
les Orthop'ères, 1 les Neurop'ères, 4 les Lépidoptères. (Voir Hagen, Bibliotheca).
2825 — Catal. systémat. d. Lépidoptères de l'Andalousie. Vol. I (en 2 livr.).
Paris 1859 à 1866. 8. av. 22 pl. color. — Tout ce qui a paru. 40.—
Rare.
2826 — Descr. de plus. Nocturnes inédits. (Paris, S. Ent.) 1871. 8. 11 p. 1.—
2827 **Rara Historico-Naturalia et Mathematica.** Ed. W. Junk. Volumen I.
Berol. 1903—09. 4. Circa 120 p. et effigies (Hevelii). 15.—
Dieses neuartige Blatt gibt, in der Art von Brunet, eingehende (anderswo
nicht zu findende) Collationen, die bibliographische Geschichte, genaue Notiz über
den Grad der Vergriffenheit und Angabe der vergriffenen Bände, sowie der Preise
(frühere und jetzigen), von wirklich seltenen Werken und Zeitschriften auf dem
Gebiete der obengenannten Disziplinen. Die 19 bisher erschienenen Nummern behandeln auf das ausführlichste ca. 600 Titel. — Eine Nummer 20 (Index, Titel, Nachträge u. Portrait enthaltend) soll den Band abschliessen.
English books and periodicals are described in English language.
Les livres et journaux français sont décrits en langue française.
2828 **Rathke.** Z. Entwicklungsgesch. d. Insekten. (Stett., Ent. Z.) 1861. 8. 23 p. 1.—
2829 **Ratzeburg.** Charakterist. d. früh. Zustände u. d. Verwandl. d. Mikro-
Lepidopt. (Ac. Leop.) 1839. 4. 22 p. m. Tfl. 1.50
2830 **Rätzer.** Excurs. in d. alpin. Süden d. Schweiz. (Bern, Ent. C.) 1884. 8. 33 p. 1.—
2831 **Réaumur.** Mémoires p. s. à l'histoire d. Insectes. 6 vols. Paris 1734 à
1742. 4. av. 267 pl. Veau. 32.—'
L'édition originale fort estimée. — Beaucoup de volumes dépareillés en magasin.
2832 — — 12 vols. Amsterd. 1737 à 48. 8. av. 267 pl. Cart. 12.—
Réimpression hollandaise, n'a que peu de valeur.
2833 — Douglas. Identificat. of undeterm. Microlepidopt. in the "Mémoires".
(Lond., Ent. S.) 1853. 8. 13 p. 1.—
2834 — Vallot. Concordance systém. aux 'Mémoires' p. Réaumur. Paris 1802.
4. 207 p. 10.—

_M_

2835 **Rebel.** Z. Microlepid.-Fauna Dalmatiens. (Wien, Z. b. G.) 1891. 8. 31 p. 1.—
2836 — Beitr. z. Microlepidopt.-Fauna d. Canarisch. Archipels. (Wien, Hofmus.) 1892. 8. 44 p. m. Tfl. 1.50
2837 — Z. Lepid.-Fauna Südtirols. (Wien, Z. b. G.) 1892. 8. 28 p. 1.—
2838 — 2 Geometriden-Classificationen. (Stett., Ent. Z.) 1892. 8. 22 p. 1.50
2839 — 8 lepidopt. Abhandl. (Wien) 1892—1901. 8. 32 p. 1.50
2840 — Neue oder wenig gek. Microlepidopt. d. palaearkt. Faunengebiet. (Stett., Ent. Z.) 1893. 8. 23 p. 1.—
2841 — Neue exot. Lepidopt. 4 Abhdl. (Wien) 1895—99. 8. 11 p. 1.—
2842 — 3 Parnassier-Zwitter. (Wien, Ent. Ver.) 1896. 8. 3 p. m. color. Tfl. 1.50
2843 — Polymorphismus u. Mimicry. Wien 1897. 8. 29 p. 1.50
2844 — Ueb. d. Stand der Lepidopt.-Systematik. (Dresd., Iris) 1898. 8. 15 p. 1.—
2845 — Neue palaearkt. Tineen. (Dresd., Iris) 1900. 8. 28 p. 1.—
2846 — Geschichte d. Lepidopterologie in Oesterreich. Wien 1901. 8. 29 p. m. 2 Portr. 2.50
2847 — Neue in Westasien ges. Lepidopt. (Wien, Hofmus.) 1901. 4. 5 p. 1.—
2848 — Neue Pyraliden, Pterophoriden u. Tineen d. palaearkt. Faunengeb. (Dresd., Iris) 1902. 8. 27 p. m. color. Tfl. 1.50
2849 — Lepidopt. aus Morea. M. 2 Nachtr. (Berl., B. Ent. Z.) 1902—06. 8. 59 p. m. Fig. 3.—
2850 — Studien üb. d. Lepidopt.-Fauna d. Balkanländer. 2 Tle. (Wien, Hofmus.) 1903—4. 8. 500 p. m. 3 color. Tfln. (M. 28.) 20.—
2851 — Neue Microheteroceren aus Österreich-Ungarn. (Wien, Z. b. G.) 1903. 8. 13 p. m. Fig. 1.—
2852 — Neue Pyraliden aus Algerien u. Westasien. (Dresd., Iris) 1903. 8. 8 p. 1.—
2853 — Neue palaearct. Microheteroceren. (Dresd., Iris) 1906. 8. 16 p. 1.50
2854 — Lepidopt. aus Südarabien u. d. Insel Sokotra. (Wien, Ak.) 1907. 4. 100 p. m. color. Tfl. (M. 9.50).
2855 — Sammlungsetiketten f. Europ. Grossschmetterlinge. Stuttg. 1910. 8. 2.—
2856 — Beitr. z. Lepidopt.-Fauna Unter-Aegyptens. (Dresd., Iris) 1912. 8. 26 p. m. 11 Fig. 1.50
2857 **Rebel u. Rogenhofer.** Beitr. z. Lepidopt.-Fauna d. Kanaren. 6 Thle. (Wien, Hofmus.) 1892—1911. 8. 283 p. m. 4 Tfln. (3 color.) (M. 17.80.) 12.—
Viele Theile auch einzeln vorrätig.
2858 — Z. Kenntn. d. Genus Parnassius in Oesterr.-Ungarn. (Wien, Ent. Ver.) 1893. 8. 22 p. m. color. Tfl. 1.50
2859 **Rebel, Weymer u. Stichel.** Lepidopt. gesamm. v. Prinzess. Therese v. Bayern in S.-Amerika. (Berl., B. Ent. Z.) 1901. 8. 74 p. m. 2 color. Tfln. 2.50
2860 **Redi.** Esperienze int. alla generaz. de gli' Insetti. Firenze 1668. 4. 232 p. c. 28 tav. e molte fig. D.-rel. vél. 15.—
Editio princeps.
2861 — — 5. impress. Firenze 1688. 4. 166 p. c. 29 tav. Vél. 10.—
2862 — Experim. on the Generation of Insects. Transl. by Bigelow. Lond. 1910. 8. w. fig. Cloth. 10.—
Redia. — vedi no. 2015.
2863 **Regen.** Untersuchgn. üb. d. Atmung v. Insekten. Bonn 1911. 8. 30 p. 1.50
2864 **Rehberg, A.** Üb. d. Entwickl. d. Insektenflügels. Marienw. 1886. 4. 12 p. m. Tfl. 1.50
2865 **Rehberg, H.** System. Verzeichn. d. um Bremen gefang. Gross-Schmetterl. (Brem., Nat. Ver.) 1879. 8. 34 p. 1.—
2866 **Reichenau.** Ueb. d. Macrolepid. v. Wiesbaden. 2 Thle. (Wiesb., Ver. Nat.) 1904—6. 8. 118 p. 3.—
Supplement zu: Rössler, Die Lepid. Wiesbadens. 1881. — Siehe Nr. 2938.
2867 **Reichert.** Die Grossschmetterlinge d. Leipziger Gebietes. 3. Aufl. Leipz. 1900. 8. 93 p. 1.50
2868 **Reiff.** Contrib. to experiment. Entomology. (Junonia Coenia. 2 bases of Anabiosis in Actias Selene.) (Baltim.) 1909. 8. 17 p. 1.50
2369 **Reuter, E.** Förteckn. öfv. Macrolepidopt. funna i Finland efter ar 1869. (Helsingf., Soc. F. et Fl.) 1893. 8. 85 p. 2.—

2870 **Reuter, E.** Ueb. d. Palpen d. Rhopaloceren. (Helsingf., Soc. Sc.) 1896. *M*
4. 594 p. m. 6 Tfln. (M. 16.) 10.—
2871 — Z. Erkenntn. d. verwandtschaftl. Beziehungen unt. d. Tagfaltern.
(Helsingf., Soc. Sc.) 1896. 4. 296 p. m. Tfl. (M. 16.) 10.—
2872 — Bidr. t. känned. om Microlepidopter-Faunan i Alands och Abo Skär-
garder. 2 Tle. (Helsingf., Soc. Fauna) 1899—1904. 8. 155 p. 3.—
2873 **Reutti.** Lepidopt.-Fauna Badens. Freib. 1853. 8. 216 p. 2.50
2874 — — 2. Ausg., bearb. v. Meess u. Spuler. Berl. 1898. 8. 361 p. m. Tab. (M. 7.)
2875 **Reverdin.** Aberrations de Lépidopt. (Genève, Soc. Lép.) 1910. 8. 7 p. av.
pl. color. 1.50
2876 — Armure génit. mâle de qu. Hespéries paléarct. (Genève, Soc. Lép.)
1910. 8. 25 p. av. 3 pl. (1 color.) 2.50
2877 **Revue** d'Entomologie. Publ. p. Silbermann. 5 vols. (tout ce qui a paru).
Strasb. 1833 à 37. 8. av. 38 pl. color. et noir. 130.—
Très-rare.
2878 **Revue** d'Entomologie. Publ. p. la Société Franç. d'Entomol. Réd. p. Fauvel.
Vol. 1 à 25: Années 1882 à 1906. Caën. 8. av. fig. 240.—
2879 **Revue mensuelle** de la Société Entomolog. Namuroise. Années I à XII.
Namur 1901 à 1912. 8. av. beauc. de pl. 60.—
2880 **Revue Russe** d'Entomologie, publ. p. la Société Entom. de Russie. Tomes
I à VIII : 1901 à 1908. St. Pétersb. 8. av. pl. 60.—
2881 **Revue Zoologique** par la Société Cuvierienne. Publ. p. Guérin-Méneville.
Année 1845 à 1848. Paris. 8. av. 7 pl. Toile. 18.—
2882 **Ribbe.** Beitr. z. Lepidopt.-Fauna v. Gross-Ceram. (Dresd., Iris) 1889. 8.
79 p. m. Tfl. 3.—
2883 — 2 neue Afrik. Tagschmetterl. Neue Schmetterl. v. Banggaja. Abweich.
u. Zwitter. 3 Abhdl. (Dresd., Iris) 1889. 8. 8 p. m. 3 Tfln. (2 col.) 2.—
2884 — Lebensweise v. Ornithoptera. (Dresd., Iris) 1891. 8. 8 p. m. color. Tfl. 1.—
2885 — Ein. noch nicht bek. Raupen u. Puppen aus d. Deutsch. Schutzgeb.
in d. Südsee. 2 Thle. (Dresd., Iris) 1895—97. 8. 15 p. m. 5 color. Tfln. 4.—
2886 — Beitr. z. Lepidopt.-Fauna d. Bismarck- u. Salomon-Archipels. 2 Thle.
(Dresd., Iris) 1898—99. 8. 141 p. m. 3 Tfln. (2 col.) 3.50
2887 — Neue Lepidopt. aus Neu-Guinea u. d. Süd-See. 4 Abhdl. 1899—1908. 8. 13 p. 1.50
2888 — Neue Lepidopt. v. Ceram u. Neu-Guinea. 2 Abhdlgn. (Dresd., Iris)
1900. 8. 7 p. m. 2 color. Tfln. 2.—
2889 — Die Umgeb. v. Granada u. Malaga, Andalusien, v. lepidopterol. Standp.
aus. (Leipz., Ins.-Börse) 1902. 8. 22 p. 1.50
2890 — Bevorzugte u. berühmte Fangstellen f. Insektensammler. 8 Tle. (Leipz.,
Ins.-Börse) 1902—11. 8. 34 p. m. viel. Fig. 2.50
2891 — Andalus. Schmetterlinge. (Dresd., Iris) 1906. 8. 2 p. m. 3 Tfln. (1 color.) 2.—
2892 — Sammelreise n. Süd-Spanien. Radebeul 1907. 8. 167 p. 4.—
2893 — 2 neue Papilioformen v. d. Salomo-Insel Bougainville. (Dresd., Iris)
1907. 8. 5 p. m. Tfl. 1.—
2894 — Anleit. z. Sammeln v. Schmetterlingen in tropischen Ländern. (Dresd.,
Iris) 1907. 8. 41 p. 1.50
2895 — Verpuppung v. Ornithoptera urvill. (Dresd., Iris) 1908. 8. 5 p. m. Tfl. 1.—
2896 — (Entomol.) Sammelaufenthalt in Neu-Lauenburg, Bismarckarchipel.
(Dresd., Ges. Erdk.) 1910—12. 8. 350 p. m. Karte u. 9 color. Tfln. 7.—
2897 — Beitr. z. e. Lepidopt.-Fauna v. Andalusien. Macrolepidopt. 3 Tle.
(Dresd., Iris) 1909—11. 8. 402 p. m. 2 Tfln. 15.—
2898 **Richardson, N. M.** Descr. of a new Epischnia. Dorchester 1889. 8.
5 p. w. col. pl. 1.—
2899 — On Dorset Lepidopt. in 1891. Dorch. 1892. 8. 11 p. w. col. pl. 1.—
2900 **Riel.** Saturnides et Pinarides nouv. du Sénégal. (Lyon) 1912. 4. 9 p. av. 2 pl. 2.—
2901 **Riesen.** Lepidopt. Mitthlgn. aus Ostpreussen. 2 Thle. (Stett., Ent. Z.)
1889. 8. 20 p. 1.—
2902 — Z. Lepidopt.-Fauna d. Prov. Ost- u. Westpreussen. (Stett., Ent. Z.)
1891. 8. 26 p. 1.—
2903 — Z. Macrolepid.-Fauna v. Usedom. (Stett., Ent. Z.) 1901. 8. 9 p. 1.—

W. Junk, Berlin, W. 15.

7*

100

ℳ

2904 **Riffarth.** Neue Heliconius-Formen. (Berl., B. Ent. Z.) 1898. 8. 4 p.   —.50
2905 — Die Gattg. Heliconius. 2 Thle. (Berl., B. Ent. Z.) 1900—01. 8. 192 p.   4.—
2906 — Neue u. wenig bek. Formen v. Heliconius. (Berl., D. Ent. Z.) 1907. 8.
      14 p. m. Tfl.   1.—
2907 **Riggenbach.** Die Macrolepid. d. Bechburg. (Bern, Ent. Ges.) 1877. 8. 25 p.   1.—
2908 **Riley.** The Yucca Moth and Yucca Pollination. (St. Louis, Bot. Gard.)
      1892. 8. 60 p. w. 10 pl.   3.—
2909 **Rippon.** Papilioninae, subfam. Troides Hübn. (e: Genera Insector) Bruss.
      1902. 4. 15 p. w. 2 colour. pl.   9.—
      Out of print.
2910 — Icones Ornithopterorum. Monogr. of the tribe Troides, Hübner, or
      Ornithopt., Boisd. 2 vols. Lond. 1898(—1907). Folio. w. colour. frontisp.,
      portr., 75 colour. and 18 plain pl., 15 colour. maps and 100 illustr. (many
      colour.) (42 *£*) Half bd. morocco.   650.—
2911 **Röber.** Die Indo-Austral. Lepidopt.-Fauna. (Haag, T. Ent.) 1891. 8. 78 p.
      m. 4 color. Tfln.   4.50
2912 — Lepidopterologisches. (Stett., Ent. Z.) 1903. 8.ʳ 22 p.   1.—
2913 **Robson.** Catal. of the Lepidopt. of Northumberland and Newcastle upon
      Tyne. 2 parts. Lond. 1899—1902. 8. 334 p. (11 s.)   7.—
2914 **Rockstroh.** Buch d. Schmetterlinge u. Raupen. 5. Aufl. Halle 1876. 4.
      166 p. m. 16 color. Tfln. (M. 6.)   1.50
2915 — — 7. Aufl. v. E. L. Taschenberg. Halle 1901. 8. 143 p. m. 16 color.
      Tfln. Lnb. (M. 6.)
2916 **Rogenhofer.** Cucullia formosa n. sp. (Wien, Z. b. G.) 1860. 8. 12 p.   1.—
2917 — 9 lepidopt. Abhandlungen. (Wien, Z. b. G.) 1866—92. 8. 30 p.   1.50
2918 — Die erst. Stände ein. Lepidopteren. 2 Thle. (Wien, Z. b. G.) 1876—84.
      8. 12 p.   1.—
2919 — Lepidopt. d. Gebiet. v. Hernstein. Wien 1885. 4. 79 p. Lnb.   5.—
      Mit einig. handschriftl. Nachträgen (zu d. Microlepid.) v. Hedemann.
2920 — Afrikan. Schmetterl. d. Naturhist. Hofmuseums. 2 Thle. (Wien, Hofmus.)
      1889—91. 4. 20 p. m. 2 color. Tfln. (M. 4.)   3.—
2921 **Rogenhofer u. Mann.** 17 Abhdlgn. üb. neue Schmetterl. aus Europa,
      Africa u. Asien. (Wien) 1873—92. 8. 55 p.   2.50
2922 **Rogers.** Some bionomic notes on Brit. East Afric. Butterflies. (Lond.,
      Ent. S.) 1909. 8. 69 p. w. 4 pl.   4.—
2923 **Röhler.** Z. Kenntn. d. Sinnesorgane d. Insecten. (Jena, Zool. J.) 1905. 8.
      64 p. m. 2 Tfln.   3.50
2924 **Romanoff** (Nikolai Michailovitch). Une nouv. Colias du Caucase.
      (Pétersb., Horae) 1882. 8. 8 p. av. 2 pl. color.   1 50
      — Mémoires s. l. Lépidopt. — voir no. 2268.
2925 **Rondani.** Papilionaria aliqua microsoma. (Fir., S. Ent.) 1876. 8. 6 p. et tab.   1.—
2926 — Antispila Rivill. et s. parassita. (Fir., S. Ent.) 1877. 8. 5 p. et tab.   1.—
2927 **Rondou.** Catal. rais. d. Lépidopt. d. Pyrénées. Av. supplém. Paris 1903
      à 1906. 8. 184 p.   5.—
2928 **Rörig.** Leitfad. f. d. Studium d. Insekten. Berl. 1894. 8. 44 p. m.
      8 Tfln. (M. 3.)   2.—
2929 **Rösel v. Rosenhof.** Insekten-Belustigungen. 4 Bde. Dazu: Kleemann's
      Beiträge. 2 Bde. Zusammen 6 Bde. Nürnb. 1746—93. 4. m. Portr.. Titel-
      kupfern u. 433 color. Tfln. Ldrbd.   220.—
      Aus dieser Iconographie, von welcher besonders die letzten Bände selten ge-
      worden sind, ist eine grosse Zahl von Theilen u. Tafeln einzeln vorhanden.
2930 — — 4 Bde. Nürnb. 1746—61. 4. m. Portr., Titelkupfern u. 400 color.
      Tfln. Hfzbde.   100.—
      Das jetzt sehr selten gewordene Hauptwerk complet. Nur die von Kleemann
      herausgegebenen 2 Nachträge mit 33 Tafeln fehlen.
2931 — — Bd. I, II. Nürnb. 1746—49. 4. m. Titelkpfrn. u. 216 color. Tfln. Gbdn.   30.—
2932 — Gladbach. Nahmen u. Preiss-Catalogus der Schmetterlingen nach
      Rösel's Insektenbelust. Frankfurt (1778). 8. 16 p.   3.—
2933 **Rössler, A.** 4 Lepidopterol. Abhdlgn. 1857. 8. 17 p.   1.—

2934 **Rössler, A.** Beitr. z. Naturgesch. ein. Lepidopt. 2 Thle. (Wiesb., Ver.   *M*
Nat.) 1857—1861. 8. 18 p.   1.—
2935 — Verzeichn. d. Schmetterl. Nassaus. (Wiesb., V. Nat.) 1866. 8. 352 p.   1.—
2936 — Verzeichn. um Bilbao gefund. Schmetterl. (Stett., Ent. Z.) 1877. 8. 22 p.   1.—
2937 — Grundl. f. e. natürl. Reihenfolge d. Lepidopt. Ueb. Nachahmung bei
Lepidopt. (Wiesb., Ver. Nat.) 1880. 8. 27 p.   1.—
2938 — Die Schuppenflügler (Lepidopt.) d. Regbz. Wiesbaden u. ihre Entwicklgsgesch. (Wiesb., Ver. Nat.) 1881. 8. 392 p. (M. 5.)   3.—
Supplement — siehe Nr. 2866.
2939 — — Besprochen v. Möschler. (Stett., Ent. Z.) 1882. 8. 17 p.   1.—
2940 **Rössler, R.** Die verbreitetsten Schmetterl. Deutschlands. Leipz. 1896.
8. 180 p. m. 2 Tfln. Lnb. (M. 2.20.)   1.—
2941 — Die Raupen der Grossschmetterl. Deutschlands. Eulen u. Spanner.
Leipz. 1900. 8. 186 p. m. 2 Tfln. Lnb.   2.—
2942 **Rothe.** Verzeichn. d. Schmetterl. Oesterr.-Ungarns, Deutschl. u. d. Schweiz.
Wien 1886. 8. 46 p.   1.—
2943 — — 2. Aufl. Wien 1902. 8. 139 p.   2.—
2944 **Rothke.** Die Grossschmetterlinge v. Krefeld u. Umgeb. I: Tagfalter,
Schwärmer u. Spinner. Kref. 1898. 8. 74 p. (M. 2.)   1.50
2945 — 12 Abhdlgn. üb. Schmetterl. 1902—12. 8. 57 p.   2.50
2946 — Hörvermögen d. Schmetterlinge. 2 Tle. (Guben) 1909—12. 8. 12 p.   1.—
2947 — Ueb. Nordamerikan. Catocalen. (Guben) 1909. 8. 45 p.   1.50
2948 — Lebensweise u. Zucht ein. Nordamerikan. Papilios. (Guben) 1909. 8. 13 p.   1.—
2949 — Catocala relicta. (Stuttg.) 1912. 8. 14 p. m. 3 Tfln.   1.50
2950 — Z. Kenntn. v. Arctia figur. (Dresd, Iris) 1912. 8. 14 p. m. Tfl.   1.50
2951 — Euparthenos nubilis. (Stuttg.) 1912. 8. 10 p.   1.—
2952 **Rothschild, N. C.** 7 pap. on Lepidopt. (Lond.) 1906—09. 8. 11 p.   1.50
2953 — On the life-hist. of Trochilium andrenaeforme. (Lond., Ent. S.) 1907.
8. 12 p. w. pl.   1.—
2954 — Some spec. of Crambi. (Lond., Ent.) 1911. 8. 3 p. w. colour. pl.   1.—
2955 — Beitr. z. Lepidopt.-Fauna d. Mezöség. (Hermannst., Ver. Nat.) 1912.
8. 32 p. m. Fig.   1.50
2956 **Rothschild, W.** On a little-known Papilio fr. Lifu, Loyalty Group. (Lond.,
Ent. Soc.) 1892. 8. 2 p. w. colour. pl.   1.—
2957 — On a coll. of Lepidopt. made by Doherty in S. Celebes. I. (all pub.):
Rhopaloc. (Dresd., Iris) 1892. 8. 14 p. w. 4 colour. pl.   6.—
2958 — Notes on Sphingidae. (Lond., Nov. Zool.) 1894. 4. 39 p. w. 3 colour. pl.   5.—
2959 — Descr. of new Sphingidae in Staudinger's coll. (Dresd., Iris) 1894. 8.
6 p. w. 3 pl.   2.50
2960 — On some new Lepidopt. 4 pap. (Lond., Nov. Zool.) 1894—97. 4. 15 p.   1.50
2961 — On Milionia and some allied gen. of Geometridae. (Lond, Nov. Z.) 1895.
4. 6 p. w. colour. pl.   1.50
2962 — Notes on Saturnidae. (Lond., Nov. Zool.) 1895. 4. 17 p.   1.50
2963 — Notes on my Check-list of the Papilios of the East. Hemisphere. 2 parts.
(Lond., Nov. Z.) 1895—96. 4. 8 p.   1.—
2964 — New Lepidoptera. (Lond., Nov. Z.) 1896. 4. 9 p.   1.—
2965 **Rothschild, W., and Jordan.** Notes on Heterocera, w. descr. of new
genera and spec. 3 parts. (Lond., Nov. Zool.) 1896—97. 4. 120 p. w. pl.   6.—
2966 — Monogr. of Charaxes. (Lond., Nov. Zool.) 1898. 4. 59 p. w. 10 pl. (3 colour.)   10.—
2967 — On some new Lepidopt. fr. the East. 2 pap. (Lond., Nov. Z.) 1899.
4. 21 p.   2.—
2968 — On some new or rare Oriental Lithosiinae. (Lond., Nov. Z.) 1901. 4. 16 p.   1.50
2969 — Revision of the Sphingidae. 2 parts. Lond. (Nov. Zool.) 1903. 4. 1107 p.
w. 67 pl. (7 colour.) and 5 maps. (M. 125.)   100.—
2970 — Revision of the American Papilios. (Lond., Nov. Z.) 1906. 4. 342 p.
w. 6 pl., partly colour.   20.—
2971 — Fam. Sphingidae (aus: Genera Insectorum). Brüssel 1907. 4. 157 p. m.
8 color. Tfln.   40.—
2972 — Lepidopt. aus Neu-Guinea. (Berl., D. Ent. Z.) 1907. 8. 10 p.   1.—

102

2973 **Rouast.** Catal. d. Chenilles Europ. Lyon 1883. 8. 196 p.   4.—
2974 **Rougemont.** Catal. des Lépidopt. du Jura Neuchâtelois. (Neuchât., Soc. Nat.) 1904. 8. 366 p. av. 2 pl. color.   7.50
2975 **Routledge.** The Lepidopt. of Cumberland. II: Moths. (Carlisle) 1912. 8. 90 p.   2.—
2976 **Rovartani Lapok.** (Ungar. Entomolog. Zeitschrift.) Herausg. v. Horváth. Band I—XIV. Budap. 1884—1907. 8. m. Tfln. — Magyarisch.   70.—
      Die Zeitschrift ist von 1887—96 nicht erschienen.
2977 **le Roy, Henri.** Le Jardin d. Sauterelles et Papillions ensemble la diversité d. mouches. (Paris, XVII e siècle). Frontispice et 6 planches en taille douce in-12⁰.   20.—
      Ouvrage, inconnu, dont un texte n'a pas paru.
2978 **Royston-Pigott.** 2 pap. on the scales of Lepidopt. (Lond., Micr. J.) 1873—88. 8. 11 p. w. pl.   1.—
2979 **Rühl.** Der Köderfang d. Europ. Macrolepidopt. Zürich 1886. 8. 71 p.   4.—
      Vergriffen u. gesucht.
2980 **Rühl, Heyne u. Bartel.** Die palaearkt. Gross-Schmetterlinge u. ihre Naturgesch. Bd. I (- Liefg. 1—16): Tagfalter. Leipz. 1895. 8. 858 p. (M. 19.20.)   15.—
2981 — — Bd. II: Nachtfalter, fortges. v. Bartel. Lfg. 1—8 (Liefg. 17—24), soviel erschien. Leipz. 1899—1902. 8. 384 p. (M. 10.50.)   8.—
2982 **Rye.** Handb. of the British Macro-Lepidopt. Parts I—III. Lond. 1895. 8. 24 p. w. 6 partly colour. pl. (7 s. 6 d.)   2.50
2983 **Saalmüller.** Ueb. Madagaskars Lepidopt.-Fauna. 2 Thle. (Frankf., Senck.) 1878—79. 8. 31 p.   1.—
2984 — Neue Lepidopt. aus Madagask. 2 Thle. (Frankf. u. Stett.) 1880—81. 8. 66 p.   2.—
      — Schmetterl. in Algerien gesamm. — siehe Nr. 1775.
2985 **Saalmüller u. Heyden.** Lepidopteren v. Madagascar. Neue u. wenig bekannte Arten. 2 Bde. Frankf. (Senck.) 1884—91. 4. 533 p. m. Portr. u. 15 color. Tfln. (M. 80.)   32.—
2986 **Sachsen.** — Die Grossschmetterl.-Fauna d. Königr. Sachsen. Red. v. Möbius. (Dresd., Iris) 1905. 8. 271 p. m. 2 color. Tfln. (M. 10.)   6.—
2987 **Sahlberg.** Ein. Nord. Aberrationen d. Gatt. Argynnis. Berl. 1893. 8. 6 p. m. color. Tfl.   1.—
2988 — Lepidopt. anträff. n. en resa i Inari Lappmark. (Helsingf., Soc. Fauna) 1895. 8. 15 p.   1.—
2989 **Sahlke.** Lepidopt. Beobacht. in Französ.-Guyana. (Berl., B. Ent. Z.) 1887. 8. 7 p.   1.—
2990 **Sallé.** Nouv. esp. du g. Saturnia. (Paris, Rev. Z.) 1853. 8. 3 p. av. pl. col.   1.—
2991 **Salvin.** Synops. of the g. Clothilda. (Lond., Ent. S.) 1869. 8. 7 p.   1.—
2992 — On Ornithoptera victoriae. (Lond., Zool. S.) 1888. 8. 4 p. w. col. pl.   1.—
2993 **Salvin, Godman and Bates.** Brown's coll. on Duke-of-York-Isl. (Lepidopt., Coleopt.) (Lond., Zool. S.) 1877. 8. 20 p. w. 4 colour. pl.   3.—
2994 — — With plain plates.   1.50
2995 **Samouelle.** Directions f. collect. Exot. Insects. Lond. 1826. 8. 70 p. w. 4 pl.   3.—
2996 **Sandberg.** Metamorphosen d. Arkt. Falter. (Berl., B. Ent. Z.) 1885. 8. 21 p.   1.—
2997 **Santiago.** — Actes de la Société Scientifique du Chili. Années I à IV: 1892 à 95. Sant. 4. av. beauc. de pl.   20. -
2998 **Satyridae.** 8 Abhandl. v. Dampf, Hormuzaki, Mendes u. a. 1876—1911. 8. 38 p. m. Tfl.   2.50
2999 **Sauber.** Neue palaearkt. Mikrolepidopt. aus Centralasien. (Hamb., Ver. Nat.) 1899. 8. 22 p.   1.—
3000 — Die Kleinschmetterlinge Hamburgs. (Hamb., Ver. Nat.) 1904. 8. 60 p.   2.—
3001 **Saunders, W. W.** On the g. Erycina. (Lond., Ent. S.) 1859. 8. 17 p. w. 2 colour. pl.   2.—
3002 — On the g. Erateina. (Lond., Ent. S.) 1860. 8. 7 p. w. 2 colour. pl.   2.—
3003 — Occurr. of cert. Butterflies in Canada. (Montr., Roy. S.) 1885. 4. 3 p.   1.—
3004 **Sauveur et Colbeau.** Variations normales de l'aile chez qu. Lépidopt. (Brux., S. Ent.) 1863. 8. 22 p. av. pl. color.   2.—

3005 **Sauveur et Fologne.** Liste d. Tinéides de la Belgique. (Brux., S. Ent.) 1863. 8. 23 p. — 1.50
3006 **Say.** Complete writings on the Entomology of North America. Ed. by Le Conte. 2 vols. New York 1859. 8. 1251 p. w. 54 colour. pl. (M. 84.) Cloth. 50.—
3007 **Schaeffer.** Neuentdeckte Theile an Raupen u. Zweyfaltern. Regensb. 1754. 4. 54 p. m. 2 color. Tfln. — 2.—
3008 — Verschied. Zwiefalter u. Käfer mit Hörnern. Regensb. 1758. 4. 44 p. m. 3 color. Tfln. — 2.—
3009 — — 2. Aufl. Regensb. 1763. 4. 40 p. m. 3 color. Tfln. — 2.—
3010 — Eulenzwitter u. Baumraupe. 2. Aufl. Regensb. 1763. 4. 32 p. m. color. Tfl. 1.—
3011 **Schaufuss, L. W.** Nunquam otiosus. Zoolog. Mittheilungen. Bd. I, II, III. Lfg. 1 (soviel erschien.). Dresd. 1870—79. 8. 668 p. m. Portr. u. Fig. (M. 24.40.) 9.—
   Entomologische, vorzugsweise allerdings coleopterol. Abhandlungen enthaltend.
3012 **Schaus.** Descr. of new Heterocera fr. Brazil, Mexico and Peru. 2 parts. (Lond., Zool. S.) 1892. 8. 46 p. 1.50
3013 — On new Heterocera fr. trop. America. (Lond., Zool. S.) 1894. 8. 19 p. 1.—
3014 — 16 pap. on new Lepidoptera fr. America, chiefly Mexico. New York and Wash. 1895—1908. 8. 50 p. 4.—
3015 — New spec. of Heterocera fr. trop. America. 2 pap. (N. York, Ent. S.) 1896—1900. 8. 18 p. 1.—
3016 — New Americ. Heterocera. 3 parts. (N. York, Ent. S.) 1896—1904. 8. 70 p. 3.—
3017 — On Walker's American types of Lepidopt. in the Oxford Museum. (Lond., Zool. S.) 1896. 8. 17 p. 1.—
3018 — Revis. of the Americ. Notodontidae. (Lond., Ent. S.) 1901. 8. 88 p. w. 2 colour. pl. 4.—
3019 — New Noctuidae fr. trop. America. 3 parts. (Lond. and N. York) 1901—1903. 8. 41 p. 2.—
3020 — Descr. of new Americ. Butterflies. (Wash., Mus.) 1902. 8. 78 p. 1.50
3021 — Descr. of new S. American Moths. 2 parts. (Wash., Mus.) 1905—06. 8. 224 p. 4.—
3022 — Descr. of new Heterocera fr. Costa Rica. I—XVIII. (20 parts.) (Lond., Ann. & M.) 1910—12. 8. 466 p. 18.—
3023 **Schaus and Clements.** On a collect. of Sierra Leone Lepidopt. Lond. 1893. 8. 46 p. w. 3 colour. pl. Cloth. 7.—
3024 **(Schellenberg u. Clairville.)** Helvetische Entomologie. Entomol. Helvétique. 2 Thle. Zürich 1798—1806. 8. 439 p. m. 48 color. Tfln. (M. 45.) 14.—
   — Text deutsch u. französisch.
3025 — — Thl. I. 1798. 153 p. m. 16 color. Tfln. 4.—
3026 **Schenck.** Verzeichn. d. Schmetterl. v. Wehen. I. (Wiesb., Ver. Nat.) 1851. 8. 20 p. 1.—
3027 — Verzeichn. d. Macrolepidopt. d. Bez. Wied-Selters. (Wiesb., V. Nat.) 1861. 8. 26 p. 1.—
3028 **Schenk, Petrus.** Icones Insectorum. 5 tabulae aeri incis. (sign. 1—4, 6) in Quarto. Amsterdam, saec. XVII. — Absque titulo et textu. 12.—
3029 **Schilde.** Antidarwinist. Skizzen. (Berl., D. Ent. Z.) 1884. 8. 33 p. 1.—
3030 — Entom. Erinnergn. geg. d. Entwicklungshypoth. 2 Tle. (Stett., Ent. Z.) 1885. 8. 36 p. 1.—
3031 — Variabilit. in d. Gatt. Pyrgus. (Berl., B. Ent. Z.) 1886. 8. 24 p. m. Tfl. 1.—
3032 — Schach d. Darwinismus. Stud. eines Lepidopterologen. Berl. (B. Ent. Z.) 1890. 8. 366 p. (M. 12,) 3.—
3033 **Schilde u. A. Hoffmann.** Lepidopt. Mitthlgn. aus Nord-Finnland. 3 Thle. (Stett., Ent. Z.) 1873—93. 8. 74 p. 2.—
3034 **Schille.** Fauna Lepidopt. Doliny Popradu. 2 Thle. (Krak., Ak.) 1894—99. 8. 86 p. 1.—
3035 **Schlödte.** Uebersicht d. Land-, Süsswasser- u. Ufer-Arthropoden Grönlands. (Berl., B. Ent. Z.) 1859. 8. 25 p. 1.—
3036 **Schläger.** Krit. Bemerk. z. ein. Wicklerarten. 3 Tle. (Stett., Ent. Z.) 1854—63. 8. 32 p. 1.50

104

3037 **Schlechtendal u. Wünsche.** Die Insecten. 3 Thle. Leipz. 1879. 8. 720 p. *M*
m. 15 Tfln. (6 color.) 10.—
Vergriffen.
3038 **Schleich.** Fang u. Behandlg. d. Microlepidopt. (Stett., Ent. Z.) 1867. 8. 11 p. 1.—
3039 **Schleicher.** Verzeichn. d. Lepidopt. d. Kreis. ob. d. Wienerwald. (Wien,
Z. b. G.) 1856. 8. 18 p. 1.—
3040 **Schluga.** Primae lineae cognit. Insectorum. Viennae 1767. 8. 52 p. et
2 tab. Cart. 3.—
3041 **Schmeltz.** Ueb. Polynesische Lepidopt. (Hamb. 1876.) 8. 20 p. 1.50
3042 **Schmetterlingssammler,** Der kleine. Stuttg. 1855. 8. 88 p. m. 16 color. Tfln. 1.—
3043 **Schmid, A.** Beitr. z. Naturgesch. d. Schmetterlinge. (Berl., B. Ent. Z.)
1863. 8. 10 p. 1.—
3044 — Der Regensburger Raupen-Kalender. (Regensb., Nat. Ver.) 1892. 8. 266 p. 1.50
3045 — — (Neue Ausgabe). Regensb. (1899.) 8. 281 p. (M. 5.) 3.—
3046 **Schmidt, F.** Uebers. d. in Mecklenburg beob. Makrolepidopt. (Neubrand.,
Ver. Nat.) 1880. 8. 198 p. 3.—
3047 **Schmidt, H. R.** Nachtr. z. Verzeichn. Preussisch. Schmetterlinge. 3 Thle.
1844—46. 8. 28 p. 1.—
3048 — Die Makrolepid. d. Prov. Preussen. (Königsb., Phys. G.) 1862. 4. 16 p. 1.—
3049 **Schmidt, O.** Metamorph. u. Anat. d. männl. Aspidiotus Nerii. Berl. 1885.
8. 32 p. m. 2 Tfln. 1.50
3050 **Schneider, J. Sparre.** De i sŏndre Bergenhus Amt observ. Coleopt. og
Lepidopt. 2 Thle. (Christ., Vid. S.) 1876—79. 8. 113 p. 1.50
3051 — Indberetn. om en lepidopt. Reise. (Christ., Vid. S.) 1877. 8. 30 p. 1.—
3052 — Entomol. meddel. fra d. Arktiske Norge. (Stockh., Ent. T.) 1880. 8. 15 p. 1.—
3053 — Bidr. om Sydvarangers Lepidopt.-Fauna. (Stockh., Ent. T.) 1880. 8.
26 p. m. Kte. 1.—
3054 — Bidr. t. kundsk. om Norges Lepidopt.-Fauna. (Christ., Vid. S.) 1881.
8. 21 p. 1.—
3055 — Overs. ov. de Lepidopt. i Nedenaes Amt. (Christ., Vid. S.) 1882. 8. 129 p. 1.50
3056 — Overs. af Lepidopt. jagttagne paa Tromsoe. (Troms., Mus.) 1884. 8. 13 p. 1.—
3057 — Entomol. meddel. fra d. Arkt. Norge. (Stockh., Ent. T.) 1885. 8. 15 p. 1.—
3058 — Entomol. udflugter i Tromsŏ omegn. (Stockh., Ent. T.) 1889. 8. 23 p. 1.—
3059 — Lepidopterfauna'en pa Tromsoen. Mit Nachtr. (Tromsŏ, Mus.) 1892—
1900. 8. 176 p. m. Tfl. 3.—
3060 — Sydvarangers Lepidopt. (Tromsŏ, Mus.) 1895. 8. 93 p. 1.50
3061 — Insektlivet i Jotunheimen. (Tromsŏ, Mus.) 1898. 8. 34 p. 1.—
3062 — Insektfaunan paa Kvalŏen. (Tromsŏ, Mus.) 1899. 8. 15 p. 1.—
3063 — Coleopt. og Lepidopt. ved Bergen og omegn. Mit deutsch. Resumé.
(Bergen, Mus.) 1901. 8. 223 p. m. color. Tfl. 4.—
3064 — Lepidopt. meddel. fra d. Sŏndenfjeldsk. Norge. (Stockh., Ent. T.) 1902.
8. 12 p. 1.—
3065 — Lepidopt. meddel. fra Tromsŏ Stift. (Tromsŏ, Mus.) 1904. 8. 15 p. 1.—
3066 — Saltdalens Lepidopt. II. (Tromsŏ, Mus.) 1907. 8. 62 p. m. Tfl. 1.50
3067 **Schneider, R.** Die Schuppen an d. Flügel- u. Körpertheilen d. Lepid.
Halle 1878. 8. 60 p. m. 3 Tfln. 2.—
3068 **Schopfer.** Aberrationen aus d. Samml. Kummer. (Dresd., Iris) 1899. 8. 2 p.
m. col. Tfl. 1.—
3069 — Epiblema nisella u. Varietäten. (Dresd., Iris) 1912. 8. 4 p. m. Tfl. 1.50
3070 **Schott.** Schmetterlingskalender. Frankf. 1830. 8. 560 p. m. 7 color. Tfln.
(M. 10.) Cart. 1.—
3071 — Raupenkalender. Frankf. 1830. 8. 430 p. m. 6 color. Tfln. (M. 9.) Cart. 2.50
3072 **Schŏyen.** Tillaeg t. Norges Lepid.-Fauna. (Christ., Vid. S.) 1888. 8. 32 p. 1.—
3073 — Fortegn. ov. Norges Lepid. (Christ., Vid. S.) 1893. 8. 54 p. m. Kte. 1.50
3074 **Schrank, F. de Paula.** Enueratio Insector. Austriae indigen. Aug. Vindel.
1780. 8. 576 p. et 4 tab. Lnb. 8.—
3075 — Ueb. die wattewebenden Elsenraupen I. (Münch., Ak.) 1815. 4. 12 p. 1.—
3076 **Schreiber, C.** Unterscheidungsmerkm. ein. ähnl. ausseh. Mitteleurop.
Macro-Lepidopteren. Erf. 1898. 8. 61 p. 1.50

3077 **Schreiber, C.** Raupen-Kalender. Nach d. Futterpflanzen geordnet f. d. Mitteleurop. Faunengebiet. 2 Thle. (Dresd., Iris) 1901. 8. 114 p. 1.50
3078 — — 2. Aufl. Langensalza 1908. 8. 137 p. 2.—
3079 **Schröder, C.** Entwickel. d. Raupenzeichnung. Berl. 1894. 8. 68 p. m. Tfl. 1.50
3080 — Fischer, E., Die v. Schröder gegeb. Erklär. d. Schmetterlingsfärbgn. (Berl., Z. Ins.) 1908. 8. 14 p. 1.50
3081 **Schröder, H.** Ueb. ein. Makrolepidopt. d. Umgeg. v. Schwerin. (Güstrow, Ver. Nat.) 1893. 8. 12 p. 1.—
3082 **Schuckmann.** Einwirk. nied. Temperat. auf d. inner. Metamorphose b. d. Puppe von Vanessa urticae. Leipz. 1909. 8. 51 p. m. 2 Tfln. 2.—
3083 **Schuler.** Aberrationen v. Schmetterl. (Stuttg., Ver. Nat.) 1885. 8. 3 p. m. Tfl. 1.—
3084 **Schultz, O.** 3 Abhandl. üb. Gynandromorph. bei Lepid. 1896—98. 8. 16 p. 1.50
3085 — Gynandromorphe palaearkt. Macrolepidopt. (Neudamm, Z. Ent.) 1900. 4. 30 p. 1.—
3086 — — IV. (Berl., B. Ent. Z.) 1904. 8. 46 p. 1.—
3037 — Filarien in palaearkt. Lepidopt. (Neudamm, Z. Ent.) 1900. 4. 20 p. 1.—
3088 — Varietäten u. Aberrationen v. Papilio podal. (Berl., B. Ent. Z.) 1902. 8. 15 p. m. Tfl. 1.—
3089 — Abnormit. u. Aberrat. d. Lepidopt. 2 Abhdl. (Berl., B. Ent. Z.) 1903. 8. 11 p. 1.—
3090 — Beschreib. ein. palaearkt. Heteroceren-Aberrationen. (Krist., Nyt Mag.) 1905. 8. 22 p. 1.50
3091 — Aberrationen d. Genus Parnassius. (Berl., B. Ent. Z.) 1905. 8. 8 p. m. Tfl. 1.—
3092 **Schultze, W.** New and little known Lepidopt. of the Philippine Isl. 2 parts. (Manila, J. Sc.) 1907—8. 8. 29 p. w. 2 pl. (1 colour.) 3.—
3093 — Contrib. to the Lepidopt. Fauna of the Philippines. (Manila, J. Sc.) 1910. 8. 21 p. w. pl. 1.50
3094 **Schütze, K. T.** Die Grossschmetterl. d. Sächs. Oberlausitz. 4 Thle. (Dresd., Iris) 1895—98. 8. 94 p. 4.—
3095 — Die Schmetterlingsgatt. Nepticula. (Bautzen 1896.) 8. 10 p. 1.—
3096 — Mittheil. üb. ein. Kleinschmetterl. 3 Thle. (Stettin u. Dresd.) 1896—1904. 8. 50 p. 2.—
3097 — Die Kleinschmetterl. d. Sächs. Oberlausitz. 3 Thle. (Dresd., Iris) 1899—1902. 8. 90 p. 4.—
3098 **Schwangart.** Bezieh. zw. Darm- u. Blutzellenbildung bei Endromis versicolor. (Münch., Ges. Morph.) 1906. 8. 19 p. m. 7 Fig. 1.50
3099 **Schwartze.** Z. Kenntn. d. Darmentwickl. b. Lepidopt. Berl. 1899. 8. 32 p. 1.50
3100 **Schwenckfeld.** Theriotropheum Silesiae, in quo Animal. hoc est Quadrup., Reptil., Avium, Piscium, Insectorum natura. — Acced. ejusdem: Stirpium et Fossilium Silesiae Catalogus. Lignicii et Lipsiae 1601—3. 4. 1053 p. — In gepresstem prächtigen 1620 datiertem Schweinslederband. 60.—
 Schönes Exemplar dieser beiden als Rarissima bekannten Werke von historischer Bedeutung.
3101 **Scopoli.** Entomologia Carniolica. Vindobon. 1763. 8. 456 p. Hfzb. 6.—
3102 — Werneburg. Üb. die Lepidopt. in Scopoli's Entom. (Stettin, Ent. Z.) 1858. 8. 15 p. 1.—
3103 — Zeller. Die Lepidopt. in Scopoli's Entom. (Stett., Ent. Z.) 1855. 8. 25 p. 1.—
3104 **Scott, A. W.** Australian Lepidoptera w. their transformations. Vol. I. (3 parts.) Lond. 1864. fol. 30 p. w. 9 plain plates. (63 s.) 12.—
3105 — — With the plates coloured. 50.—
3106 — — Vol. II. (last), ed. by Olliff and Forde. Sydn. 1890—98. fol. w. 12 colour. pl. 50.—
3107 — Crüger. Scott's Austral. Lepidopt. (Stett., Ent. Z.) 1867. 8. 22 p. 1.—
3103 **Scott, J.** Descr. of 5 new Coleophora. (Lond., Ent. S.) 1861. 8. 5 p. w. colour. pl. 1.50
3109 **Scudder.** List of the Butterflies of New England. W. supplem. (Salem and Boston.) 1863—68. 8. 29 p. 2.—
3110 — Revis. of the Chinobas in N. America. (Philad., Ent. S.) 1865. 8. 28 p. 1.50
3111 — The spec. of the g. Pamphila. (Boston, Nat. Soc.) 1874. 4. 13 p. w. 2 pl. (1 colour.) 2.—

Ab

3112 **Scudder.** Seltsame Gesch. e. Tagfalters. (Berl., D. Ent. Z.) 1875. 8. 11 p. 1.—
3113 — Struct. and transform. of Eumaeus Atala. (Boston, Nat. Soc.) 1875. 4.
7 p. w. pl. 1.50
3114 — Fossil Butterflies. Salem 1875. 4. w. 3 pl. 6.—
3115 — Descr. of Labrador. Butterflies. (Boston, Nat. Soc.) 1875. 8. 20 p. 1.—
3116 — Classif. of Butterflies w. refer. to the posit. of the Equites. (Philad.,
Ent. S.) 1877. 8. 12 p. w. fig. 1.50
3117 — Antigeny, or sexual Dimorphism in Butterfl. (Phil., Ac.) 1877. 8. 10 p. 1.—
3118 — Bibliography of fossil Insects. Cambr. 1882. 4. 47 p. 2.—
3119 — Introduct. and spread of Pieris Rapae in N. America, 1860—85. (Boston,
Nat. Soc.) 1887. 4. 17 p. w. map. 1.50
3120 — The Butterflies of the East. U. States and Canada. 3 vols. Cambr.
1888—89. 4. w. 3 portr., 89 plates (partly colour.) and 3 maps. (75 Doll.) 280.—
3121 — The fossil Insects of North America. 2 vols. N. York 1891. 4. w. 63 pl. 100.—
3122 — Index to the fossil Insects of the world. (Wash., Geol. Surv.) 1891.
8. 744 p. 8.—
3123 — The tropical Faunal Element of our South. Nymphalinae. (Phil., Ac.)
1892. 8. 16 p. 1.50
3124 — Format. of the abdom. pouch in Parnassius. (Lond., Ent. S.) 1892. 8. 6 p. 1.—
3125 — Insect fauna of the Rhode Island Coal Field. (Wash., Geol. S.) 1893.
8. 21 p. w. 2 pl. 1.50
3126 **Seebold.** Z. Kenntn. d. Microlepidopt.-Fauna Spaniens u. Portugals. (Dresd.,
Iris) 1898. 8. 32 p. m. color. Tfl. u. Kte. 2.50
3127 — Z. Microlepidopt.-Fauna d. Caucasus, Taurus u. Syriens. (Dresd , Iris)
1898. 8. 13 p. m. color. Tfl. 1.50
3128 **Seitz.** Die Schmetterlingswelt des Monte Corcovado. 5 Tle. (Stett.,
Ent. Z.) 1889—90. 8. 38 p. 2.—
3129 — Geogr. Verbreit. d. Schmetterl. u. ihre Abhängigk. v. klimat. Einflüssen.
Jena 1890. 8. 63 p. m. Kte. 2.—
3130 — Üb. d. Schutzvorrichtgn. d. Thiere. (Jena, Zool. J.) 1891. 8. 38 p. 1.50
3131 — Zoolog. Excurs. in die Umgeg. v. Shanghai. (Wiesb., Ver. Nat.) 1892. 8. 10 p. 1.—
3132 — Reisekizzen. 3 Tle. (Stett., Ent. Z.) 1892—93. 8. 36 p. 1.50
3133 — Lepidopt. Reise um d. Welt. (Wiesb., Ver. Nat.) 1893. 8. 40 p. 1.—
3134 — Allgem. Biologie d. Schmetterlinge. 3 Tle. (Jena, Zool. J.) 1893—95.
8. 146 p. 6.—
3135 — Schmetterl. aus Süd-Shan-tung. (Stett., Ent. Z.) 1894. 8. 12 p. 1.—
3136 — Die Grossschmetterlinge der Erde. (2 Theile in 16 Bdn. in ca. 485 Liefgn.)
Teil I: Palaearkt. Fauna. (= Bd. I—IV in ca. 113 Liefgn) Lfg. 1—102.
Stuttg. 1906—1912. 4. m. viel. color. Tfln. (M. 102.) 80.—
Inhalt: Bd. I (vollständig): Rhopalocera (43 Liefgn.) 1910. 379 p. m. 89 color. Tfln.
Hfzb. M. 60. — II: Sphinges u. Bombyces. (ca. 30 Liefgn.) ca. M. 45. — III: Noctuae.
(ca. 28 Liefgn.) ca. M. 45. — IV: Geometrae. (ca. 12 Liefgn.) ca. M. 30.
3137 — Theil II: Exotische Fauna. (= Bd. V—XVI in 3 Abtlgn., in ca. 323
Lfrgn.) Lfrg. 1—145. Stuttg. 1907—1912. 4. m. viel. color. Tfln. (M. 217.50.) 180.—
Inhalt: Bd. V—VIII: Amerikanische Fauna (ca. 130 Liefgn.) ca. M. 285. — IX—XII:
Indo-Australische Fauna (ca. 108 Liefgn.) ca. M. 335. — XIII—XVI: Afrikanische
Fauna (ca. 85 Liefgn.) ca. M. 210.
3138 — — Teil III (= Bd. XVII): Supplementband: Allgemeines, Morphol.,
Biologie, Geographie u. Ergänzungen. — In Vorbereitung.
Die Rhopalocera umfassen Bd. I, V, IX, XIII; Bombyces u. Sphinges : II, VI,
X, XIV; Noctuae: III, VII, XI, XV; Geometrae: IV, VIII, XII, XVI.
Das Werk erscheint auch mit englischem u. französischem Texte.
3139 **Selys-Longchamps, E. de.** Catal. d. Lépidopt. de la Belgique. Liége 1837.
8. 32 p. 1.—
3140 — Plateau. Not. s. la vie et l. travaux de Selys-Longchamps. (Brux.,
Ac.) 1902. 8. 117 p. 1.50
3141 **Semper, C.** Bildg. d. Flügel, Schuppen u. Haare d. Lepidopt. (Leipz., Z.
Zool.) 1856. 8. 14 p. m. Tfl. 1.50
3142 **Semper, G.** Zwitterbild. bei Papilio Castor. (Wien, Ent. Mon.) 1863. 8.
1 p. m. Tfl. 1.—
3143 — Descr. of Papilio Godeffroyi, n. sp. (Lond., Ent. S.) 1866. 8. 2 p. w. col. pl. 1.—

3144 **Semper, G.** Z. Entwicklgesch. ein. Ostasiat. Schmetterl. (Wien, Z. b. G.) *ℳ*
1867. 8. 6 p. m. col. Tfl. 1.—
3145 — Auf d. Insel Yap ges. Schmetterl. (Hamb., Godefr.) 1873. 4. 6 p. m. col. Tfl. 1.50
3146 — Die Philippin. Artén d. Gattg. Tachyris. (Stett., Ent. Z.) 1875. 8. 18 p. 1.—
3147 — Üb. d. Arten d. Gatt. Zethera. (Hamb., Ver. Nat.) 1878. 8. 11 p. 1.—
3148 — Diagnosen ein. neuer Tagfalter v. d. Philippinen. (Hamb., Ver. Nat.)
1878. 8. 11 p. 1.—
3149 — Beitr. z. Rhopaloc.-Fauna v. Australien. (Stett., Ent. Z.) 1879. 8. 8 p. 1.—
3150 — Die Schmetterlinge d. Philippin. Inseln. Bd. I: Die Rhopalocera. Wiesbad.
1886—92. 4. 382 p. m. 51 color. Tfln. (M. 168.) 100.—
3151 — — Bd. II: Die Heterocera. Wiesbad. 1896—1902. 4. 726 p. m. 36 Tfln.
(24 color.) (M. 148.) 100.—
3152 — Beitr. z. Lepidopt.-Fauna d. Karolin.-Archipel. (Dresd., Iris) 1906. 8. 23 p. 1.50
3153 — Lepidopt. rec. en las Isl. Filipinas. 4. 9 p. 1.—
3154 **Sepp.** (Beschouwing d. Wonderen Gods.) Nederlandsche Insekten (Lepidoptera). 8 Bde. Amsterd. 1762—1860. 4. m. 400 color. Tfln. u. 8 color.
Titelkupfern. — Mit Fortsetz.: Snellen v. Vollenhoven, Brantsen
Snellen. Beschr. en Afbeeld. d. Nederl. Vlinders. 4 Bde. (soviel erschien.)
Amst. 1860—1900. 4. m. 200 color. Tfln. 550.—
Sehr gutes und vollständiges Exemplar, bis auf den letzten Band gebunden;
eines der prächtigsten Abbildungswerke der Lepidopterologie. — Supplement
siehe Nr. 370.
3155 — — Bd. I. II. 1762—86. m. 100 color. Tfln. Hfzbde. 25.—
3156 — Prittwitz u. Zeller. Das Sepp'sche Werk. 2 Abhdl. (Stett., Ent.
Z.) 1862—66. 8. 39 p. 1.—
3157 — Surinaamsche Vlinders. Papillons de Surinam. 3 vols. Amsterd. 1848
à 1852. 4. av. 152 pl. color. Veau. 350.—
3158 **Seyffer.** Verzeichn. d. in Württemb. vorkomm. Lepidopt. (Stuttg., Ver.
Nat.) 1849. 8. 48 p. 1.50
3159 **Sharpe, E. M.** On Lopidopt. coll by Reynolds on the Rivers Tocantins
and Araguaya, Brazil. (Lond., Zool. S) 1890. 8. 26 p. w. col. pl. 1.50
3160 — Descr. of new Butterflies coll. by Jackson in Brit. East Africa. 2 parts.
(Lond., Zool. S.) 1891. 8. 12 p. w. 3 colour. pl. 4.50
3161 — On a coll. of Lepidopt. fr. Bangala. (Dresd., Iris) 1891. 8. 8 p. 1.—
3162 — List of Butterflies coll. by Pringle fr. Teita to Uganda, Br. East Africa.
(Lond., Zool. S.) 1894. 8. 20 p. w. colour. pl. 2.—
3163 — List of Lepidopt. coll. in Somali-land. (Lond., Zool. S.) 1896. 8. 15 p. 1.—
3164 — On a coll. of Lepidopt. fr. S. Domingo. (Lond., Z. S.) 1898. 8. 8 p. 1.—
3165 — Monogr. of the g. Teracolus (Monographiae Entomol. I). Parts 1—11.
(all pub'd.) Lond. 1898—1902. 4. 156 p. w. 43 colour. pl. 75.—
3166 — On a coll. of Butterfl. fr. the Bahamas. (Lond., Z. S.) 1900. 8. 7 p.
w. col. pl.
3167 **Shelford.** On mimetic Insects and Spiders fr. Borneo and Singapore.
(Lond., Zool. S.) 1902. 8. 55 p. w. 5 colour. pl. 5.—
3168 **Shelford and Bingham.** On Elymnias borneens. (Lond., Ent. S.) 1904. 8. 4 p. 1.—
3169 **Sherborn.** Index Animalium s. index nominum quae ab 1757 generib.
et speciebus imposita sunt. Vol. I: 1758—1800. Cantabr. 1902. 8. 1256 p. Cloth. 25.—
3170 **Siebke.** Enumeratio Insectorum Norvegiae. Fasc. I—IV, V pars 1 (omnia
quae exstant). Christ. 1874—80. 8. (M. 15.) 7.—
3171 — — Fasc. III: Lepidopt. Christ. 1876. 8. 210 p. 2.50
3172 **Siebold.** Preuss. Schmetterlinge. 2 Thle. (Danzig) 1839. 8. 37 p. 1.50
3173 — Taschenförm. Hinterleibsanh. v. Parnassius. (Stett., Ent. Z.) 1851. 8. 10 p. 1.—
3174 — Wahre Parthenogenesis b. Schmetterl. u. Bienen. Leipz. 1856. 8. 152 p.
m. Tfl. (M. 3.) 1.—
3175 — On a true Parthenogenesis in Moths and Bees. Transl. by Dallas.
Lond. 1857. 8. 110 p. w. pl. Cloth. (8 s.) 3.50
3176 — Ehlers. E. v. Siebold. (Leipzig, Z. Zool.) 1885. 8. 34 p. m. Portr. 1.—
3177 **Sievers.** Verzeichn. d. Schmetterl. d. Petersburg. Gouvernem. 2 Thle.
(Petersb., Horae) 1863—67. 8. 66 p. 2.—

W. Junk, Berlin, W. 15.

3178 **Simon.** Faune entomolog. du Vénézuela. (Par Lefèvre, Emery, Raffray, ℳ Simon, et beaucoup d'a.) 27 parties. (Paris, Soc. Ent.) 1889 à 99. 8. av. 26 pl. color. et noir. 52.—
Très-rare.

3179 **Sintenis.** Neues Verzeichn. d. in Estland, Livl., Curland aufgefund. Schmetterl. Dorp. 1876. 8. 60 p. 1.50

3180 — Bericht üb. Beob. an Hymen., Lepid. u. Dipteren. (Dorpat, Nat. Ges.) 1896. 8. 12 p. 1.—

3181 **Sirodot.** Rech. s. l. sécrétions chez l. Insectes. Paris 1859. 4. 136 p. av. 12 pl. 8.—

3182 **Sitowski.** Biolog. Beob. üb. Motten. (Krak., Ak.) 1905. 8. 15 p. m. col. Tfl. 1.—

3183 — Experim. Unters. üb. vitale Färbung d. Mikrolepidopt.-Raupen. 2 Thle. (Krak., Ak.) 1910. 8. 16 p. m. color. Tfl. 1.50

3184 **Skala.** Die Lepidopt.-Fauna Mährens. (Brünn, Nat. Ver.) 1912. 8. 179 p. m. Krte. 5.—

3185 **Skinner.** Synon. Catal. of N. American Rhopaloc. With supplem. Philad. 1898—1904. 8. 8.—

3186 **Slevogt.** Die Macrolepidopt. Kurlands, Livlands, Estlands u. Ostpreussens. (Riga, Nat. Ver.) 1910. 8. 235 p. 5.—

3187 **Smith, G. A.** Naturalist in Tasmania. Oxf. 1909. 8. 147 p. w. 21 pl. and colour. geolog. map. Cloth. 7.50

3188 **Smith, H. Grose.** Descr. of 24 new Butterflies of Mombosa, Africa. (Lond, Ann. & M.) 1889. 8. 17 p. 1.—

3189 — Diurnal Lepidopt. coll. by Doherty at Humboldt Bay, Dutch New Guinea. (Lond., Nov. Z.) 1894. 4. 45 p. 3.50

3190 — Descr. of new Butterflies, capt. in the East. Archipelago. II. (Lond., Nov. Zool.) 1895. 4. 10 p. 1.50

— Lepidopt. fr. Kina Balu — see nr. 3833.

3191 **Smith, H. G., and Bates.** List of Butterflies and Coleopt. coll. by Bonny on the Aruwimi River, Africa. (Lond., Zool. S.) 1890. 8. 30 p. 1.—

3192 **Smith, H. G., and Distant.** Butterflies coll. by Bonny at Yambuya, Centr. Africa. (Lond., Zool. S.) 1890. 8. 17 p. 1.—

3193 **Smith, H. G., and Kirby.** Rhopalocera Exotica, being illustr. of new, rare or undescr. species of Butterflies. 3 vols. Lond. 1880—1902. 4. w. 180 colour. pl. 400.—
Published as a supplement to Hewitson's work — see nr. 1464.

3194 — — Parts 1—8. Lond. 1880—89. 4. 62 p. w. 22 colour. pl. 25.—

3195 **Smith, J. B.** Synops. of the N. Americ. Heliothinae. (Philad., Ent. S.) 1882. 8. 50 p. w. 2 pl. 2.—

3196 — New genera and spec. of N. Americ. Noctuidae. (Wash., Mus.) 1888. 8. 30 p. 1.—

3197 — The N. Americ. spec. of Callimorpha. (Wash., Mus.) 1888. 8. 16 p. w. pl. 1.—

3198 — The spec. of Euerythra. (Wash., Mus.) 1888. 8. 3 p. w. pl. 1.—

3199 — Monogr. of Sphingidae of America, North of Mexico. Philad. 1888. 8. 194 p. w. 10 pl. 8.—

3200 — Catal. of the Noctuidae of Boreal America. (Wash., Mus.) 1893. 8. 424 p. 6.—

3201 — Insects of New Jersey. Trent. 1900. 8. 755 p. w. 2 maps and 328 fig. Cloth. 10.—

3202 — 100 new Noctuidae. (Wash., Mus.) 1900. 8. 83 p. 1.50

3203 — New Noctuids. 5 pap. (London, Can., and New York) 1903—1911. 8. 116 p. w. pl. 3.—

3204 — On some American Noctuids in the Brit. Museum. (New York, Ent. S.) 1907. 8. 22 p. 1.50

3205 — On the spec. of Amathes. Revis. of the Pleonectyptera. 2 pap. (N. York, Ent. S.) 1907. 8. 35 p. w. 3 pl. 2.—

3206 — Revis. of some Noctuidae referr. to the g. Homoptera. (Wash., Mus.) 1908. 8. 69 p. w. 6 pl. 2.—

3207 — On the spec. of Acronycta. (N. York, Ent. News) 1911. 8. 10 p. 1.—

3208 — Noctuidae of California III. (Claremont) 1911. 4. 10 p. 1.—

3209 **Smith, J. B., and Dyar.** Contrib. towards a monogr. of the Noctuidae   *M*
of Boreal (Temperate) N. America. 13 parts. Wash. (Mus.), Brookl. (Ent.
Amer.), Philad. (Ent. S.) 1889—1902. 8. 927 p. w. 53 pl. (7 colour.)   50.—
I—III: Pseudanarta. Oligia. Oncocnemis. 1889. 42 p. w. pl. — IV: Some Taenio-
campid genera. 1889. 42 p. w. 2 pl. — V: Agrotis. 1890. 237 p. w. 5 pl. — VI: Homo-
hadena. 1891. 9 p. — VII: Xylophasia and Luperina. 1891. 41 p. w. 2 pl. — VIII: Ma-
mestra. 1891. 80 p. w. 4 pl. — IX: Cucullia, Dicopinae, Xylomiges, Morrisonia. 1892.
54 p. w. 2 pl. — X: Deltoid Moths. 1895. 129 p. w. 4 pl. — XI: Acronycta and cert.
allied genera. 1898. 194 p. w. 22 plain and 7 colour. pl. — XII: Hydroecia. 1899. 48 p.
w. 2 pl. — XIII: Leucania. 1902. 51 p. w. 2 pl.
Most of the parts also separately.
3210 **Smith, J. B., Skinner and Kearfott.** Check-List of the Lepidopt. of
Boreal America. Philad. 1903. 8. 141 p.   4.50
3211 **Snellen, P. C. T.** Opmerk. omtr. d. eerste toest. en leefwijze v. Inland.
Macrolepidopt. (Haag, T. Ent.) 1858. 8. 31 p.   1.50
3212 — De inlandsche Soorten v. Eupithecia. (Haag, T. Ent.) 1866. 8. 72 p.
m. 4 Tfln. (3 color.)   3.—
3213 — De Vlinders van Nederland. Macrolepidoptera. Gravenh. 1867. 8. 775 p.
m. 4 Tfln. (M. 20.)   8.—
3214 — — Microlepidoptera. 2 Thle. Leid. 1882. 8. 1211 p. m. 14 Tfln. (M. 28.)   18.—
3215 — Bijdr. t. de Vlinder-Fauna v. Nederl. Guinea. (Haag, T. Ent.) 1872. 8.
110 p. m. 8 color. Tfln.   8.—
3216 — Opgave d. Geometrina en Pyralidina in Nieuw-Granada en op
St. Thomas, verzam. d. Nolcken. 2 Thle. (Haag, T. Ent.) 1874—75. 8. 186 p.
m. 11 color. Tfln.   14.—
3217 — Heterocera op Java verz. door Piepers. (Haag, T. Ent.) 1877. 8. 50 p.
m. 3 color. Tfln.   3.—
3218 — Lepidopt. op Sumatra verz. door Korndörffer. (Haag, T. Ent.) 1877.
8. 15 p. m. 2 color. Tfln.   2.—
3219 — Aanteeken. ov. Rhopaloc. in Z.-W.-Celebes. (Haag, T. Ent.) 1878. 8.
43 p. m. 2 color. Tfln.   2.50
3220 — Lepidopt. v. Celebes, verzameld d. Piepers. 7 Thle. (Haag, T. Ent.)
1878—85. 8. m. 24 grossenteils color. Tfln.   28.—
3221 — — Noctuina. 1830. 98 p. m. 5 color. Tfln.   6.—
3222 — Nieuwe exot. Tineinen. Nieuwe Zuidamerik. Geometrinen. (Haag, T.
Ent.) 1879. 8. 24 p. m. 2 color. Tfln.   2.—
3223 — Nieuwe Pyraliden op Celebes. (Haag, T. Ent.) 1880. 8. 53 p.   2.—
3224 — Aanteek. ov. •Afrikaansche Lepidopt. (Haag, T. Ent.) 1882. 8. 20 p.   1.—
3225 — Nieuwe of weinig bekende Microlepidopt. v. Noord-Azie. 2 Thle. (Haag,
T. Ent.) 1883—84. 8. 94 p. m. 6 color. Tfln.   5.—
3226 — — Theil I. 50 p. m. 3 color. Tfln.   2.—
3227 — Aanteek. ov. Ephestia Kühniella. (Haag, T. Ent.) 1885. 8. 15 p. m.
color. Tfl.   1.—
3228 — 4 nieuwe Oost-Ind. Heterocera. (Haag, T. Ent.) 1885. 8. 10 p. m. col. Tfl.   1.—
3229 — Beschrijv. v. nieuwe Oost-Indische Heterocera. (Haag, T. Ent.) 1886. 8.
20 p. m. 2 color. Tfln.   2.—
3230 — Bijdr. t. de kennis d. Lepidopt. v. Curaçao. (Haag, T. Ent.) 1887. 8.
58 p. m. 5 color. Tfln.   5.—
3231 — Aanteek. ov. Nederl. Lepidopt. 4 Thle. (Haag, T. Ent.) 1887—1904. 8.
193 p. m. 2 color. Tfln.   5.—
3232 — Bijdr. t. de kennis v. de Aganaidea (Lithosina). (Haag, T. Ent.) 1888.
8. 38 p. m. 2 color. Tfln.   2.—
3233 — Aanteeken. ov. Lepidopt. v. Nieuw-Guinea. (Haag, T. Ent.) 1888. 8.
24 p. m. 3 color. Tfln.   3.—
3234 — Lepidopt. v. Midden-Sumatra. (Leiden) 1888. 4. m. 5 color. Tfln.   10.—
3235 — Catal. of the Pyralidina of Sikkim. (Lond., Ent. S.) 1890. 8. 92 p. w.
2 col. pl.   4.50
3236 — Aanteek. ov. inlandsche en Javaansche soorten van het g. Hypenodes.
(Haag, T. Ent.) 1890. 8. 18 p. m. color. Tfl.   1.—
3237 — Varieteit v. Danais Chrysippus. (Haag, T. Ent.) 1891. 8. 2 p. m. col. Tfl.   1.—
3238 — Lepidopt. v. Flores. (Haag, T. Ent.) 1891. 8. m. 2 color. Tfln.   4.—

110

3239 **Snellen, P. C. T.** Lepidopt. coll. in the isl. of Billiton. (Leyden, Mus.) *M*
1891. 8. 14 p. 1.—
3240 — Beschrijv. v. een. nieuwe Javaansche Dagvlinders. (Haag, T. Ent.) 1892.
8. 15 p. 1.—
3241 — Een. nieuwe Crambidae. (Haag, T. Ent.) 1893. 8. 13 p. m. color. Tfl. 1.—
3242 — 8 lepidopt. Abhandl., grossenteils üb. neue Arten. (Haag, T. Ent.) 1894
—1898. 8. 42 p. m. 3 color. Tfln. 2.50
3243 — Verzeichn. d. Heterocera v. Hagen in Deli (Sumatra) ges. (Dresd., Iris)
1895. 8. 30 p. 1.—
3244 — Aanteek. ov. exot. Rhopalocera. (Haag, T. Ent.) 1895. 8. 19 p. m. color. Tfl. 1.—
3245 — S. l. Lépidopt. d. îles Natuna. (Leyde, Mus.) 1895. 8. 8 p. 1.—
3246 — Nyctemera, Chalcosia en Plutodes. (Haag, T. Ent.) 1898. 8. 13 p. m.
color. Tfl. 1.—
3247 — Anteekeningen ov. Pyraliden. 3 Thle. (Haag, T. Ent.) 1898—1900. 8.
105 p. m. 7 color. Tfln. 8.—
3248 — Aanteek. ov. exot. Lepidopt. (Haag, T. Ent.) 1900. 8. 4 p. m. col. Tfl. 1.—
3249 — Enum. d. Hétérocères rec. à Java p. Piepers. (La Haye, T. Ent.) 1900.
8. av. 4 pl. color. 5.—
3250 — Die Lepidopt. d. Bismarck-Archipels. (Haag, T. Ent.) 1901. 8. 15 p. 1.—
3251 — Lycaena Euphemus. Tasenia, nieuw genus. 2 Abh. (Haag, T. Ent.) 1901.
8. 12 p. 1.—
3252 — Beschrijv. v. nieuwe exot. Tortricinen, Tineïnen en Pterophorinen.
2 Thle. (Haag, T. Ent.) 1902—04. 8. 65 p. m. 4 color. Tfln. 3.—
3253 — Lepidopt. van de Kangean-eiland. Een. soort. v. het g. Grammodes.
2 Abhdl. (Haag, T. Ent.) 1903. 8. 22 p. m. col. Tfl. 1.—
3254 **Snellen van Vollenhoven, S. C.** Phyllodes Verhuellii, nieuwe Vlinder-
soort uit Java. (Haag, T. Ent.) 1858. 8. 4 p. m. color. Tfl. 1.—
3255 — De Gelede Dieren (Arthropoda) v. Nederland. 2 Bde. Haarl. 1861. 8.
560 p. m. 35 Tfln. Cart. 7.—
3256 — — Das Titelblatt fehlt. 4.—
3257 — Faune entomol. de l'Archipel Indo-Néerland. 3 parties. (Scutéllerides.
Piérides. Pentatomid.) La Haye 1863 à 68. 4. 210 p. av. 14 pl. color. —
Tout ce qui a paru. 22.—
3258 — — II: Piérides. La Haye 1865. 4. 71 p. av. 7 pl. color. D.-rel. veau. 10.—
3259 — Naamlijst v. d. Pieriden v. Oost-Indië. (Haag 1864). 4. 9 p. 1.—
3260 — 15 Abhandl. üb. neue Lepidopt.-Species. (Haag, T. Ent.) 1864—94. 8.
100 p. m. 6 color. Tfln. 5.—
3261 — Microlepidopt. als nieuw voor de Fauna v. Nederland. (Haag, T. Ent.)
1867. 8. 36 p. m. 2 color. Tfln. 1.50
3262 — — 6 Nekrologe v. Ritzema Bos, Six, Wulp u. a. 1880—1881. 8. 40 p.
m. Portr. 2.—
— Nederlandsche Insecten — siehe Nr. 3154.
3263 **Snow.** Lists of Coleopt. and Lepidopt. coll. in Hamilton, Morton and
Clark Counties, Kansas. (Lawr., Univ.) 1903. 4. 18 p. 1.—
3264 — Lists of Coleopt., Lepidopt., Dipt. and Hemipt. collect. in Arizona.
(Lawr., Univ.) 1904. 4. 29 p. 1.—
3265 **Snyder.** The Argynnids of N. America. (Chicago, Ent. S.) 1900. 4. 12 p. 1.50
3266 **Societas Entomologica.** Organ f. d. Internation. Entomologenverein.
24 Jahrgänge (alles was selbstständig erschienen): 1886—1910. Zürich u.
Berlin. 4. 120.—
Jahrg. 1—22 erschien — in Zürich — unter Redaction von F. Rühl, nach dessem
Tode bis heute unter der seiner Tochter M. Rühl. Jahrg. 23 u. 24 erschien in Berlin.
— Jahrg. 25 u. 26 Nr. 1—8 kam als Beilage des 24. u. 25. Jahrg. d. Stuttgarter (später
Frankfurter) „Entomol. Zeitschrift", Nr. 9 u. Folge aber wieder bis heute als zweite
Beilage (neben der „Insektenbörse") der „Entomolog. Rundschau" (siehe Nr. 971) heraus.
3267 **Socin.** Il Mimismo d. regno animale. Rovereto 1887. 8. 170 p. c. 5 tav. 3.—
3268 **Sodoffsky.** Lepidopt. Livoniae. (Mosq., Bull.) 1829. 8. 12 p. 1.—
3269 — Lepidopter. micropteror. spec. 3 novae. (Mosq., Bull.) 1829. 8. 4 p.
et tab. col. 1.—
3270 — 6 nouv. Teignes de la Livonie. (Mosc., Bull.) 1830. 8. 12 p. av. pl. col. 1.—

W. Junk, Berlin, W. 15.

3271 **Sodoffsky.** Uebers. d. Schmetterl. Livlands. (Mosk., Bull.) 1837. 8. 18 p.   1.—
3272 — Ueb. d. Behandl. d. Mikrolepidopt. (Mosk., Bull.) 1841. 8. 8 p.   1.—
3273 — Ueb. d. Ullucus tuberos. (Mosk., Bull.) 1851. 8. 7 p. m. Tfl.   1.—
3274 — Ueb. d. Metamorph. d. Schmetterlings. 8. 22 p.   1.—
3275 **Sommer.** Beitr. z. Lepidopt.-Fauna d. preuss. Oberlausitz. 3 Thle. (Görl.
u. Bresl.) 1895—98. 8. 72 p.   2.50
Siehe Nr. 2441.
3276 — Z. Naturgesch. v. Anaitis Palud. (Dresd., Iris) 1897. 8. 11 p.   1.—
3277 **Sorhagen.** Aus mein. entomol. Tagebuch. 3 Thle. (Berl., B. Ent. Z.) 1881
—1885. 8. 76 p.   2.—
3278 — Beitr. z. Auffind. u. Bestimm. d. Raupen d. Microlepidopt. (Berl., B.
Ent. Z.) 1883. 8. 8 p. m. Tab.   1.—
3279 — Die Kleinschmetterlinge d. Mark Brandenburg. Berl. 1886. 8. 378 p. (M. 6.)   5.—
3280 — Wittmack's biolog. Samml. Europ. Lepidopt. Hamb. 1898. 8. 46 p. m.
13 Fig.   1.50
3281 — Z. Kenntn. d. Gatt. Lithocolletis. (Neudamm, Z. Ent.) 1900. 8. 7 p. m. Tfl.   1.—
3282 **South.** Catal. of the collect. of Palaearctic Butterflies formed by Leech.
Lond. 1902. 4. 234 p. w. portr. and 2 colour. pl. Cloth.   19.—
3283 — The Butterflies of the Brit. Isles. Pocket-guide. Lond. 1906. 8. w. 450
colour. fig. Cloth.   6.—
3284 — The Moths of the British Isles. 2 vols. Lond. 1907—08. 8. 732 p. w.
318 pl. (160 colour.) Cloth. (15 s.)   10.—
3285 **South American Butterflies.** 6 pap. by Berg, Druce, Dyar, Snellen
and o. 1864—1905. 8. and 4. 32 p. w. pl.   3.—
3286 **Spada.** I Lepidott. di Osimo. (Palermo) 1893. 8. 48 p.   1.50
3287 **Spangberg.** Öm de Svenska och Norska arterna of slägt. Cupido. Upsala
1872. 8. 63 p.   1.50
3288 — Lepidopt. Anteckn. I: Argynnis. Brenthis. Ups. 1876. 8. 34 p. m. Tab.   1.—
3289 **Spannert.** Die wissenschaftl. Benennungen d. Europ. Grossschmetterlinge.
Berl. 1888. 8. 240 p. Lnb. (M. 6.)   3.—
Sparre-Schneider — siehe: S c h n e i d e r, J. S.
3290 **Speiser, A.** Die Hesperiden-Gattgn. d. Europ. Faunengeb. 2 Tle. (Stett.,
Ent. Z.) 1878. 8. 51 p.   2.—
3291 **Speiser, P.** Lepidopt. Notizen. (Berl., B. Ent. Z.) 1902. 8. 9 p.   1.—
3292 — Die Schmetterlingsfauna d. Prov. Ost- u. Westpreussen. Königsb. 1903.
4. 148 p.   5.—
3293 **Spencer and o.** Reports on the Horn Scientific Expedit. to Central
Australia: Zoology, Geology, Botany and Anthropol. 4 vols. Lond. 1896.
4. 1292 p. w. 81 (15 colour.) pl. and map. Cloth. (4 £ 10 s.)   50.—
3294 **Spengel.** Ueb. ein. Aberrationen von Papilio machaon. (Jena, Zool. J.)
1899. 8. 48 p. m. 3 Tfln. (1 color.)   3.—
Pag. 41—46 liegt hier auch in der revidierten Fassung und Tfl. 2 u. 3 in besseren
Abdrücken bei.
3295 **Speyer, Ad.** Lepidopterolog. Beyträge. (Leipz., Isis) 1838. 4.   2.—
Abschrift von 32 p. von F i s c h e r v o n R ö s s l e r s t a m m.
3296 — Deutsche Schmetterlingskunde f. Anfänger. Mainz (1856). 8. 280 p. m.
32 color. Tfln. Cart.   1.50
3297 — — 4. Aufl. Leipz. 1887. 8. 240 p. m. 16 color. Tfln. Lnb.   2.—
3298 — Naturgesch. u. Artrechte v. Noctua cerasina. (Stett., Ent. Z.) 1858. 8. 33 p.   1.50
3299 — Verzeichn. d. in Waldeck überwint. Schmetterl. (Stett., Ent. Z.) 1858.
8. 20 p.   1.—
3300 — Lepidopt. Mittheilgn. 7 Thle. (Stett., Ent. Z.) 1865—88. 8. 100 p.   4.—
3301 — Die Lepidopt.-Fauna d. Fürstenth. Waldeck. (Bonn, Ver. Nat.) 1867.
8. 152 p.   1.50
3302 — Zwitter-Bildgn. b. Sphinx nerii. (Stett., Ent. Z.) 1869. 8. 21 p.   1.—
3303 — Setina aurita ramosa u. d. Bildg. montan. Varietäten. (Stett., Ent. Z.)
1870. 8. 14 p.   1.—
3304 — Lepidopt. Notizen. 2 Thle. (Stett., Ent. Z.) 1872—73. 8. 16 p.   1.—
3305 — Europ.-Amerik. Verwandtschaften. II. III. (Stett., Ent. Z.) 1875. 8. 84 p.   1.50
3306 — Bemerk. üb. Zygänen. (Stett., Ent. Z.) 1877. 8. 12 p.   1.—

112

3307 **Speyer, Ad.** Die Hesperiden-Gattgn. d. Europ. Faunengebiet. 2 Thle. *ℳ*
(Stett., Ent. Z.) 1878—79. 8. 51 p. 1.50
3308 — Neue Hesperiden d. palaearct. Faunengebiet. (Stett., Ent. Z.) 1879. 8. 11 p. 1.—
3309 — Lepidopt. Bemerkgn. (Stett., Ent. Z.) 1882. 8. 14 p. 1.—
3310 — Einfluss d. Nahrungswechsels auf Eupithecia. (Stett., Ent. Z.) 1883.
8. 24 p. 1.50
3311 — Z. Kenntn. d. Psychiden. (Stett., Ent. Z.) 1886. 8. 26 p. 1.—
3312 — O. Speyer. Adolf Speyer. (Dresd., Iris) 1893. 8. 32 p. 1.—
3313 **Speyer, Ad. u. Aug.** Ueb. d. Verbreit. d. Schmetterlinge in Deutschl.
4 Thle. (Stett., Ent. Z.) 1850—52. 8. 136 p. 2.50
3314 — Die geograph. Verbreit. d. Schmetterlinge Deutschlands u. d. Schweiz.
2 Thle. Leipz.-1858—62. 8. 822 p. (M. 17.) 12.—
Die Preisherabsetzung, die Jahrzehnte lang bestand, hat, da die Vorräte des
Werkes sich seinem Ende nähern, aufgehört.
3315 — — Theil I: Tagfalter, Schwärmer u. Spinner. 1858. 494 p. (M. 9.) Lnb. 5.—
3316 **Sphingidae.** 9 pap. by Butler, Snellen, Wiskott and o. 1847—1906. 8.
54 p. w. 4 pl. (2 colour.) 4.—
3317 **Spichardt.** Beitrag z. d. Entwickl. d. männl. Genitalien bei Lepidopt.
(Bonn, Nat. Ver.) 1886. 8. 34 p. m. Tfl. 1.—
3318 **Spormann.** Die in Neuvorpommern beob. Grossschmetterlinge. 2 Thle.
Stralsund 19u7—9. 4. 92 p. 3.—
3319 — — Teil II: Die Geometriden. Strals. 1909. 4. 36 p. 1.50
3320 **Sprongerts.** (Lepidopt.) Streifzüge in d. Ostpyrenäen. (Dresd., Iris) 1905.
8. 23 p. 1.—
3321 — Ueb. Dalmatien nach d. Herzegowina u. Bosnien. (Lepidopterol.) (Dresd.,
Iris) 1906. 8. 32 p. 1.50
3322 **Spruce.** On some Insect and other Migrations obs. in Equator. America.
(Lond., Linn. S.) 1867. 8. 22 p. 1.50
3323 **Spuler.** Z. Phylogenie d. einheim. Apaturaarten. (Stett., Ent. Z.) 1890.
8. 14 p. m. Tfl. 1.50
3324 — Z. Phylogenie u. Ontogenie d. Flügelgeäders d. Schmetterl. Leipz.
1892. 8. 54 p. m. 2 Tfln. 3.—
3325 — Systema Tinearum Europae mediae. (Erl., Societ.) 1898. 8. 8 p. 1.—
3326 — Ueb. d. Aufgaben d. Lepidopterologie u. d. Systemat. d. Tineen. (Leipz.,
Zool. G.) 1898. 8. 8 p. m. 15 Fig. 1.50
3327 — Die Schmetterlinge Europas. 3 Bde. Mit Band IV: Die Raupen. Stuttg.
1901—10. 4. m. 155 color. Tafeln. Origbde. (M. 81.50) 65.—
Siehe auch Nr. 1495—1497. — Hieraus einzeln:
3328 — Die Schmetterlinge Europas. 3 Bde. Stuttg. 1901—10. 4. 1043 p. m.
505 Fig. u. 95 color. Tfln. (3500 Fig.) (M. 46.70) 38.—
3329 — — In Origbde. gbdn. (M. 57.50.) 46.—
3330 — Die Raupen der Schmetterlinge Europas. (Sonderausgabe.) Stuttg.
1903—10. 4. 38 p. m. 60 color. Tfln. (üb. 2000 Fig.) Origbd. (M. 28.) 24.—
Diese obige Ausgabe der „Raupen" (Nr. 3330) ist die für die Nicht-Abnehmer
der „Schmetterlinge" (Nr. 3328) bestimmte. Es gibt nämlich von den „Raupen" zwei
Ausgaben. Die eine (deren Ladenpreis gebunden Mk. 24 ist), nämlich die Ausgabe für die
Käufer aller 4 Bände (Nr. 3327), enthält zwar dieselben Tafeln wie die Ausgabe für die
Einzelkäufer der „Raupen" (deren Ladenpreis gebunden M. 28 ist), hat jedoch lediglich
Tafelerklärungen mit Hinweis auf das Schmetterlingswerk, während die letztere
Ausgabe in den Erklärungen keinen Hinweis auf das Schmetterlingswerk, sondern
einen eigenen Text von 38 Seiten hat.
3331 — Die sogenannte Kleinschmetterl. Europas. Stuttg. 1913. 4. 532 p. m.
362 Fig. u. 22 color. Tfln. (1400 Fig.) Origbd. (M. 24.)
Ein Sonderabdruck aus den zwei obigen Werken (Nr. 3327).
3332 **Srnka.** Neue Südamerikan. Danaidae u. Heliconiidae. (Berl., B. Ent. Z.)
1885. 8. 10 p. m. Tfl. 1.—
3333 **Stadelmann.** Anatom. Befund e. Zwitters v. Dendrolimus fasicatellus.
(Berl., Nat. Fr.) 1897. 8. 3 p. —.50
3334 **Stainton.** On Elachista aeratella. Monogr. of the Brit. spec. of the g.
Micropteryx. 2 pap. (Lond., Ent. S.) 1850. 8. 20 p. w. colour. pl. 1.50
3335 — On Ornix Meleagripennella. (Lond., Ent. S.) 1850. 8. 11 p. 1.—

3336 **Stainton.** On Gracilaria, a g. of Tineidae. 2 parts. (Lond., Ent. S.) 1851.   *M*
8. 31 p. w. 2 pl.   2.—
3337 — A glance at the present state of our knowl. of the Coleophorae.
(Lond., Zool.) 1853. 8. 12 p.   1.—
3338 — Insecta Britannica. Lepidopt.: Tineina. Lond. 1854. 8. 324 p. w.
10 pl. Cloth.   16.—
<small>Out of print.</small>
3339 — The Entomologist's Companion. 2. ed. Lond. 1854. 8. 146 p.   1.50
3340 — Entomolog. Botany. (Lond., Zoolog.) 1856. 8. 40 p.   1.50
3341 — Moeurs d. Chenilles d. Tinéites. 2 part. (Paris, S. Ent.) 1856 à 1858.
8. 23 p.   1.50
3342 — Descr. of Indian Micro-Lepidopt. 2 pap. (Lond., Ent. S.) 1856—59. 8. 20 p.   1.—
3343 — Manual of British Butterflies and Moths. 2 vols. Lond. 1857—59. 8.
842 p. w. fig. Cloth. (10 s.)   8.—
3344 — — The British Butterflies and Moths. 2. ed. Lond. 1867. 8. 304 p. w.
16 colour. pl. Cloth. (10 s. 6 d.)   8.—
3345 — Synops. of the g. Elachista. (Lond., Ent. S.) 1858. 8. 46 p.   1.50
3346 — On Lepid. coll. in Madeira. (Lond., Ann. & M.) 1859. 8. 6 p.   1.—
3347 — Descr. of 9 exot. spec. of the g. Gracilaria. (Lond., Ent. S.) 1862. 8.
10 p. w. colour. pl.   1.—
3348 — On the Europ. spec. of the g. Cosmopteryx. (Lond., Ent. S.) 1864. 8. 19 p.   1.—
3349 — The Tineina of Syria and Asia Minor. Lond. 1867. 8. 88 p. (4 s.)   3.—
3350 — The Tineina of South. Europe. Lond. 1869. 8. 378 p. w. pl. Cloth. (16 s.)   5.—
— Entomologist's Annual, Substitute, Weekly Intelligencer — see nr. 978,
3505, 981.
3351 **Stainton, Zeller, Douglas, and Frey.** The natural history of the Tineina.
(Letterpress in English, French, German, Latin.) 13 vols. Lond. 1858—73.
8. w. 104 colour. pl. Cloth. (8 *£* 2 s. 6 d.)   80.—
<small>Various odd volumes may be had separately. — Copies differ much in the
colouring of the plates.</small>
3352 **Standfuss.** Ueb. ein. an d. Küsten v. Spanien u. Sicilien flieg. Falter.
3 Thle. (Stett., Ent. Z.) 1855—57. 8. 34 p.   1.50
3353 — Beobacht. an d. Schles. Arten d. Gen. Psyche u. System sämmtl. Ver-
treter dies. Genus. Bresl. 1879. 8. 47 p. m. Tab. u. 2 Tfln.   2.—
3354 — Lepidopt. Mittheilungen. 2 Abhdl. (Bresl., Z. Ent.) 1883. 8. 10 p.   1.—
3355 — Lepidopterologisches. 2 Thle. (Stett. u. Berl.) 1885—88. 8. 32 p. m. Tfl.   1.50
3356 — Alte u. neue Europ. Agrotiden. (Dresd., Iris) 1888. 8. 10 p. m. 2 Tfln.   2.—
3357 — 12 Abhdlgn. üb. d. Biol. d. Lepidopt. 1890—1912. 8. 60 p.   4.50
3358 — Handb. f. Sammler d. Europ. Gross-Schmetterl. Berl. 1892. 8. 155 p.   3.—
3359 — — 2. (letzte) Aufl. unt. d. Titel: Handb. d. palaearkt. Gross-Schmetterl.
Jena 1896. 8. 404 p. m. 8 color. Tfln. (M. 14.)   8.—
3360 — — Russische Uebersetzg. v. Ssokolow u. Schewyrow. Petersb. (1901).
8. 327 p. m. 173 Fig. (M. 7.50.)   5.—
3361 — Ueb. d. Hybridation b. Insekten. (Bern, Ent. Ges.) 1893. 8. 10 p.   1.50
3362 — Beziehgn. zw. Färbung u. Lebensgewohnh. b. d. palaearct. Gross-
schmetterl. (Zürich, Nat. Ges.) 1894. 8. 35 p. m. 8 Fig.   2.—
3363 — Gründe d. Variat. u. Aberrat. b. Schmetterlingen. (Leipz., Ins.-Börse)
1894. 8. 29 p.   2.—
3364 — Causes of variat. and aberrat. of Butterflies. (Lond., Ent.) 1894. 8. 28 p.   2.—
3365 — Ueb. Steganoptycha pinicolana. Bern 1894. 8. 20 p.   1.—
3366 — Einfluss extremer Temperat. auf Schmetterlingspuppen. (Zürich, Ent.
Z.) 1895. 8. 8 p.   1.—
3367 — Ris. Standfuss' Experim. üb. d. Einfluss extremer Temperat. (Bern,
Ent. G.) 1897. 8. 18 p.   1.50
3368 — Experim. zoolog. Studien (an Lepidopt.) (Zürich, Nat. Ges.) 1899. 4.
86 p. m. 5 Tfln. (M. 6.40.)   4.—
3369 — Hofmann, O. Bemerk. zu d. „Studien". (Dresd., Iris) 1899. 8. 21 p.   1.—
3370 — Einfluss d. Umgeb. auf d. äussere Erscheing. d. Insekten. Leipz. 1904.
8. 16 p.   1.50

3371 **Standfuss.** Resultate 30jähr. Experim. m. Bezug auf Artenbild. u. Um-   *ℳ*
gestalt. in d. Tierwelt. (Lepidopt.) (Luzern, Nat. Ges) 1905. 8. 24 p.   2.—
3372 — Bericht üb. d. Versamml. d. Schweiz. Entomol. Gesellsch. beim VI. Zool.
Kongress. (Bern, Ent. Ges.) 1905. 8. 31 p.   1.—
3373 — Z. Frage d. Gestaltung u. Vererbung. Zürich 1905. 8. 15 p.   1.50
3374 — Mitthlgn. üb. palaearkt. Noctuiden. (Bern, Ent. Ges.) 1906. 8. 13 p. m. Tfl.   1.—
3375 — Hybridations-Experimente. Cambr., Mass., 1909. 8. 73 p.   2.50
3376 — Die Umgestalt. d. Schmetterlinge durch Temperaturexperimente. (Leipz.,
Convers.-Lex.) 1910. 8. 5 p. m. 2 color. Tfln.   2.—
3377 — Chaerocampa elpenor ab. Daubi u. ein. Mittlgn. üb. Wesen u. Bedeut.
d. Mutation. (Dresd., Iris) 1910. 8. 27 p. m. 9 Tfln. (1 color.)   5.—
3378 — Die alternat. od. discontiunierl. Vererbung veranschaul. an Aglia tau.
(Berlin, Ent. Nat.-Bibl.) 1910. 8. 14 p.   1.50
3379 **Stange, A.** Verzeichn. d. Schmetterl. d. Umgeg. v. Halle. Leipz. 1869. 8.
112 p. Hfzb.   1.50
3380 **Stange, G.** Die Lepidopt. d. Umgeg. v. Friedland, Meckl. 3 Thle. Friedl.
1899—1901. 8. 203 p.   6.—
3381 — — I: Tineïnen. 1899. 8. 67 p.   2.—
3382 **Staudinger.** Beitr. z. Feststell. d. Sesien-Arten Europas u. Asiens. 4 Tle.
(Stett., Ent. Z.) 1856. 8. 114 p.   2.—
3383 — (Lepidopt.) Reise nach Island. Z. Kenntn. d. nordisch. Anarta-Arten.
(Stett., Ent. Z.) 1857. 8. 90 p.   2.—
3384 — Beitr. z. Lepidopt.-Fauna Grönland's. (Stett., Ent. Z.) 1857. 8. 10 p.   1.—
3385 — Diagnosen neuer Andalus. Lepidopt. (Stett., Ent. Z.) 1859. 8. 49 p.   1.50
3387 — Die Arten d. Gattg. Ino. (Stett., Ent. Z.) 1862. 8. 19 p.   1.—
3388 — Ueb. ein. neue Griech. Lepidopt. (Stett., Ent. Z.) 1862. 8. 15 p.   1.—
3389 — Beschr. neuer Lepidopt. d. Europ. Faunengebiet. 3 Tle. (Berl., B. Ent.
Z.) 1870. 8. 110 p.   1.50
3390 — Alphab. Verzeichn. d. Schmetterlingsarten. Dresd. 1871. 8. 78 p.   1.—
3391 — Beitr. z. Lepidopt.-Fauna Griechenlands. (Petersb., Horae) 1871. 8.
302 p. m. 3 color. Tfln.   13.—
3392 — Ein. neue Lepidopt. d. Europ. Faunengebiet. 2 Thle. (Stett., Ent. Z.)
1874—77. 8. 46 p.   1.50
3393 — Neue Lepidopt. d. Südamerikan. Faunengebiet. (Wien, Z. b. G.) 1875.
8. 36 p.   1.—
3394 — Catal. Lepidopt. territ. Europ. (Dresd.) 1876. 8. 24 p.   1.—
3395 — Ueb. Lepidopt. d. südöstl. Europ. Russlands. (Stett., Ent. Z.) 1879. 8. 14 p.   1.—
3396 — Lepidopt.-Fauna Kleinasiens. (II.) (Petersb., Horae) 1880. 8. 277 p.   5.—
3397 — Nachträge. (Petersb., Horae) 1881. 8. 70 p.   2.—
3398 — Beitr. z. Lepidopt.-Fauna Central-Asiens. 3 Thle. (Stett., Ent. Z.) 1881
—1882. 8. 110 p.   3.—
3399 — Ein. neue Lepidopt. Europas. (Stett., Ent. Z.) 1883. 8. 10 p.   1.—
3400 — Centralasiat. Lepidopt. (Stett., Ent. Z.) 1887. 8. 54 p.   2.—
3401 — Ein. neue Arten u. Variet. d. Gattgn. Sesia u. Zygaena. (Berl., B. Ent.
Z.) 1887. 8. 18 p.   1.—
3402 — Neue Noctuiden d. Amurgebiet. (Stett., Ent. Z.) 1888. 8. 38 p.   1.—
3403 — Ein. neue Cymothoë-Arten. (Stett., Ent. Z.) 1889. 8. 11 p.   1.—
3404 — Lepidopt. d. Insel Palawan. (Dresd., Iris) 1889. 8. 178 p. m. 2 Tfln. (M. 12.)   7.—
3405 — Neue Afrikan. Lycaeniden. — Neue Arten u. Variet. v. Lepidopt. d.
palaearkt. Faunengebiet. 2 Abh. (Dresd., Iris) 1891. 8. 125 p. m. 2 Tfln.   4.—
3406 — Neue exot. Lepidopt. (Dresd., Iris) 1891. 8. 97 p. m. 2 color. Tfln.   4.—
3407 — Lepidopt. aus Tunis u. v. Kenteigebirge; neue Papilioformen aus Süd-
Amerika; neue Rhopaloceren aus N. Borneo. (Dresd., Iris) 1892. 8. 125 p.
m. 2 Tfln.   3.50
3408 — Neue Arten u. Variet. v. paläarkt. Geometriden. (Dresd., Iris) 1892.
8. 120 p. m. Tfl.   3.50
3409 — Ueb. neu entdeckte Lepidopt. v. Deutsch Neu-Guinea. (Dresd., Iris)
1893. 8. 19 p. m. 2 color. Tfln.   2.50

3410 **Staudinger.** Beschr. neuer palaearkt. Pyraliden. (Dresd., Iris) 1893. 8. *ℳ*
16 p. m. color. Tfl. 1.—
3411 — Hochandine Lepidopt. (Dresd., Iris) 1894. 8. 58 p. m. 2 color. Tfln. 4.—
3412 — Neue Lepidopt.-Arten u. -Varietäten d. palaearkt. Faunengebiet. (Dresd.,
Iris) 1894. 8. 56 p. m. color. Tfl. 1.50
3413 — Ein. Neu-Guinea-Tagschmetterlinge. (Dresd., Iris) 1894. 8. 20 p. 1.—
3414 — Ueb. ein. neuere u. neue Tagfalter d. Indo-malay. Faunengebietes.
(Dresd., Iris) 1894. 8. 18 p. m. color. Tfl. 1.50
3415 — Erebia Nerine. Neue palaearkt. Lepidopt. Neue Lepidopt. aus Tibet u.
v. Uliassutai. Neue exot. Tagfalter. 5 Abhdl. (Dresd., Iris) 1895. 8. 95 p.
m. 4 color. Tfln. 4.—
3416 — Eine neue Lycaenidengattg. Ueb. Euploea Callithoë. (Dresd., Iris) 1895.
8. 16 p. m. color. Tfl. 1.50
3417 — Neue exot. Tagfalter. Ueb. Lepidopt. v. Uliassutai II. Neue Heliconius-
Arten. 3 Abhdl. (Dresd., Iris) 1896. 8. 125 p. m. 7 color. Tfln. 5.—
3418 — Neue palaearkt. Heteroceren. (Dresd., Iris) 1896. 8. 12 p. m. color. Tfl. 1.50
3419 — Die Geometriden d. Amurgebiet. (Dresd., Iris) 1897. 8. 122 p. m. 3 Tfln. 3.—
3420 — Neue Südamerikan. Tagfalter. Neue paläarkt. Lepidopt. 2 Abhdl.
(Dresd., Iris) 1897. 8. 34 p. m. 2 color. Tfln. 2.—
3421 — Neue Heteroceren aus Alger. u. Tunes. Neue Lepid. aus Palaestina.
Lepid. d. Apfelgebirges. Ein. neue Tagfalterart. 4 Abhdl. (Dresd., Iris) 1898.
8. 94 p. m. color. Tfl. 2.—
3422 — Arten u. Formen d. Gatt. Agrias. (Dresd., Iris) 1898. 8. 17 p. 1.—
3423 — Lepidopt. v. d. Hamburger Magalhaens. Sammelreise. Hamb. 1898. 4.
118 p. m. color. Tfl. 5.—
3424 — Ueb. Lepidopt. aus d. östlichst. Thian-Schan-Gebiet. (Dresd., Iris) 1899.
8. 20 p. m. color. Tfl. 1.50
3425 — Neue Lepidopt. d. paläarkt. Faunengebiets. Neue Heliconius-Formen.
(Dresd., Iris) 1899. 8. 54 p. m. 3 Tfln. (2 color.) 2.—
3426 — Ueb. d. Arten u. Formen d. Lycaena Damon-Gruppe. (Dresd., Iris) 1899.
8. 19 p. 1.—
3427 — Schneider, O. Nekrolog. (Dresd., Iris) 1900. 8. 18 p. m. Portr. 1.—
3428 **Staudinger u. Bang-Haas.** Ueb. ein. neue Parnassius- u. and. Tagfalter-
Arten Centr.-Asiens. (Berl., B. Ent. Z.) 1882. 8. 17 p. m. 2 color. Tfln. 1.50
3429 — Lepidopt.-Liste No. 54. Blasew. 1911. 8. 100 p. (M. 1.50.) 1.—
3430 **Staudinger and Elwes.** On 3 new and interest. Rhopaloc. On a collect.
of butterflies fr. Sikkim. (Lond., Zool. S.) 1882. 8. 12 p. w. 2 colour. pl. 1.50
Staudinger u. Rebel. Catalog — siehe Nr. 3435.
3431 **Staudinger u. Schatz.** Exotische Schmetterlinge. Theil I: Abbild. u. Beschreib. d. wichtigsten Tagfalter. Fürth 1884—88. fol. 333 p. m. Atlas v.
100 color. Tfln. u. Kte. (M. 200.) Hfzbde. 70.—
3432 — — Theil II: Famil. u. Gattungen d. Tagfalter, system. geordn. u. analyt.
bearb. Fürth 1888—89. fol. 284 p. m. 36 Tfln. Hfzb. (M. 45.) 25.—
3433 **Staudinger u. Wocke.** Catalog d. Lepidopt. Europas u. d. angrenz.
Länder. Dresd. 1861. 8. 208 p. (M. 4.) Cart. 1.—
3434 — — (2. Aufl.) Catal. d. Lepidopt. d. Europ. Faunengebietes. Dresd. 1871.
8. 464 p. (M. 8.) Cart. 2.50
3435 — — 3. (letzte) Aufl. v. Staudinger u. Rebel u. d. Titel: Catal. d. Lepidopt. d. Palaearct. Faunengebiets. 2 Thle. Berl. 1901. 8. 815 p. m.
Portr. (M. 15.) 13.—
3436 — Catal. Lepidopter. Europ. Dresd. 1861. 8. 20 p. 1.—
Sonderdruck aus der ersten Auflage (Nr. 3433).
3437 — Catal. Lepidopt. territ. Europ. Dresd. 1871. 8. 24 p. 1.—
Sonderdruck aus der zweiten Auflage (Nr. 3434).
3438 — Index d. Familien u. der Synonyme. Berl. 1901. 8. 102 p. 2.—
Sonderdruck aus der dritten Auflage (Nr. 3435).
3439 — — Fuchs. Korrekt. u. Zusätze z. 3. Aufl. v. Staudinger's Katal.,
Tl. I. (Wiesb., Ver. Nat.) 1902. 8. 10 p. 1.—
3440 — — Sneller. S. le Catal. d. Lépidopt. (La Haye, T. Ent.) 1864. 8. 31 p. 1.—
3441 — Die Lepidopt. v. Finmarken. 3 Thle. (Stett., Ent. Z.) 1861—62. 8. 150 p. 5.—

116

3442 **Stebbing.** Manual of element. Forest Zoology for India. Calcutta 1908. *M*
    8. 287 p. w. 120 pl. Cloth.   16.—
3443 — Insect intruders in Indian Homes. Calc.1911. 8. 164 p. w. many fig. Cloth. 6.—
3444 **Stefanelli.** Catal. illustr. d. Lepidott. Toscani. 4 parti. (Firenze, S. Ent.)
    1869—76. 8. 49 p.   1.50
3445 — Nuovo catal. illustrat. d. Ropaloceri d. Toscana. (Firenze, S. Ent.)
    1900. 8. 103 p.   4.—
3446 **Steinert.** Die Macrolepidopt. d. Dresdener Geg. 4 Thle. (Dresd., Iris)
    1891—95. 8. 123 p.   5.—
3447 **Stephens.** Illustrations of British Entomology. 12 vols. Lond. 1828—46.
    8. w. 95 colour. pl. (21 *M*) Half bd. morocco.   130.—
    Vol. I—V: Coleopt.; VI: Dermapt., Orthopt., Neuropt., Trichopt.; VII: Hymenopt.;
    VIII—XII: Haustellata (Lepid.). — Rare and beautiful work; some of the volumes
    also separately in stock.
3448 — Descr. of Cucullia Solidaginis. (Lond., Ent. S.) 1837. 8. 2 p. w. pl.   1.—
3449 — List of the British Lepidopt. in the Brit. Museum. Lond. 1850. 8. 353 p. 2.—
3450 **(Stephens and Stainton.)** Catal. of British Micro-Lepidopt. in the British
    Museum. 3 parts. Lond. 1852—54. 8. 380 p.   6.—
3451 **Stertz.** Beitr. z. Makrolepidopt.-Fauna v. Teneriffa. Neue Bombycid. d.
    palaearct. Faunengeb. 3 Abhdl. (Dresd., Iris) 1912. 8. 14 p. m. 2 Tfln. 2.—
3452 **(Stettiner) Entomologische Zeitung.** Hrsg. v. d. Entomol. Verein zu
    Stett. Jahrg. 1—71: 1840—1910. Stett. 8. m. Tfln. (M. 699.) Gbdn. u. brosch. 370.—
    Alle Jahrgänge auch einzeln vorrätig.
3453 **Steudel u. Hofmann.** Verzeichn. Württemb. Kleinschmetterl. (Stuttg.,
    Ver. Nat.) 1882. 8. 120 p. Cart.   2.—
3454 **Stichel.** Fam. Nymphalidae, subfam. Brassolinae (e: Genera Insector.).
    Brüss. 1904. 4. 48 p. m. 5 Tfln. (3 color.)   16.—
3455 — —, subfam. Discophorinae (e: Genera Insector.). Brüss. 1905. 4. 13 p.
    m. color. Tfl.   4.—
3456 — —, subfam. Amathusiinae (e: Genera Insectorum). Brüss. 1905. 4. 67 p.
    m. 6 Tfln. (5 color.)   17.—
3457 — —, subfam. Hyantinae (e: Genera Insectorum). Brüss. 1905. 4. 7 p.
    m. color. Tfl.   3.—
3458 — —, subfam. Heliconiidae (e: Genera Insectorum). Brüss. 1906. 4. 74 p.
    m. 6 color. Tfln.   22.—
3459 — —, subfam. Dioninae. (e: Genera Insectorum). Brüss. 1908. 4. 38 p.
    m. 3 Tfln. (2 color.)   9.—
3460 — Fam. Papilionidae, subfam. Parnassiinae (e: Genera Insectorum). Brüss.
    1907. 4. 60 p. m. 3 Tfln. (2 color.)   12.—
3461 — —, subfam. Zerynthiinae (e: Genera Insector.). Brüss. 1907. 4. 60 p. m.
    3 Tfln. (1 color.)   7.—
3462 — Riodinidae. Abteil. I: Allgemeines. Subfam. Riodinidae. (2 Thle.)
    (e: Genera Insector.) Brüss. 1911. 4. 452 p. m. 27 Tfln. (4 color.)   130.—
3463 — Krit. Bemerkg. üb. die Artberechtig. d. Schmetterl. I: Catonephele et
    Nessaea. (Berl., B. Ent. Z.) 1899. 8. 47 p. m. Tfl.   1.50
3464 — — II. (Dresd., Iris) 1902. 8. 47 p. m. 2 Tfln.   2.—
3465 — 2 Abhandl. üb. Parnassius. (Leipz., Ins.-B.) 1899—1901. 8. 29 p.   1.—
3466 — Bemerkensw. Schmetterlings-Varietäten u. Aberrationen. M. Ergänzg.
    (Berl., B. Ent. Z.) 1900—1901. 8. 37 p. m. color. Tfl.   1.50
3467 — Z. Synonymie ein. Catonephele-Arten. (Berl., B. Ent. Z.) 1901. 8. 4 p.
    m. 2 Tfln.   1.—
3468 — Aufthei). d. Gattg. Opsiphanes. Beschr. neuer Brassoliden. (Berl., B.
    Ent. Z.) 1902. 8. 38 p. m. 2 Tfln. (1 col.)   1.50
3469 — Synonym. Verzeichn. bek. Eueides-Formen. (Berl., B. Ent. Z.) 1903. 8.
    34 p. m. Tfl.   1.—
3470 — Ueb. d. system. Stellung d. Gattgn. Hyantis u. Morphopsis. (Berl., B.
    Ent. Z.) 1905. 8. 11 p. m. Tfl.   1.—
3471 — Z. Kenntn. d. Gatt. Parnassius. (Berlin, B. Ent. Z.) 1906. 8. 14 p. m. Tfl. 1.—
3472 — Beitr. z. Nordischen Schmetterl.-Fauna. (Berl., B. Ent. Z.) 1908. 8.
    64 p. m. Tfl.   2.50

3473 **Stichel.** Brassoliden-Studien. (Berl., B. Ent. Z.) 1908. 8. 20 p.   1.—
3474 — Brassolidae. (Aus: Das Tierreich.) Berl. 1908. 8. 258 p. m. 46 Fig. (M. 15.)   10.—
3475 — Amathusiidae. (Aus: Das Tierreich.) Berl. 1912. 8. 263 p. m. 42 Fig. (M. 18.)
3476 **Stichel u. Riffarth.** Heliconiidae. (Aus: Das Tierreich.) Berl. 1905. 8. 305 p. m. 50 Fig. (M. 18.)   14.—
3477 **Stitz.** Der Genitalapparat d. Mikrolepidopt. 2 Tle. (Jena, Z. Jahrb.) 1900 —1901. 8. 92 p. m. 10 Tfln. (1 color.)   7.—
3478 **Stobbe.** Die abdomin. Duftorgane d. männl. Sphingiden u. Noctuiden. (Jena, Z. Jahrb.) 1911. 8. 46 p. m. 4 Tfln.   3.50
3479 — — Die Dissertation ohne Tafeln.   1.—
3480 — Ueb. d. abdomin. Sinnesorgan u. üb. d. Gehörsinn d. Noctuiden. (Berl., Nat. Fr.) 1911. 8. 15 p. m. 2 Tfln.   1.50
3481 **Stollwerck.** Der Trichterwickler. (Bonn, Ver. Nat.) 1818. 8. 13 p.   1.—
3482 — Verzeichn. d. im Kr. Crefeld aufgef. Schmetterlinge. Mit 3 Nachträg. (Bonn, Ver. Nat.) 1854—62. 8. 103 p.   2.—
3483 — Die Lepidopt.-Fauna d. Preuss. Rheinlande. (Bonn, Ver. Nat.) 1863. 8. 208 p.   2.50
3484 **Strand.** Lepidopt. undersög. saerl. i Nordlands Amt. (Krist., Arch. Nat.) 1900. 8. 62 p.   1.50
3485 — Beitrag z. Schmetterl.-Fauna Norwegens. I. (Krist., Nyt Mag.) 1901. 8. 48 p.   1.—
3486 — — III. (Krist., Nyt Mag.) 1904. 8. 71 p.   1.50
3487 — Coleopt., Hymenopt., Lepidopt. u. Araneae d. 2. Norweg. Nordpol-Exped. (Krist., Arct. Exp.) 1905. 8. 30 p.   2.—
3488 — Z. Kenntn. d. Afrikan. Arten v. Deilemera, Eohemera, Secusio, Utetheisa u. Axiopoeniella. (Brux., Soc. Ent.) 1909. 8. 34 p.   1.—
3489 — Uebers. d. Amphicallia-Arten. Lepidopt. aus Deutsch-Ostafrika. (Dresd., Iris) 1909. 8. 23 p.   1.—
3490 — Schmetterl. d. Sambesi-Gebiet. (Berl., Arch. Nat.) 1909. 8. 12 p.   1.—
3491 — 8 Abhandl. üb. Afrikan. Lepidopt., besond. üb. neue Arten. 1909—11. 8. 47 p.   2.—
3492 — Eine neue Anaphe. Neue Carnegia-Art. Schmetterl. aus Sumatra. (Dresd., Iris) 1910. 8. 26 p.   1.—
3493 — Eine neue Afrik. Cossidengatt. Die Afrikan. Ocinara-Arten. (Berl., B. Ent. Z.) 1910. 8. 14 p.   1.—
3494 — Lepidopterorum Catalogus. Pars 5: Noctuidae: Agaristinae. Berolini 1912. 8. 82 p.   7.75
     Subscriptionspreis für Abnehmer des ganzen „Lepidopterorum Catalogus" (siehe Nr. 2074) M. 5.15.
3495 — Lepidopterorum Catalogus: Saturnidae et Brahmaeidae.
     In Vorbereitung. — In preparation. — En préparation. — Vide nr. 2074.
3496 **Strecker.** Lepidopt. Rhopaloceres and Heteroceres (new or unfigured), indigenous and exotic. 16 parts. With 3 suppl. Reading 1872—1900. 4. w. 15 colour. pl.   65.—
3497 — Butterflies and Moths of North America. Compl. synon. catal. of Macrolep. w. descr. of the larvae. Diurnes. Reading 1878. 8. 288 p. w. 2 pl.   7.—
3498 **Stretch.** Illustrat. of the Zygaenidae and Bombycidae of North America. Vol. I (9 parts, all pub'd.). San Francisco 1873. 8. w. 10 pl. Cloth.   35.—
3499 **Stroem, V.** Danmarks Sommerfugle. 2 Thle. (Kjöbenh., Kroy. T.) 1866. 8. 66 p.   1.50
3500 — Danmarks Macrolepidoptera. Kjöbenh. 1891. 8. 423 p.   8.50
3501 **Struve.** (Entomol.) Reiseberichte aus d. Alpen. (Stett., Ent. Z.) 1874. 8. 14|p.   1.—
3502 — 3 Sommer in d. Pyrenäen m. Verzeichn. d. Macrolepidopt. 2 Tle. (Stett., Ent. Z.) 1882. 8. 33 p.   1.50
     Stübel. Reise durch Colombia. Lepidopt. — siehe Nr. 3825.
3503 **Stuhlmann.** Die Reifung d. Arthropodeneies. (Freib., Nat. Ges.) 1886. 8. 128 p. m. 6 z. Thl. color. Tfln. (M. 6.)   4.—
3504 — Zoolog. Ergebnisse d. Reise in d. Küstengeb. v. Ost-Afrika. Bd. I. Berl. 1893. 4. 330 p. m. 16 Tfln. (3 color.) (M. 22.)   14.—

118

3505 The **Substitute;** or Entomological Exchange Facilitator. For 1856—57.   *M*
(Ed. by Stainton.) Lond. 1857. 8. 247 p. Cloth. — All published.   7.—
3506 **Suffert.** Neue Afrikan. Tagfalter. Neue Nymphaliden aus Afrika. Neue
Tagfalter aus D.-Ost-Afrika. (Dresd., Iris) 1904. 8. 121 p. m. 3 Tfln.   3.50
3507 **Sulzer.** Die Kennzeichen d. Insecten. Zürich 1761. 4. 298 p. m. 24 c o l o r.
Tfln. Hfzb.   6.—
3508 — — Tafel 23 fehlt.   3.—
3509 — Abgekürzte Geschichte d. Insekten. 2 Thle. Winterth. 1776. 4. 302 p.
m. 37 color. Tfln. (M. 48.) Cart.   10.—
3510 — — Fehlt T a f e l e r k l ä r u n g zu 8 Tfln. Sonst complet.   7.—
3511 **Swammerdamm.** Historia Insector. generalis. Ed. nova ed. Henninius.
Lugd. Bat. 1733. 4. 244 p. et 13 tab. Hfzb.   12.—
    Hagen kennt nur die Auflage von 1685 und 1693.
3512 — Hist. génér. d. Insectes. Utrecht 1682. 4. 215 p. av. 13 pl. D.-rel. veau.   7.—
    Traduction de l'édition originale hollandaise de 1669, dont la traduction latine
    est mentionnée ci-dessus (nr. 3511).
3513 — — (2. éd.) Utrecht 1685. 4. 223 p. av. 11 (au lieu de 13) pl.   3.—
3514 — Biblia Naturae sive Historia Insectorum. 2 vol. Leydae 1737—38. fol.
708 p. et 53 tab. Frzbd.   35.—
    Die selten gewordene Originalausgabe des berühmten Buches. Der Text ist
    lateinisch und holländisch.
3515 — Hist. natur. d. Insectes. Dijon 1758. 4. 678 p. av. 36 pl. Maroq.   12.—
    Traduction de la 'Biblia'.
3516 **Swierstra.** Check List of the Rhopaloc. of the Transvaal. (Pretoria,
Mus.) 1910. 8. 65 p.   2.—
3517 — Descr. of the male of Polyptychus Numosae. (Pret., Mus.) 1910. 8.
1 p. w. colour. pl.   1.—
3518 **Swinhoe.** On Lepidopt. coll. at Kurrachee. (Lond., Zool. S.) 1884. 8. 27 p.
w. 2 colour. pl.   1.50
3519 — On some new and little known Teracolus. (Lond., Zool. S.) 1884. 8.
12 p. w. 2 colour. pl.   2.—
3520 — — With plain plates.   1.—
3521 — List of Lepidopt. coll. in South. Afghanistan. (Lond., Ent. S.) 1885.
8. 20 p. w. colour. pl.   1.50
3522 — On the Lepidopt. of Bombay and the Deccan. 4 parts. (Lond., Zool.
S.) 1885. 8. 109 p. w. 7 colour. pl.   7.50
3523 — — With plain plates.   4.—
2524 — On the Lepidopt. of Mhow, Centr. India. (Lond., Zool. S.) 1886. 8.
44 p. w. 2 colour. pl.   3.—
3525 — — With plain plates.   1.50
3526 — On new Indian Lepidopt. chiefly Heterocera. (Lond., Zool. S.) 1889.
8. 37 p. w. 2 colour. pl.   2.—
3527 — The Moths of Burma. 2 parts. (Lond., Ent. S.) 1890. 8. 136 p. w.
3 colour. pl.   5.—
3528 — New Moths from South. India. (Lond., Ent. S.) 1891. 8. 22 p. w. colour. pl.   1.—
3529 — New Heterocera fr. the Khasia Hills. 2 parts. (Lond., Ent. S.) 1891—92.
8. 44 p. w. 2 colour. pl.   2.—
3530 — Catal. of Eastern and Austral. Heterocera in the Oxford Museum.
2 vols. Oxf. 1892—1900. 8. w. 16 colour. pl. Cloth. (3 *£* 3 s.)   45.—
3531 — List of the Lepidopt. of the Khasia Hills. 3 parts. (Lond., Ent. Soc.)
1893—95. 8. 221 p. w. 2 colour. pl.   6.—
3532 — New Indian Epiplemidae, Geometridae, Thyridid. and Pyralidae. (Lond.,
Ann. & M.) 1895. 8. 12 p.   1.—
3533 — On Mimicry in the g. Hypolimnas. (Lond., Linn. S.) 1896. 8. 10 p. w.
3 pl. (1 colour.)   1.—
3534 — New Eastern Lepidopt. 2 pap. (Lond., Ann. & M.) 1897. 8. 11 p.   1.—
3535 — New spec. of Indian Butterflies. (Lond., Ann. & M.) 1901. 8. 13 p.   1.—
3536 — New or little known Drepanulidae, Epiplemid., Micronidae and Geometrid. (Lond., Ent. S.) 1902. 8. 93 p.   2.—
3537 — Revis. of the old world Lymantriidae. (Lond., Ent. S.) 1903. 8. 124 p.   3.50

3538 **Swinhoe.** On the g. Deilemera. (Lond., Ent. S.) 1903. 8. 33 p. w. 2 pl.	1.50
3539 — On the Geometridae of Tropic. Africa. (Lond., Ent. S.) 1904. 8. 94 p.	2.—
3540 — New East., Austral. and Afric. Heterocera. (Lond., Ent. S.) 1904. 8. 20 p.	1.—
3541 — On the Hesperidae fr. the Indo-Malayan and Afric. regions. (Lond., Ent. S.) 1908. 8. 36 p. w. 3 colour. pl.	3.50
3542 **Systematik d. Schmetterlinge.** 10 Abhandl. v. Butler, Chapman, Grünberg, Karsch, Snellen, Strand u. a. 1880—1911. 8. 48 p.	2.—
3543 **Targioni-Tozzetti.** Apparecchio de l'odore n. Sphinx convolv. (Fir., S. Ent.) 1870. 8. 5 p. c. tav.	1.—
3544 **Taschenberg, E. L.** Die Insekten, Tausendfüssler u. Spinnen (aus Brehm's Thierl.). 2. Aufl. Leipz. 1877. 8. 741 p. m. 21 (schwarzen) Tfln. (M. 12.) Hfzb. Siehe auch Nr. 372.	4.—
3545 **Taschenberg, O.** Bibliotheca Zoologica II: Verzeichn. d. Schriften üb. Zoologie, 1861—80. Lief. 1—19 (soviel erschien.). Leipz. 1886—1913. 8. (M. 140.)	108.—
3546 **Taschenbuch** f. Schmetterlingssammler. Berl. 1836. 8. 104 p. m. 12 Tfln.	1.—
3547 **Täschler.** Lepidopt.-Fauna d. Kant. St. Gallen u. Appenzell. (St. Gallen, Ver. Nat.) 1870. 8. 98 p.	1.50
3548 **Teich.** Baltische Lepidopt.-Fauna. (Riga, Nat. Ver.) 1889. 8. 162 p.	2.—
3549 — Hoyningen-Huene. Nachträge zu Teich's Fauna. (Dorp., Nat. G.) 1900. 8. 16 p.	1.—
3550 **Tengström.** Bidr. t. Finlands Fjäril-Fauna. (Tortr. et Tineae.) (Helsingf., Vet. Soc.) 1848. 4. 96 p.	2.50
3551 — Geometridae, Crambidae et Pyralidae Faunae Fennicae. (Helsingf., Soc. Fauna) 1859. 8. 10 p.	1.—
3552 — Catalogus Lepidopt. Faunae Fennicae praecursorius. (Helsingf., Soc. Fauna) 1869. 8. 80 p. et mappa color.	2.—
3553 — Nykomlingar f. Finska Fjäril-Faunan. (Helsingf., Soc. Fauna) 1875. 8. 14 p.	1.—
3554 **Tepper.** The Insects of S. Australia. (Adelaide) 1879. 8. 27 p.	2.—
3555 — Some rare N. South Austral. Lepidopt. (Adel.) 1882. 8. 3 p.	1.—
3556 — Common native Insects of S. Australia. Part II: Lepidopt. Adelaide 1890. 8. 69 p.	2.—
3557 **Tessien.** Verzeichn. d. um Altona u. Hamburg gefund. Schmetterlinge. Hamb. 1855. 8. 24 p.	1.—
3558 **Tessmann.** Neue u. seltene Schmetterl. aus d. Umgeg. v. Stavenhagen. (Neubrand., Ver. Nat.) 1903. 8. 61 p.	1.50
3559 **Tetens.** Microscop. Formenunterschiede d. Flügelschuppen. (Berl., B. Ent. Z. 1885. 8. 6 p. m. Tfl.	
3560 — Anatom. Untersuch. ein. lateralen Zwitters v. Smerinthus populi. (Berl., B. Ent. Z.) 1892. 8. 10 p. m. color. Tfl.	1.—
3561 — Fang v. Noctuen an Weidenblüthen. 8. 20 p.	1.—
3562 **Thayer.** Protective colorat. in its relat. to mimicry, warning colours and sex. select. (Lond., Ent. S.) 1903. 8. 22 p.	1.—
3563 **Therese v. Bayern.** Auf e. Reise in Südamerika ges. Lepidopt. (Berl., B. Ent. Z.) 1901. 8. 74 p. m. 2 color. Tfln.	2.50
3564 **Thieme.** Monogr. d. Gatt. Pedaliodes. (Berl., B. Ent. Z.) 1905. 8. 99 p. m. 3 Tfln.	2.50
3565 — Monogr. Bearbeit. d. Gattgn. Lasiophila, Daedalma, Catargynnis, Oxoschistus, Pronophila, Corades. (Berl., B. Ent. Z.) 1906. 8. 134 p. m. 3 Tfln.	3.50
3566 — Fam. Lemoniidarum supplementa. (Berol., B. Ent. Z.) 1907. 8. 16 p. et tab. color.	1.50
3567 **Thierry-Mieg.** Descr. de Lépidopt. nocturnes. 5 mém. (Paris, S. Ent.) 1894 à 99. 8. 20 p.	1.50
3568 **Thomann.** Schmetterl. und Ameisen: Symbiose zw. Lycaena argus u. Formica cinerea. (Chur, Nat. Ges.) 1901. 8. 40 p. m. Tfl.	2.—
3569 **Thomas, C., Uhler and Edwards.** On the coll. of Insects (Orthopt., Hemipt., Lepidopt.) made by Coues in Dakota and Montana. (Wash., Geol. S.) 1878. 8. 37 p.	1.50

3570 **Thomas, E.** British Butterflies and oth. Insects. Lond. 1908. 8. 136 p. w. fig. Cloth.   *M* 6.50

3571 **Thomas, O., Johnstone, Waterhouse.** Mammals, Birds and Insects of the Kilima-njaro District. 3 pap. (Lond., Zool. S.) 1885. 8. 17 p. w. 3 colour. pl.   2.—

3572 **(Thomas, O., Sharpe and o.)** Report on a zoolog. collect. made by the 'Flying-Fish' at Christmas Isl. (Lond., Zool. S.) 1887. 8. 20 p. w. 4 pl. (3 colour.)   2.—

3573 **Thomson, C. G.** Opuscula Entomolog. 22 fascic. Lundae 1869—97. 8. c. tabulis. — Quantum prodiit.   90.—

3574 **Thon.** Naturgesch. d. in- u. ausländ. Schmetterl. Leipz. 1837. 4. 236 p. m. 66 color. Tfln. (M. 20.) Cart.   8.—

3575 **Thon u. Reichenbach.** Die Insekten, Krebs- u. Spinnentiere. Leipz. 1838. 4. 500 p. m. 131 color. Tfln. (M. 42.) Cart.   18.—

3576 **Thurau.** Verzeichn. d. in d. Umgeg. v. Berlin vork. Grossschmetterl. Berl. 1897. 8. 15 p.   1.—

3577 — Colias nastes var. werdandi. (Berl., B. Ent. Z.) 1903. 8. 4 p.   —.50

3578 — Neue Rhopaloc. aus Ost-Afrika. 2 Abhdl. (Berl., B. Ent. Z.) 1908. 8. 42 p. m. Tfl.   1.50

3579 **Das Tierreich.** Zusammenstell. u. Kennzeichn. d. rezenten Tierformen. Hrsg. v. F. E. Schulze. Lfrg. 1—34. Berl. 1897—1912. 8. m. viel. Fig. (Subscr.-Preis M. 374.)   300.—

3580 — — Lepidoptera. 5 Thle. Berl. 1901—12. 8. m. 161 Fig. (M. 56.)   45.—
Von lepidopterolog. Monographien erschienen bisher: Liefg. 14: Libytheidae, v. P a g e n s t e c h e r. 1901. 27 p. m. 4 Fig. (M. 2.) M. 1.50. — 17: Callidulidae, v. P a g e n s t e c h e r. 1902. 34 p. m. 19 Fig. (M. 3.) M. 2. — 22: Heliconiidae, v. S t i c h e l u. R i f f a r t h. 1905. 305 p. m. 50 Fig. (M. 18.) M. 14. — 25: Brassolidae, v. S t i c h e l. 1908. 258 p. m. 46 Fig. (M. 15.) M. 10. — 34: Amathusiidae, v. S t i c h e l. 1912. 263 p. m. 42 Fig. (M. 18.)

3581 **Tijdschrift** voor Entomologie. Uitg. d. de Nederlandsche Entomolog. Vereeniging. Bd. 1—53: Jahrg. 1858—1910 m. allen Registern. Haag. 8. m. vielen color. u. schwarzen Tfln. Gbd. u. brosch.   500.—
Bd. VII, dessen Auflage nach Erscheinen durch Brand vollständig vernichtet wurde, ist später nachgedruckt worden. — Die Exemplare der „Tijdschrift" differieren stark in Bezug auf die Zahl der in ihnen enthaltenen colorierten Tafeln.

3582 **Tinéites et Crambites.** 44 planches color. in-8.   8.—

3583 **Tischer.** Encyklop. Taschenbuch f. d. Deutsche Schmetterlingskunde. 2. Aufl. Leipz. 1825. 8. 204 p. m. 5 Tfln. (1 color.) Cart.   2.—

3584 **Transactions** of the Entomological Society of London. Complete copy fr. the beginning in 1834 till 1910 incl. 58 volumes. Lond. 8. w. very many colour. and black plates. Cloth and in parts.   1400.—
Complete sets, especially those embracing series I and vol. 4 of series II are now very rare.
An Entomol. Society of London was founded in the year 1801 as the 'Aurelian Society' (a name which was chosen probably after M. H a r r i s' famous work — see nr. 1394); in 1805 the name was altered to that of 'Entomological Society', and finally in 1806 to that of 'Entomological Society of London', which published in the year 1812 only one — very rare — volume of 'Transactions'. It had no connection with the Society of the same name formed some twenty years later.

3585 — — Series I and II. 10 vols. Lond. 1834—62. 8. w. many colour. and black pl. — Vol. 5 of series I w a n t i n g.   250.—
Many odd parts and volumes in stock, also the early volumes.

3586 **Transactions** of the City of London Entomol. and Natur. Hist. Society. Parts I—XX. (1890—1910.) Lond. 1890—1911. 8. w. pl.   22.—

3587 **Transactions** of the American Entomolog. Society. Vol. 1—35. Philad. 1867—1909. 8. w. many pl. Cloth and in parts.   750.—
Vol. 1—4 are out of print. See also nr. 33 and 2773.

3588 **Transactions** of the Entomological Society of New South Wales. 2 vols. (all published.) Sydney 1866—73. 8. w. 17 pl.   50.—
Very rare, as volume I is out of print since long.

3589 — — Vol. II. 1873. 380 p. w. pl.   20.—

3590 **Trapp.** Lepidopt. Notizen. (Bern, Ent. Ges.) 1865. 8. 10 p.   1.—

3591 **Treichel.** Lepidopt.-Fauna d. Kreises Berent. (Danz., Nat. V.) 1900. 8. 10 p.   1.—

3592 **Treitschke.** Naturgesch. d. Europ. Schmetterl. 2 Bde. Pest 1841. 8. 462 p.   *ℳ*
m. 2 Portr. u. 64 color. Tfln. Cart.   8.—
3593 — — Bd. I: Tagfalter. Pesth 1840. 8. 196 p. m. 33 color. Tfln. (statt 34.) Cart.   2.—
3594 **Trimen.** Rhopalocera Africae Austral. Lond. 1862—66. 8. 396 p. w.
7 pl. Cloth.   13.—
3595 — — Part I: Papil., Pieridae, Danaidae, Acraeidae, Nymphal. 1862. 8.
204 p. w. pl.   6.—
3596 — On some new S. Afric. Butterflies. 5 pap. (Lond., Ent. S.) 1862—68.
8. 40 p.   2.—
3597 — On the Butterflies of Mauritius. (Lond., Ent. S.) 1866. 8. 16 p.   1.50
3598 — On some undescr. S. Afric. Butterflies. (Lond., Ent. S.) 1868. 8. 28 p.
w. 2 pl.   2.
3599 — On some mimetic analogies among African Butterflies. (Lond., Linn. S.)
1869. 4. 26 p. w. 2 colour. pl.   4.—
3600 — On Butterflies coll. by Bowker in Basuto-land, S. Africa. (Lond., Ent.
S.) 1870. 8. 50 p. w. colour. pl.   2.—
3601 — On some new Butterflies of Extra-Tropic. S. Africa. (Lond., Ent. S.)
1873. 8. 24 p. w. colour. pl.   1.50
3602 — On the case of Papilio Merope. (Lond., Ent. S.) 1874. 8. 17 p.   1.—
3603 — On some new S. Afric. Lycaenidae. (Lond., Ent. S.) 1874. 8. 14 p.
w. colour. pl.   1.50
3604 — On some undescr. Butterfl. inhab. S. Africa. (Lond., Ent. S.) 1879. 8. 24 p.   1.—
3605 — On some new Rhopaloc. fr. S. Africa. (Lond., Ent. S.) 1881. 8. 14 p.   1.—
3606 — Capture of the paired sexes of Papilio Cenea in Natal. (Lond., Ent. S.)
1881. 8. 2 p. w. colour. pl.   1.—
3607 — Descr. of 12 new S. Afric. Rhopaloc. (Lond., Ent. S.) 1883. 8. 17 p.   1.—
3608 — Schützende Aehnlichkeit. Nachäfferei (Mimicry) bei Insekten. 2 Abhdl.
(Stett., Ent. Z.) 1885. 8. 15 p.   1.—
3609 — On some addit. to the list of S. Afric. Butterflies. (Lond., Ent. S.)
1891. 8. 10 p.   1.—
3610 — On Butterflies coll. in Tropical S.-W.-Africa by Eriksson. (Lond., Zool.
S.) 1891. 8. 49 p. w. 2 colour. pl.   3.50
3611 — Some new or imperfectly-known spec. of S. Afric. Butterflies. 2 pap.
(Lond., Ent. S.) 1893—1904. 8. 30 p. w. 3 colour. pl.   2.50
3612 — On a collect. of Butterfl. made in Manica, S.-E. Africa. (Lond., Zool.
S.) 1894. 8. 69 p. w. 3 colour. pl.   4.50
3613 — Some new Butterflies fr. Tropic. and Extra Tropic. S. Afrika. (Lond.,
Ent. S.) 1895. 8. 14 p. w. colour. pl.   1.—
3614 — On some new or little-known Afric. Butterflies. (Lond., Ent. S.) 1898.
8. 16 p. w. colour. pl.   1.—
3615 — Mimicry in Insects. Lond. 1898. 8. 24 p.   1.50
3616 — On some new or unfigured forms of S. Afric. Butterflies. (Lond., Ent.
S.) 1906. 8. 26 p. w. 3 colour. pl.   3.50
3617 — On the Larvae of Hamanumida daedalus, Hoplitis phyllocampa and
Eulophonotus myrmeleon. (Lond., Ent. S.) 1909. 8. 12 p. w. colour. pl.   1.50
3618 — Millar's experim. breeding fr. the ova of the Natal. forms of the g.
Euralia. (Lond., Ent. S.) 1910. 8. 15 p. w. 5 pl.   3.—
3619 — On some imperfectly known S. African Lepidopt. (Lond., Ent. S.) 1912.
8. 9 p. w. colour. pl.   1.50
3620 **Trimen and Bowker.** South African Butterflies. 3 vols. Lond. 1887—89.
8. w. map and 12 colour. pl. Cloth.   48.—
3621 **Trimoulet.** Catal. d. Lépidopt. de la Gironde. (Bord., S. Linn.) 1858. 8. 68 p.   2.—
3622 **Trybom.** Dagfjärilar insaml. af Svenska Exped. til Jenisei. (Stockh., Ak.)
1877. 8. 18 p.   1.—
3623 **Tshugunov.** Lépidopt. de la steppe Barbara. (Pétersb., Rev. Ent.) 1911.
8. 17 p. — En l. Russe.   1.—
3624 **Turati.** Contrib. alla Fauna Lepidott. Lombarda. (Fir., S. Ent.) 1879. 8.
56 p. c. 2 tav.   2.—
3625 — Note lepidotterol. s. Fauna Italiana. (Fir., S. Ent.) 1884. 8. 20 p.   1.—

122

3626 **Turati.** Nuove forme di Lepidott. e note crit. 3 parti. (Palermo, Nat. *ℳ*
Sic.) 1905—09. 4. 208 p. c. 22 tav. color. e nere. 14.—
3627 — — Parte I. 1905. 26 p. c. 9 tav. 2.—
3628 — Note crit. s. Pieris ergane. Pavia 1910. 8. 20 p. 1.—
3629 — Lepidott. d. Museo di Napoli. (Nap., Mus.) 1911. 4. 31 p. 1.50
3630 — Lepidopt. aus Sardinien. (Berl., Z. Ins.-B.) 1911. 8. 9 p. 1.—
3631 — Lépidopt. nouv. ou peu connus. (Paris, S. Ent.) 1911. 8. 9 p. 1.—
3632 **Turner, A. J.** Classif. of the Austral. Lymantriadae. (Lond., Ent. S.)
1904. 8. 13 p. 1.—
3633 **Tutt.** The British Noctuae and their varieties. 4 vols. Lond. 1891—92.
8. 714 p. (28 s.) 22.—
3634 — Melanism and Melanochroism in Brit. Lepidopt. Lond. 1891. 8. 66 p. Cloth. 4.—
3635 — Secondary sexual characters in Lepidopt. Lond. 1892. 8. 24 p. 1.50
3636 — Attempt to correlate the results arrived at in recent papers on the
Classific. of Lepidopt. (Lond., Ent. S.) 1895. 8. 20 p. 1.—
3637 — The Pterophorina of Britain. Hartlep. 1896. 8. 165 p. Cloth. 3.—
3638 — British Butterflies. Lond. 1896. 8. 476 p. w. 10 pl. Cloth. 5.—
3639 — British Moths. Lond. 1896. 8. 380 p. w. 12 colour. pl. Cloth. 5.—
3640 — Results of experim. in hybridising Tephrosia bistortata and crepuscul.
(Lond., Ent. S.) 1898. 8. 26 p. 1.—
3641 — Natural hist. of the British Lepidoptera. Vol. I—V, VIII—X (all pub'd.).
Lond. 1899—1909. 8. w. portr. and 110 pl. Cloth. (8 *£*) 140.—
Vol. V is also published under the title: Natural hist. of the British Alucitides.
(2 vols.) Vol. I. 1906. 571 p. w. pl. Cloth. M. 20.
3642 — — Vol. VI (in course of publication). Contin. by Wheeler. Published
till now: parts 1—14. Lond. 1910—12. 8. 272 p. w. 28 pl. 15.—
3643 — — Mimas tiliae. Deutsch v. Gillmer. Guben 1905. 8. 32 p. (M. 1.50.) 1.—
Probelieferung einer projectierten Uebersetzung der „Nat. hist. of the Brit.
Butterflies".
3644 — Practical Hints to the Field Lepidopterist. 3 parts. Lond. 1901—05.
8. w. 8 plates. Cloth. 20.—
3645 — The Migration and Dispersal of Insects. Lond. 1902. 8. 132 p. 5.—
3646 **Uffeln.** Die Grossschmetterlinge Westfalens. Münst. 1908. 8. 150 p. 4.—
3647 **Unger.** Z. Verständn. der in d. Lepidopterologie gebräuchl. Namen.
(Neubrand., Arch.) 1856. 8. 11 p. 1.—
3648 **Unterhaltungen** in d. Naturgesch. d. Schmetterl. Altona 1799. 8. 486 p.
Cart. — Die Tafeln fehlen. 2.—
3649 **Urech.** Experim. Ergebn. d. Schnürung v. Puppen d. Vanessa urticae.
(Leipz., Z. Anz.) 1897. 8. 14 p. 1.50
3650 — Terminolog., Wärmeenerget. u. Farbenevolution s. erzielten Aberrat.
v. Vanessa io u. urticae. (Leipz., Z. Anz.) 1899. 8. 13 p. 1.50
3651 **Varietäten u. Aberrationen** d. Lepidopt. 24 Abhandl. v. Dampf, Haar,
Lucas, Millière, Olliff, Reverdin, Walker u. a. 1855—1910. 8. 107 p. m.
6 Tfln. (5 color.) . 8.—
3652 **Verhandlungen** der deutsch. Zoolog. Gesellschaft. 1—18. Jahresversamm-
lung, hrsg. v. Spengel u. a. Leipzig 1891—1908. 8. m. Tfln. (M. 111.40.) 90.—
3653 **Verhandlungen** d. Zoologisch-Botanischen Gesellschaft in Wien. Jahrg.
1—62: 1851—1912, m. 3 Registerbdn. u. mit 2 Festschriften. Wien. 8. m.
sehr viel. Tfln. (M. 1305.) 300.—
Die ersten 8 Bände sind selten.
3654 **Verity.** Ropaloc. scop. in Toscana. (Firenze) 1903. 8. 10 p. 1.—
3655 — New forms and localities of some Europ. butterflies. (Lond., Entom.)
1904. 8. 7 p. w. pl. 1.—
3656 — Elenco di Lepidott. racc. n. Appennino Pistoiese. 2 parti. (Firenze, S.
Ent.) 1904—05. 8. 84 p. 2.—
3657 — Rhopalocera palaearct. Iconogr. et descr. d. Papill. Diurnes de la région
paléarct. Papilionidae et Pieridae. Florence 1911. 4. 454 p. av. 2 cartes
et 86 pl. (43 color.) 110.—
3658 **Verloren.** Phénomène de la circulation dans l. Insectes. (Brux., Ac.)
1847. 4. 96 p. av. 7 pl. color. 3.50

W. Junk, Berlin, W. 15.

3659 **Verslag** van de Wintervergadering d. Nederlandsche Entomolog. Vereeniging. 1—37. Gravenh. 1867—1904. 8. *ℳ* 8.—
3660 **Verslag** van de Zomervergadering d. Nederlandsche Entomolog. Vereeniging. 3—61. Gravenh. 1847—1906. 8. 8.—
3661 **Verzeichniss** d. Grossschmetterl. d. Berliner Gebietes. Hrsg. v. d. Entom. Gesellsch. Berl. 1902. 8. 100 p. (M. 2.) 1.50
3662 **Verzeichniss,** System., d. Kleinschmetterl. Berlins. (Berl., D. Ent. Z.) 1879. 8. 10 p. 1.—
3663 **Verzeichniss** d. Schmetterl. d. Umgeg. v. Dessau. 2 Tle. (Stett., Ent. Z.) 1849. 8. 14 p. 1.—
3664 **Verzeichniss** d. Schmetterlinge um d. Ursprung d. Donau u. d. Nekars. Tüb. 1800. 8. 60 p. 1.—
3665 **Verzeichniss** d. Europ. Schmetterlinge. Bresl. 1818. 8. 100 p. Cart. 1.50
3666 **Viallanes.** Rech. s. l'histologie et le développ. d. Insectes. Paris 1882. 8. 348 p. av. 18 pl. Toile. 9.—
3667 The **Victorian Naturalist.** Ed. by Barnard. Vol. XVII. Melbourne 1901. 8. 212 p. w. maps and pl. Half bd. calf. 5.—
3668 **Vieweg.** Tabellar. Verzeichn. d. Schmetterlinge v. Brandenburg. 2 Thle. Berl. 1789—90. 4. 168 p. m. 4 color. Tfln. 3.—
3669 **Vigelius.** Verzeichn. d. Schmetterl. um Wiesbaden. 3 Thle. (Wiesb., Ver. Nat.) 1850—55. 8. 118 p. 1.50
3670 — T h o m ä. L. C. Vigelius. (Wiesb., Ver. Nat.) 1857. 8. 14 p. 1.—
3671 **Villa, A. e G. B.** Catal. di Lepidopt. d. Lombardia. Milano 1865. 8. 26 p. 1.—
Villers. Entomologia Faunae Suecicae — vide nr. 2110.
3672 **de Villiers et Guenée.** Tabl. synopt. d. Lépidopt. Diurnes d'Europe. Paris 1835. 4. 152 p. av. pl. D.-rel. veau. 5.—
3673 **Vinson.** Salamis Duprei de Madagasc. (Paris, S. Ent.) 1863. 8. 4 p. av. pl. col. 1.—
3674 — Voyage (Entomolog.) à Madagascar. Paris 1865. 8. 646 p. av. 7 pl. color. D.-rel. veau. 16.—
Les Lépidopt. sont par G u e n é e.
3675 **Vogel.** Chronolog. Raupen-Kalender. 4.ᵗ(letzte) Aufl. Berl. 1852. 8. 160 p. m. 41 color. Tfln. Cart. 3.—
3676 **Voelschow.** Der Nachtfang d. Europ. Grossschmetterl. Leipz. 1904. 8. 15 p. 1.—
3677 **Vorbrodt u. Müller-Rutz.** Die Schmetterlinge der Schweiz. (2 Bde.) Bd. I. Lfg. 1—4. (soviel erschien.) Bern 1912. 8. 344 p. m. color. Kte. (M. 8.)
3678 **Voss, H. v.** Entwickl. d. Raupenzeichnung bei ein. Sphingiden. Freib. 1911. 8. 70 p. m. 4 Tfln. 2.50
3679 **Wackerzapp.** Ueb. d. Simplon z. Monte Rosa. Fauna d. Simplon-Gebiet. 2 Abhdl. (Stett., Ent. Z.) 1890. 8. 46 p. 1.50
3679a**Wagner, F.** Z. Kenntn. ein. Formen v. Pieris Napi. (Wien, Z. b. G.) 1903. 8. 5 p. m. color. Tfl. 1.—
3680 **Wagner, H.** Lepidopterorum Catalogus. Pars 12: Sphingidae, Subfam. Acherontiinae. Berol. 1913. 8. 77 p. 7.20
Subscriptionspreis für Abnehmer des ganzen „Lepidopterorum Catalogus" (siehe Nr. 2074): M. 4.80.
3681 — — Aegeridae.
In Vorbereitung. — In preparation. — En préparation. — Vide nr. 2074.
3682 — — Sphingidae: Subfam. Ambulicinae. Subfam. Sesiinae et Chaerocampinae.
In Vorbereitung. — In preparation. — En préparation. — Vide nr. 2074.
3683 **Wagner, H., et Pfitzner.** Lepidopterorum Catalogus. Pars 4: Hepialidae. Berol. 1911. 8. 26 p. 2.50
Subscriptionspreis für Abnehmer des ganzen„Lepidopterorum Catalogus" (siehe Nr. 2074): M. 1.65.
3684 **Wagner, M.** Reisen in Algier. Nebst naturhist. Anhang. (Insekten v. E r i c h s o n.) 3 Bde. Leipz. 1841. 8. 1196 p. m. Atlas v. 18 color. Tfln. in-fol. (M. 36.) Cart. 18.—
3685 **Wailes.** Catal. of the Lepidopt. of Northumberland and Durham. Newcastle 1858. 8. 46 p. 2.—
3686 **Walckenaer.** Faune Parisienne. Insectes. 2 vols. Paris 1802. 8. 895 p. av. 7 pl. 3.—

W. Junk, Berlin, W. 15.

124

3687 **Walker, F.** Catal. of the Heterocera coll. at Singapore and Malacca by   *ℳ*
Wallace. 2 pap. (Lond., Linn. S.) 1859. 8. 15 p.   1.—
3688 — Charact. of undescr. Lepidopt. in the collect. of Saunders. 2 parts.
(Lond., Ent. S.) 1862. 8. 75 p.   2.—
3689 — Charact. of undescrib. Lepidopt. in the collect. of Fry. (Lond., Ent. S.)
1862. 8. 10 p.   1.—
3690 — Catal. of Heterocera coll. at Sarawak by Wallace. 4 parts. (Lond., Linn.
S.) 1862—64. 8. 167 p.   4.50
3691 — Charact. of some undescr. Heterocera (fr. Bogotà). (Lond., Linn. S.)
1867. 8. 19 p.   1.—
3692 — Characters of undescr. Heterocera. Lond. 1869. 8. 116 p.   3.50
— List of Lepidopt. in the Brit. Museum — see nr. 1280.
3693 **Walker, J. J.** On Lepidopt. fr. the reg. of the Straits of Gibraltar. (Lond.,
Ent. S.) 1890. 8. 31 p.   1.—
3694 — Prelimin. list of the Butterfl. of Hong-Kong. (Lond., Ent. S.) 1895. 8. 46 p.   1.50
3695 **Wallace, A.** On some Variat. in Bombyx Cynthia. (Lond., Ent. S.) 1867.
8. 8 p.   1.—
3696 **Wallace, A. R.** On the phenomena of variation and geogr. distrib. as
illustr. by the Papilionidae of the Malayan region. (Lond., Linn. S.) 1865.
4. 71 p. w. 8 colour. pl.   20.—
3697 — On the Pieridae of the Indian and Austral. regions. (Lond., Ent. S.)
1867. 8. 115 p. w. 4 colour. pl.   8.—
3698 — Hewitson. Wallace's Pieridae of the Indian reg. (Lond., Ent. S.) 1868.
8. 18 p.   1.—
3699 — Notes on Eastern Butterflies. 3 parts. (Lond., Ent. S.) 1869. 8. 48 p.   1.50
3700 — The Malay Archipelago. 2 vols. Lond. 1869. 8. 819 p. w. 8 pl. and
9 maps. Cloth.   23.—
First and best edition, rare.
3701 — Der Malayische Archipel. Deutsch v. A. B. Meyer. 2 Bde. Braunschw.
1869. 8. 955 p. m. 2 color. Ktn. u. 7 Tfln. Hfzb.   12.—
3702 — Contrib. to the theory of Natural Selection. Lond. 1870. 8. 395 p. Cloth.   8.—
3703 — Beitr. z. Theorie d. natürl. Zuchtwahl. Deutsch v. A. B. Meyer. Erl.
1870. 8. 452 p. (M. 6.)   4.—
3704 — Die geograph. Verbreit. d. Thiere. Deutsch v. A. B. Meyer. 2 Bde.
Dresd. 1876. 8. 1276 p. m. 7 Ktn. u. Tfln. (M. 36.)   10.—
3705 — Die Tropenwelt. Uebers. v. Brauns. Braunschw. 1879. 8. 392 p. (M. 7.)   3.—
3706 **Wallace and Moore.** List of Lepid. coll. at Takow, Formosa. (Lond.,
Zool. S.) 1866. 8. 11 p.   1.50
3707 **Wallengren.** Lepidopt. Scandinav.: Rhopalocera. Malmö 1853. 8. 302 p. Hfzb.   4.—
3708 — Lepidopt. Rhopalocera et Heterocera in terra Caffrorum a Wahlberg
coll. 2 partes. (Holm., Ac.) 1857—65. 4. 138 p.   8.—
Vergriffen.
3709 — Nya Fjäril-slägten. 3 Tle. (Stockh., Ak.) 1858. 8. 26 p.   1.—
3710 — Öfvers. af Skandinav. Coleophorer. (Stockh., Ak.) 1859. 8. 11 p.   1.—
3711 — Lepidopt. Mittheilungen. 3 Thle. (Wien, Ent. Mon.) 1860—63. 8. 45 p.   1.50
3712 — Lepidopterorum species novae in exped. (Freg. Eugenias) coll. (Holmiae)
1861. 4. 40 p. et 2 tab.   8.—
3713 — Die v. d. „Eugenie" ges. Schmetterl. (Wien, Ent. Mon.) 1863. 8. 12 p.   1.—
3714 — Lepid. Scandinav.: Heterocera. Vol. I, II. Pars 1—3. (4 fasciculi, quantum prodiit). Holm. 1863—85. 8. (M. 20.)   7.—
3715 — — Tortrices et Tineae (Vecklare fjärilar). (Stockh., Ent. T.) 1890. 8.   4.50
Siehe auch Nr. 3893 u. 3907.
3716 — Anteckn. i Entomologi. (Stockh., Ak.) 1870. 8. 38 p.   1.—
3717 — Insecta (Lepidopt.) Transvaaliensia. (Holm, Ac.) 1875. 8. 55 p.   2.50
3718 — Skandinav. arter af Plutellidae. (Stockh., Ent. T.) 1880. 8. 24 p.   1.50
3719 **Walsingham.** North Americ. Tortricidae. Lond. 1880. 4. 95 p. w. 17
colour. pl. Cloth.
Very rare. — See also nr. 486.
3720 — Pterophoridae of California and Oregon. Lond. 1880. 8. 82. p. w.
3 colour. pl. Cloth.   5.—

3721 **Walsingham.** On some new and little-known spec. of Tineidae. (Lond., Zool. S.) 1880. 8. 16 p. w. 2 colour. pl.   2.—
3722 — — With plain plates.   1.—
3723 — On some N. Americ. Tineidae. (Lond., Zool. S.) 1881. 8. 25 p. w. 2 colour. pl.   2.—
3724 — — With plain plates.   1.—
3725 — On the Tortricidae, Tineidae and Pterophoridae of S. Africa. (Lond., Ent. S.) 1881. 8. 70 p. w. 4 pl.   4.50
3726 — North Americ. Coleophorae. (Lond., Ent. S.) 1882. 8. 14 p. w. colour. pl.   1.—
3727 — North Americ. Tortricidae. (Lond., Ent. S.) 1884. 8. 28 p. w. colour. pl.   1.50
3728 — Contrib. to the knowl. of the g. Anaphe. (Lond., Linn. S.) 1885. 4. 6 p. w. 2 colour. pl. (5 s.)   2.—
3729 — Revis. of the genera Acrolophus and Anaphora. (Lond., Ent. S.) 1887. 8. 38 p. w. 2 colour. pl.   3.—
3730 — Descr. of a new gen. and spec. of Pyralidae fr. the Kangra Valley, Punjab. (Lond., Linn. S.) 1888. 4. 6 p. w. colour. pl. (5 s.)   2.—
3731 — Monogr. of the genera connect. Tinaegeria with Eretmocera. (Lond., Ent. Soc.) 1888. 8. 40 p. w. 6 colour. pl.   4.—
3732 — African Micro-Lepidopt. (Lond., Ent. S.) 1891. 8. 70 p. w. 5 pl. (4 colour.)   4.—
3733 — On the Micro-Lepidopt. of the W. Indies. (Lond., Zool. S.) 1891. 8. 57 p. w. pl.   3.—
3734 — Address to the Entomol. Society. Lond. 1891. 8. 14 p.   1.—
3735 — Catal. of the Pterophoridae, Tortricidae, and Tineidae of the Madeira Isl. (Lond., Ent. S.) 1894. 8. 22 p.   1.—
3736 — New spec. of N. Americ. Tortricidae. (Lond., Ent. S.) 1895. 8. 24 p. w. colour. pl.   1.50
3737 — Revis. of the W.-Indian Microlepidopt. (Lond., Zool. S.) 1897. 8. 129 p.   3.50
3738 — West. Equator. Afric. Micro-Lepidopt. (Lond., Ent. S.) 1897. 8. 36 p. w. 2 colour. pl.   2.—
3739 — Fauna Hawaiiensis: Microlepidopt. Cambr. 1907. 4. 291 p. w. 16 colour. pl.   78.—
3740 — Descr. of new North Americ. Tineid Moths. (Wash., Mus.) 1907. 8. 34 p.   1.—
3741 — Microlepidopt. of Tenerife. (Lond., Zool. S.) 1908. 8. 124 p. w. 2 colour. pl.   5.—
3742 — Heterocera Centrali-Americana. Vol. IV. (Lond., Biol.) 1911—12. 4. p. 1—168 w. 5 colour. pl. — All published till now.   40.—
    The buyer is obliged to subscribe also for the continuation. — Vols. I—III see nr. 853.
3743 **Walter, A.** Palpus maxillaris Lepidopteror. (Jena, Z. Nat.) 1884. 8. 53 p.   1.50
3744 **Waltl.** Reise durch Tyrol u. Oberitalien n. d. südl. Spanien. 2. Aufl. Passau 1839. 8. 467 p. Cart.   15.—
    Der entomolog. Theil dieses seltenen Buches, der 190 Seiten umfasst, behandelt die Insecten Andalusiens.
3745 **Ward, C.** African Lepidoptera. 2 parts (all published). Lond. 1873—76. 4. w. 12 colour. pl.
    Extremely rare, has wholly disappeared.
3746 **Warnecke.** Wandernde Schmetterlinge. (Stuttg., Ent. R.) 1909. 8. 22 p.   1.—
3747 — Nachtrag z. Makrolepidopt.-Fauna d. Niederelbe. 8. 14 p.   1.—
3748 **Warren.** On Lepidopt. coll. by Yerbury in W. India. (Lond., Zool. S.) 1888. 8. 48 p.   1.—
3749 — On the Pyralidina coll. by Trail in the Basin of the Amazons. (Lond., Ent. S.) 1889. 8. 70 p.   1.50
3750 — On new genera and spec. of Geometridae fr. India in the coll. of Elwes. (Lond., Zool. S.) 1893. 8. 94 p. w. 3 colour. pl.   6.—
3751 — New spec. and gen. of Geometridae in the Tring Museum. (Lond., Nov. Z.) 1895. 4. 78 p.   3.—
3752 — Some new South Americ. Moths. (Wash., Mus.) 1905. 8. 6 p.   1.—
3753 — Descr. of new S. Americ. Geometridae. 2 parts. (Wash., Mus.) 1906—08. 8. 181 p.   2.50
3754 **Warren and N. C. Rothschild.** 2 new spec. of Lepidopt. fr. the Wady el Natron, Egypt. (Lond., Ent.) 1903. 8. 2 p. w. colour. pl.   1.—
3755 — Lepidopt. fr. the Sudan. (Lond., Nov. Z.) 1905. 4. 14 p. w. colour. pl.   2.50

ℳ

3756 **Wasmann.** Der Trichterwickler. Münst. 1884. 8. 270 p. m. 3 Tfln. (M. 3.60.) 2.50
3757 **Waterhouse, C. O.** Aid to the Identification of Insects. 2 vols. (all
pub.). Lond. 1880—91. 8. w. 189 colour. pl. 115.—
3758 — Index Zoologicus. Ed. by Sharp. 2 vols. (1880—1910.) Lond. 1902—12.
8. 761 p. Cloth. 32.—
3759 **Waterhouse, C. O., Godman, and o.** Coleopt. and Lepidopt. coll. in
Timor-Laut and the Lower Niger. (Lond., Zool. S.) 1884. 8. 17 p. w.
2 colour. pl. 2.—
3760 **Waterhouse, G. A.** On Austral. Lycaenidae. II—IV. (Sydney, Linn. S.)
1903—05. 8. 160 p. w. 2 pl. 3.—
3761 — Catal. of the Rhopalocera of Australia. Sydney 1903. 8. 51 p. 2.50
3762 — On 3 coll. of Rhopaloc. fr. Fiji and Samoa. (Lond., Ent. S.) 1904. 8. 5 p. 1.—
3763 **Watson, E. Y.** On a coll. of Butterflies made in the Chin Lushai Exped.
(Bombay, Soc. Nat.) 1891. 8. 33 p. 2.—
3764 — Classific. of the Hesperiidae, w. a revis. of the genera. (Lond., Zool.
S.) 1893. 8. 130 p. w. 3 pl. 5.—
3765 **Watson, J.** On the battledore scales of Butterflies. (Lond., Micr. J.) 1869.
8. 7 p. w. 3 pl. 1.—
3766 — On Calinaga, the single genus of an aberrant subfam. of Butterflies.
(Manchest., Lit. Soc.) 1899. 8. 23 p. w. 3 pl. 2.—
3767 **Weale.** On the habits of Papilio Merope. (Lond., Ent. S.) 1874. 8. 6 p.
w. colour. pl. I.—
3768 — On the variat. of Rhopaloc. in S. Africa. (Lond., Ent. S.) 1877. 8. 12 p. 1.—
3769 — On S. Afric. Insects. (Lond., Ent. S.) 1878. 8. 6 p. 1.—
3770 **Weeks.** Illustrat. of hitherto unfigured Lepidopt. Part I (all publ.). Boston
1901. 8. 31 p. w. 6 pl. (views) and 3 colour. pl. 10.—
Printed for private circulation.
3771 — — With 6 pl. (views) and only 1 (instead of 3) colour. pl. 3.—
3772 — Illustrations of Diurnal Lepidopt. 2 vols. Bost. 1905—10. 8. 154 p.
w. portr. and 66 mostly colour. pl. Half bd. cloth. 85.—
3773 **Weiler.** Verzeichn. d. Schmetterl. v. Innsbruck u. Umgeb. Innsbr. 1877.
8. 37 p. 1.50
3774 — Die Schmetterl. d. Tauferer Thal. Innsbr. 1880. 8. 33 p. 1.—
3775 **Weir.** On Insects and Insectivor. Birds, and the edibil. of Lepidopt.
2 parts. (Lond., Ent. S.) 1869—70. 8. 10 p. 1.—
3776 **Weismann.** Studien z. Descendenz-Theorie. 2 Thle. (I: Saison-Dimorphism. d. Schmetterl. II: Letzte Ursachen d. Transmutationen). Leipz.
1875—76. 8. 458 p. m. 7 color. Tfln. (M. 14.) 8.—
Einzeln: I. 99 p. m. 2 color. Tfln. M. 2.50. — II. 359 p. m. 5 color. Tfln. M. 6.
3777 — Studies in the Theory of Descent. Transl. by Meldola, w. prefat. not.
by Darwin. 2 vols. Lond. 1882. 8. 760 p. w. 8 colour. pl. Cloth. (2 £) 25.—
3778 — Neue Versuche z. Saison-Dimorphism. d. Schmetterl. (Jena, Zool. J.)
1895. 8. 77 p. 3.50
3779 **Wellington.** — Transactions and Proceed. of the New Zealand Institute.
Vol. 5, 11, 12, 14—17, 22, 29 and index (to vol. 1—17). Wellingt. 1872
—1897. 8. w. plates. Boards.
Price of the volume: M. 5.
3780 **Wendtlandt.** Ueb. ein. bemerkensw. paläarct. Lepidopt. (Wiesb., Ver.
Nat.) 1901. 8. 16 p. 1.—
3781 **Werneburg.** Ueb. d. scheckensäumig. Arten v. Hesperia. (Stett., Ent.
Z.) 1861. 8. 11 p. 1.—
3782 — Beiträge z. Schmetterlingskunde. Kritische Bearbeit. der wichtigsten
entomolog. Werke des 17. u. 18. Jahrh. 2 Bde. Erf. 1864. 8. 957 p. (M. 12.) 5.—
3783 — Ueb. d. Genus Colias. (Stett., Ent. Z.) 1865. 8. 17 p. 1.—
3784 — Der Schmetterling u. s. Leben. Berl. 1874. 8. 170 p. 1.—
3785 **Wernicke.** Anleit. z. deutsch. Normalpräparation d. Schmetterl. Dresd.
1899. 8. 16 p. m. 17 Fig. (M. 2.80.) 1.50
3786 **West-Asiatische Lepidopteren.** 15 Abhandl. v. Bohatsch, Christoph,
Erschoff, John, Standfuss, Strand u. a. 1872—1911. 8. 76 p. m. 2 color. Tfln. 5.—

W. Junk, Berlin, W. 15.

3787 **Westfal.** Das ABC d. Schmetterling-Sammlers. Leipz. 1910. 8. 110 p. *M.* m. 31 Fig. (M. 1.50.)
3788 **Westwood.** Nest of a gregar. Butterfly fr. Mexico. (Lond., Ent. S.) 1836. 8. 9 p. w. pl. 1.—
3789 — Habits of an East Indian spec. of the g. Thecla. (Lond., Ent. S.) 1837. 8. 8 p. w. colour. pl. 1.50
3790 — The Entomologist's Text Book. Lond. 1838. 8. 442 p. w. 5 pl. Cloth. 3.—
3791 — Introduction to the modern classificat. of Insects. 2 vols. Lond. 1839 —1840. 8. 1072 p. w. colour. pl. and more than 150 woodcuts. Cloth. 30.—
3792 — Descr. of a hybrid Smerinthus. (Lond., Ent. S.) 1842. 8. 8 p. w. col. fig. 1.—
3793 — Arcana Entomologica. Illustr. of new, rare and interest. Exotic Insects. 2 vols. Lond. 1845. 8. 379 p. w. 96 colour. pl. Cloth. 75.—
3794 — Cabinet of Oriental Entomology. Rarer and more beautiful species natives of India and the adjacent islands. Lond. 1848. 4. 88 p. w. 42 colour. pl. Cloth. 100.—
   Only a small edition came out the zincs of the plates having been destroyed by neglect.
3795 — Monogr. of the large African spec. of the g. Saturnia. (Lond., Zool. S.) 1849. 8. 29 p. w. 4 colour. pl. 8.—
3796 — — Without the plates. 1.50
3797 — Descr. of some exot. spec. of the g. Saturnia. (Lond., Ann. & M.) 1855. 8. 10 p. 1.50
3798 — On the Oriental spec. of the g. Morpho. (Lond., Ent. S.) 1858. 8. 32 p. w. 4 colour. pl. 6.—
3799 — Descript. of some new Papilionidae. (Lond., Ent. S.) 1872. 8. 26 p. w. 3 colour. pl. 4.—
3800 — Thesaurus Entomologicus Oxoniensis (Hopeianus). Descr. of the rarest Insects in the collect. Oxf. 1875. fol. with 40 plain pl. Half bd. morocco. 45.—
3801 — — With coloured plates. Half bd. morocco. 160.—
   Out of print.
3802 — Monogr. of the g. Castnia. (Lond., Linn. S.) 1877. 4. 53 p. w. 6 pl. (4 colour.) 6.—
3803 — Entomol. (Lepidopt.) Notes. (Lond., Ent. S.) 1877. 8. 9 p. w. pl. 1.—
3804 — Observat. on the Uraniidae. (Lond., Zool. S.) 1879. 4. 36 p. w. 4 (2 colour.) pl. (21 s.) 8.—
3805 — On some unusual monstrous Insects (Lepidopt.) (Lond., Ent. S.) 1879. 8. 10 p. w. 2 pl. (1 colour.) 2.—
3806 — On two Gynandromorphous specim. of Cirrochroa Aoris. (Lond., Ent. S.) 1880. 8. 6 p. w. colour. pl. 1.—
3807 — On 2 Indian Butterfl. (Papilio castor and P. pollux.) (Lond., Zool. S.) 1881. 8. 6 p. w. 2 colour. pl. 3.—
3808 — — With plain plates. 1.—
3809 — Descr. of some new exot. spec. of Moths. (Lond., Zool. S.) 1881. 8. 5 p. w. 2 colour. pl. 2.—
3810 — List of Diurnal Lepidopt. coll. in N. Celebes. (Lond., Ent. S.) 1888. 8. 9 p. w. colour. pl. 1.—
Westwood and Humphreys. British Butterflies and Moths — see nr. 1597 and 1598.
3811 **Wetherby.** Descr. of Lepidopt. Larvae. (Cincinn.) 1875. 8. 8 p. 1.—
3812 **Weyenbergh.** Ov. Coleophoren. (Haag, T. Ent.) 1870. 8. 15 p. m. 19 Fig. 1.—
3813 — Biolog. en syst. beschrijv. v. 4 nieuwe Argentijnsche Psychiden. (Haag, T. Ent.) 1884. 8. 16 p. m. Tfl. 1.—
3814 **Weymer.** Exotische Lepidopteren. 7 Thle. (Stett., Ent. Z.) 1875—94. 8. 150 p. m. 8 Tfln. (4 color.) 7.—
3815 — Ein. Abändergn. u. 2 Hermaphrodit. v. Lepidopt. (Elberf., Nat. V.) 1884. 8. 16 p. m. 2 Tfln. 1.50
3816 — Norasuma Richteri n. sp. (Dresd., Iris) 1890. 8. 3 p. m. color. Tfl. 1.—
3817 — Revision d. ersten Gruppe d. Gatt. Heliconius. (Dresd., Iris) 1893. 8. 65 p. m. 2 color. Tfln. 4.—
3818 — Ein. Afrikan. Heteroceren. (Berl., B. Ent. Z.) 1896. 8. 12 p. m. Tfl. 1.—

128

$\mathcal{M}$

3819 **Weymer.** Ein. neue Neotropiden. (Berl., B. Ent. Z.) 1899. 8. 30 p. m. Tfl. 1.—
3820 — Ein. Afrikan. Lepidopteren. (Dresd., Iris) 1903. 8. 15 p. m. color. Tfl. 1.—
3821 — Exot. Lepidopteren (aus d. Amerik. u. Afrikan. Faunengeb.). (Dresd.,
Iris) 1907. 8. 51 p. m. 2 color. Tfln. 4.—
3822 — Exot. Lepidopteren (aús d. Indoaustral. u. Afrikan. Faunengeb.). (Dresd.,
Iris) 1908. 8. 35 p. 1.50
3823 — Ein. neue Lepidopt. ges. v. Wellman in Benguella. (Berl., D. Ent. Z.)
1908. 8. 15 p. 1.—
3824 — Verzeichn. d. um Elberfeld u. Barmen vork. Schmetterl. 8. 66 p. 1.—
3825 **Weymer u. Maassen.** Lepidopt. ges. auf Stübel's Reise durch Colombia,
Perú, Brasil., Argent. etc. Berl. 1890. fol. 193 p. m. 9 color. Tfln. Cart. (M. 30.) 25.—
3826 **Wheeler.** The Butterflies of Switzerland and the Alps of Centr. Europe.
Lond. 1903. 8. 168 p. Cloth. 5.—
3827 **White, A. E.** Butterflies and Moths of Teneriffe. Lond. 1894. 4. w.
colour. pl. Cloth. 8.—
3828 **White, F. B.** On the male genital armature in the Europ. Rhopalocera.
(Lond., Linn. S.) 1878. 4. 14 p. w. 3 colour. pl. 3.—
3829 — Armure génit. de plus. Zygaenidae. (Paris, S. Ent.) 1878. 8. 10 p. av. 2 pl. 1.50
3830 — The Mountain Lepidopt. of Britain. (Edinb.) 1879. 8. 20 p. 1.50
3831 **White and Butler.** Insects coll. dur. the voyage of the "Erebus" and
"Terror". Lond. 1874. 4. w. 10 pl. 20.—
3832 **White, W.** Experim. up. the colour-relat. betw. the pupae of Pieris rapae
and their surround. (Lond., Ent. S.) 1883. 8. 21 p. 1.50
3833 **Whitehead.** Exploration of Mount Kina Balu, North Borneo. Lond. 1893.
4. 327 p. w. 10 colour. pl. and 22 fig. Cloth. (3 $\mathcal{L}$ 3 s.) 30.—
  With zoolog. appendix, contain. among o: H. G. Smith, Descr. of 16 new
  butterflies from Kina Balu.
3834 **Wichgraf.** Neue Formen d. Gattg. Acraea aus Rhodesia, Mashunaland
u. Angola. (Berlin, B. Ent. Z.) 1909. 8. 8 p. m. Tfl. 1.—
3835 **Wiener Entomologische Monatsschrift.** Redig. v. Lederer u. Miller.
8 Bde. (soviel erschienen.) Wien 1857—64. 8. m. 62 Tfln. 45.—
  Besonders die letzte Heft des 8. Bandes dieser vergriffenen Zeitschrift ist selten.
  Näheres siehe: Rara Historico-Naturalia, ed. Junk, pag. 34. — Es kommen auch
  Exemplare vor, in welchen die lepidopterolog. Tafeln coloriert sind. — Fast alle
  Bände sind nur einzeln am Lager. Die „Monatsschrift" ist überwiegend lepidopterologisch (enthält z. B. Arbeiten von Lederer, Mann, C. u. R. Felder, Möschler).
3836 **Wiener Entomologische Zeitung.** Hrsg. v. Reitter, Wachtl, Hetschko
u. a. Jahrg. I—XXVII: 1882—1908. Wien. 8. m. viel. Tfln. (M. 232.) 175.—
  Jahrgang III ist jetzt vergriffen. — Fast alle Bände auch einzeln zu herab-
gesetzten Preisen vorhanden. Die Zeitschrift ist in erster Linie coleopterologisch.
3837 **Wilde.** Lepidopterol. Botanik. System. Beschr. d. Pflanzen Deutschlands
u. ihrer Raupen. 2 Bde. Berl. 1860—61. 8. 736 p. m. 10 Tfln. (M. 10.50) 7.—
3838 **Wileman.** New and unrecord. Rhopaloc. fr. Formosa. (Tokyo) 1909. 8. 36 p. 1.50
3839 — New and unrecord. Heterocera fr. Japan. (Lond., Ent. S.) 1911. 8.
219 p. w. 2 colour. pl. 7.50
3840 **Wilkinson.** The British Tortrices. Lond. 1859. 8. 335 p. w. 4 pl. Cloth.
(1 $\mathcal{L}$ 5 s.) 9.—
3841 **Willey.** Zoological results based on mater. fr. New Britain, New Guinea,
Loyalty Isl. 6 parts. Cambr. 1898—1902. 4. w. map and 83 pl. (4 $\mathcal{L}$ 12 s.) 45.—
3842 **Wilson.** The Larvae of the British Lepidopt. and their food-plants.
London 1880. 8. 382 p. w. 40 colour. pl. Cloth. (3 $\mathcal{L}$ 3 s.) 46.—
3843 **Wilton, Pirie and R. Brown.** Zoological Log of the Scottish Antarctic
Expedit. Edinb. 1908. 4. 117 p. w. 33 partly colour. pl. and 2 maps.
Cloth. (13 s.) 10.—
3844 **Wing.** Charact. of 3 new gen. and spec. of Lepidopt. (Lond., Zool. S.)
1849. 8. 2 p. w. col. pl. 1.50
3845 **Winterstein.** Aberrationen v. Arctia villica. (Dresd., Iris) 1904. 8. 3 p. m. Tfl. 1.—
3846 **Wiskott.** Die Lepidopt.-Zwitter sein. Sammlung. (Dresd., Iris) 1897. 8.
18 p. m. 3 Tfln. 2.50
3847 — Die Lepidopt.-Zwitter mein. Sammlung. (Bresl., Ver. Ins.) 1897. 4. 51 p.
m. 4 Tfln. 5.—

3848 **Wistinghausen.** Tracheenendigungen in d. Sericterien d. Raupen. Leipz. *M*
1890. 8. 18 p. m. Tfl. 1.—
Wochenschrift f. Entomologie — siehe Nr. 20.
3849 **Wocke.** Catal. Lepidopteror. Silesiae. Bresl. 1853. 8. 16 p. 1.—
3850 — Z Lepidopt.-Fauna Norwegens. (Schluss.) (Stett., Ent. Z.) 1864. 8. 20 p. 1.—
3851 — Lepidopterol. Mittheilgn. (Bresl., Z. Ent.) 1879. 8. 12 p. 1.—
3852 — **Standfuss.** Nekrolog. (Dresd., Iris) 1906. 8. 13 p. m. Portr. 1.—
3853 **Wollaston.** On Lepidopt. coll. in Madeira. (Lond., Ann. & M.) 1859. 8. 6 p. 1.—
3854 — On the Lepidopt. of St. Helena. (Lond., Ann. & M.) 1879. 8. 56 p. 2.50
3855 **Wonfor.** On Butterfly Scales charact. of sex. (Lond., Micr. J.) 1868. 8.
4 p. w. pl. 1.—
3856 **Wood, W.** Index Entomologicus. Catal. of the Lepidopt. of Great Britain
etc. New ed., w. suppl. by Westwood. Lond. 1854. 8. w. 59 pl. cont. 5100
colour. fig. Half bd. morocco. (4 *£* 4 s.) 45.—
3857 **Wood-Mason.** Descr. of a new spec. of the g. Thaumantis. (Calc., Asiat.
Soc.) 1878. 8. 2 p. w. col. pl. 1.—
3858 — On a new Papilio fr. S. India. (Calc., As. Soc.) 1880. 8. 6 p. w. 2 pl. 2.—
3859 — On the g. Aemona. (Calc., As. Soc.) 1880. 8. 6 p. w. colour. pl. 1.50
3860 **Wood-Mason and Nicéville.** List of the Rhopalocera coll. in Cachar.
(Calc., Asiat. Soc.) 1887. 8. 51 p. — Without the plates. 1.50
3861 **Woodworth.** The Study of Butterflies. Berkeley 1900. 8. 34 p. w. 2 pl.
and 72 fig. 1.50
3862 — The Wing Veins of Insects. Sacram. 1906. 8. 152 p. w. 101 fig. 7.—
Out of print.
3863 **Wright, W. G.** The Butterflies of the West Coast of the United States.
2. ed. S. Bernardino 1906. 8. 264 p. w. portr. and 32 colour. pl. (940 fig.) Cloth. 45.—
The first edition of 1905 was destroyed with the publishing house by the great
fire and earthquake in San Francisco, April 18, 1906.
3864 — Colored plates of the Butterflies of the West Coast (of N. America).
S. Bernardino 1907. 4. 36 p. w. portr. and 32 colour. pl. (1000 fig.) Cloth. 9.—
3865 **Wullschlegel.** Noctuinen-Fauna d. Schweiz. 3 Thle. (Bern, Ent. Ges.)
1873. 8. 102 p. 2.50
3866 — Verzeichn. Aargauisch. Geometriden. (Aarau, Nat. Ges.) 1880. 8. 19 p. 1.—
3867 **Wyman.** Butterflies in Amber. Lond. 1901. 8. w. fig. Cloth. 5.—
3868 **Wytsman.** Papilionidae, subfam. Leptocircinae (e: Genera Insector.).
Brux. 1902. 4. 3 p. av. pl. 3.—
Epuisé.
3869 **Yerbury.** The Butterflies of Aden. (Bomb., Nat. Soc.) 1892. 8. 12 p. 1.50
3870 **Zander.** Beitr. z. Morphol. d. männl. Geschlechtsanhänge d. Lepidopteren.
(Leipz., Z. Zool.) 1903. 8. 79 p. m. color. Tfl. 2.50
3871 — Der männl. Genitalapparat d. Butaliden. (Leipz., Z. Zool.) 1905. 8. 17 p. 1.50
3872 **Zeitschrift** für Entomologie. Hrsg. v. Verein f. Schlesische Insektenkunde
zu Breslau. Serie I: 15 Hefte (Heft 7 ist nie erschienen), u. Serie II: 32 Hefte
m. Festschrift. Bresl. 1847—1907. 8. m. Tfln. (M. 134.) 75.—
Fortsetzung, siehe Nr. 1627.
Zeitschrift f. Entomologie. — „Allgemeine" — siehe Nr. 20. — „Berliner"
— siehe Nr. 194. — „Breslauer" — siehe Nr. 3872. — „Deutsche" —
siehe Nr. 767 u. 1615. — „Frankfurter" — siehe Nr. 973. — „Germar" —
siehe Nr. 1217. — „Gubener" — siehe Nr. 1614.
3873 **Zeitschrift f.** wissenschaftl. Insektenbiologie. Hrsg. v. Schröder. Bd. 1—6:
1905—10. Husum u. Berlin. 8. m. Tfln. (M. 85.60.) 48.—
Die Fortsetzung der „Allgemeinen Zeitschrift" (Nr. 20) also deren Band 10—15.
3874 **Zeitschrift f.** d. gesammt. Naturwissenschaften. Redig. v. Giebel u. Siewert.
Bd. 1—50: Jahrg. 1853—77. Halle u. Berl. 8. m. viel. Tfln. (M. 610.) Gbdn.
u. brosch. 80.—
Fast ausschliesslich zoologisch.
Zeitung, Entomologische. — „Stettiner" — siehe Nr. 3452. — „Wiener"
— siehe Nr. 3836.
3875 **Zeller.** Die Arten d. Blattminirergattg. Lithocolletis. (Berl., Linn. Ent.)
1846. 8. 153 p. m. 2 Tfln. 2.—

W. Junk, Berlin, W. 15.

130

$\mathcal{M}$

3876 **Zeller.** Die Argyresthien. (Berl., Linn. Ent.) 1847. 8. 50 p. m. Tfl. 1.50
3877 — Die Gattgn. der m. Augendeckeln verseh. blattminir. Schaben. (Berl.,
Linn. Ent.) 1848. 8. 97 p. 1.50
3878 — Stainton. Extracts from Zeller's "Leaf-mining Tineae". (Lond., Ent.
S.) 1849. 8. 22 p. 1.—
3879 — Exot. Phyciden. (Leipz., Iris) 1848. 8. 59 p. 3.—
Saubere v. Hedemann handschriftlich gemachte Copie.
3880 — Die Gallerien u. nakthornigen Phycideen. II. III. (Leipz., Isis) 1848.
4. 43 p. 4.50
3881 — Beitr. z. Kenntn. d. Coleophoren. (Berl., Linn. Ent.) 1849. 8. 226 p. 2.—
3882 — Verzeichn. der v. Mann beob. Toscanisch. Microlepidopt. 5 Thle. (Stett.,
Ent. Z.) 1849—50. 8. 120 p. 6.—
3883 — 3 Schabengattgn.: Incurvaria, Micropteryx u. Nemophora. M. Nachtr.
(Berl., Linn. Ent.) 1851. 8. 62 p. m. Tfl. 1.50
3884 — Die Schaben m. langen Kiefertastern. (Berl., Linn. Ent.) 1852. 8. 117 p. 1.50
3835 — Revis. d. Pterophoriden. (Berl., Linn. Ent.) 1852. 8. 98 p. 1.—
3886 — 7 Tineaceen-Gattungen. 2 Thle. (Berl., Linn. Ent.) 1852—53. 8. 132 p. 1.50
3887 — Bemerkgn. zu ein. f. Schlesien neuen Falterspecies. I. III. (Bresl., Z.
Ent.) 1852. 8. 12 p. 1.—
3888 — 3 Javanische Nachtfalter. (Mosk., Bull.) 1853. 8. 15 p. m. Tfl. 1.—
3889 — Lokalitäten an d. Ostküste Siciliens in lepidopter. Hinsicht. (Mosk.,
Bull.) 1854. 8. 50 p. 1.—
3890 — Monogr. d. Depressarien u. ein. ihnen nahe steh. Gattgn. Mit Nachtr.
(Berl., Linn. Ent.) 1855. 8. 240 p. m. 3 Tfln. 3.50
3891 — Die Arten d. Gattg. Butalis. (Berl., Linn. Ent.) 1855. 8. 100 p. m. Tfl. 1.50
3892 — Nachtr. zu d. Arten der G. Cryptolechia. (Berl., Linn. Ent.) 1855. 8.
24 p. m. Tfl. 1.—
3893 — Ueb. Wallengren's Skandinav. Fjädermott (Alucita Linn.). (Stett., Ent.
Z.) 1867. 8. 19 p. 1.—
3894 — 12 amerikan. Nachtfalter. (Stett., Ent. Z.) 1863. 8. 20 p. m. Tfl. 1.—
3895 — Tineinen aus Venezuela. (Stett., Ent. Z.) 1863. 8. 16 p. 1.—
Abschrift v. Hedemann.
3896 — Chilonidarum et Crambidarum gen. et species. (Berol.) 1863. 4. 60 p. (M. 4.) 1.50
3897 — Ueb. ein. Falter d. Meseritzer Gegend. (Stett., Ent. Z.) 1865. 8. 20 p. 1.—
3898 — Beschr. ein. Amerik. Wickler u. Crambiden. (Stett., Ent. Z.) 1866. 8.
21 p. m. Tfln. 1.—
3899 — Ueb. die Europ. Setina-Arten. II. (Stett., Ent. Z.) 1866. 8. 17 p. 1.
3900 — Einige Aegypt. u. Paläst. Microlepidopt. Einige ostind. Microlepidopt.
2 Abhdl. (Stett., Ent. Z.) 1867. 8. 51 p. m. Tfl. 1.50
3901 — Choreutidae and Crambina, coll. in Egypt. (Lond., Ent. S.) 1867. 8.
6 p. w. colour. pl. 1.—
3902 — Crambina, Pterophorina and Alucitina, coll. in Palestine. (Lond., Ent.
S.) 1867. 8. 8 p. w. colour. pl. 1.—
3903 — Z. Kenntn. d. Lepidopt.-Fauna v. Raibl u. Preth. (Wien, Z. b. G.) 1868.
8. 66 p. 1.—
3904 — Lepidopt. Ergebn. e. Reise in Oberkärnthen. (Stett., Ent. Z.) 1868.
8. 29 p. 1.—
3905 — Beitr. z. Naturgesch. d. Lepidopt. (Stett., Ent. Z.) 1868. 8. 29 p. m. Tfl. 1.—
3906 — Sammlg. v. 9 lepidopt. Abhdlgn. 1868—73. 8. 156 p. 2.50
3907 — Ueb. Wallengren's Skandinav. Heterocer-Fjärilar. (Stett., Ent. Z.) 1869.
8. 14 p. 1.—
3908 — Lepidopt. Beobachtgn. 2 Thle. (Stett., Ent. Z.) 1870—73. 8. 54 p. 1.—
3909 — Ueb. einige Graubünd. Lepidopt. 3 Thle. (Stett., Ent. Z.) 1872. 8. 61 p. 2.—
3910 — Columbianer Arten d. Gattgn. Chilo, Crambus u. Scoparia. (Stett., Ent.
Z.) 1872. 8. 19 p. m. Tfl. 1.—
3911 — Beitr. z. Kenntn. d. Nord-Amerikan. Nachtfalter besond. d. Microlepidopt. 3 Thle. (Wien, Z. b. G.) 1872—75. 8. 408 p. m. 7 Tfln. 5.—
3912 — Lepidopt. d. Westküste Amerikas. (Wien, Z. b. G.) 1874. 8. 26 p. m. Tfl. 1.—
3913 — Exot. Microlepidoptera. (Petersb., Horae) 1877. 8. 490 p. m. 6 color. Tfln. 18.—

3914 **Zeller.** Beitr. z. Lepidopt.-Fauna d. Ober-Albula. 3 Thle. (Stett., Ent. Z.) *ℳ*
1877—1878. 8. 193 p. 3.—
3915 — **Lepidopt.** Bemerkungen. (Stett., Ent. Z.) 1879. 8. 12 p. 1.—
3916 — Columbische Chiloniden, Crambiden u. Phycideen. Thl. I. (Petersb.,
Horae) 1881. 8. 55 p. 1.50
3917 — **Frey,** H. Necrolog. (Stett., Ent. Z.) 1883. 8. 6 p. m. Portr. 1.—
3918 **Zerny.** Lepidopterorum Catalogus. Pars 7: Syntomidae. Berolini 1912.
8. 179 p. 16.90
Subscriptionspreis für Abnehmer des ganzen „Lepidopterorum Catalogus" (siehe
nr. 2074) M. 11.25.
3919 — Entwickl. u. Zusammenstell. d. Lepidopterenfauna Niederösterreichs.
(Wien, Z. b. G.) 1912. 8. 35 p. 1.50
3920 **Zetterstedt.** Insecta Lapponica. Lips. 1840. 4. 1140 p. (M. 27.) 16.—
Selten.
3921 **Zhuravlev.** Z. Lepidopt.-Fauna d. Prov. Uralsk. (Petersb.) 1910. 8. 49 p.
— In Russ. Sprache. 1.50
3922 **Ziegler u. Klipphausen.** Ueb. d. Europ. Arten d. Gattg. Melitaea.
(Stett., Ent. Z.) 1867. 8. 11 p. 1.—
3923 **Zimmermann, C. H.** Die Grossschmetterl. d. Fauna d. Niederelbe.
(Hamb., Ver. Nat.) 1877. 8. 29 p. 1.—
3924 **Zincken.** Beitr. z. Insecten-(Lepid.-)Fauna v. Java. (Ac. Leop.) 1831. 4. 66 p.
m. 3 color. Tfln. 9.—
Selten.
3925 The **Zoological Record** from the beginning in 1864 up to 1908. 45 vols.
Lond. 1865—1910. 8. 480.—
3926 — — Vol. 21—22: For 1884—85. Lond. 8. Cloth. (3 *£*) 15.—
3927 **Zoologische Annalen.** Hrsg. v. Braun. Bd. I—IV. Würzb. 1905—1911.
8. (M. 60.) 45.—
3928 **Zoologischer Anzeiger.** Hrsg. v. Carus u. Korschelt. Jahrg. 1—38 u.
Registerbände (zu Bd. 1—20(. Leipz. 1878—1899. 8. (M. 922.) 600.—
3930 **Zoologischer Jahresbericht** für 1879. Leipz. 1880. 8. 1262 p. (M. 32.) Lnbd. 10.—
3931 — — Für 1888. Berl. 1890. 8. 572 p. (M. 24.) 8.—
3932 — — Für 1892 u. 1893. 2 Bde. Berl. 1893—94. 8. (M. 48.) 16.—
3933 **Zoologisches Zentralblatt.** Hrsg. v. Bütschli, Hatschek u. Schuberg.
18 Jahrgänge (mehr nicht erschienen). Leipz. 1894—1911. 8. (M. 500.) 300.—
3934 — — Jahrg. IV—VIII. Leipz. 1897—1901. 8. (M. 125.) Cart. u. brosch. 60.—
3935 **Zykoff.** Lepidopterorum Catalogus: Psychidae.
In Vorbereitung. — In preparation. — En préparation. — Vide nr. 2074.

3936 **André, E.** Tabl. analyt. p. la déterminat. d. Lépidopt. de France, Suisse
et Belgique. (Narbonne) 1912 à 13. 8. p. 1 à 256 (tout ce qui a paru)
av. 199 fig.
Prix de souscription: M. 8.
3937 **Annales** de la Société Séricicole. Vol. I—VII: Années 1837 à 43. Paris.
8. av. 17 pl. Cart. et broch. 30.—
3938 **Bulletin** de l'Association Séricicole du Japon. Vol. I: Année 1913.
Tokyo. 8. 12.—
3939 **Cholodkowsky.** Lehrb. d. Entomologie. 2 Bde. Petersb. 1912. 8. 1100 p.
m. 845 Fig. — Russisch. 18.—
3940 **Gelin et D. Lucas.** Catal. d. Lépidopt. de l'Ouest de la France. I:
Macrolépidopt. Niort 1913. 8. 232 p. 5.—
3941 **Hudson.** On entomol. field-work in New Zealand. (Wellingt., Inst.) 1900.
8. 13 p. 1.—
3942 — On some new Macrolepid. of N. Zealand. 4 pap. (Wellingt., Inst.) 1903—
1908. 8. 13 p. w. 4 pl. (3 colour.) 3.—
3943 — On the Entomol. of Mount Holdsworth, N. Zealand. (Wellingt., Inst.)
1905. 8. 9 p. 1.—

3944 **Hudson.** On the Entomol. of the Routeburn Valley, N. Zeal. (Wellingt., *M* Inst.) 1907. 8. 9 p. 1.—
3945 — On the Entomol. of the South. islands of New Zealand, w. descr. of 4 new Macrolepid. (Wellingt., 'Subantarct. Isl.') 1909. 4. 12 p. w. 3 colour. pl. 4.—
3946 **Jardine.** Dictionary of Entomology. Lond. (1913.) 8. 260 p. Cloth. 6.—
3947 **Miyake.** Revis. of Arctianae of Japan. (Tokyo, Agr. Coll.) 1909. 8. 22 p. w. 6 fig. 1.50
3948 — On Arctianae of Japan. (Tokyo, Agr. Coll.) 1910. 8. 6 p. w. fig. 1.—
3949 **Nagano.** 2 new spec. of Japan. and Formosan Lepidopt. Gifu 1912. 8. 10 p. w. colour. pl. 1.50
3950 — On the metamorph. of Pterodecta Felderi. Gifu 1912. 8. 8 p. w. pl. 1.—
3951 **Tutt.** Natural hist. of British B u t t e r f l i e s, their world-wide variat. and geograph. distribut. Continuat., ed. by Wheeler. Vols. I—III, IV parts 1—14. Lond. 1906—12. 8. w. 129 pl. Cloth. — All published till now. 80.—
   Vol. I has the same contents as vol. VIII of the same author's 'Nat. hist. of the British L e p i d o p t.' (see nr. 3641), vol. II the same contents as vol. IX, vol. III the same contents as vol. X. — The quotation of a vol. VI of the 'Lepidopt.' (nr. 3642) is erroneous.
3952 **Vivarelli.** Entomologia Agraria. Vol. I e II (quanto n'è stato pubblic.). Casale 1912. 8. 466 p. c. fig. 6.—

Alii Insectorum Ordines.

3953 **Aulmann.** Psyllidarum Catalogus. Berol. 1913. 8. 92 p. 5.—
3954 **Bigot.** Diptères nouveaux ou peu connus. 42 (en 44) parties. (Paris, S. Ent. et S. Zool.) 1874 à 92. 8. 869 p. av. pl. color. 75.—
3955 **Biologia Centrali-Americana.** Ed. by Godman. Coleoptera. Lond. 1880 —1911. 4. w. 344 mostly colour. pl. — As far as published till end of 1911. 2000.—
   The continuation of the volumes and parts not yet finished will be supplied (The buyer is obliged to take it).
3956 **Dejean et Aubé.** Spécies génér. d. Coléopt. (Carabiques et Hydrocanth.). 6 vols. Paris 1825 à 38. 8. 60.—
3957 **Distant and Fowler.** Hemiptera Homoptera Centrali - Americana. All pub'd.: Vol. I complete (147 p. w. 13 colour. pl.), Vol. II. Part I. p. 1—316 w. 21 colour. pl., Vol. II. Part II. p. 1—33. (Lond., Biologia C.-A.) 1881 —1905. 4. 150.—
3958 **Erichson, Schaum, Kraatz, Kiesenwetter u. a.** Naturgeschichte d. Insecten (Coleopt.) Deutschlands. 6 Bde.: Alles was erschienen. Berl. 1848 —1899. 8. (M. 160.) 85.—
3959 **Le Frélon.** Journal d'Entomol. descr. exclusiv. consacré à l'ét. d. Coléopt. de l'Europe et d. pays voisins. Réd. p. Desbroches des Loges. Année 1 à 15. Tours 1891 à 1907. 8. 75.—
3960 **Ganglbauer.** Die Käfer v. Mittel-Europa. Bd. I—III, IV. Theil 1 (soviel erschien). Wien 1892—1904. 8. m. Fig. (M. 94.) 75.—
3961 **Gemminger et Harold.** Catalogus Coleopterorum hucusque descript. synonym. et system. 12 vol. (et index.) Monach. 1868—76. 8. 140.—
3962 **Genera Insectorum.** Publ. p. Wytsman.
   Je possède un exemplaire complet sauf les Coléoptères et Lépidoptères et je vends chaque partie des Hyménoptères, Diptères, Neuroptères, Hemiptères, Orthoptères etc. au prix de souscription moins 20%.
3963 **Horn, W.** Cicindelinae (e: Genera Insector.) Partes I. II. Brux. 1908—10. 4. 208 p., 12 tab. color. et nigr., et mappa color. 65.—
3964 **Junk, W.** Antiquar-Catalog No. 42: Coleoptera. 146 p. m. 4065 Titeln. — G r a t i s u n d f r a n c o.
   Der vollständigste Catalog über Käfer-Literatur, der jemals erschienen (siehe auch No. 1660).
   — Antiquar-Cataloge üb. Hymenoptera, Diptera, Hemiptera, Neuroptera, Pseudo-Neuroptera, Orthoptera, Apterygota — siehe No. 1658 u. 1662.
3965 **Kerremans.** Fam. Buprestidae (e: Genera Insectorum). 4 fascic. Brux. 1902 à 1903. 4. 338 p. av. 4 pl. color. 65.—

Alii Insectorum Ordines.

3966 **Kerremans.** Monogr. d. Buprestides. (5 vols. en envir. 100 livrais.) Vol. I 𝓜
à IV. Brux. 1907 à 1910. 8. 2049 p. av. 26 pl. color. (M. 182.) 160.—
La continuation est fournie régulièrement.
3967 **Küster, Kraatz u. Schilsky.** Die Käfer Europas. Heft 1—47 (soviel
erschien.). Nürnb. 1844—1911. 8. m. 66 Tfln. In Orig.-Cartons. (M. 141.) 90.—
3968 **Labram et Imhoff.** Genera Curculionidum. Die Gattungen d. Rüssel-
käfer. Complet in 19 Heften. Basel 1838—46. 8. 152 color. Tfln. m.
Text. Hfzb. 80.—
Rarissimum. Näheres siehe meinen Catalog Nr. 41: Rarissima Historico-
Naturalia, p. 9.
3969 **Loew, H.** Die Europaeischen Bohrfliegen (Trypetidae) erläut. durch photograph. Flügel-Abbildungen. Wien 1862. Folio. 132 p. m. 26 photograph.
Tafeln. Leinbd. 400.—
Das seltenste Werk der an Raritäten so reichen dipterologischen Literatur, s. Zt.
in nur geringer Auflage hergestellt, da damals die photograph. Vervielfältigungs-
verfahren noch nicht bekannt waren.
3970 — — Neu-Ausgabe, herausg. v. W. Junk. Berlin 1913. Folio. Cartonn.
Ich beabsichtige bei genügender Beteiligung dieses für die Wissenschaft so bedeutende Werk eines der ersten Dipterologen neu herauszugeben. Die photographisch
hergestellte Reproduction wird an Güte der Abbildungen dem Original nicht nach-
stehen, ja es sogar insofern übertreffen, als viele Tafeln, die im Laufe der 50 Jahre
gelitten haben, in meiner Neu-Ausgabe in ihrer früheren vollen Schärfe wiederher-
gestellt sein werden.
☛ Subscriptionspreis Mark 120 (Preis nach Erscheinen Mark 150).
3971 **Marseul.** Essai monogr. s. la fam. d. Histérides. 21 parties: 2 vols. et
supplém. (Paris, Soc. Ent.) 1853 à 62. 8. av. 38 pl. 75.—
3972 **Mayr, G.** Die mitteleuropaeischen Eichengallen in Wort u. Bild. 2 Thle.
Wien 1870—71. 8. 74 p. m. 7 Tfln. 40.—
Die seltene Original-Ausgabe.
3973 **Meigen.** Klassific. u. Beschr. d. Europ. zweiflügel. Insekten (Diptera). Bd. I.
(einziger). 2 Thle. Braunschw. 1804. 4. 490 p. m. 15 Tfln. Cart. 40.—
Sehr selten, nomenclatorisch von hohem Interesse.
3974 — System. Beschreib. d. Europaeisch. Dipteren. Mit Supplement v. H.
Löw. 10 Bde. Aachen, Hamm u. Halle 1818—73. 8. m. 74 color. Tfln. 160.—
Jetzt ganz vergriffen.
3975 **Panzer.** Coleoptera (e: Fauna Insector. Germaniae). 1275 tab. color. et
textus. Nürnb. 1793 (u. f.). 8. 60.—
Auch alle andern Insekten-Ordnungen vorhanden.
3976 **Péringuey.** Descr. catal. of the Coleoptera of S. Africa. 13 parts. (Cape
Town) 1893—1909. 8. w. 37 pl. (15 colour.) 150.—
3977 **Piaget.** Les Pédiculines. 2 vols. et supplém. Leide 1880 à 85. 4. 927 p.
av. 73 pl. Toile. (M. 132.) 88.—
3978 **Raffray.** Genera Pselaphidarum (e: Genera Insect.). Brux. 1908. 4. 487 p.
av. 9 pl. (2 color.) 80.—
3979 **Rondani.** Dipterologiae Italicae prodromus. 8 volumina. Parma 1856—80.
8. c. 2 tab. 350.—
Nächst Löw's Bohrfliegen (s. No.3969) das seltenste Dipteren-Buch, von welchem
ein vollständiges Exemplar schon seit vielen Jahren nicht mehr auf den Markt gekommen ist. Von grundl-gender Bedeutung für die Systematik. — Näheres über
seine so schwierigen bibliographischen Verhältnisse — siehe: Rara historico-naturalia,
ed. Junk, Seite 70.
3980 — — Facsimile-Ausgabe, herausg. v. W. Junk. Berl. 1913. 8.
Cartonn.
Wie von dem Löw'schen Werke (siehe No.3970) so beabsichtige ich — eine ge-
nügende Beteilung vorausgesetzt — auch von dem Rondani's eine Neu-Ausgabe
zu veranstalten, welche auf anastatischem Wege, vom Originale in keiner Weise
zu unterscheiden, hergestellt werden wird.
☛ Subscriptionspreis Mark 120 (Preis nach Erscheinen: Mark 150).
3981 **Saussure, Bormans, Bruner and o.** Orthoptera Centrali-Americana.
All pub'd.: Vol. I. (468 p. w. 22 pl., partly colour.), Vol. II. p. 1—256
w. 3 pl. (Lond., Biologia C.-A.) 1893—1908. 4. 150.—
3982 **Saussure et Humbert.** Etudes s. l. Orthoptères et l. Myriopodes de
l'Amérique centr. et du Mexique. 2 parties. Paris 1870. fol. 744 p. av.
14 pl. color. et noires. D.-rel. maroq. — Bel exempl. 90.—

W. Junk, Berlin, W. 15.

Alii Insectorum Ordines.

3983 **Signoret.** Revue iconogr. d. Tettigonides. 11 parties. (Paris, Soc. Ent.) *ℳ*
1853 à 55. 8. 310 p. av. 19 pl. color. et noires. 60.—
3984 — Essai s. l. Cochenilles ou Gallinsectes. 18 parties. (Paris, Soc. Ent.)
1868 à 1876. 8. 514 p. av. 21 pl., en partie color. 75.—
3985 **Sturm.** Deutschlands Käfer (Coleopt.). 23 Bde. m. Register. Nürnb. 1805
—1877. 8. m. 424 color. Tafeln. (M. 196.) 70.—
3986 **Szépligeti.** Braconidae (e: Genera Insectorum). 2 fasc. Brux. 1904. 4.
253 p. m. 3 color. Tfln. 46.—
3987 **Ulmer.** Trichoptera (aus: Genera Insectorum). Brüssel 1907. 4. 259 p.
m. 13 color. u. 28 schwarz. Tfln. (fr. 132.35.) 75.—
3988 — System. u. beschr. Katalog d. Trichopteren d. Sammlgn. v. Sélys-Long-
champs. 2 Tle. Brüssel 1907. 4. 221 p. m. 10 color. Tfln. u. 251 Fig.
(fr. 100.) 65.—
3989 **Zeitschrift** f. systemat. Hymenopterologie u. Dipterologie. Hrsg. v. F. W.
Konow. Jahrg. I—VIII. Teschendorf 1901—08. 8. m. 7 Tfln. (M. 80.) 45.—
Alles was von dieser Zeitschrift erschienen, welche durch den plötzlichen Tod
ihres verdienstvollen Herausgebers unterbrochen wurde und von der die 3. Nummer
des 8. Bandes die letztveröffentlichte ist. Von der nächsten Nummer ab ist sie
mit der „Deutschen Entomologischen Zeitschrift" verschmolzen. Der Inhalt der
8 Bände ist, speciell vom systematischen Standpunkte, ein ausserordentlich reicher, so
dass der Besitz der bisher noch wenig verbreiteten Zeitschrift für den Hymenoptero-
logen und Dipterologen unerlässlich ist.

136

138

W. Junk, Verlag für Entomologie, Berlin W. 15.

Zeitschrift für systematische Hymenopterologie und Dipterologie.

Herausg. von **F. W. Konow.**

Alles was erschienen: Jahrgang I—VII, VIII, Heft 1—3. 1901—08. mit 7 Tafeln.
(Herabgesetzter Preis statt 80 Mk.) **Mk. 45.—**

O. Paulson

Die Crustaceen des Roten Meeres.

Theil I (soviel erschienen): Podophthalmata et Edriophthalmata (Cumacea).
1875. XIV und 145 Quart-Seiten mit 21 Tafeln. Preis **Mk. 30.—**

Ich übernahm soeben den kleinen Restvorrat, der zufällig von diesem Werk auftauchte,
welches bisher als R a r i s s i m u m galt und von dem Exemplar bis 80 Mark bezahlt wurden. Der
in Kiew — in russischer Sprache — gedruckte Text bringt Namen, Synonymie und Literaturverzeichnis l a t e i n i s c h.

H. Loew

Die Europäischen Bohr-Fliegen (Trypetidae)

erläutert durch photographische Flügel-Abbildungen. 1862. Folio.
132 Seiten mit 26 photographischen Tafeln.

Neu-Ausgabe. Subscriptionspreis **Mk. 120.—** (Preis nach Erscheinen **Mk. 150.—**).
☛ Näheres siehe Seite 133, Nr. 3970.

C. Rondani

Dipterologiae Italicae Prodromus.

8 volumina. 1856—80. Octavo, cum 2 tabulis.

Neu-Ausgabe. Subscriptionspreis **Mk. 120.—** (Preis nach Erscheinen **Mk. 150.—**)
☛ Näheres siehe Seite 133, Nr. 3980.

Buchdruckerei Robert Noske, Borna-Leipzig.